PROZESSTECHNIK UND TECHNOLOGIE IN DER BRAUEREI

PROZESSTECHNIK UND TECHNOLOGIE IN DER BRAUEREI

Annette Schwill-Miedaner

IMPRESSUM

Haftungsausschluss

Alle Angaben in diesem Buch wurden von den Autoren nach bestem Wissen erstellt und gemeinsam mit dem Verlag mit größtmöglicher Sorgfalt überprüft. Dennoch lassen sich (im Sinne des Produkthaftungsrechts) inhaltliche Fehler nicht vollständig ausschließen. Die Angaben verstehen sich daher ohne jegliche Verpflichtung oder Garantie seitens der Autoren oder des Verlages. Autoren und Verlag schließen jegliche Haftung für etwaige inhaltliche Unstimmigkeiten sowie für Personen-, Sach- und Vermögensschäden aus.

Bibliografische Information der Deutschen Nationalbibliothek

Die Deutsche Nationalbibliothek verzeichnet diese Publikation in der Deutschen Nationalbibliografie; detaillierte bibliografische Daten sind im Internet über http://dnb.ddb.de abrufbar.

Titelbild: Christina Schönberger
Layout und Satz: Komhus Agentur für Kommunikation, Essen
Druck: impress GmbH, Mönchengladbach
ISBN 978-3-418-00859-2

VORWORT

Der Brauprozess bzw. die Bierbereitung setzt sich aus einer Aneinanderreihung von verfahrenstechnischen Grundoperationen unter Einbeziehung von langjähriger brautechnologischer Wissenschaft zusammen. Mein erstes Buch „Verfahrenstechnik im Brauprozess" hatte die Zielsetzung, diesen Zusammenhang aufzuarbeiten. Im folgenden Buch „Prozesstechnik und Technologie in der Brauerei" bleibt dieser Leitgedanke erhalten. Allerdings ergibt sich aufgrund von Entwicklungsarbeiten im Bereich der Sudhaustechnik der letzten 6 Jahre eine Schwerpunktverschiebung hin zur Technologie.

Desweiteren werden die Kapitel zur Filtrations- und Stabilisierungstechnik aktualisiert.

Das Buch wendet sich gleichermaßen an die Studierenden des Brauwesens wie an die Praktiker in Brauereien und Zulieferindustrie und soll als kompaktes Nachschlagewerk dienen. Neben der verfahrenstechnischen Betrachtung werden auch grundlegende hydrodynamische, thermodynamische, physikalisch-chemische und technologische Zusammenhänge aufgegriffen. Die Optimierung der Qualität des Endprodukts Bier steht dabei stets im Vordergrund.

Herrn Dipl.- Ing. Josef Englmann und Herrn Prof. Dr.-Ing. Heinz Miedaner danke ich für die Diskussionsbereitschaft im technisch-technologischen Bereich.

Folgenden Personen und Firmen möchte ich für den regen Informationsaustausch und für die Bereitstellung von Bildmaterial danken:

Dipl.-Ing. Friedrich Banke, Banke process solutions
Dipl.-Ing. Tobias Becher, Ziemann Holvrieka GmbH
Dipl.-Ing. Christoph Föhr, Filtrox AG
Dipl.-Brmstr. Christian Galaske, Lehmann&Voss&Co. KG
Dipl.-Brmstr., Dipl.-Ing. Reiner Gaub, Pall GmbH
Dr.-Ing. Frank Hebmüller, Ingenieurbüro Hebmüller GmbH
Dipl.-Ing. Wolf-Dietrich Herberg, GEA Westfalia Separator Group GmbH
Dipl.-Ing. FH Michael Kurzweil, Ziemann Holvrieka GmbH
Dipl.-Ing. Matthias Lustnauer, Eaton Technologies GmbH
Dr.-Ing. Rudolf Michel, GEA Brewery Systems GmbH
Dipl.-Ing. Michael Rittenauer, Bühler GmbH
Dr.-Ing. Ralph Schneid, Krones AG
Norbert Scholten, SF-Soepenberg GmbH
Dipl.-Ing. Clemens Thüsing, Künzel Maschinenbau GmbH
M. Eng. Isabel Wasmuht, Ziemann Holvrieka GmbH
Brmstr. Klaus Wasmuht
Pentair Flow and Filtration Solutions
Albert Handtmann Armaturenfabrik GmbH & Co.KG

Sonthofen, im Juli 2021

INHALT

1 ZERKLEINERN – SCHROTEN

1.1 ALLGEMEINES

Zerkleinerungsprozesse spielen bei der Verarbeitung von festen Stoffen in zahlreichen Industriebereichen (Baustoffindustrie, Bergbau, chemische und pharmazeutische Industrie, Lebensmittelindustrie usw.) eine maßgebliche Rolle. Der Vorgang des Zerkleinerns ist Bestandteil des Produktionsablaufs. Er liefert die Basis für weitere verfahrenstechnische Schritte (z. B. Sortieren, Mischen, Agglomerieren) und thermische und/oder chemische Umsetzungen. Man definiert die Zerkleinerung als das Zerteilen eines Feststoffgefüges in Teilstücke unter der Wirkung mechanischer Kräfte [1.1]. Damit ist eine Vergrößerung der spezifischen Oberfläche des zu zerkleinernden Guts, eine Verringerung der Korngrößen bzw. eine Veränderung der Korngrößenverteilung verbunden. Der neue Dispersitätszustand beeinflusst die nachfolgenden Prozesse (z. B. Maischen, Läutern). Infolge der vergrößerten Oberfläche können physikalische und chemische Reaktionen schneller ablaufen. Ob dies bei der Würzebereitung zutrifft, wird an späterer Stelle brautechnologisch diskutiert. Weiterhin tritt durch die Zerkleinerung u. a. eine Veränderung der Fließfähigkeit und Mischbarkeit sowie bestimmter Austauschvorgänge ein.

1.2 BRUCHMECHANISCHE GRUNDLAGEN

Als Bruch wird die zum Verlust der Tragfähigkeit eines Festköpers führende Stofftrennung im makroskopischen Bereich definiert, bei dem durch äußere oder innere mechanische Spannungen die atomaren bzw. molekularen Bindungen aufgehoben werden [1.2]. Jedem Bruch geht eine Deformation in der beanspruchten Zone voraus. Damit ist die zur Zerkleinerung erforderliche Energie von der Größe des deformierten Bereichs, von den elastischen Eigenschaften des beanspruchten Festkörpers und von der Beanspruchungsart abhängig. Der Bruchvorgang basiert unter Annahme idealer Bedingungen auf folgender Vorstellung [1.2, 1.3]:

Ein fester Körper setzt sich aus einer Vielzahl kleinster Elementarteile zusammen z.B. Ionen, Atome, Moleküle, Kristalle. Seine Elastizität wird durch die Kraftwirkungen zwischen den Elementarteilen, den inneren Kräften (Gitterkräfte) bestimmt. Als mögliche Bindungsart unterscheidet man kovalente Bindungen, Ionenbindungen, metallische Bindungen und Van-der-Waals-Bindungen. Die aus der Deformation der inneren Elektronenschalen resultierenden abstoßenden Kräfte F_S und die aus der Massewirkung resultierenden anziehenden Kräfte F_Z wirken als innere Kräfte. Wenn auf den Feststoffkörper keine äußeren Kräfte einwirken, stehen die inneren Kräfte im Gleichgewicht. Die Elementarteilchen nehmen dann einen bestimmten Abstand r_0 zueinander ein (Abb. 1.1).

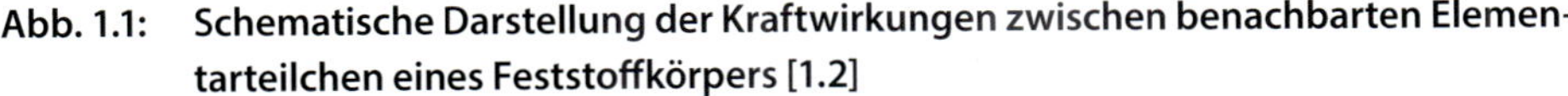
Abb. 1.1: Schematische Darstellung der Kraftwirkungen zwischen benachbarten Elementarteilchen eines Feststoffkörpers [1.2]

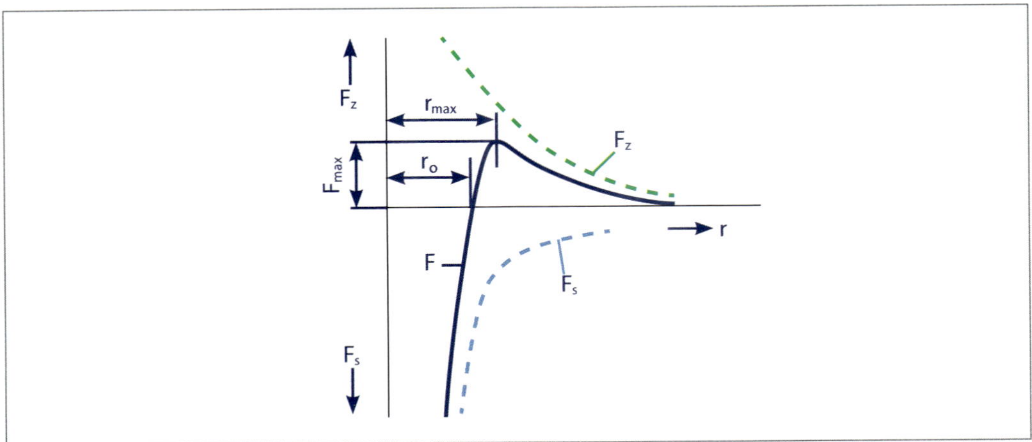

Der Bruch tritt ein, wenn die Wechselwirkungskraft F_{max} bei r_{max} überwunden wird. Die inneren Kräfte stehen nun nicht mehr im Gleichgewicht zueinander. Die Einwirkung von äußeren Kräften in Form von Zug- oder Schubspannungen (Abb. 1.2) führt zwischen den Elementarteilchen zu einer Abstandsvergrößerung $r > r_{max}$. Zur Einleitung des Bruchs muss einem Feststoffteilchen die nach Gleichung (1.1) ermittelte Bruchenergie zugeführt werden.

$$W_{Br} = \int_{r_o}^{r_{max}} F(r)\, dr \qquad (1.1)$$

W_{Br} = Bruchenergie
r = Abstand zwischen den Elementarteilchen
r_o = Abstand zwischen den Elementarteilchen im Ruhezustand
r_{max} = Abstand zwischen den Elementarteilchen beim Einsetzen der Rissbildung
F = Kraft

Abb. 1.2: Bruchverhalten (Trennbruch, Gleitbruch)

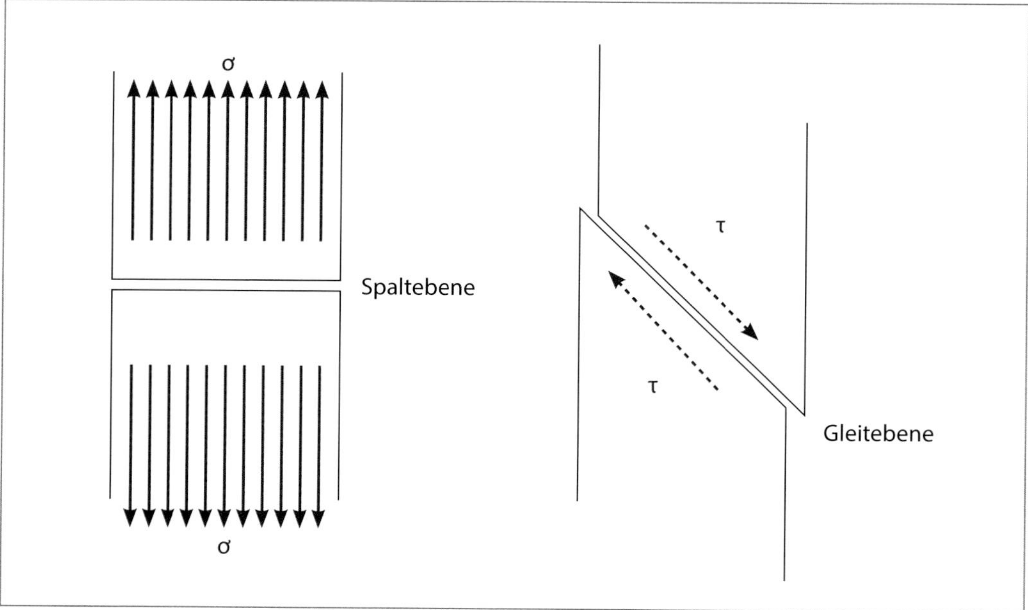

Der Zerkleinerungsvorgang kann in zwei Abschnitte unterteilt werden. Zuerst erfolgt die elastische Deformation in der Bruchzone, wodurch die zum Bruch erforderlichen Spannungen aufgebaut werden. Darauf folgt der eigentliche Bruchvorgang, der neue Grenzflächen schafft.

Abb. 1.3: Linear-elastisches Materialverhalten nach [1.4]

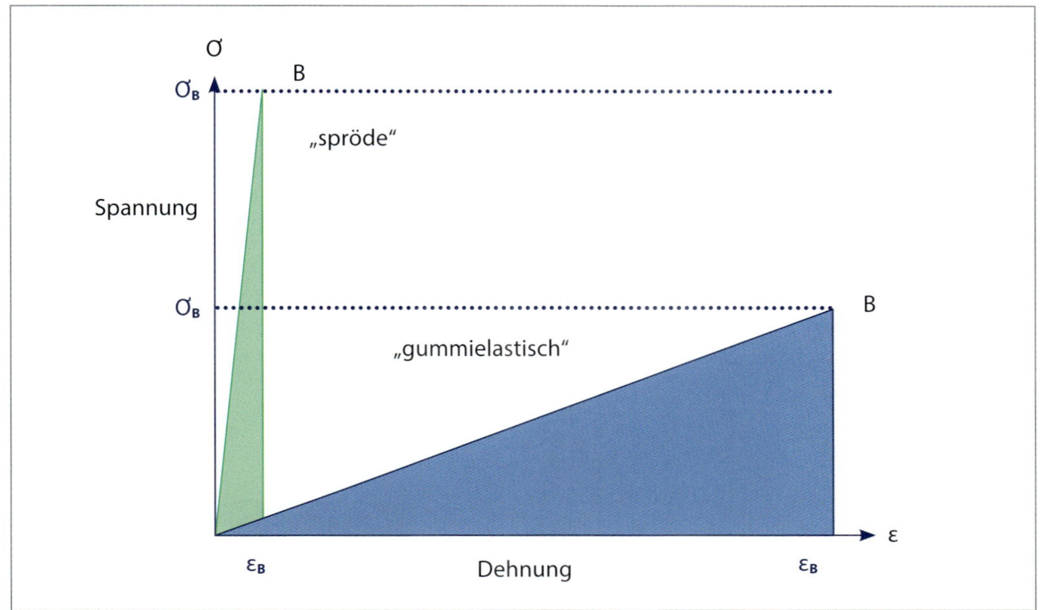

Man unterscheidet drei verschiedene Arten des Materialverhaltens von festen Stoffen: linear-elastisches, elastisch-plastisches und visko-elastisches Verhalten. Beim linear-elastischen Materialverhalten (Abb. 1.3) besteht eine Proportionalität zwischen der Dehnung ε und der Spannung σ.

$$\sigma = E \cdot \varepsilon \quad \text{Hooke'sches Gesetz} \qquad (1.2)$$

$$\varepsilon = \frac{\Delta x}{x} \qquad (1.3)$$

$\sigma =$ Bruchspannung
E = Elastizitätsmodul
$\Delta x =$ Längenänderung unter Krafteinwirkung
$x =$ charakteristische Abmessung

Spröde Stoffe haben ein hohes Elastizitätsmodul E (Stoffwert). Dem Sprödbruch geht nur eine geringe Verformung voraus. Nach einem kurzen Verformungsweg (Dehnung ε_B) baut sich eine hohe Spannung auf, was beim Erreichen der Bruchspannung σ_B einen Materialbruch zur Folge hat. Gummielastische Stoffe dagegen erfahren bereits durch kleine Spannungen eine deutliche Verformung, die Rissausbreitung schreitet langsam voran [1.4]. Die jeweils eingezeichnete Fläche unter σ-ε stellt die auf die Volumeneinheit bezogene eingebrachte Energie (erforderliche Zerkleinerungsarbeit bis zum Erreichen des Bruchs) dar.

$$W_{B,\sigma} = \int_0^{\varepsilon_B} \sigma(\varepsilon) \cdot d\varepsilon \qquad (1.4)$$

Malz erfordert, bedingt durch seine spröden Eigenschaften, infolgedessen einen geringeren Energieaufwand zur Zerkleinerung als z. B. unvermälzte Gerste [1.5]. Der aus energetischen Gründen günstigere Sprödbruch (Gegensatz Zähbruch, besteht beim Gleitbruch) hängt, neben dem Material, von der Temperatur, der Beanspruchungsgeschwindigkeit und der Ausgangskorngröße ab.

Abb. 1.4: Visko-elastisches Materialverhalten [1.4]

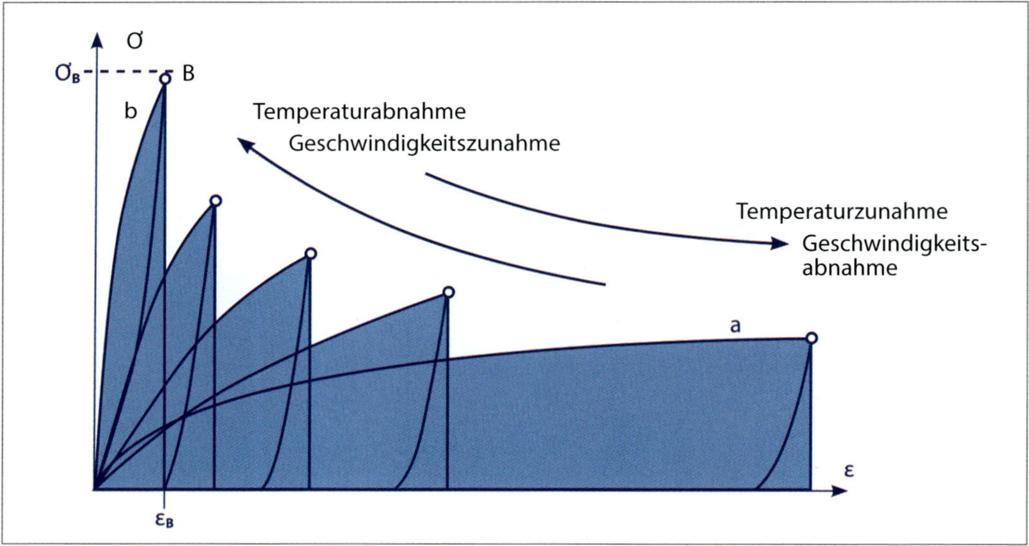

Visko-elastische Stoffe zeichnen sich dadurch aus, dass sie sich bei langsamer und lang andauernder Beanspruchung (Zeitabhängigkeit) ausdehnen und im Inneren gleichzeitig Spannungen abbauen (Relaxation), was entsprechende spezifische Arbeit erfordert (Abb. 1.4, Kurve a). Bei hoher Beanspruchungsgeschwindigkeit und kurzer Dauer tritt die energietechnisch günstigere Versprödung ein (Kurve b). Den gleichen Effekt hat eine Temperaturerniedrigung.

Abb. 1.5: Bruchphänomene bei elastisch-sprödem Materialverhalten [1.6]

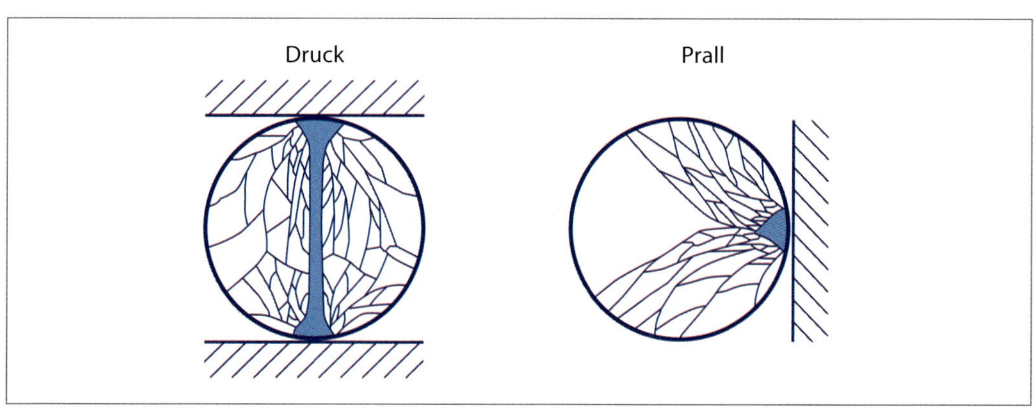

Abb. 1.5 zeigt Bruchbilder bei Einzelkornbeanspruchung durch Druck oder Prall bei elastisch-sprödem Materialverhalten. Während beim Druck Risse von einer Kontaktstelle zur anderen verlaufen, wandern beim Prall die Risse divergent von der Kontaktstelle in die Partikel. Der Bruch beginnt mit einem Riss

(Primärbruch), der sich mehrmals verzweigt (Sekundärbrüche). Dann entsteht in den Kontaktbereichen ein Bruchfeld mit großer Rissdichte (blaue Fläche), wodurch Feingut erzeugt wird. Bei großen Kugeln hoher Festigkeit bilden sich zwei berührende Feingutkegel aus.

Die theoretischen zum Bruch erforderlichen Spannungen lassen sich bei Zugbelastung des Materials mit $\sigma = \frac{E}{10}$ und bei Scherbeanspruchungen mit $\tau = \frac{G}{10}$ (G Schubmodul) abschätzen [1.2].

Die in der Praxis erforderlichen Bruchspannungen liegen um zwei bis drei Zehnerpotenzen niedriger als die theoretische Bruchspannung, da reale Körper im Gitteraufbau Inhomogenitäten aufweisen. Diese können aus Gitterfehlern, Korngrenzen oder Anrissen bestehen. Infolge der Störungen im Kristallgitter liegt im beanspruchten Körper eine inhomogene Spannungsverteilung vor. Die Kraftlinien weichen den Störstellen aus und konzentrieren sich vermehrt an den Spitzen der Risse. An diesen Stellen treten dadurch Spannungsspitzen auf, die ein Mehrfaches des theoretischen Mittelwerts der Bruchspannung betragen. Hier ist die Bruchgrenze bereits bei geringer äußerer Beanspruchung überschritten. Der Bruch beginnt an diesen hoch belasteten Stellen (Kerbwirkung) und breitet sich von dort aus. Abb. 1.6 verdeutlicht die Gegebenheiten für einen Anriss in einer ebenen Platte, die von außen mit der zum Bruch erforderlichen Zugspannung σ_0 beaufschlagt ist. Demnach verläuft die Ausbreitung eines bereits vorliegenden Primärrisses schon bei Spannungen, die deutlich unter der theoretischen Bruchspannung liegen. Die Spannungsüberhöhung an der Rissspitze wird umso größer, je länger der Anriss l und je kleiner der Krümmungsradius r_K der Rissspitze ist [1.4, 1.7].

Abb. 1.6: Spannungsverteilung an der Rissspitze (ebene Platte, linear-elast., halb ellipt. Anriss) [1.4]

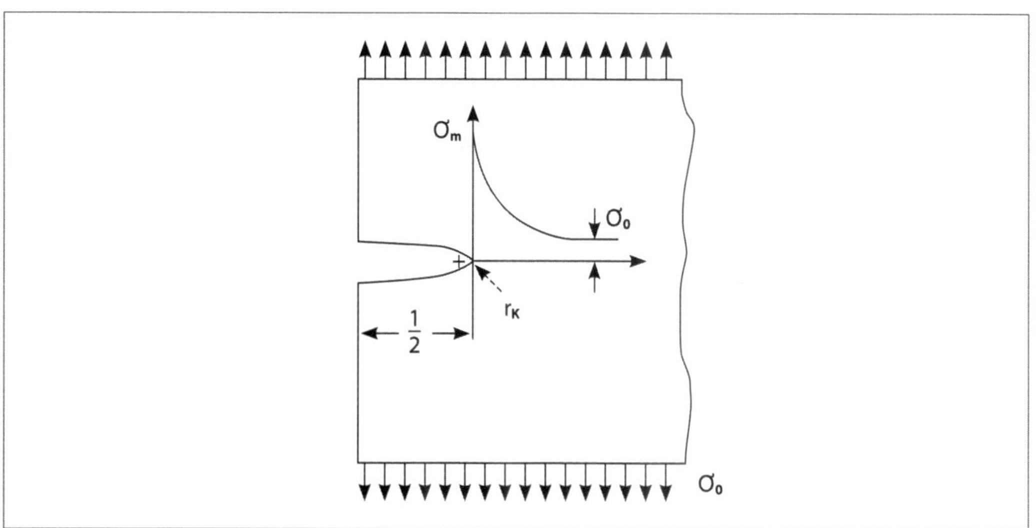

l = Länge des ganzen Anrisses
r_K = Kerbradius
σ_m = Maximalspannung an der Rissspitze
σ_0 = homogene Belastung der Probe

$$\frac{\sigma_m}{\sigma_0} = 1 + 2 \cdot \sqrt{\frac{l}{2 \cdot r_K}} \quad (1.5)$$

Mit abnehmender Korngröße infolge weiterer Zerkleinerung ist eine geringere Zahl an Fehlstellen verbunden, wodurch die Festigkeit des Mahlguts zunimmt und zur weiteren Zerkleinerung eine höhere spezifische Arbeit erforderlich ist. Schließlich wird die Mahlbarkeitsgrenze erreicht, die für viele Materialien bei 1 bis 5 µm liegt. In diesem Bereich treten plastische Verformungen, aber keine Brüche mehr auf. Die Zerkleinerung stellt einen sehr energieintensiven Vorgang dar. Nur ein geringer Teil der einer Zerkleinerungsapparatur zugeführten Energie wird als Nutzarbeit verbraucht. Die technische Zerkleinerungsarbeit W_{ges} setzt sich zusammen aus:

$$W_{ges} = W_A + W_{VZ} + W_{VM} \tag{1.6}$$

W_A = Grenzflächenenergie zum Trennen der Elementarteilchen
W_{VZ} = zerkleinerungstechnische Verlustarbeit
(z. B. plastische Deformation der Körner ohne Bruch, Reibung der Körner untereinander)
W_{VM} = maschinentechnische Arbeitsverluste (z. B. Reibungsverluste der Antriebselemente)

Erste Ansätze zur Berechnung der Zusammenhänge zwischen der Zerkleinerungsarbeit und der neu geschaffenen Oberfläche bzw. Partikelgröße erarbeiteten Rittinger, Kick und später Bond [1.6] (Abb. 1.7). Die komplette mathematische Erfassung der Zerkleinerungsvorgänge für ein Körnerkollektiv ist, im Gegensatz zur Betrachtung des Einzelkorns [1.8], bis heute nicht möglich, sodass man sich nach wie vor auf Versuchsreihen und die Empirie der Mühlenbauer stützt.

Abb. 1.7: Spezifische Zerkleinerungsarbeit in Abhängigkeit von der Korngröße [1.6]

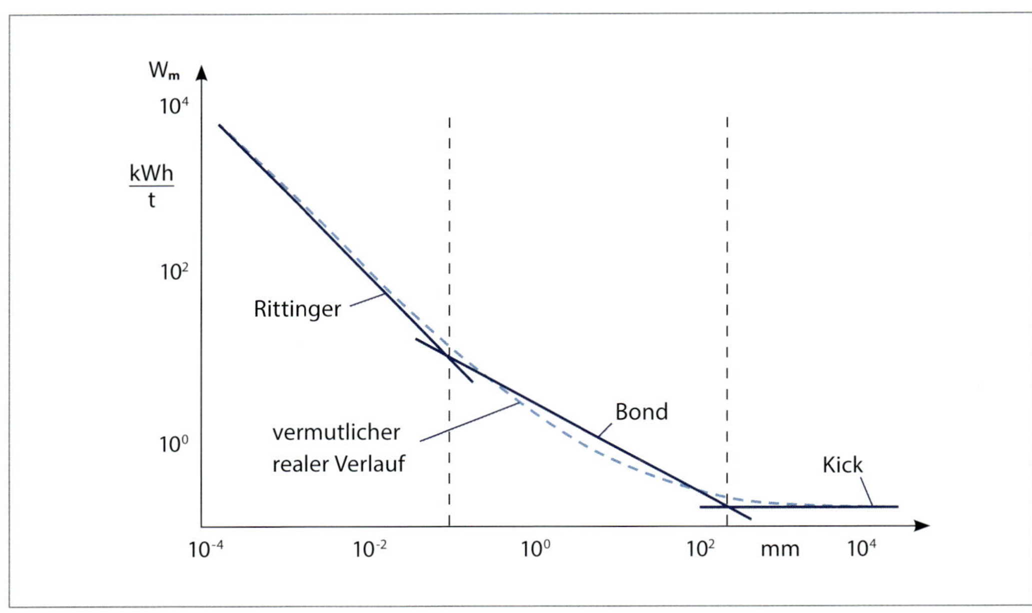

1.3 EINTEILUNG DER ZERKLEINERUNGSPROZESSE UND BEANSPRUCHUNGSARTEN

Die Einteilung der Zerkleinerungsprozesse kann nach der Festigkeit der zu zerkleinernden Produkte, der Beanspruchungsart und der Korngröße der zerkleinerten Produkte erfolgen. Je nach der stofflichen Widerstandskraft gegenüber mechanischer Beanspruchung wird in Hart-, Mittel- und Weichzerkleinerung unterschieden (Tab. 1.1). Demnach unterliegt das Produkt Malz der Weichzerkleinerung.

Tab. 1.1: Einteilung der Zerkleinerungsprozesse nach Härtegraden [1.2]

	Hart-zerkleinerung	Mittelhart-zerkleinerung	Weich-zerkleinerung
Mohshärte	6–10	2–5	1–2
Beispiele	Quarz Zementklinker Topas Korund	Salze Kalkstein Kohle Schwefel	Kalk Gips Getreide Faserstoffe

Den einzelnen Zerkleinerungsverfahren können Beanspruchungsmechanismen zugeordnet werden, die sich in Art, Größe und Geschwindigkeit des mechanischen Angriffs unterscheiden (Abb. 1.8). Die Beanspruchung des zu zerkleinernden Materials ist je nach seinen physikalischen Eigenschaften durch Druck, Druck-Schub, Schlagen, Schneiden, Stoß (Prall), Scherung oder durch die Kombination verschiedener Beanspruchungsarten gegeben.

Abb. 1.8: Beanspruchungsarten nach RUMPF [1.4]

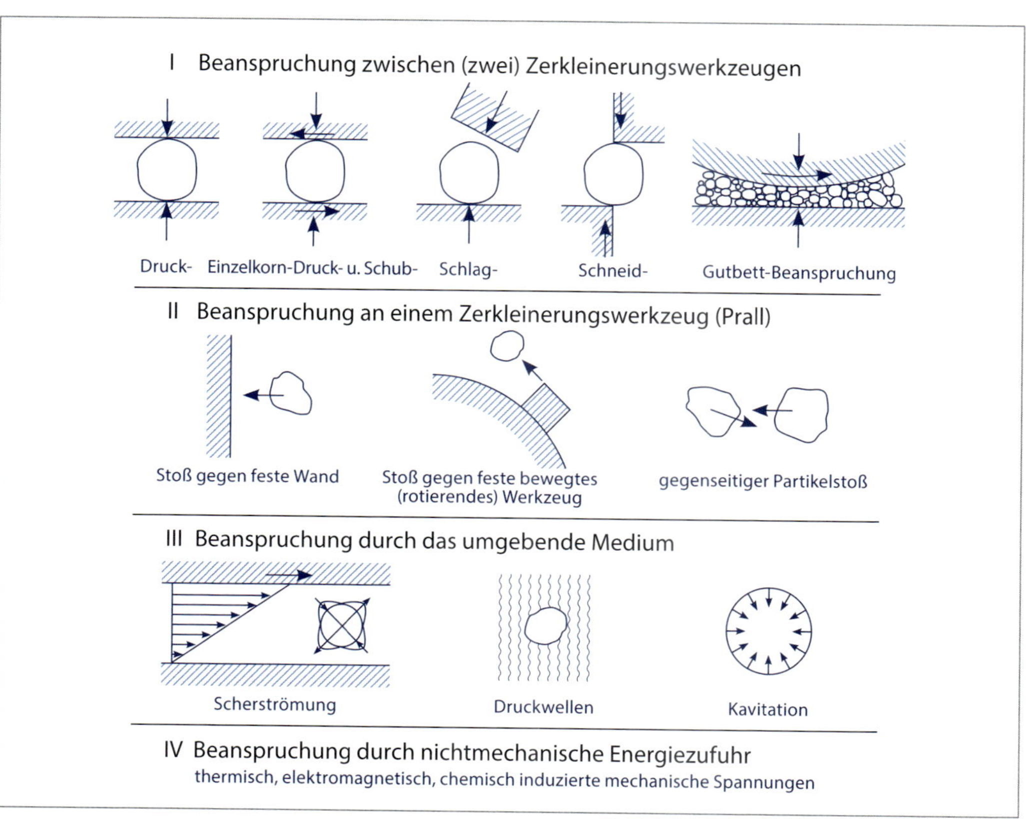

Bei der Beanspruchung zwischen zwei Zerkleinerungswerkzeugen wird die Partikel einer Druckbelastung oder einer kombinierten Druck-Schub-Belastung (Kategorie I) ausgesetzt (Abb. 1.8). Die Zerkleinerung erfolgt bei Druckbelastung durch das Überschreiten der Druckfestigkeit des Korns. Die Beanspruchungsintensität wird maßgeblich durch die Form der Partikeln beeinflusst und weniger durch die Geschwindigkeit.
Bei der Prallzerkleinerung geschieht die Beanspruchung der Partikeln über Stoßvorgänge (Kategorie II). Die Zerkleinerung erfolgt durch ein bewegtes Werkzeug (z. B. Hammermühle), Stoß gegen eine Prallfläche oder gegenseitigen Partikelstoß. Die Beanspruchungsintensität ist von der Geschwindigkeit abhängig.
Die Kräfte bei der Zerkleinerung durch das umgebende Fluid (Kategorie III) sind im Vergleich zur Zerkleinerung der Kategorie I und II geringer. Das Zerkleinerungsergebnis beruht hierbei auf unsymmetrischen Druck- und Zugbelastungen, die durch eine Scherströmung erzeugt werden. Bei turbulenten Strömungen treten zeitlich und örtlich stark schwankende Belastungen auf.
Die Zerkleinerung kann auch durch Stoßwellen in Fluiden z. B. durch Druckstöße oder infolge von Kavitation hervorgerufen werden.

Abb. 1.9: Beanspruchungsarten in Maschinen [1.6]

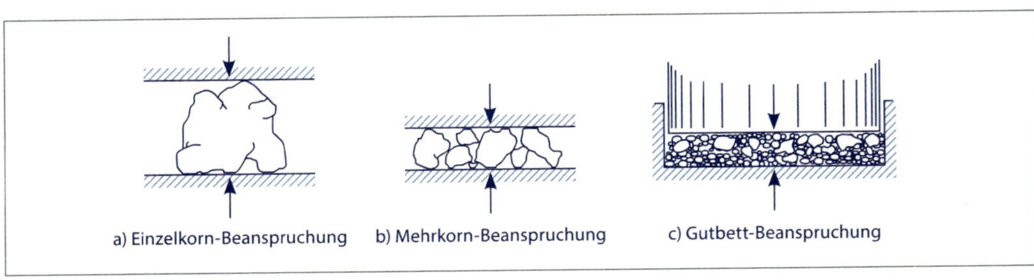

Weiter kann bei Beanspruchungsarten zwischen Einzel-, Mehrkorn- und Gutbettbeanspruchung unterschieden werden (Abb. 1.9). Bezüglich der Energieausnutzung ist eine Einzelkornbeanspruchung anzustreben. Diese ist jedoch nur bei Brechern und bei der Prallzerkleinerung gegeben. Bei der Mehrkornbeanspruchung wird die einwirkende Kraft über zahlreiche Kontaktstellen übertragen, was bei Walzenmühlen der Fall ist. Es liegt eine gegenseitige Beeinflussung der Körner (Abstützung, Reibung) und eine scheinbare Festigkeitserhöhung vor. Dieser Effekt wird bei der Gutbettbeanspruchung durch übereinanderliegende Partikelschichten noch verstärkt.

Die Zerkleinerung kann nach der Korngröße des zerkleinerten Guts (Endfeinheit) in mehrere Bereiche unterteilt werden. Folgende Einteilung ist möglich [1.1, 1.9]:

Grobbrechen	> 50 mm
Feinbrechen	5…50 mm
Grobmahlen (Schroten)	0,5…5 mm
Feinmahlen	50…500 µm
Feinstmahlen	5…50 µm
Kolloidmahlen	< 5 µm

Abb. 1.10: Zerkleinerungsbereiche nach Korngröße des Aufgabeguts [1.2, 1.10]

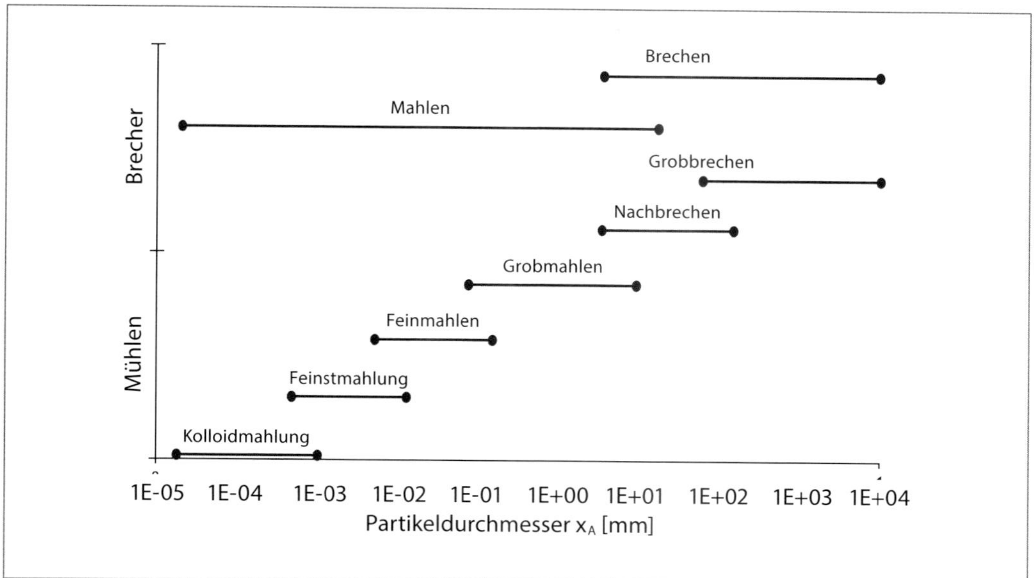

1.4 ZERKLEINERUNGSMASCHINEN

Die Zerkleinerungsmaschinen können nach Dispersitätsbereich, Beanspruchungsart und konstruktiven Merkmalen unterschieden werden. Demnach werden Brecher der Grobzerkleinerung und Mühlen der Feinzerkleinerung zugeordnet, wobei die Grenze fließend ist (Abb.1.10, Tab. 1.2). Zu den konstruktiven Merkmalen zählt, dass Brecher große Kontaktkräfte haben, die spezifische Zerkleinerungsarbeit jedoch klein ist. Mühlen verfügen über kleine Kontaktkräfte. Allerdings ist die spezifische Zerkleinerungsarbeit beträchtlich [1.11].

Tab. 1.2: Einteilung der Zerkleinerungsmaschinen [1.11]

Brecher	Mühlen
Backenbrecher Pendelschwingen-, Kurbelschwingenbrecher	*Mahlkörpermühlen* Kugel-, Stab-, Autogen-, Planeten-, Schwing-, Zentrifugal-, Rührwerksmühlen
Kegelbrecher Steil-, Flachkegelbrecher	*Walzenmühlen* Wälzmühlen, Walzenstühle, Gutbett-Walzenmühlen
Walzenbrecher Walzenbrecher mit Nocken- oder Glattwalzenbrecher	*Prallmühlen* Rotor-, Strahlprallmühlen
Hammer- und Prallbrecher Hammerbrecher, Schredder, Prallbrecher	*Schneidmühlen*

1.4.1 TROCKENZERKLEINERUNG

1.4.1.1 Walzenmühlen

Die Zerkleinerung des Produkts erfolgt im Spalt zwischen zwei achsparallelen, zylindrischen, gegenläufig rotierenden Walzen (D = 250 mm, l = 300–1500 mm). Das Mahlgut passiert einen Spalt nach dem anderen, wobei sich die Spaltweiten zunehmend verringern. In der Brauindustrie werden 2-bis 6-Walzenmühlen eingesetzt. Die Malzkörner werden angebrochen, der Mehlkörper herausgewalzt und weiter auf die angestrebte Feinheit zerkleinert. Im einfachsten Fall (z. B. bei kleinen Sud- bzw. Pilotanlagen) kommt eine 2-Walzenmühle zum Einsatz. Der eingestellte Mahlspalt von ca. 0,8 mm liefert ein relativ grobes Schrot und ist ein Mittelweg für die anschließende Läuterarbeit und Sudhausausbeute. Wichtig ist hier das Vermahlen von gutgelösten Malzen (s. Pkt. 2.5.2.4). Die 4-6-Walzenmühlen ermöglichen eine differenziertere Zerkleinerung des Malzes mit zwei bzw. drei Mahlgängen. Die zwischengeschalteten Siebe sorgen für eine Klassierung. Bei Bauart 1 der 6-Walzenmühle werden nach dem Vorbruch die fertigen Grieße ausgesiebt. Dementsprechend werden nur die Fraktionen (angebrochene Körner und Spelzen), die weiter zerkleinert werden müssen, nach dem Vorbruch der zweiten Mahlpassage, dem Spelzenwalzenpaar zugeführt. Nach dem zweiten Mahlgang wird eine größere Siebfläche eingesetzt (Abb. 1.11) und damit eine geringere Belastung des Siebsatzes erzielt [1.12]. Die ausgemahlenen Spelzen und die fertigen Grieße werden dem Schrotbehälter zugeführt, die Grobgrieße werden auf dem folgenden Grießwalzenpaar fertig vermahlen.

Abb. 1.11: 6-Walzenmühle mit doppelter Zwischensiebung, Bauart 1 [1.13]

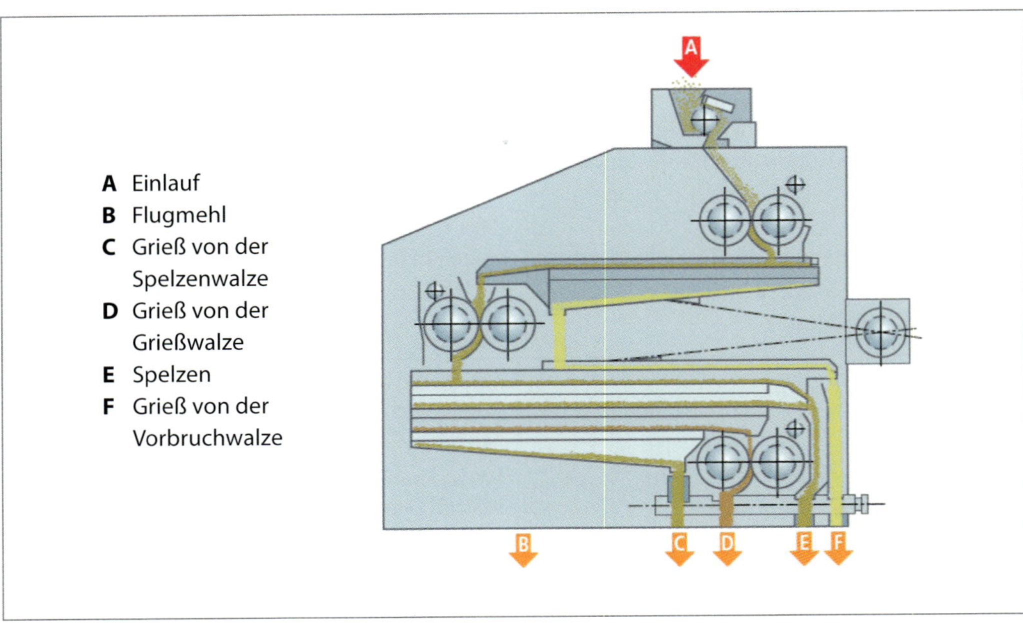

Eine zweite Bauart verzichtet auf die Zwischensichtung nach der ersten Mahlpassage und setzt auf das Prinzip „Vermahlen-Vermahlen-Sichten-Vermahlen“ mit dem Ziel einer schonenden Spelzenabtrennung (Abb. 1.12).

Abb. 1.12: 6-Walzenmühle, Bauart 2, Darstellung der unteren zwei Mahlpassagen mit Sieben [1.14]

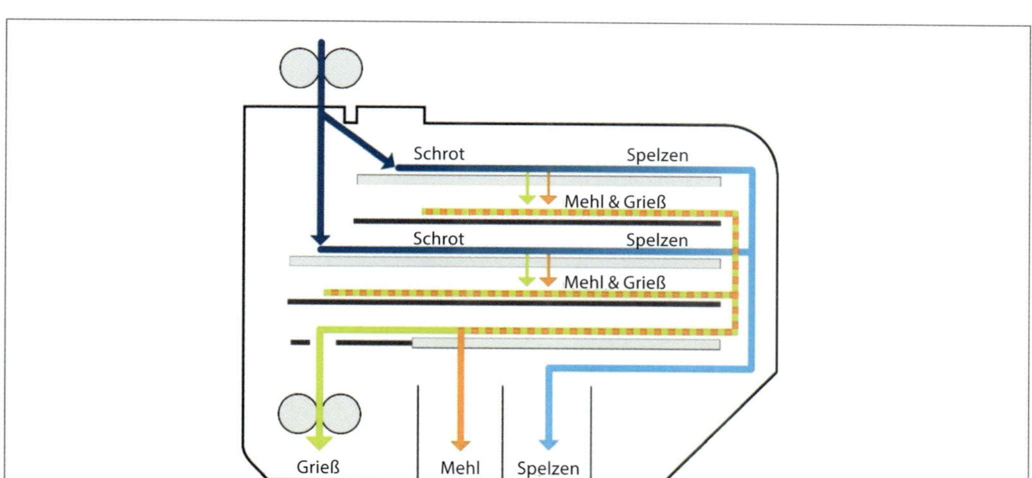

Durch die rechtzeitige Entfernung des Feingutanteils (Feingrieße, Mehl) wird eine verstärkte Leistungsaufnahme durch Reibung und ein zusätzlicher Walzenverschleiß bei den heutigen Bauarten eingeschränkt. Parameter wie Anzahl der Walzenpaare, Abstand der Walzenpaare zueinander, Drehzahl oder Drehzahldifferenz der Walzenpaare, Gestaltung der Walzenoberfläche, Stellung der Riffel, Anzahl und Anordnung der Siebe sowie Siebbespannung beeinflussen die Schrotzusammensetzung. Bei gleicher Umfangsgeschwindigkeit der Walzen erfährt das Mahlgut eine reine Druckbeanspruchung. Bei unterschiedlichen Umfangsgeschwindigkeiten der Walzen kommt es zusätzlich zu einer Schubbeanspruchung. Man spricht von Friktion. Die Walzendrehzahlen betragen 160–180 U/min für 2-Walzenmühlen und 200–550 U/min bei 6-Walzenmühlen. Hohe Drehzahlen führen zu einer zusätzlichen Schlagbeanspruchung. Sehr hartes Gut wird zwischen Glattwalzen und ohne Friktion zerkleinert. Bei der Weichzerkleinerung, z. B. von Getreide, werden geriffelte Walzen bevorzugt, da diese einen geringeren Verschleiß aufweisen. Die Walzenriffelung begünstigt den Korneinzug und öffnet das Malzkorn durch Einschneiden. Für einen vollständigen Einzug des Aufgabeguts müssen Walzendurchmesser und Spaltbreite auf die maximale Korngröße x_{max} abgestimmt sein (Abb. 1.13).

Abb. 1.13: Abbaugrad bei Walzenmühlen (max. Partikelgröße x_{max}/Spaltweite s [1.4]

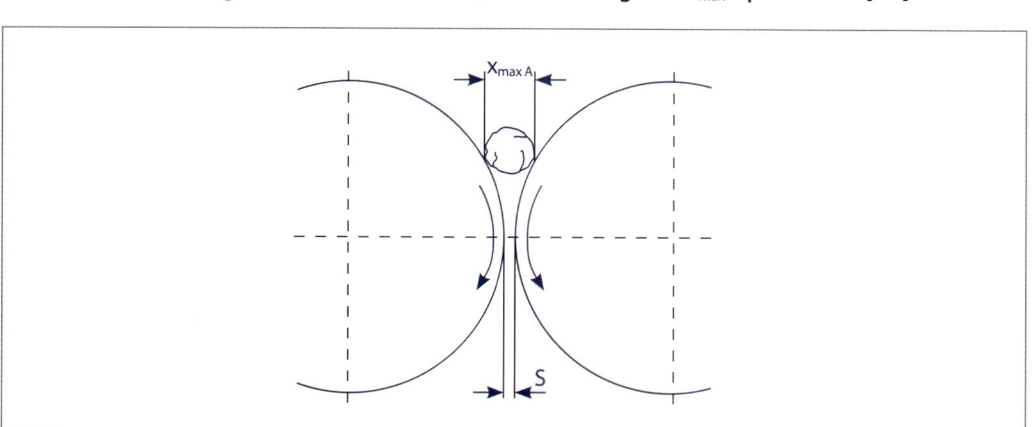

Der Kraftbedarf der 6-Walzenmühle wird mit 1.4–2.5 kWh/t angegeben [1.15]

Aus einer weiteren Entwicklung des Mühlensystems für Brauereien ist die Keilscheibenmühle entstanden, eine Lösung mit der Zielstellung, moderne technologische Anforderungen mit Blick auf nachgelagerte Maisch- und Läuterarbeit zu erfüllen. Das kompakte und vereinfachte System ermöglicht eine Entkopplung von der Rohstoffbeschaffenheit und der Art des Läutersystems [1.16]. Die Läuter- und Würzequalität ist trotz abweichender Schrotzusammensetzung von einschlägigen Normwerten zu oben beschriebenen Schrotsystemen äquivalent.

Abb. 1.14: Keilscheiben aus Edelstahl [1.17]

Abb. 1.15: Prinzip Keilscheibenmühle, T-Rex by Ziemann® [1.17]

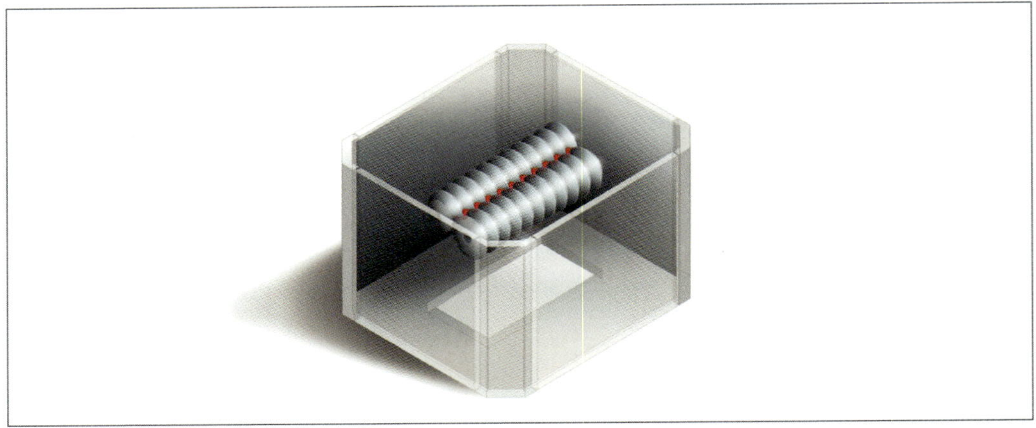

Statt herkömmlicher Walzen besteht das Mahlwerk aus mehreren Keilscheiben in harter Edelstahllegierung mit radialer Riffelung (kompakte Mahlfläche) (Abb.1.14). Diese befinden sich auf zwei gegenüberliegenden Wellen. Die Beanspruchung erfolgt durch Scher-, Druck- und Schneidkräfte. Durch die besondere Geometrie der Mahlwerkzeuge ergibt sich selbst bei kompakten Wellenabmessungen ein sehr günstiger Einzugswinkel, welcher es ermöglicht, in nur einer Passage die gesamte, notwendige Zerkleinerungsenergie einzubringen, um die Spelze ausreichend auszumahlen. Durch den Wegfall weiterer Passagen kann so der feindisperse Anteil (Pudermehl) im Mahlgut reduziert werden, was sich positiv auf die Läutereigenschaften auswirkt. Die elektrische Leistungsaufnahme (70 % im Vergleich zur 6-Walzenmühle) und Lärmentwicklung fallen bei niedriger Erwärmung des Mahlguts geringer aus. Die Mühle, welche mit einer Weichkonditionierung ausgestattet sein kann, erzeugt Schrot für Läuterbottich- und Siebscheiben-

filtersysteme. Die Zerkleinerung von Rohgerste erfordert je nach Anforderung zwei Mahlgänge, darstellbar in zwei Durchläufen oder in Verwendung von zwei übereinander gesetzten Modulen.
Meist geht der Trockenschrotung eine Konditionierung des Malzes durch Dampf (0,5 barÜ) oder bevorzugt durch Wasser (T < 40 °C) voraus. Die geringfügige Befeuchtung (im Malz max. 1,5 %, in den Spelzen ≥ 3 %) führt zu einer höheren Elastizität der Spelzen, einem höheren Spelzenvolumen und einer besseren Durchlässigkeit der Treberschicht im Läuterbottich. Der Trend geht inzwischen zu einer höheren Befeuchtung der Spelzen auf ≥ 6 %.
Mit den beschriebenen Mühlen wird das Schrot für den Betrieb von Läuterbottich, klassischen Maischefilter (6–8 cm) und Siebscheibenfilter hergestellt. Sollen die elastischen Spelzen eine weiter gehende Zerkleinerung erfahren, müssen beispielsweise Prallmühlen zum Einsatz kommen.

1.4.1.2 Prallmühlen

Die Prallmühlen dienen der Feinzerkleinerung. Der Energieeintrag erfolgt entweder durch einen schnell laufenden Rotor oder durch Gas- bzw. Dampfstrahlen. Demzufolge wird zwischen Rotorprallmühlen (Hammer-, Stift-, Pralltellermühlen) und Strahlprallmühlen unterschieden. In Ersteren werden Partikel-Werkzeug-Stöße, in Letzteren Partikel-Partikel-Stöße erzeugt.
Das Mahlergebnis von Prallzerkleinerungsmaschinen kann durch Umfangsgeschwindigkeit, Mahlspalte zwischen Rotor und Stator, Form, Größe und Anzahl der Zerkleinerungswerkzeuge, Mahlgutkonzentration im Mahlraum, Temperatur und Feuchtigkeit des Trägergases, Verweilzeit und Lochweite der Siebeinrichtung gesteuert werden. Da die Partikeln, je kleiner sie sind, eine umso höhere Festigkeit besitzen, müssen die Umfangsgeschwindigkeiten der Rotoren entsprechend größer sein, je feiner das Produkt vermahlen werden soll. [1.4, 1.18]. Der Einsatz zur Hartzerkleinerung ist aufgrund der starken Verschleißwirkung nachteilig.
Hammermühlen weisen im Prozessraum schnell umlaufende Rotoren auf. Ein Schlägerwerk zerkleinert das Malz zu Pulverschrot (> 70 % < 150 µm). An den Rotoren befinden sich gelenkig angeordnete hammerförmige Schläger (Flachstähle), die im Betriebszustand infolge der entstehenden Zentrifugalkräfte eine radiale Schlagstellung einnehmen (Abb. 1.16).

Abb. 1.16: Hammermühle [1.4]

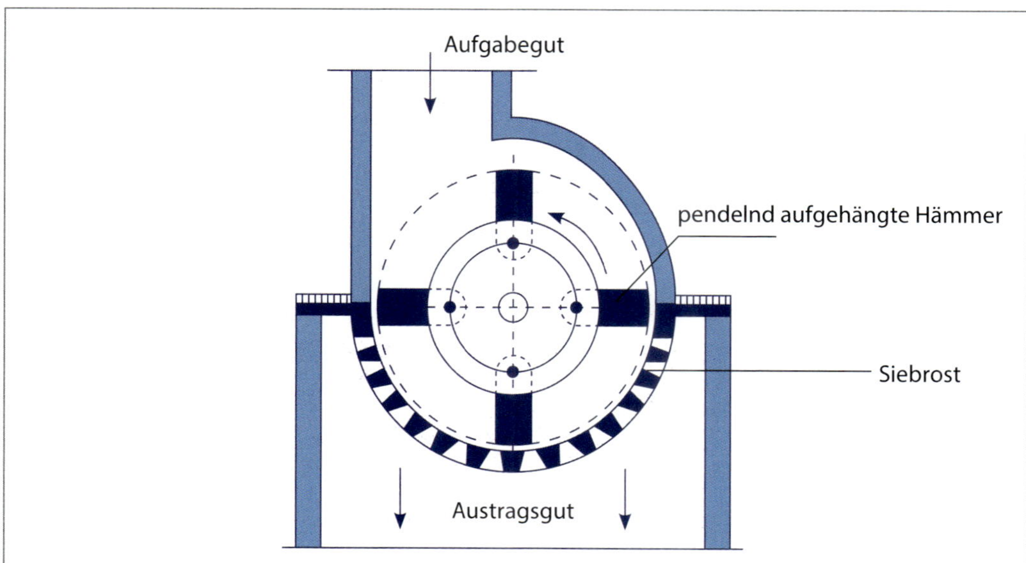

Das Aufgabegut wird hauptsächlich durch Prall und Schlag beansprucht. Die Umfangsgeschwindigkeiten betragen zwischen 20 und 70 m/s [1.4]. Infolgedessen unterliegen die Zerkleinerungswerkzeuge einem nicht zu vernachlässigenden Verschleiß. Der hohen Vermahlungstemperatur muss durch eine ausreichende Ventilation entgegengewirkt werden. In der unteren Hälfte des Mahlraums befindet sich ein Siebmantel (0,5–1 mm), wodurch eine Feinheitseinstellung (Klassierung) der Partikeln erfolgt. Die Einstellung einer Inertgasatmosphäre schützt vor Explosionen. Ein hoher Energieeintrag ist erforderlich. Als spezifischer Kraftbedarf werden 7 bis 12 kWh/t [1.5, 1.15] bei bis zu 20 t/h genannt. Der Trend zu größeren Sieblochungen (≥ 2 bis 3 mm) führt zu einem geringeren Energieverbrauch sowie einer Verschleißminderung der Siebe und Hämmer. Die vertikale Ausführung der Hammermühle hat zudem einen um 30 % geringeren Energieverbrauch und benötigt keine Aspiration (Abb. 1.18) [1.19]. Außerdem ist die Beaufschlagung der Flachstähle (Flächenstoß) günstiger (Abb. 1.17).

Abb. 1.17: Auftreffen der Partikeln auf das Zerkleinerungswerkzeug (Flächenstoß/Kantenstoß) [1.4]

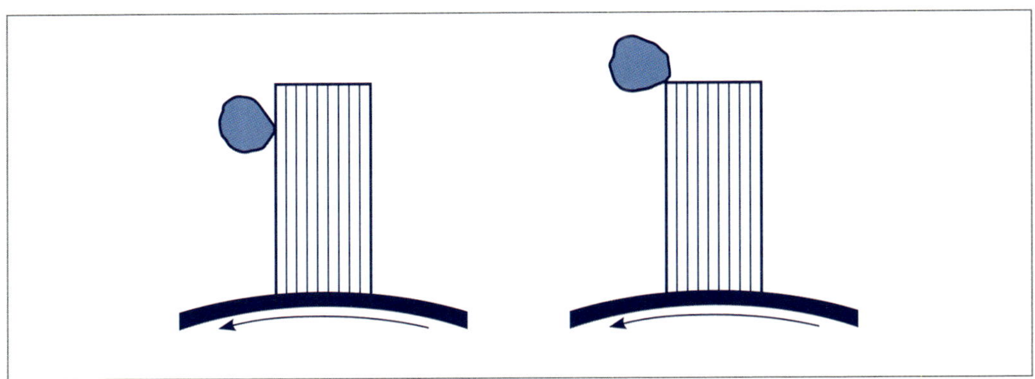

Abb. 1.18: Hammermühle, vertikale Ausführung [1.14]

Mit den oben beschriebenen Hammermühlen wird Schrot für Dünnschichtfilter hergestellt.

Stiftmühlen sind sieblos arbeitende Zerkleinerungsmaschinen (Abb. 1.19). Die Zerkleinerung erfolgt zwischen zwei mit konzentrischen Schlägerkreisen versehenen, ineinandergreifenden Schlägerscheiben. Es gibt zwei Ausführungen von Stiftmühlen: mit feststehender und umlaufender Stiftscheibe oder mit zwei gegenläufig rotierenden Scheiben. Das Mahlgut wird axial in den Prozessraum aufgegeben und durch die Zentrifugalbeschleunigung nach außen geschleudert. Dabei wird es durch die Schlägerkreise erfasst und überwiegend durch Prall, aber auch durch gegenseitigen Abrieb zerkleinert. Stiftmühlen werden für die Fein- und Feinstmahlung verwendet. Dazu sind Umfangsgeschwindigkeiten von bis zu 200 m/s notwendig. Eine Klassierung ist aufgrund der fehlenden Siebe nicht möglich.

Zur Feinstzerkleinerung und Desagglomeration werden *Strahlmühlen* eingesetzt, die ohne bewegte Maschinenteile arbeiten (Abb. 1.19). Es werden größere Stoßgeschwindigkeiten als in Rotorprallmühlen und infolgedessen höhere Feinheitsgrade erzielt. Das Mahlgut wird mithilfe eines sehr schnellen Gasstrahls auf 500 bis 1200 m/s beschleunigt und entweder gegen einen weiteren Gutstrahl aus einer anderen Richtung oder gegen relativ ruhendes Gut gelenkt, in seltenen Fällen auch gegen eine Prallplatte. Die Beschleunigung des Mahlguts erfolgt durch Druckluft oder überhitzten Dampf. Die Zerkleinerungswirkung beruht hauptsächlich auf gegenseitigem Partikelstoß, aber auch auf Reibung und Prall. Die Partikelgrößenverteilung wird über einen Sichter im Auslass der Strahlmühle reguliert [1.4, 1.18]. Es können Korngrößen < 2 µm erzielt werden. Der Nachteil liegt im geringen Durchsatz mit < 1t/h und dem hohen spezifischen Energiebedarf bis > 1000 kWh/t.

Abb. 1.19: Stiftmühle, Strahlmühle [1.4]

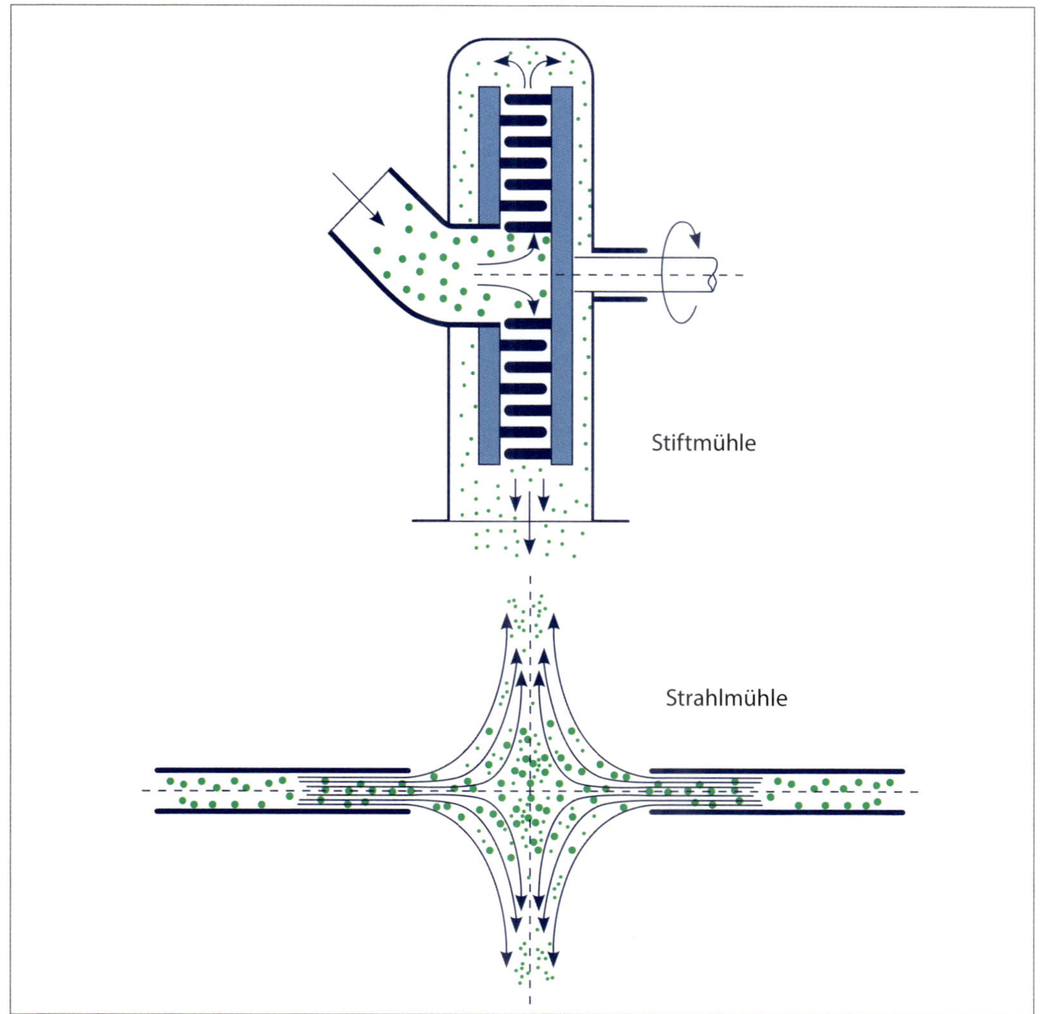

1.4.2 NASSZERKLEINERUNG

1.4.2.1 Dispergiermaschinen

Das Dispergieren ist als Feinverteilen einer oder mehrerer Komponenten in einer kontinuierlichen Phase definiert. Mittels Dispergiermaschinen werden Scherspannungen erzeugt (Beanspruchung durch das umgebende Medium), die zur Zerkleinerung der Teilchen führen. Derartige Zerkleinerungsapparaturen werden in der chemisch-pharmazeutischen Industrie, der Lebensmittelindustrie und der Papierindustrie für die Zerkleinerung und Feinverteilung von Gasblasen, Flüssigkeitstropfen und Feststoffpartikeln in Flüssigkeiten, für den Aufschluss von Zellstoffen sowie zur Lösungs-, Reaktions- oder Extraktionsbeschleunigung eingesetzt. Hauptbestandteile der Maschine sind die Generatoren, bestehend aus einer rotierenden (Rotor) und einer feststehenden Scheibe (Stator), ähnlich einer Stiftmühle. Die Scheiben sind jeweils mit konzentrisch angeordneten Stiftreihen versehen, die ineinander greifen. Die Spaltweiten zwischen den Stift-reihen bleiben je Generatoreinheit konstant. Je nach Prozessbedingungen können bis zu drei Generatoren, die in der Verzahnung variieren, hintereinander gesetzt werden (Abb. 1.20). Beim Durchlaufen wird das Produkt wechselnd tangential beschleunigt, abgebremst und zerkleinert. Die Feinheit des zu zerkleinernden Guts kann durch die Anzahl der eingesetzten Rotor-Stator-Einheiten, die Art der Bestiftung, die Anzahl der Stiftreihen, die Rotordrehzahl und den Volumendurchsatz beeinflusst werden. Neben der Zerkleinerungsarbeit wird aufgrund der Zentrifugalbeschleunigung der Flüssigkeit eine Pumpleistung von wenigen bar erzeugt, die zum Transportieren des zerkleinerten Produkts genutzt werden kann [1.20]. Gebräuchlich sind Inlinegeräte, die einen gleichmäßigen Durchfluss und eine definierte Passagenfolge gewährleisten.

Abb. 1.20: Schnittdarstellung Dispax-Reactor® DR 3/6 der Firma IKA, Staufen [1.20]

Der Stoffstrom in Dispergiermaschinen und die Wirkung auf das Zerkleinerungsgut wird wie folgt beschrieben [1.5, 1.10]

1. Axiale Zufuhr des Produkts
2. Eintritt der Ausgangsprodukte in den ersten Generator der Dispergierkammer
3. Beschleunigung der Flüssigkeits- und Feststoffteilchen auf die Rotor-Umfangsgeschwindigkeit
4. Eintritt der Teilchen in den ersten Scherspalt zwischen Rotor und Stator
5. Zerkleinerung der Teilchen infolge von Scherspannungen
6. Austritt aus dem ersten Scherspalt und Eintritt in den nächsten Scherspalt
7. Eintritt in einen weiteren Generator
8. Radialer Austritt aus der Dispergierkammer

Sind die zu zerkleinernden Stoffe größer als der Tangentialspalt zwischen Rotor und Stator, so werden sie zwischen den Umfangsflächen zerschlagen, zerdrückt, zerquetscht oder zerrissen. Dies entspricht einer Vorzerkleinerung, die vom eigentlichen Dispergiervorgang zum Feinzerkleinern und Feinverteilen unabhängig ist [1.21]. In der ersten und der zweiten Einheit erfolgt also die primäre Zerkleinerung und in der dritten die Homogenisierung und Desagglomerierung des zerkleinerten Mahlguts im Medium, unterstützt durch die Turbulenzfelder im Scherspalt. Die Schrotpartikeln sind unsymmetrisch Druck- und Zugbelastungen ausgesetzt. Bedingt durch die Turbulenz, schwanken diese Belastungen örtlich und zeitlich.

Abb. 1.21: Schematische Darstellung des Rotor-Stator-Prinzips [1.21]

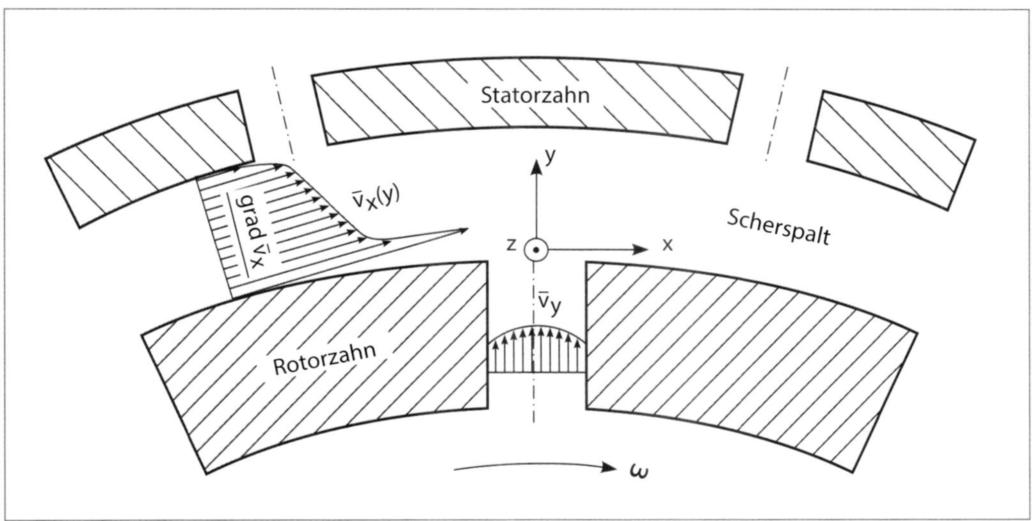

Rotor-Stator-Dispergiermaschinen erzeugen infolge der Rotorumfangsgeschwindigkeit von bis zu 30 m/s ein Geschwindigkeitsgefälle zwischen Rotor und Stator (Abb. 1.21). Das Medium im Scherspalt unterliegt hierdurch einer hohen Scherrate. In Kombination mit der hemmenden Viskosität des Trägermediums wird eine auf das zu zerkleinernde Produkt wirkende Schubspannung initiiert. Kennzeichnende Größen sind die Rotorumfangsgeschwindigkeit v_u, die Scherrate $\dot{y}$ und die Scherfrequenz f_s. Die Scherrate ist als Quotient aus der Umfangsgeschwindigkeit und der Scherspaltweite d_s beschrieben.

$$\dot{y} = \frac{v_u}{d_s} \tag{1.7}$$

$\dot{y}$ = Scherrate
v_u = Umfangsgeschwindigkeit
d_s = Abstand zwischen Rotor und Stator

Der Abstand zwischen Rotor und Stator ist aufgrund technischer Gegebenheiten auf 400–1000 µm festgelegt. Die Scherrate ist der Umfangsgeschwindigkeit direkt proportional.

$$v_u = n \cdot d_r \cdot \pi \tag{1.8}$$

n = Rotordrehzahl
d_r = Rotoraußendurchmesser

Die Scherfrequenz ist mathematisch das Produkt aus Rotordrehzahl und der Anzahl der Rotorzähne.

$$f_s = z \cdot n \tag{1.9}$$

f_s = Scherfrequenz
z = Zähnezahl des Rotors

Anfänglich zeigten sich für die Dispergiertechnik zur Malzzerkleinerung Vorteile, wenn eine Alternative zur Hammermühle gesucht und/oder Rohfrucht verwendet wird. Die dispergierte Rohfrucht wird auf die erforderliche Verkleisterungstemperatur gebracht; das aufwendige Kochen entfällt, da die Dispergiertechnik eine vollständige Freilegung der nativen Stärkekörner ermöglicht. In der Praxis sind Infusionsverfahren bis zu 50 % Rohfruchtschüttung ohne Enzymdosage bzw. 100 % Rohfrucht mit Enzymzusatz anzutreffen. Die Enzymgaben können um 10–15 % reduziert werden. Der Vorteil der Dispergiermaschine ist unter dem bautechnischen Aspekt zu sehen. Aufwendige Förderanlagen inklusive der Schrotereiabteilung mit dem Schrotbunker und Exschutz entfallen. Der Dispax-Reaktor kann neben oder unterhalb des Maischbottichs aufgestellt werden. Zur Maischeförderung ist keine Pumpe erforderlich. Technologisch ist das sauerstoffarme Einmaischen, die Zerkleinerung erfolgt komplett im Wasser, von Vorteil. Es kann zusätzlich CO_2-Atmosphäre eingestellt werden. Als Nachteil ist der hohe Materialverschleiß in den Generatoren durch die abrasive Wirkung der Spelzen anzuführen.

1.4.2.2 Rührwerkskugelmühle

Rührwerkskugelmühlen werden im Bereich der Feinst- und Kolloidmahlung eingesetzt. Die Mühle besteht aus einem Gehäuse (1) und einem Mahlbehälter (2). Dazwischen befindet sich ein Kühlkreislauf (KW), welcher der Suspensionserwärmung entgegenwirkt (Abb. 1.22). Das zu zerkleinernde Produkt (Suspension mit einer Feststoffbeladung von 10 bis 50 Vol.-%) wird mit Mahlkörpern von 0,2–6 mm (z. B. Glas-, Keramik-, Stahlkugeln) versetzt (70–85 % Kugelfüllgrad). Durchmesser und Dichte derselbigen sind der jeweiligen Mahlaufgabe anzupassen. Der Mahlbehälter hat einen mehrstufigen Scheibenrührer (3) zur Bewegung des Inhalts. Die Suspension wird dem Behälter bei vertikaler Ausrichtung unten zugeführt und fließt oben über, wobei die Mahlkörper durch ein Sieb bzw. einen Deckel (5) zurückgehalten werden.

Abb. 1.22: Rührwerkskugelmühle

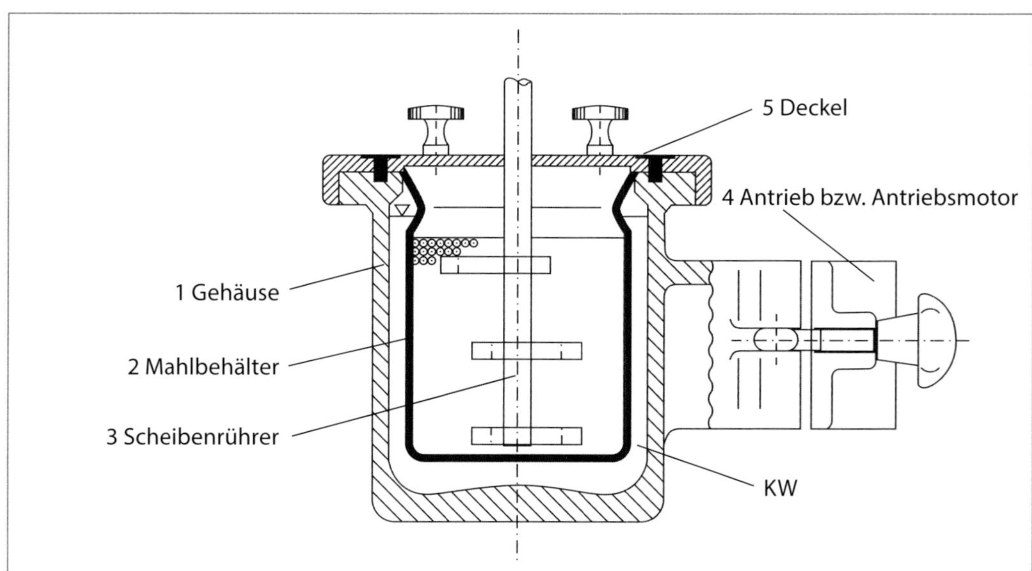

1.4.2.3 Nassschrotung

Die Nassschrotung erfolgt mittels einer 2- bzw. 4-Walzenmühle mit vorhergehender Weichkonditionierung. Üblicherweise haben die geriffelten Walzen einen Durchmesser von 300–400 mm. Bei einer 2-Walzenmühle mit einer Leistung von bis zu 40 t/h weisen die Walzen einen Durchmesser von 500 mm und eine Länge von 2000 mm auf und laufen mit der gleichen Drehzahl von bis zu 480 U/min. Die Spelzen werden beim Durchlauf eines Konditionierungsschachts durchfeuchtet (18–22 %). Ihre Elastizität wird erhöht und sie bleiben weitgehend intakt, was eine höhere spezifische Senkbodenbelastung des Läuterbottichs erlaubt (Punkt 5.2). Der Mehlkörper nimmt nahezu keine Feuchtigkeit auf und kann daher gut zerkleinert werden. Der Schrotvorgang verursacht einen Widerstand auf den Walzen und macht eine regelmäßige Nachriffelung notwendig. Im Vergleich zum Dispax-Reactor® entsteht in Nassschrotmühlen aufgrund ihrer Konstruktion und viel geringeren Walzenumfangsgeschwindigkeit keine Beanspruchung durch Scherströmungen. Damit kann dieser Prozess im verfahrenstechnischen Sinn nicht eindeutig der Nasszerkleinerung zugeordnet werden. Bei der Nassschrotmühle wird der Füllstand des Weichschachts (Verweilzeit, Weichgrad) über die obere Speisewalze und Niveausonde geregelt (Abb. 1.23). Die untere Speisewalze bestimmt die Schrotleistung. Das Malz durchläuft den Weichschacht, der keine weiteren Einbauten besitzt (früher Kaskaden) in 30–90 s und wird mit Wasser von 50–75 °C benetzt. Die Geometrie des Schachts muss so gewählt sein, dass ein gleichmäßiges Absinken des Inhalts über den ganzen Behälterquerschnitt gewährleistet ist (Abb. 1.25). Der Massenfluss (A) wird durch glatte Wände und einen steilen Konuswinkel θ unterstützt. Das restliche Einmaischwasser wird unterhalb der Walzen (Walzenabstand bei einem Walzenpaar 0,3–0,4 mm) eventuell mit Milchsäure und unter Schutzgas zudosiert. Die Milchsäuredosage zum Weich- bzw. Einmaischwasser unterdrückt die enzymatisch-oxidative Wirkung der Lipoxygenasen (Punkt 1.7.2). Insgesamt ist der Sauerstoffeinfluss bei der Nassschrotung minimiert und kann durch eine gekapselte Schrotung unter N_2/CO_2–Inertgas gänzlich ausgeschlossen werden (Abb. 1.24). Unter der Mühle befindet sich die Maischepumpe, kombiniert mit einer Inducerschnecke (Vorsatzlaufrad), zur schonenden Förderung (Abb. 1.23). Alternativ kommt auch eine Mohnopumpe zum Einsatz (Abb. 1.24). Die bevorzugte Bauweise ist die 2-Walzenmühle. Das Schrot eignet sich für den Läuterbottichbetrieb. Da die Schrotzeit mit der Einmaischzeit zusammenfällt, ist eine hohe Schrotleistung erforderlich. Eine gute Malzvorreinigung einschließlich Magnet zur Metallabscheidung ist Voraussetzung, den Verschleiß der Walzen einzuschränken. Die Kontrolle des Nassschrots wird meist empirisch vorgenommen (Anbruch, Zerkleinerungsgrad). Die Beurteilung über Nasssiebung erfordert einen hohen Aufwand und die entsprechende Erfahrung. Außerdem sollte eine Kontrolle der Treber hinsichtlich des aufschließbaren Extrakts inklusive des Jodwerts erfolgen.

Abb. 1.23: Nassschrotmühle, Bauart 1, Variomill® [1.22]

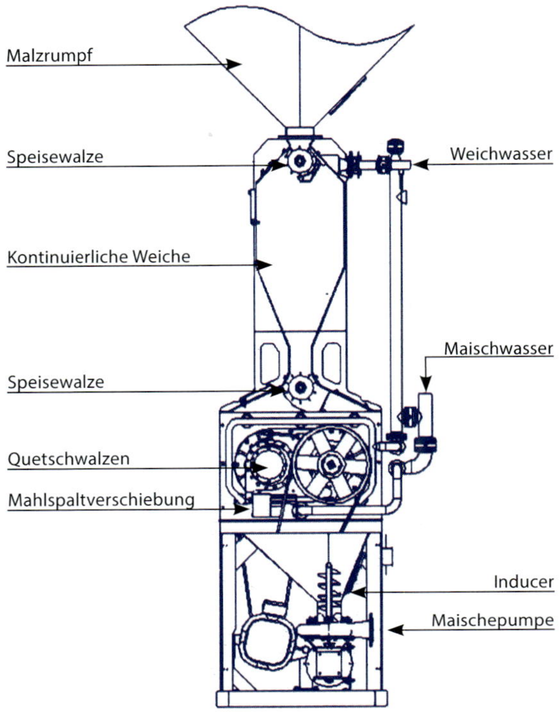

Malzrumpf
Speisewalze
Weichwasser
Kontinuierliche Weiche
Maischwasser
Speisewalze
Quetschwalzen
Mahlspaltverschiebung
Inducer
Maischepumpe

Abb. 1.24: Nassschrotmühle, Bauart 2, Millstar®, optional Milchsäuredosage und Inertgasatmosphäre (gelbe Leitung) [1.23]

Malz
Milchsäure
Kaltwasser
Warmwasser
CIP/Wasser
Kaltwasser
Warmwasser
Maischgefäß

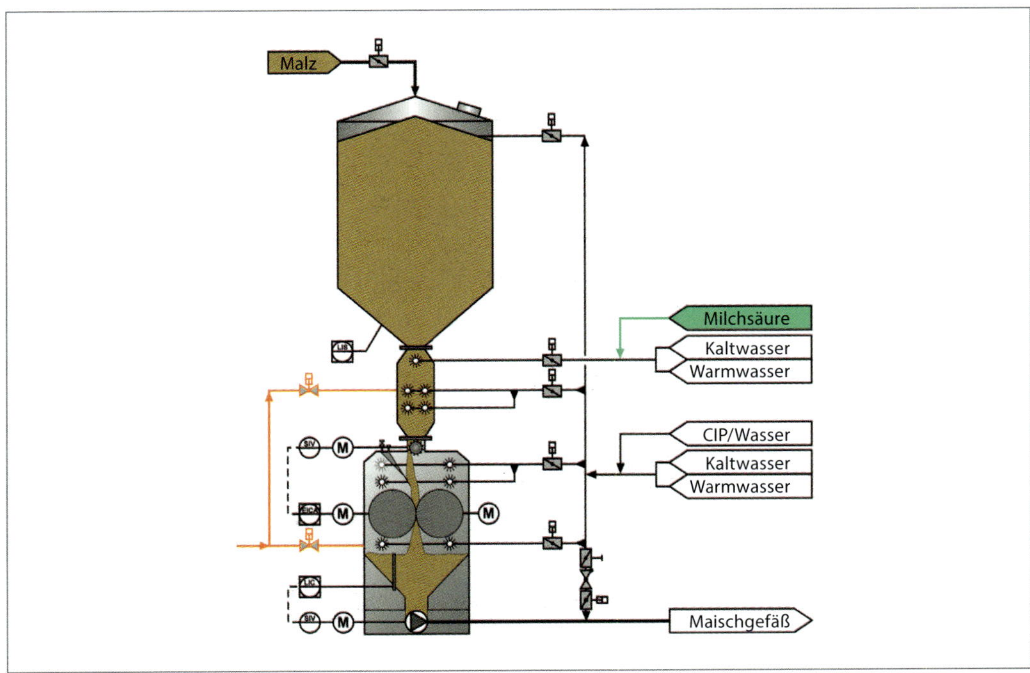

Abb. 1.25: Massen-/Kernfluss bei der Siloauslegung [1.9]

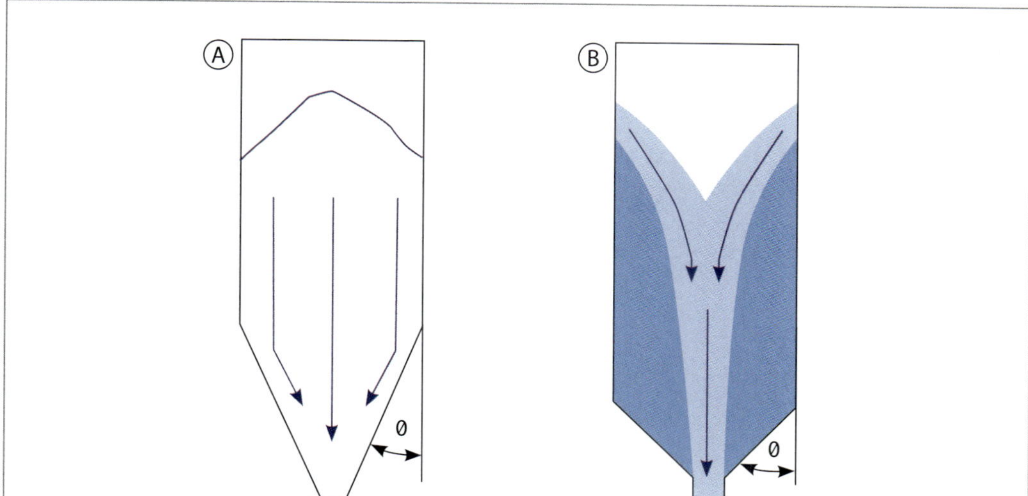

1.5 CHARAKTERISIERUNG DES ZERKLEINERTEN PRODUKTS

Die Elemente der dispersen Phase bestehen aus Partikeln. Wichtige Partikeleigenschaften sind Partikelgröße, Partikeloberfläche und Partikelform. Größe und Oberfläche (Dispersitätsgrößen) kennzeichnen die Feinheit des Systems. Im einfachsten und seltenen Fall handelt es sich um kugelförmige Partikeln. Bei unregelmäßig geformten Partikeln wird häufig der Äquivalentdurchmesser angegeben. Der Äquivalentdurchmesser ist der Durchmesser derjenigen Kugel, die unter gleichen physikalischen Bedingungen denselben Wert eines Feinheitsmerkmals liefert wie die betrachtete Partikel [1.24]. Geometrische Äquivalentdurchmesser sind beispielsweise der Durchmesser der volumengleichen Kugel d_V und der Durchmesser der oberflächengleichen Kugel d_S. Physikalische Äquivalentdurchmesser können der Durchmesser einer Kugel mit gleicher Sinkgeschwindigkeit oder der Durchmesser einer Kugel mit gleicher Streulichtintensität sein. Bei der Berechnung wird allerdings nicht die einzelne Kugel, sondern die Durchmesserverteilung der Kugeln mit gleicher Eigenschaft (z. B. Sinkgeschwindigkeit) herangezogen. Die spezifische Oberfläche ist ebenfalls ein wichtiges Feinheitsmerkmal. Die volumenspezifische Oberfläche setzt sich zusammen aus

$$S_v = \frac{Partikeloberfläche}{Partikelvolumen} \tag{1.10}$$

Die massenspezifische Oberfläche lautet

$$S_m = \frac{Partikeloberfläche}{Partikelmasse} \tag{1.11}$$

Mithilfe der Partikeldichte ρ_s lassen sich die Größen ineinander umrechnen:

$$S_v = \rho_s \cdot S_m \tag{1.12}$$

Mit den Äquivalentdurchmessern lässt sich die spezifische Oberfläche unregelmäßig geformter Partikeln umrechnen:

$$S_v = \frac{\pi \cdot d_s^2}{\frac{\pi}{6} \cdot d_v^3} \tag{1.13}$$

d_s = Durchmesser der oberflächengleichen Kugel
d_v = Durchmesser der volumengleichen Kugel

Bei einer Kugel mit dem Äquivalentdurchmesser $d = d_s = d_v$ gilt

$$S_v = \frac{6}{d} \tag{1.14}$$

Die Beschreibung der Partikelform kann durch die Angabe eines Formfaktors φ erfolgen, der sich aus dem Verhältnis zweier Größen zusammensetzt, die unabhängig voneinander an der Partikel gemessen werden. Dieser Faktor gibt z. B. das Verhältnis der tatsächlichen Oberfläche einer Partikel zur Oberfläche einer volumengleichen Kugel an [1.24]. Der Kehrwert ist die Sphärizität Ψ_{Wa} nach Wadell [1.25].

$$\varphi = \left(\frac{d_s}{d_v}\right)^2 = \frac{1}{\Psi_{Wa}} \tag{1.15}$$

Für Kugeln beträgt $\varphi = 1$ und für anders geformte Partikeln $\varphi > 1$. Der Formfaktor wird umso größer, je mehr die Partikel von der Kugelform abweicht (Tab. 1.3).
Multipliziert man den Formfaktor mit der theoretischen spezifischen Oberfläche (Gl. 1.13), erhält man die spezifische Oberfläche der Einzelpartikel.

Tab. 1.3: Formfaktoren für unterschiedlich geformte Partikeln [1.9]

Beschreibung	Formfaktor
Kugel	1,0
Tropfen, Blasen	1,0–1,1
Eckiges Korn (z. B. Sand)	1,3–1,5
Nadelförmig	1,5–2,2
Plättchenförmig	2,5–4,0
Stark zerklüftete Oberfläche (z. B. Ruß)	100–10000

1.5.1 PARTIKELGRÖSSENVERTEILUNG

Die Gesamtmenge von Partikeln (Partikelkollektiv) wird nach der Dispersitätsgröße, der Partikelgröße x (z. B. Maschenweite eines Siebs oder Äquivalentdurchmesser) und den zugehörigen Mengenanteilen geordnet und als Verteilung dargestellt (Verteilungssumme, Verteilungsdichte).

Abb. 1.26: Partikelgrößenverteilung [1.26]

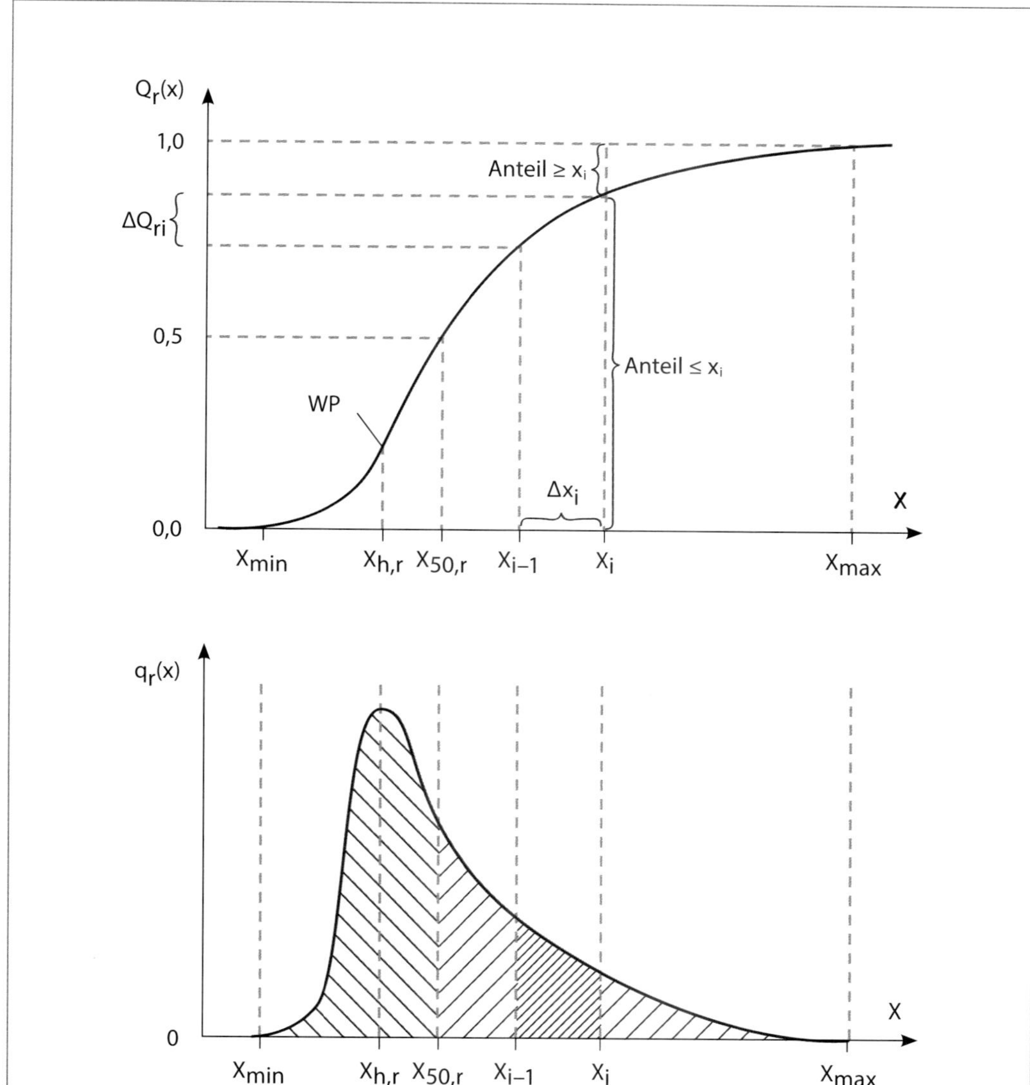

Als Mengenarten (Index r) stehen Anzahl (Q_0), Länge (Q_1), Fläche (Q_2) oder Volumen bzw. Masse (Q_3) zur Verfügung. Das Volumen ist der Masse gleichgesetzt, wenn die Dichte unabhängig von der Partikelgröße ist. Auf der Ordinate werden die Mengenanteile als Anteil an der Gesamtmenge aufgetragen, der unterhalb einer bestimmten Teilchengröße x_i liegt, z. B. der Durchgang durch ein Sieb mit der Maschenweite x_i (Verteilungssumme).

$$Q_r(x) = \int_{x\,min}^{x\,max} q_r(x)\,dx \tag{1.16}$$

$x \leq x_{min}$ $\quad Q_r(x) = 0$

$x \geq x_{max}$ $\quad Q_r(x) = 1$

Der Medianwert $x_{50,r}$ entspricht der Partikelgröße, unterhalb der 50 % der Partikelmenge liegen.
Die Verteilungsdichte berechnet sich aus dem Anteil der Gesamtmenge in einem bestimmten Größenintervall, bezogen auf die Intervallbreite Δx_i, z. B. der Massenanteil, der zwischen zwei Sieben mit den Maschenweiten x_i und x_{i-1} zurückbleibt. Die Darstellung der Verteilungsdichtefunktion $q_r(x)$ erhält man aus der Verteilungssumme.

$$q_r = \frac{Q_r(x_i) - Q_r(x_{i-1})}{\Delta x_i} = \frac{\Delta Q_{r,i}}{\Delta x_i} \tag{1.17}$$

$$x \leq x_{min} \quad q_r(x) = 0$$
$$x \geq x_{max} \quad q_r(x) = 0$$

Am Wendepunkt von $Q_r(x)$ hat $q_r(x)$ ein Maximum. Dieser Wert $x_{h,r}$ (Modalwert) kennzeichnet die mengenreichste Partikelgröße. Es können auch bi- oder multimodale Verteilungen auftreten.

1.5.2 KONTROLLE DER ZERKLEINERUNG (ANALYSENMETHODEN)

Die Partikelmesstechnik bildet die Basis zur Sicherung der Qualität und der nachfolgenden Prozessschritte.
Die Schrotkontrolle soll wöchentlich erfolgen. Grundvoraussetzung ist eine korrekte Probennahme (Kap.14).
Die Proben müssen während des Schrotens über den zentralen Probennehmer der Mühle gezogen werden (andernfalls Entmischung; Gesamtmenge max. 200 g). Zur Einzelüberprüfung der Mahlpassagen werden die Proben unter den entsprechenden Mahlgängen entnommen.
Die Beurteilung des Schrots kann folgendermaßen vorgenommen werden:

- empirisch (Vorbruch, Ausmahlungsgrad der Spelzen) nach dem ersten Walzenpaar
- Spelzenvolumen (> 700 ml/100 g)
- Siebanalyse (s. Tab. 1.4)
- Analyse mittels Laserbeugung

1.5.2.1 Siebturm

Die Methode zeichnet sich durch einen einfachen apparativen Aufbau, geringen Arbeitsaufwand, die Erfassung eines relativ breiten Kornspektrums und gute Reproduzierbarkeit aus. Die Klassengrenzen ergeben sich aus den Maschenweiten der gewählten Siebe. Die Sortierung von Läuterbottichschrot kann nach DIN ISO 3310-1 (0.125; 0.250; 0.500; 1.00; 1.250 mm) durchgeführt werden [1.27].

1.5.2.2 Luftstrahlsieb

Bei feineren Schroten (Pulverschrot) ist mit dem Luftstrahlsieb (Einzelsiebung) zu arbeiten. Im Gegensatz zum Siebturm besteht hier keine Gefahr der Maschenverlegung (adhäsive Kräfte) durch den Feinanteil (< 125 µm) und der Agglomeration der Partikeln untereinander. Die Siebung erfolgt jeweils nur mit einem Sieb, auf welches das Material aufgegeben wird. Das Sieb wird mit einem abdichtenden Deckel verschlossen (Abb. 1.27). Ein kreisender Luftstrom (rotierende Schlitzdüse) durchmischt das Gut von unten. Gleichzeitig wird die Luft des Siebgutraums über ein Sauggebläse angesaugt und nimmt hierbei das Material mit, das feiner als die Maschenweite ist. Der Rückstand auf dem Sieb wird gewogen. Man beginnt mit dem Sieb kleinster Maschenweite. Nach einer in Vorversuchen bestimmten Siebzeit wird der Durchgang mittels Differenzwägung bestimmt. Der jeweilige Rückstand wird auf das Sieb mit der nächstgrößeren Maschenweite überführt.

Abb. 1.27: Luftstrahlsieb, Firma Alpine [1.28]

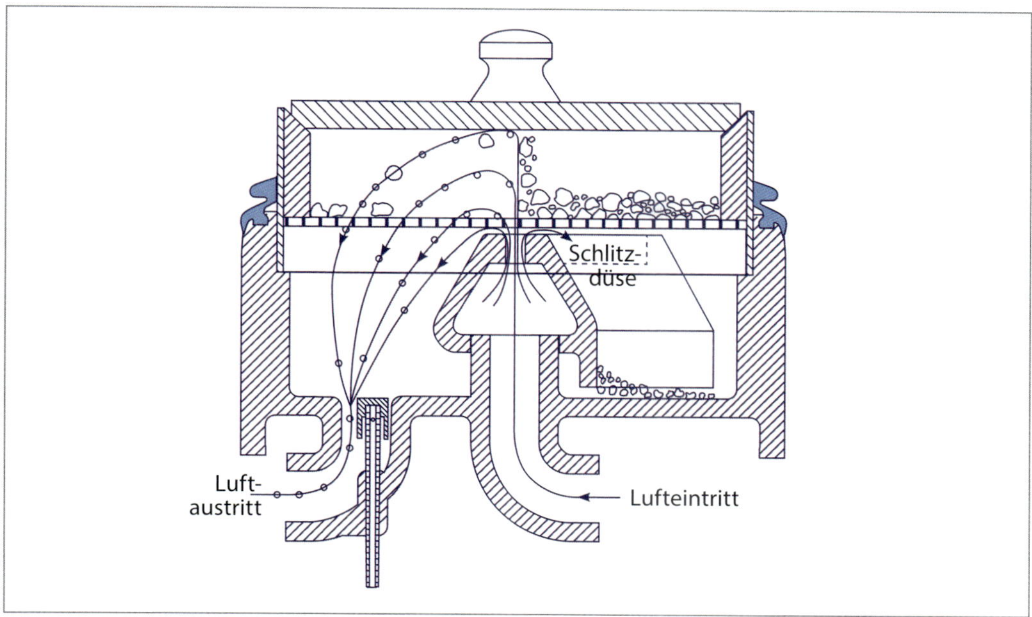

1.5.2.3 Laserbeugungsspektrometer (Streulichtmessung)

Wenn eine ebene Lichtwelle (Wellenlänge λ) auf eine kugelförmige Partikel (d, Brechungsindex n) trifft, so tritt z. T. eine Streuung (Beugung, Brechung, Reflexion) der Welle ein. Die oben angeführte Messmethode basiert auf dem optischen Prinzip der Lichtbeugung, wobei der Beugungsanteil in Vorwärtsrichtung (Fraunhofer'sche Beugung) erfasst wird. Dabei verursachen kleine Partikeln einen breiten Beugungswinkel mit geringer Intensität, während große Partikeln das Licht in einem kleinen Winkel mit hoher Intensität beugen (Abb. 1.28). Der Messvorgang besteht darin, dass die pulverförmige Probe in den Luftstrahl gebracht, dort dispergiert und mittels einer Düse senkrecht zur optischen Achse des Systems durch den Strahlengang des Lasers geleitet wird. Die Sammellinse bündelt die durch die Partikeln entstehenden Beugungsspektren und bildet sie auf den in der Brennebene angeordneten Multielementdetektor ab. Aus der am Detektor aufgenommenen Intensitätsverteilung kann über komplexe mathematische Verfahren auf die Partikelgrößenverteilung geschlossen werden. Je nach Einstellung der Brennweite ergibt sich ein Messbereich von 0,5–1750 µm.

Abb. 1.28: Messprinzip der Laserbeugung

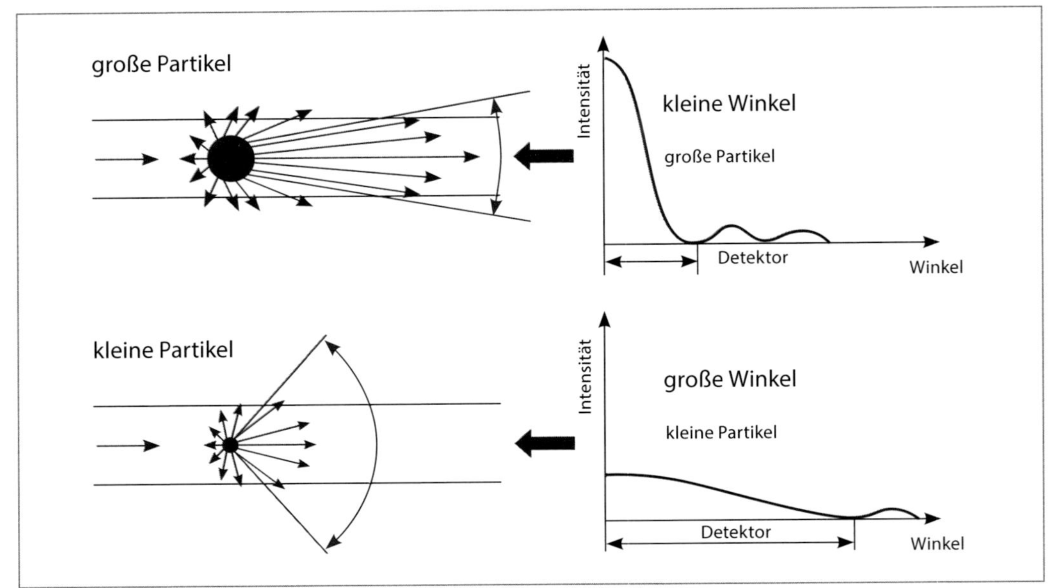

1.5.2.4 Bildanalyse

Um Bilder mit Computersystemen verarbeiten zu können, müssen sie in Datenformate umgesetzt werden. Diesen Vorgang nennt man Digitalisierung. Das Objekt oder eine mikroskopische Vergrößerung davon wird als Bild durch eine CCD-Kamera erfasst. Das digitale Bild ist aus sehr vielen Bildelementen, den Pixeln aufgebaut, wobei jedem Pixel eine Farbtiefe bzw. ein Grauwert zugeordnet wird. Mittels Bildanalysesoftware wird eine pixelweise Umwandlung des Grauwertebilds in ein Schwarz-Weiß-Bild (Binärbild) durch eine eingestellte Grauwertschwelle vorgenommen. Die Rasterflächen werden somit in Schwarz (= 0) oder Weiß (= 1) dargestellt. Damit ergeben sich eindeutig einzelne, erkennbare Objekte. Wichtig ist die Unterscheidung zwischen den Einzelpartikeln und die Differenzierbarkeit der Partikel gegenüber dem Hintergrund. Dazu werden Helligkeit und Kontrast vor dem Binarisieren mittels der Software überarbeitet. Als Messgrößen werden Fläche, Umfang, Durchmesser etc. ausgewertet.

1.6 ZERKLEINERUNG DES MALZES

1.6.1 AUFGABEN

Dem Prozessschritt des Schrotens kommt im Rahmen der Würzebereitung eine wichtige Funktion zu, wobei zwei völlig konträren Zielen Rechnung getragen werden muss.

Zum einen soll das Malz so zerkleinert werden, dass die physikalischen und chemisch-biologischen Vorgänge beim Maischen optimal ablaufen. Angestrebt werden die schnelle Lösung und vollständige Umsetzung der Malzinhaltsstoffe. Ziel des Maischens ist es, maximalen Extrakt bei technologisch idealer Würzezusammensetzung für den angestrebten Biertyp zu erhalten. Eine optimierte Schrotqualität bewirkt kürzere Verzuckerungszeiten, höhere Endvergärungsgrade, geringere Treberverluste (= höhere Ausbeute) und eine verbesserte Jodnormalität der Würzen. Weiterhin können die üblichen Schwankungen der Malzqualität bis zu einem gewissen Maß ausgeglichen werden.

Zum anderen muss der nachfolgenden Trenntechnik Rechnung getragen werden. Man will eine schnellstmögliche Abtrennung der Festbestandteile bei optimaler Ausbeute. Hierbei müssen die existierenden Trennsysteme differenziert betrachtet werden:

Bei *Läuterbottichbetrieb* ist die Ausbildung einer Filterschicht notwendig, die es ermöglicht, Vorderwür-

ze und Nachgüsse bei optimaler Ausbeute in weniger als zwei Stunden zu gewinnen. Die Spelzen sind innerhalb der Treber für die Ausbildung einer lockeren, gut durchlässigen Treberschicht verantwortlich. Je feiner die Vermahlung der Spelzen ist, um so weniger durchlässig wird die Treberschicht. Dies ist vor allem bei Hochleistungsbottichen (bis 14 Sude pro 24 h) von größter Bedeutung. Grundvoraussetzung hierfür ist der Erhalt der Spelzenfraktion mit einem Anteil von ca. 18 bis 25 % (Tab. 1.4). Von Belang sind also nicht nur die puren Spelzen, sondern auch ein bestimmter Prozentsatz an Grießen, die als "Distanzstücke" fungieren [1.15]. Erhaltene und gut ausgemahlene Spelzen ergeben ein hohes Spelzenvolumen (Soll > 700 ml/100 g). Der Pudermehlanteil ist auch eine wichtige Fraktion der Schrotsortierung. Die weitgehende Vermahlung des Mehlkörpers des Malzes ist zwar für die enzymatische Angreifbarkeit während des Maischens förderlich, die Durchlässigkeit der Treberschicht wird jedoch stark herabgesetzt. Bei zu feinem Schrot besteht insgesamt die Gefahr einer unvollständigen oder zumindest erschwerten Auswaschung. Daraus folgt, dass mit sinkendem Spelzenanteil die Aufhacktechnik optimiert bzw. ein alternatives Trennverfahren zum Läuterbottich zum Einsatz kommt wie beim *klassischen Maischefilterbetrieb* (6–8 cm) mit einem tendenziell feineren Schrot mit ca. 11 % Spelzenanteil.
Neuere Maischefilterbauarten (= Dünnschichtfilter 4,5 cm) sind in der Lage, ein mittels Hammermühle hergestelltes Pulverschrot (> 70 % < 150 µm) zu verarbeiten.

Tab. 1.4: Schrotsortierung für verschiedene Läutersysteme [1.29]

	Maschenweite [µm]		Läuterbottich	Maischefilter	Maischefilter, Dünnschicht	Membran-Filter
Fraktion	Pfungstädter Plansichter	DIN ISO 3310-1	[%]	[%]	[%]	[%]
Spelzen	1270	1250	18–25	11	5–6	< 1
Grobgrieß	1010	1000	< 10	4	7–9	< 9
Feingrieß I	547	500	35	16	22–23	> 55*
Feingrieß II	253	250	21	43	28–33	
Grießmehl	152	125	7	10	15–24	< 35**
Pudermehl	Boden	Boden	< 15	16	6–23	

***Summe Feingrieß I u. II, ** Summe Grieß- und Pudermehl**

1.6.2 MALZLÖSUNG

Die Begriffe Malzqualität und Malzlösung stehen in engem Zusammenhang. Per Definition nach Lüers [1.30] liefert die Gesamtheit aller Methoden rückblickend ein Urteil über das Ausmaß der beim Mälzen stattgefundenen Veränderungen und vorausschauend Anhaltspunkte über die Verarbeitbarkeit des Malzes beim Brauprozess. Dies wird unter dem Begriff „Auflösungsgrad" zusammengefasst. Die elementaren Veränderungen des Korns während des Keimprozesses betreffen neben den Wachstumserscheinungen des Blatt- und Wurzelkeims Umsetzungen im Mehlkörper, die durch bestimmte Enzymgruppen den Abbau hochmolekularer Reservestoffe in niedermolekulare Produkte bewirken. Palmer [1.31] stellte anlässlich des EBC-Congresses 1971 den Verlauf der Auflösung im Malzkorn schematisiert dar (Abb. 1.29).

Abb. 1.29: Gekeimtes Gerstenkorn [1.31]

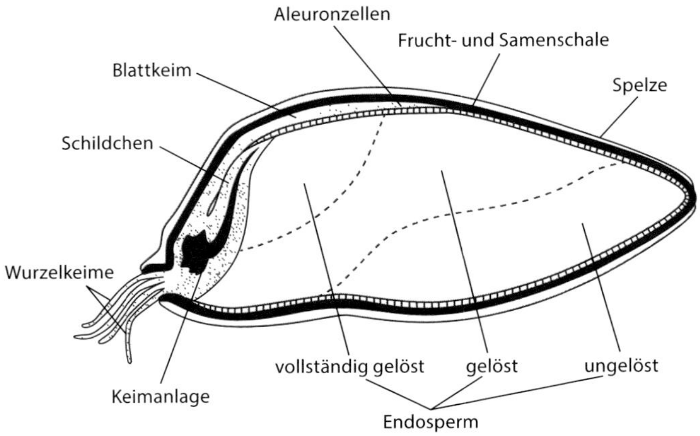

Demnach verläuft die Auflösung vom Keimling parallel zum Schildchen auf der Rückenseite des Korns rascher. Diese Hypothese stellten Brown und Morris bereits 1890 auf [1.32]. Demzufolge ist das Korn unterschiedlich hart und man erhält ungleiche Mahlprodukte. Die Grobgrieße an der Spitze sind enzymarm sowie schwer aufschließbar und stellen beim Schroten einen Widerstand dar. Bei den Feingrießen, die sich bevorzugt in der unteren und z. T. mittleren Kornregion befinden, sind die Zellwände bereits abgebaut. Das bedarf keiner weiteren Zerkleinerung und liefert die Hauptmenge an Extraktbildnern. Sowohl Feingrieße als auch Mehl sind wasserlöslich oder enzymatisch gut angreifbar.
Fazit: Je knapper die Malzlösung ausfällt, desto härter ist das Korn und umso gröber fällt das Schrot aus. Je schlechter die Auflösung, umso wichtiger ist die Schrotbeschaffenheit.
Wird Malz infolge unsachgemäßer Lagerung feucht (6–10 %), so fällt das Schrot gröber aus und die Ausbeuteverluste steigen an. Dieser Negativeffekt kommt bei der Malzkonditionierung nicht zum Tragen, da nur vorwiegend der Wassergehalt der Spelzen erhöht wird.
Rein aus der Empirie äußert sich die Malzauflösung durch mechanische Zerreibbarkeit des Mehlkörpers. Im Lauf der letzten 80 Jahre wurden zahlreiche Methoden entwickelt, um die cytolytischen Vorgänge im Korn möglichst vollständig zu beschreiben [1.33]. Das Ziel, die Cytolyse nur durch eine Analyse zu erfassen, konnte bis heute nicht realisiert werden.

Tab. 1.5: Analysenmethoden zur Beurteilung der Cytolyse

chemisch		mechanisch
M/S-Differenz		Friabilimeter (inkl. ganzglasige)
Viskosität		Blattkeimentwicklung
	der Kongresswürze der 65 °C-Würze	Schnittprobe (Längsschnitt)
ß-Glucan		Härtetest nach Brabender
	der Kongresswürze der 65 °C-Würze	
Färbetest		*Schrotsortierung (Prior 1896)* *Pudermehlgehalt (Hartong 1939)* *Feinanteil über PGV 1994*
	Methylenblau Calcofluor	

Tabelle 1.5 gibt hierzu einen Methodenüberblick: Der Analyse der *Mehl-Schrot-Differenz* liegt der Gedanke zugrunde, dass mit zunehmender mechanischer Lösung des Mehlkörpers auch gröbere Schrotanteile infolge der ansteigenden Permeabilität ihren Extrakt ähnlich leicht hergeben wie das Feinmehl. Der Nachteil dieser Methode liegt in ihrem hohen analytischen Fehler. Die *Viskosität* der Kongresswürze lässt bei gut und sehr gut gelösten Malzen kaum Unterschiede finden. Die klassischen Analysen aus der Kongresswürze zur Charakterisierung der Mehlkörperlösung versagen bei inhomogenen Malzen. Aussagefähiger ist dagegen die in der VZ 65 °-Maische bestimmte Viskosität. Sie spiegelt die Wirkung des ß-Glucansolubilasenkomplexes wider, der die Esterbindung zwischen Eiweiß und Hemicellulose spaltet und damit hochmolekulares ß-Glucan, möglicherweise auch Pentosan [1.34] freisetzt. Demnach treten bei inhomogenen Malzen in der 65-°C-Maische gegenüber der konventionellen Kongresswürze erhöhte ß-Glucangehalte und Viskositätswerte auf. Der Verdacht auf Inhomogenität besteht dann, wenn bei ß-Glucan eine Differenz von > 150 mg/l zur Kongresswürze und bei der Viskosität ein Anstieg um 0,1 mPas vorliegen. Mit dieser geschilderten analytischen Weiterentwicklung kann das Inhomogenitätsproblem eingegrenzt werden. Das isotherme 65-°C-Maischverfahren führt zu einer praxisnäheren Beurteilung neuer Züchtungen und spiegelt die heute angewandten Maischverfahren mit kurzer Maischzeit und höherer Maischtemperatur besser wider. Deshalb und wegen der genaueren Differenzierung cytolytischer Merkmale löst das isotherme 65-°C- Maischverfahren das seit 1907 bestehende Kongressmaischverfahren für die Analytik von hellem Gerstenmalz künftig ab.
Die *Schleif- und Färbemethoden* (s. Bildanalyse) geben zwar gute Aussagen zur Auflösung und Homogenität, sind aber von der Präparationszeit und Auswertung her sehr aufwendig. Grundlage ist der direkte Nachweis hochmolekularer ß-Glucane im Malzendosperm. Im Kornlängsschnitt werden die ß-Glucane mit einem MG > 10000 D in den ungelösten und teilgelösten Endospermbereichen mit Calcofluor gefärbt, mit Fastgreen gegengefärbt und bei UV-Anregung als Fluoreszens sichtbar gemacht. Die Auswertung erfolgt über CCD-Kamera und Bildanalyse-Software. Über den Anteil des ungelösten (gefärbten) Bereichs zur Gesamtfläche des Malzkorns erfolgt eine Einteilung in die Auflösungsklassen. Ergeben sich Maxima in einzelnen Modifikationsklassen, ist das Malz inhomogen. Aus dieser Auswertung ergibt sich eine Prognose zum Ablauf bei der Würze- und Bierfiltration [1.35]. Ebenso kann zur Beurteilung der Läuterarbeit neben dem ß-Glucan-Gehalt die Analyse des Arabinoxylans (Pentosan) dienen [1.36].
Mit einer weiteren auf dem Einsatz von Calcofluor basierenden Methode ist es möglich, hochmolekulares ß-Glucan mittels Fließ-Injektions-Analyse zu quantifizieren.
In der Praxis ist häufig der *Friabilimetertest*, der als Screening bei der Malzanlieferung eingesetzt wird, zu finden. Die so ermittelte Mürbigkeit zeigt eine hohe Korrelation mit dem Anteil unterlöster Malze in Mischungen. Andererseits muss ein guter Friabilimeterwert (> 85 %) nicht zwingend eine günstige Viskosität und Mehl-Schrot-Differenz bedingen. Der *Brabenderhärteprüfer* kann als gedanklicher Vorläufer zum Friabilimeter gewertet werden, da die Kraft gemessen wurde, die nötig war, um vorgebrochenes Schrot weiter zu vermahlen. Nicht unerwähnt bleiben soll die *Blattkeimentwicklung*, wobei diese nicht parallel zur Auflösung des Malzes verlaufen muss. Auch die Bestimmung der Mehligkeit mittels Längsschnitt reichte allein nicht aus. In Zusammenhang mit der Laserbeugungs-Methode ist der Vorschlag von Prior 1896 hervorzuheben, Malz bei bestimmtem Walzenabstand zu schroten, um aus der Verteilung der einzelnen Schrotsortierungsanteile auf die Mürbigkeit zu schließen. Hartong griff diesen Gedanken 1939 auf und untersuchte die Pudermehlgehalte während der gesamten Keimzeit.
Basierend auf diesen geschilderten technologischen Zusammenhängen wurde untersucht [1.37], wie sich die unterschiedlichen Malzqualitäten auf die Feinfraktion des Schrots auswirken. Die zur Untersuchung herangezogenen Malze unterschiedlicher Lösung wurden durch Variation der Keimungsparameter (Temperatur, Zeit und Feuchte) aus ein und derselben Gerstensorte hergestellt.

Abb. 1.30: PGV von geschroteten Malzen unterschiedlicher Keimtemperatur [1.37]

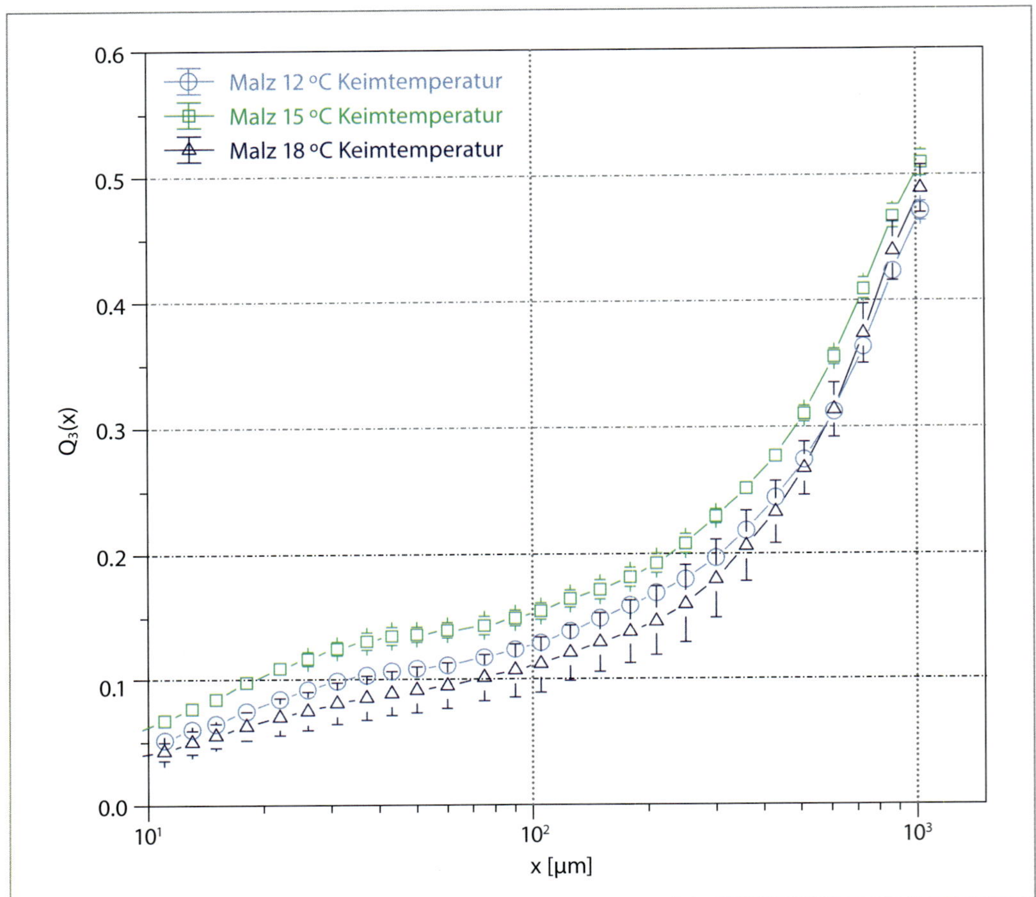

Stellvertretend ist in Abbildung 1.30 die Partikelgrößenverteilung (PGV) der Malze aus der 12, 15, 18 °C-Keimung (44,5% Feuchte, 6 Tage) mit der zugehörigen Schwankungsbreite (3-fach-Ansatz, P = 95 %) dargestellt. Das Malz aus der 15-°C-Keimung weist, gefolgt vom Malz aus der 12-°C-Keimung, den höchsten Feinanteil auf. Den gängigen Malzanalysedaten entsprechend, ist es als gleichmäßig und gut gelöst zu charakterisieren. Aufgrund der niedrigeren Temperatur fallen die Umsetzungen beim 12-°C-Malz geringer aus. Bei der 18-°C-Keimung beginnt die Lösung zwar schneller und intensiver, doch verläuft sie sehr ungleichmäßig, was einen z. T. überlösten Mehlkörper mit harten, glasigen Spitzen („Lösungsgefälle") zur Folge hat. Dies geht zu Lasten des Feinanteils. Die vergleichsweise großen Konfidenzintervalle lassen sich mit der Inhomogenität begründen, die aus der hohen Keimtemperatur resultiert. Die Messung erstreckt sich hinunter bis in den Größenbereich der Stärkekörner (5–30 µm).
Insgesamt zeigte sich, dass sich die Maßnahmen, die der Steigerung der Malzhomogenität förderlich sind, in der Partikelgrößenverteilung des Schrots (höherer Feinanteil) niederschlagen und stark inhomogene Malze anhand der geschilderten Methode unterschieden werden können.

1.7 PRAKTISCHE ANWENDUNG VON SELEKTIVEN ZERKLEINERUNGSTECHNIKEN

1.7.1 EINFLUSS DES SPELZENEINTRAGS AUF DEN BRAUPROZESS

Der Spelzenanteil der Gerste ist sortenspezifisch. So besitzen Wintergersten einen höheren Spelzengehalt [1.30]. Die globale Lehrmeinung der Brauereitechnologie weist an mehreren Stellen des Brauprozesses darauf hin, dass die "unedlen" Bestandteile der Spelzen [1.15] nicht in das Produkt übergehen sollen. Schon aus Literaturquellen ab 1904 [1.30, 1.38] ist zu entnehmen, dass es sich um Gerbstoffverbindungen unterschiedlichster Struktur und Eigenschaften handelt. Hieraus resultieren Biere, deren Qualität durch dunklere Farben, einen breiteren Charakter und eine unharmonische Bittere gemindert ist. Deshalb besteht auch die technologische Forderung, dass Spelzen möglichst wenig zerkleinert werden sollen. Die spezifische Oberfläche soll gering gehalten werden, um somit verstärkten Auslaugungsvorgängen entgegenzuwirken. Das Spelzenmehl weist von allen Schrotfraktionen den höchsten Polymerisationsindex auf [1.39].

Diesem Ziel wird durch die Anwendung einer Spelzentrennung beim Maischen Rechnung getragen. Sie zieht wohl einen zusätzlichen Aufwand nach sich, führt aber zu gerbstoffärmeren Bieren. Allerdings sollte diese Maßnahme der Eliminierung der Spelzenpolyphenole nur dann ergriffen werden, wenn eine weitgehende Abtrennung der Grobgrieße von den Spelzen garantiert werden kann und infolgedessen keine Ausbeuteverluste und technologische Nachteile wie Jodunnormalität der Würzen zu befürchten sind. Es zu berücksichtigen, dass auch andere Malzfraktionen wie das Aleuron- und Endospermmehl und die verschiedenen Hopfenprodukte beträchtliche Mengen [1.40] an gerbenden Substanzen einbringen. Außerdem wird hinsichtlich des Gerbstoffeintrags von einer Wiederverwendung des Glattwassers ohne vorhergehende Behandlung meist abgesehen [1.41]

Das Ziel der puren Spelzengewinnung kann nur dann erreicht werden, wenn entsprechende Windsichtungsmethoden und nicht nur die Siebung zur Anwendung gelangen. Eine japanische Arbeitsgruppe stellte 1991 mit Blickrichtung auf die Polyphenolproblematik ein Verfahren zur Spelzenentfernung des Malzes mittels einer Kombination aus Sichten, Vermahlen und Sieben vor. Damit konnte eine eindeutige Qualitätsverbesserung des daraus resultierenden Bieres verzeichnet werden [1.42]. Als qualitätsverbessernd erwies sich nach Lotz [1.43] die Zusammensetzung eines Pulverschrots, das für eine neue Maischefiltrationstechnik mittels Scherspaltfilter erforderlich war. Hierzu wurde das Malz durch Prallmühlen und Luftstrahlsiebe in zwei Malzmehlfraktionen (Proteinverschiebung) zerlegt und die Spelzen abgetrennt. Im Rahmen der Untersuchungen zur Pulverisierung von Malz [1.28] wurden bereits in den 1970er-Jahren selektive Mahlung und Siebung zur Gewinnung von Endospermmehl (proteinreich), Randzonenmehl und Spelzen zur getrennten Verarbeitung beim Maischen herangezogen. Alle geschilderten Ansätze sind aufgrund des apparativen Aufwands nur im Pilotmaßstab zum Einsatz gekommen.

1.7.2 EINFLUSS DES BLATTKEIMS AUF DEN BRAUPROZESS

Der Blattkeim verfügt über mehrere technologisch nachteilige Eigenschaften. Gemäß einer Bilanzierung ist der Fettgehalt im Blattkeim mit 2,0 bis 3,0 % höher als der durchschnittliche Gehalt im Malzkorn mit 1,2 bis 2,0 % [1.44], während der Wurzelkeim nur 1,1 bis 1,5 % Fett aufweist. Im Gegensatz zum Wurzelkeim, der bei der Malzreinigung entfernt wird, verbleibt der Blattkeim im Malzkorn. Tatsache ist, dass der Anteil an ungesättigten Fettsäuren im Blattkeim gegenüber dem restlichen Korn höher ist und die ungesättigten Fettsäuren als sehr reaktiv gelten [1.45]. So können aus ihnen enzymatisch oder oxidativ gesättigte und ungesättigte Aldehyde und Alkohole entstehen. Einige dieser Komponenten spielen bei der Bieralterung eine große Rolle [1.46, 1.47, 1.48]. In Anbetracht dessen, dass gerade die ungesättigten Verbindungen beim Maischprozess weiterreagieren können, ist es sinnvoll, die im Malzkorn lokalisierten Fettsäuren von vornherein vom Brauprozess fernzuhalten und nicht erst durch möglichst blanke Abläuterung niedrige Fettsäuregehalte in den Würzen zu erzielen. Hinzu kommt, dass der Blattkeim über eine hohe Lipoxygenaseaktivität (LOX) verfügt [1.49, 1.50]. Je höher die Lipoxygenasenaktivität (Temperatur, pH-Wert) ist, umso mehr Hydroperoxide werden während des Maischens gebildet [1.51]. So katalysiert LOX1 die Spaltung von Linolsäure zu 9-Hydroperoxid, das bis zum fertigen Bier in t-2-Nonenal umgewandelt wird. Die Lipidoxidation dominiert hier gegenüber der Autoxidation [1.52]. Ein zusätzlicher technologischer Aspekt ergibt sich aus der Erkenntnis, dass sich im Blattkeim eine hohe Anreicherung an DMS-Precursor nachweisen lässt [1.53, 1.54]. Aus der Summe der geschilderten technologischen Zusammenhänge ergibt sich die logische Konsequenz, auch den Blattkeim abzutrennen. Das Problem zur Aufgabenstellung liegt allerdings darin, dass der Blattkeim nicht wie die Wurzelkeime frei zugänglich ist, sondern von der Stammanlage des Korns auf der Rückenseite unter dem Spelz emporwächst (Abb. 1.29). Unter normalen Auflösungsbedingungen ist der Blattkeim somit komplett von der Spelze umhüllt. Technikumsversuche haben gezeigt, dass bei großen Chargen nur selektive Zerkleinerungstechniken mit anschließender Trennung über Siebung oder Sichtung zur Anwendung gelangen können. Im Rahmen eines Sudhausneubaus wurde ein Konzept [1.55] vorgestellt, bei dem der Einsatz der in der Praxis weit verbreiteten Walzenstühle berücksichtigt wird (Abb.1.31). Voraussetzung ist ein Konditionieren des Malzes. Dann wird das Malz der 2-Walzenmühle so zugeführt, dass die Körner größtenteils in Längsrichtung angebrochen werden, was zur Folge hat, dass der Blattkeim nur geringfügig zerkleinert wird. Die Blattkeime sind vorwiegend im Durchgang nach der ersten Siebung zu finden. In der folgenden 4-Walzenmühle (Grießwalzen) werden die Spelzen ausgemahlen und die Grieße weiter zerkleinert. Anschließend werden die Spelzen in einer 6-Walzenmühle zu Spelzenmehl verarbeitet. Der Grießkasten kann mit CO_2 begast werden. Als technologisch günstig erweist sich das Einmaischen der Grießfraktion bei Temperaturen, bei denen das Wirkungsoptimum der Lipoxygenase überschritten ist. Bei 62 °C ist kurzfristig noch eine Wirkung gegeben. Zusammen mit O_2-freiem Wasser und einem pH-Wert von 5,2 tritt bei 62 bis 64 °C eine stärkere Inhibition ein. Dann folgt das Einmaischen der Spelzenfraktion (geringere Auslaugung). Die Maischetrennung wird über Tandemmaischefilter vollzogen.

Abb. 1.31: Konzept zur Blattkeimabtrennung [1.55]

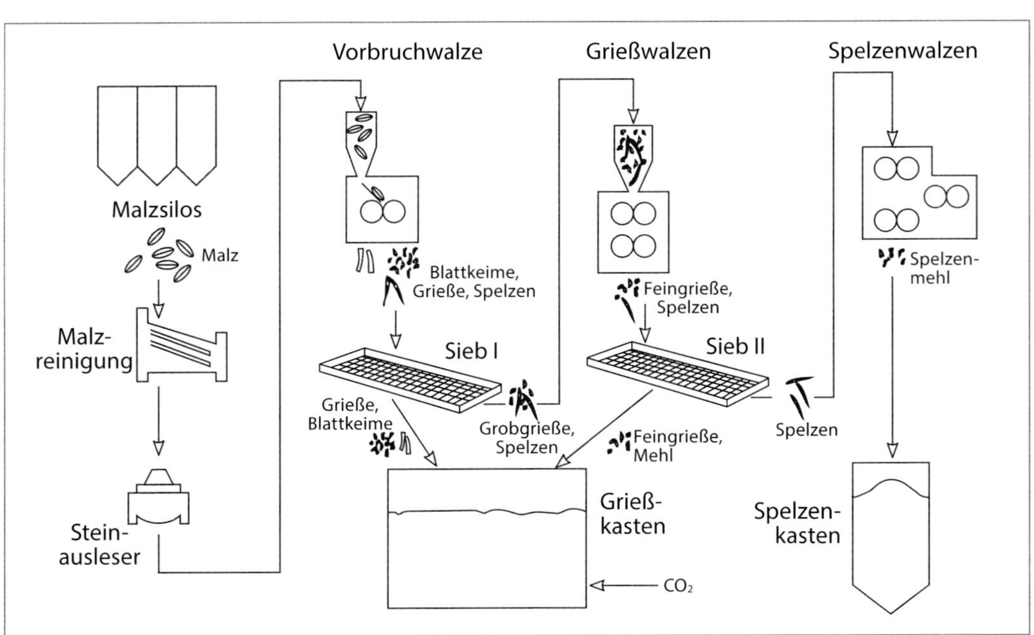

Ein anderes Konzept [1.56] sieht eine Peeling-Trommel vor, die eine Entfernung der Spelzen und des Blattkeims bewirken soll. Der Entspelzungsgrad muss allerdings auf die Trenntechnik, sprich Läutersystem, abgestimmt sein.

LITERATUR

[1.1] Vauck, W., Müller, H.: Grundoperationen chemischer Verfahrenstechnik, Dt. Verlag für Grundstoffchemie, Leipzig, 1994

[1.2] Höffl, K.: Zerkleinerungs- u. Klassiermaschinen, Springer Verlag, Berlin, 1990

[1.3] Kollenberg, W.: Technische Keramik, Vulkan-Verlag, Essen, 2004

[1.4] Stieß, M.: Mechanische Verfahrenstechnik 2, Springer Verlag, Berlin, 1997

[1.5] Menger, H-J.: Dissertation, Universität Hohenheim, 2003

[1.6] Müller, W.: Mechanische Grundoperationen u. ihre Gesetzmäßigkeiten, Oldenbourg Wissenschaftsverlag GmbH, München, 2014

[1.7] Löffler, F., Raasch, J.: Grundlagen der mechanischen Verfahrenstechnik, Vieweg Verlag, Wiesbaden, 1992

[1.8] Rumpf, H.: Chemie-Ing.-Tech., Nr. 3, 1965, S. 187–202

[1.9] Schwister, K.: Taschenbuch der Verfahrenstechnik, Carl Hanser Verlag, München, 2010

[1.10] Jek, B.: Diplomarbeit, TU-München, 2000

[1.11] Schubert, H.: Handbuch der mechanischen Verfahrenstechnik, Wiley-VCH, Weinheim, 2003

[1.12] Künzel, W.: Brauwelt, Nr. 10/11, 1998, S. 407–410

[1.13] Künzel Maschinenbau GmbH

[1.14] Bühler AG

[1.15] Narziß, L.: Die Bierbrauerei 2: Die Technologie der Würzebereitung, Wiley-VCH, Weinheim, 2009

[1.16] Becher, T., Karstens, W., Ziller, K., Reiser, W., Wasmuht, K.: Brauwelt, Nr. 45, 2015, S. 1344–1349

[1.17] ZIEMANN HOLVRIEKA GmbH

[1.18] Pahl, M. H.: Zerkleinerungstechnik, Verlag TÜV Rheinland, Köln, 1991

[1.19] Frank, A., Sandherr, M.: Brauwelt , Nr. 14–15, 2013, S. 414–416

[1.20] Menger, H.-J., Salzgeber B., Pieper, H. J.: Brauwelt, Nr. 45, 1998, S. 2146–2151

[1.21] Wiedmann, W. M.: Dissertation, Universität Stuttgart, 1975

[1.22] Krones AG

[1.23] GEA Brewery Systems GmbH

[1.24] DIN 66160: Messen disperser Systeme, Dt. Institut für Normung

[1.25] Wadell, H.: J. Geol. 40, 1932/33, S. 443–445

[1.26] Stieß, M.: Mechanische Verfahrenstechnik–Partikeltechnologie 1, Springer Verlag, Berlin, 2009

[1.27] Brautechnische Analysenmethoden, Würze, Bier, Biermischgetränke, Selbstverlag der MEBAK, Freising, 2012

[1.28] Schöffel, F.: Brauwissenschaft, Nr. 10, 1972, S. 301–312

[1.29] DIN 8777: 2018-05, Sudhausanlagen in Brauereien - Mindestangaben, Beuth Verlag, Berlin, 2018

[1.30] Lüers, H.: Die wissenschaftlichen Grundlagen von Mälzerei und Brauerei, Verlag Hans Carl, Nürnberg, 1950

[1.31] Palmer, G. H.: EBC-Proc., 1971, S. 59–71

[1.32] Brown, H. T., Morris, H.: J. Chem. Soc. 57, 1890, S. 458–461

[1.33 Moll, M.: Mschr. F. Brauwiss., Heft 3/4, 1996, S. 92–97

[1.34] Bamforth, C. W., Moore, J., McKillop, D., Williamson, G., Kroon, P. A.: EBC-Proc., 1997, S. 75–82

[1.35] Sarx, H. G., Rath, F.: EBC-Proc., 1995, S. 615–620

[1.36] Kupetz, M., Gastl, M., Becker, T.: Brauwelt, Nr. 39, 2018, S. 1124–1128

[1.37] Flocke, R.: Diplomarbeit, TU-München, 1994

[1.38] Seyffert, H.: Wo. Br., 1904, S. 1906–1907

[1.39] Narziß, L., Bellmer, H.-G.: Brauwissenschaft, Nr. 5, 1976, S. 144–152

[1.40] Bellmer, H.-G.: Brauwelt, Nr. 8, 1981, S. 240–245

[1.41] Narziß, L., Miedaner, H., Rateniek, E.: Brauwelt, Nr. 21, 1967, S. 326–334

[1.42] Isoe, A., Kanagawa, K., Ono, M., Nakatani, K., Nishigaki, M.: EBC-Proc., 1991, S. 697–704

[1.43] Lotz, M.: Dissertation, TU-München-Weihenstephan, 1997

[1.44] Ketterer, M.: Dissertation, TU-München, 1994

[1.45] Belitz, H.-D.: Lehrbuch der Lebensmittelchemie, Springer Verlag, Berlin, 1982

[1.46] Drost, B. W., Van den Berg, R., Freizee, F.J.M., Van der Velde, E. G., Hollemanns, M.: J. ASBC 48, 1990, S. 124–131

[1.47] Eichhorn, P.: Dissertation, TU-München, 1991

[1.48] Lustig, St.: Dissertation, TU-München, 1996

[1.49] Waesberghe, J. W. M.: EBC-Proc., 1997, S. 247–255

[1.50] Zürcher, A.; Krottenthaler, M.; Rauber, M.; Schneeberger, M.; Back, W.: EBC Monograph 31, Symposium Flavour and Flavour Stabiltiy, Nancy 2001, Verlag Hans Carl, Nürnberg

[1.51] De Buck, A., Aerts, G., Bonte, S., Dupire, S., van den Eynde, E.: EBC-Proc., 1997, S. 333–340

[1.52] Kobayashi, N., Kaneda, H., Kano, Y., Koshino, S.: EBC-Proc., 1993, S. 405–412

[1.53] Bourjau, T.: Diplomarbeit, TU-München, 1978

[1.54] Hysert, D. W., Weaver, R. L., Morrison, N. M.: Techn. Quart. MBAA 17, 1980, S. 34–43

[1.55] Lustig, S., Bellmer, H.-G., Eils, H.-G., Gromus, J.: EBC-Proc., 1999, S. 583–592

[1.56] Menger, H.-J.: EBC-Proc., 2007, S. 1433–1436

2 MAISCHEN

2.1 KENNZEICHNUNG DER STOFFSYSTEME

Die Maische ist im verfahrenstechnischen Sinn ein disperses System. Disperse Systeme bestehen aus der dispersen (disperse Elemente) und der kontinuierlichen Phase. Sowohl die disperse als auch die kontinuierliche Phase können fest, flüssig oder gasförmig sein. Gemäß der Partikelgröße kann unterschieden werden in ein

- molekulardisperses System Partikelgröße: $< 10^{-9}$ m
- kolloiddisperses System Partikelgröße: 10^{-9}–10^{-6} m
- grobdisperses System Partikelgröße: $> 10^{-6}$ m

Demnach ist die Maische ein grobdisperses System, eine Suspension bestehend aus kontinuierlicher (umgebendes Medium, Wasser/Würze) und disperser Phase (Partikeln, Schrot) mit einem hohen Feststoffanteil von ≥ 25 %.

2.2 VERFAHRENSTECHNISCHE ZIELE DES MAISCHENS

Im Vorgang des Maischens und Rührens sind die Grundoperationen Suspendieren, Homogenisieren, Stoff- und Wärmeaustausch enthalten. Grundvoraussetzung beim Maischen ist, dass eine optimale Vermischung von Schrot und Brauwasser stattfindet. Hierzu sind im ersten Schritt nach der Trockenschrotung entsprechende Einmaischvorrichtungen vorgeschaltet, die einem Malzteppich und Klumpenbildung entgegenwirken sollen. Beim Einmaischen wird ein Feststoff (Schrot) in einer flüssigen Phase verteilt (suspendiert). Mit dem Rühren wird das Ziel verfolgt, alle Teilchen in Schwebe zu halten, sodass keine Partikeln länger am Boden verweilen (1 s-Kriterium). Beim Rühren dieser Suspension findet ein Stoffaustausch zwischen der fluiden und der dispersen Phase statt. Das Aufwirbeln schafft eine volle Austauschfläche zwischen diesen beiden Phasen. Konzentrationsgefälle in der Suspension und in der Grenzschicht um die Partikeln werden ausgeglichen. Außerdem wird der Wärmeübergang zwischen Wand und Flüssigkeit verbessert und ein Temperaturausgleich in der Suspension geschaffen. Es sollen homogene Verhältnisse herrschen.

2.2.1 WÄRMEÜBERTRAGUNG

Die Wärmeübertragung beschreibt den Austausch von Wärme zwischen Systemen unterschiedlicher Temperatur [2.1–2.5]. Im Wesentlichen sind drei Fälle zu unterscheiden:

- die Wärmeübertragung durch Leitung in festen oder unbewegten flüssigen und gasförmigen Körpern,
- die Wärmeübertragung durch Konvektion durch bewegte flüssige oder gasförmige Körper.
- die Wärmeübertragung durch Strahlung.

Bei technischen Anwendungen liegt oft ein Zusammenwirken dieser Wärmeübertragungsarten vor. Geht von einem Medium (Dampf, Heißwasser) Wärme an eine Wand über, wird darin fortgeleitet und auf der anderen Seite an ein zweites Medium (Maische, Würze) übertragen, so spricht man von Wärmedurchgang. Der Wärmestrom gibt die in der Zeiteinheit durch eine Oberfläche hindurch strömende Wärmemenge an. Der Wärmedurchgang wird durch folgende Gleichungen beschrieben, dabei wird die Berechnung auf eine ebene Wand übertragen, da das Verhältnis der Wanddicke zum Behälterdurchmesser sehr klein ist.

$$\dot{Q} = k \cdot A \, \Delta\vartheta \tag{2.1}$$

$\dot{Q}$ = Wärmestrom
A = Wärmeübertragungsfläche
$\Delta\vartheta$ = Temperaturdifferenz zw. Fluid 1 und Fluid 2
k = Wärmedurchgangskoeffizient

Der Wärmedurchgangskoeffizient k errechnet sich aus

$$\frac{1}{k} = \frac{1}{a_1} + \frac{\delta}{\lambda} + \frac{1}{a_2} \quad (2.2)$$

α_1, α_2 = Wärmeübergangskoeffizient der Behälteraußen- bzw.-innenwand
λ = Wärmeleitfähigkeit des Materials
δ = Wanddicke

Beim Wärmedurchgang handelt es sich also um eine Hintereinanderschaltung von Wärmeübergang und Wärmeleitung (Abb. 2.1).

Abb. 2.1: Darstellung des Temperaturverlaufs an der Behälterwand

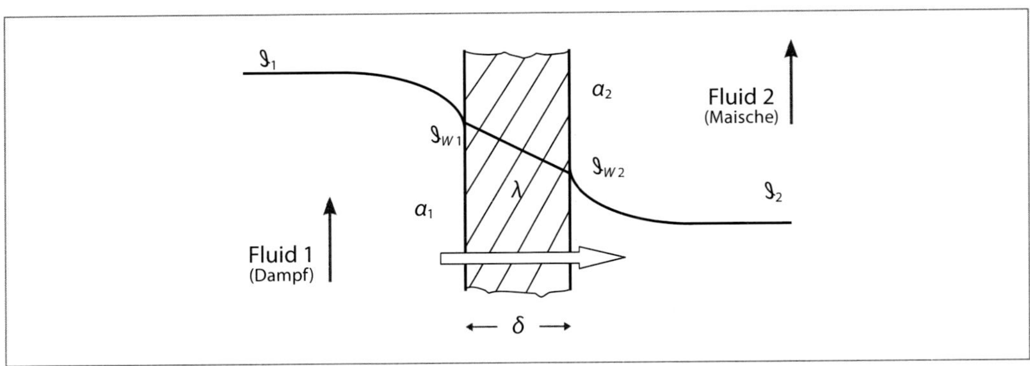

Jeder feste, flüssige oder gasförmige Stoff leitet bei Vorhandensein eines Temperaturgradienten $\frac{d\vartheta}{dx}$ Wärme.

$$\dot{Q} = -A \cdot \lambda \cdot \frac{d\vartheta}{dx} \qquad \text{Fourier'sches Gesetz} \quad (2.3)$$

Die Wärmeleitung in ruhenden Stoffen ist nur vom Temperaturgradienten und von Stoffeigenschaften abhängig. Für eine ebene Wand (Abb.2.1) gilt:

$$\dot{Q} = \frac{\lambda}{\delta} \cdot (\vartheta_{W,1} - \vartheta_{W,2}) \cdot A \quad (2.4)$$

$\vartheta_{W1,2}$ = Wandtemperatur
λ = Wärmeleitfähigkeit des Materials
δ = Wanddicke

Wird ein Massenstrom an einer festen Oberfläche vorbeigeleitet, so ist der Wärmeübergang wie folgt definiert:

$$\dot{Q} = a \cdot (\vartheta_W - \vartheta_F) \cdot A \quad (2.5)$$

mit $a = \frac{\lambda_F}{\delta}$

a = Wärmeübergangszahl, Wärmeübergangskoeffizient
λ_F = Wärmeleitfähigkeit des Fluids
δ = Grenzschichtdicke
ϑ_W = Wandtemperatur
ϑ_F = Fluidtemperatur

Abb. 2.2: Wärmeübergang im Rohr

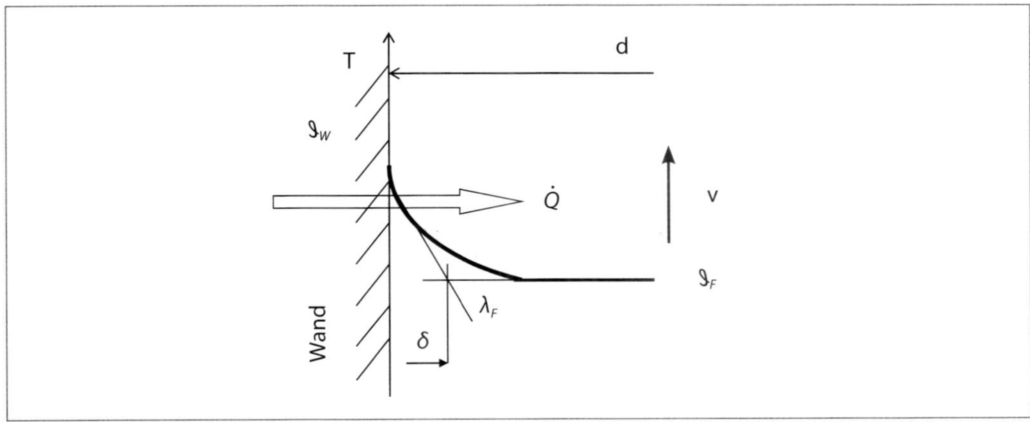

Der Wärmeübergang kann als Modell der Wärmeleitung in der Grenzschicht beschrieben werden. Nach der von Prandtl begründeten Grenzschichttheorie ist in Abb. 2.2 der Temperaturverlauf in der Grenzschicht (δ= Grenzschichtdicke) von der Wand zum Fluid dargestellt. Hierbei muss die übergehende Wärme durch die sich laminar bewegende Grenzschicht (laminare Unterschicht) geleitet werden. Demnach resultieren aus einer dünnen Grenzschicht günstige Wärmeübertragungsverhältnisse (hohes α) [2.1].

Dimensionslose Kennzahlen des Wärmeübergangs sind

$$\mathrm{Re} = \frac{v \cdot d \cdot \rho}{\eta} \qquad \mathrm{Re} = \frac{\textit{Trägheitskraft}}{\textit{Reibungskraft}} \tag{2.6}$$

$$Nu = \frac{a \cdot d}{\lambda_F} \qquad Nu = \frac{\textit{konvektive Wärme}}{\textit{im Fluid geleitete Wärme}} \tag{2.7}$$

$$\mathrm{Pr} = \frac{\eta \cdot c_p}{\lambda_F} \qquad \mathrm{Pr} = \frac{\textit{Reibungswärme}}{\textit{geleitete Wärme}} \tag{2.8}$$

v = Fließgeschwindigkeit
d = Durchmesser o. eine charakteristische Länge
ρ = Dichte des Fluids
η = Viskosität des Fluids
c_p = spezifische Wärmekapazität

In der Regel erfolgt der Wärmeübergang im Rührreaktor (Maischgefäß) bei turbulenter Strömung. Durch eine Potenzbeziehung zwischen der Nusselt-, der Reynolds- und der Prandtl-Zahl sowie dem Viskositätsverhältnis wird der Wärmeübergang beschrieben. Die Rührorganform geht über die Konstante C (beinhaltet geometrische Verhältnisse) in die Gleichung ein.

$$Nu = C \cdot Re^{\frac{2}{3}} \cdot Pr^{\frac{1}{3}} \left(\frac{\eta_W}{\eta}\right)^{-0,14} \tag{2.9}$$

$$Re = \frac{n \cdot d_2^2}{\nu} \tag{2.10}$$

$$Nu = \frac{a \cdot d_1}{\lambda_F} \tag{2.11}$$

n = Rührerdrehzahl, d_2 = Rühreraußendurchmesser, d_1 = Behälterdurchmesser
η = dynam. Zähigkeit des Fluids bei Fluidtemperatur, λ_F = Wärmeleitfähigkeit des Fluids
η_w = dynam. Zähigkeit des Fluids bei Wandtemperatur, ν = kinemat. Viskosität

Durch das Rühren soll die Strömung an der Wärmeübertragungsfläche so beeinflusst werden, dass der Wärmeübergangskoeffizient an der Behälterinnenwand α_i verbessert wird. α_i ist bei Verwendung eines bestimmten Rührertyps und unter festgelegten geometrischen Einbaubedingungen abhängig von:
$\alpha_i = f(d_1, d_2, n, c_p, \lambda, \rho, \eta)$

Bestimmung von α_i:

Abb. 2.3: Messprinzip Wärmeübergang [2.6]

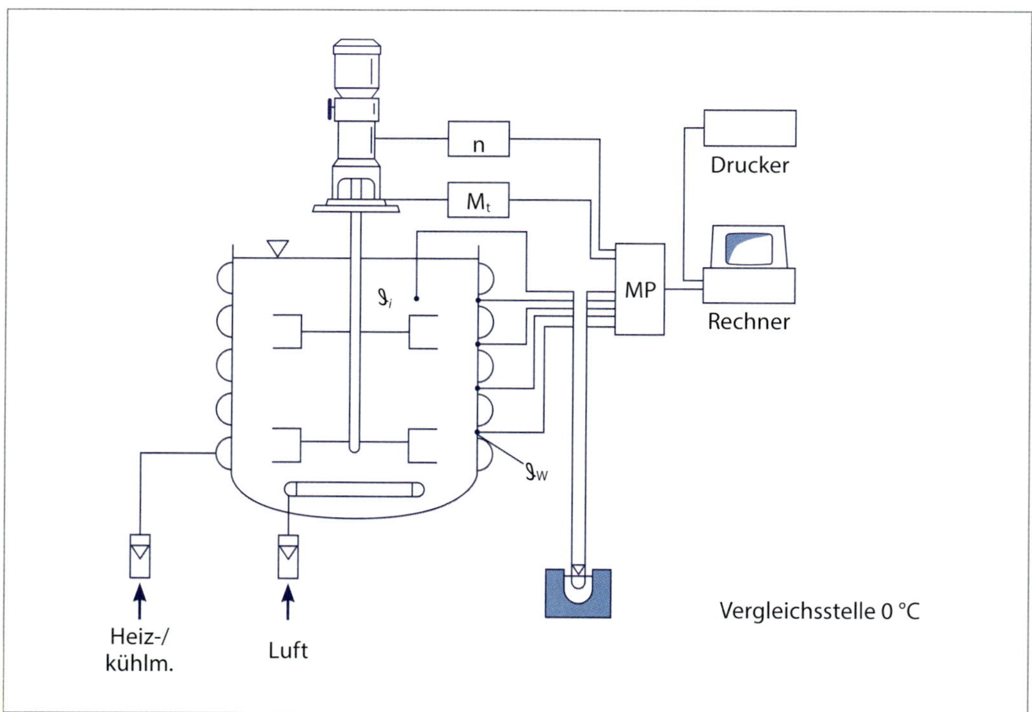

An der Behälteraußenwand sind Halbschlangen aufgeschweißt, durch die wahlweise Warm- oder Kaltwasser mit konstanter Zulauftemperatur geführt wird. Mit Thermoelementen werden die Temperaturen im Rührgut und an der Behälterinnenwand gemessen. Aus dem Verlauf der Rührguttemperatur über der Zeit kann der aktuelle Wärmestrom ermittelt werden.

$$\dot{Q} = m \cdot c_p \cdot \Delta\vartheta_i / \Delta_t \qquad (2.12)$$

und daraus α_i:

$$\dot{Q} = a_i \cdot A \cdot (\vartheta_W - \vartheta_i) \qquad (2.13)$$

Die Berechnung des Wärmeübergangs beim Maischen ist insofern problematisch, als die Stoffdaten der Maische (ρ, λ, c_p, η) nur annähernd vorliegen und man sich daher nach wie vor auf empirische Gebrauchsformeln stützt [2.58, 2.59].

Abb. 2.4: Nu-Re-Diagramm für verschiedene Rührorgane [2.6]

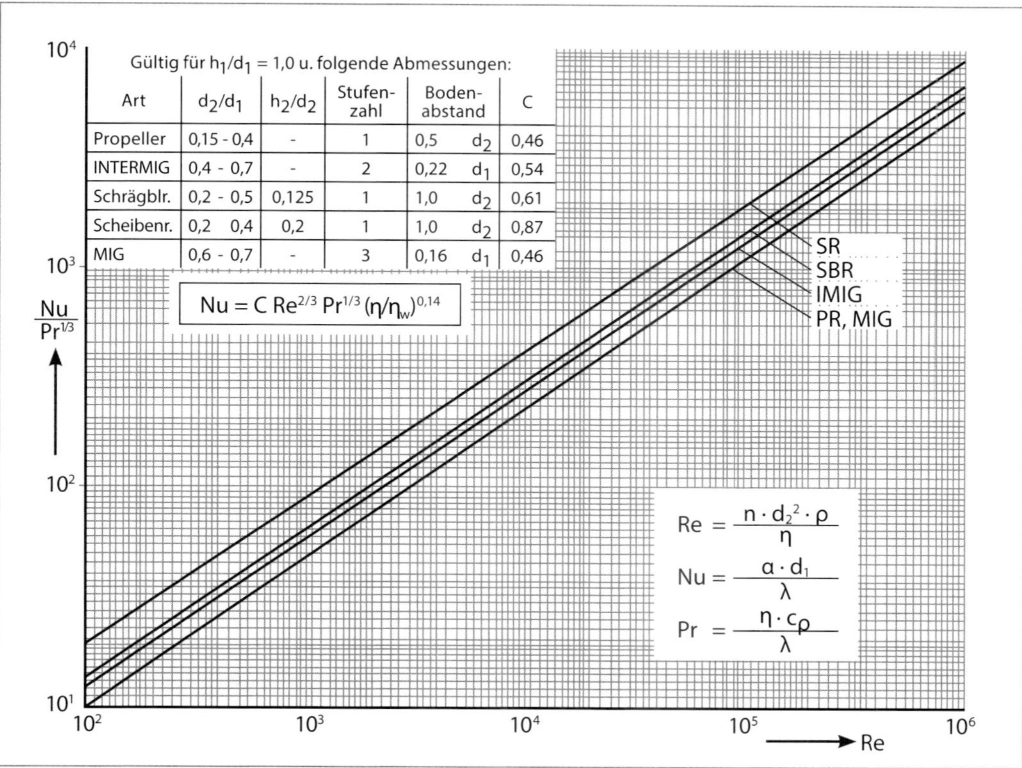

Art	d_2/d_1	h_2/d_2	Stufen-zahl	Boden-abstand	C
Propeller	0,15 - 0,4	-	1	0,5 d_2	0,46
INTERMIG	0,4 - 0,7	-	2	0,22 d_1	0,54
Schrägblr.	0,2 - 0,5	0,125	1	1,0 d_2	0,61
Scheibenr.	0,2 0,4	0,2	1	1,0 d_2	0,87
MIG	0,6 - 0,7	-	3	0,16 d_1	0,46

Abb. 2.4 zeigt den Zusammenhang zwischen Wärmeübergang und Strömungsform. Obwohl die Darstellung im Nu-Re-Diagramm zeigt, dass die Kurven für die unterschiedlichsten Rührer scheinbar sehr nah beieinanderliegen, wäre der Schluss, dass die Rührorganform keinen Einfluss auf den Wärmeübergang hat, falsch, da die doppeltlogarithmische Darstellung gewählt wurde.

Abb. 2.5: Einfluss der Strömungsverhältnisse und der Rühranordnung auf den Wärmeübergang [2.7]

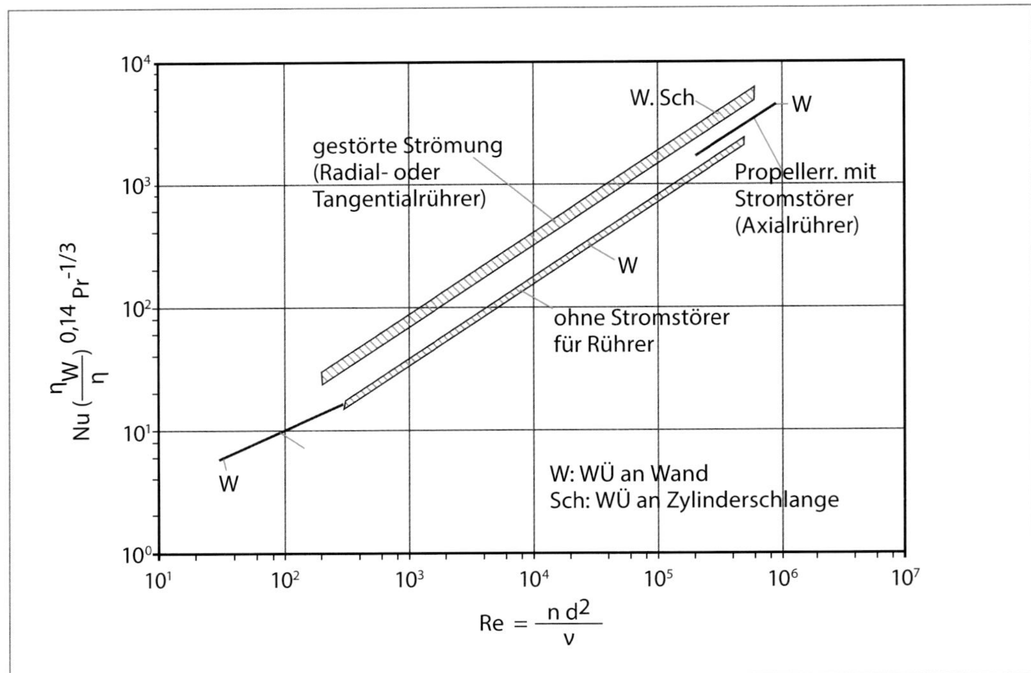

Abb. 2.5 verdeutlicht den Einfluss von Stromstörern in Rührbehältern auf den Wärmeübergang (Verbesserung).

2.2.2 STOFFÜBERTRAGUNG

Unter der Stoffübertragung versteht man den Transport einer oder mehrerer Komponenten eines Gemisches fluider oder fester Stoffe innerhalb einer Phase oder über Phasengrenzflächen hinweg [2.8-2.11]. Als Stoffdurchgang wird der Stofftransport von einer Phase durch eine Phasengrenze in eine andere Phase bezeichnet. Maßgeblich für die Geschwindigkeit ist das treibende Konzentrationsgefälle. Die Brown'sche Molekularbewegung ist nicht nur die Ursache für die Wärmeleitung, sondern führt aufgrund stochastischer Bewegungen der Moleküle zum Stofftransport. Die Stoffübertragung durch Diffusion beschreibt den Konzentrationsausgleich innerhalb einer Phase durch molekularen Stofftransport in Feststoffen, in ruhenden oder laminar strömenden Fluiden quer zur laminaren Strömung.

$$\dot{n} = -D \cdot A \frac{d_{CA}}{dx} \qquad \text{1. Fick'sches Gesetz} \qquad (2.14)$$

$\dot{n}$ = Stoffmengenstrom
D = Diffusionskoeffizient
A = Phasengrenzfläche

$\frac{d_{CA}}{dx}$ = örtlicher Konzentrationsgradient

Der Diffusionskoeffizient (Diffusionskonstante, Diffusionszahl) hängt vom diffundierenden Stoff, dem ruhenden Stoff, den Konzentrationen, dem Druck und der Temperatur ab.

Abb. 2.6: Stofftransport durch Diffusion

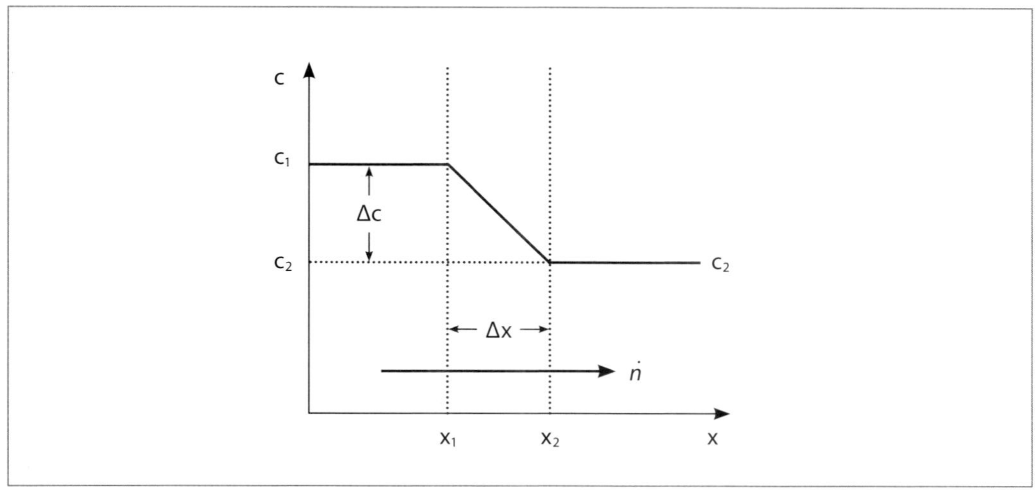

Abb. 2.6 zeigt, wie ein Stoff durch eine ruhende Schicht der Dicke Δx (z. B. Phasengrenzschicht) in x-Richtung übertragen wird.

Der Stoffübergang (konvektiver Stofftransport) ist als Stoffübertragung zwischen einem bewegten Fluid und einer Phasengrenze oder umgekehrt definiert. Bei freier Konvektion erfolgt die Bewegung des Fluids durch Dichteunterschiede, die aus Temperatur- und/oder Konzentrationsgradienten resultieren. Bei erzwungener Konvektion wird die Strömung durch äußere Kräfte (Pumpen, Rührer etc.) erzeugt. Der Stofftransport zur Phasengrenzfläche (Abb. 2.7) lautet:

$$\dot{n} = D \cdot A \cdot \frac{(c_M - c_P)}{\delta} \quad (2.15)$$

$$\dot{n} = ß \cdot A \cdot (c_M - c_P) = ß \cdot A \cdot \Delta c \quad (2.16)$$

$\dot{n}$ = Stoffstrom
D = Diffusionskoeffizient
$ß$ = Stoffübergangszahl
A = Austauschfläche
c_M = Konzentration im Kern der Strömung
c_P = Konzentration an der Phasengrenze
δ = Grenzschichtdicke

Abb. 2.7: Stoffübergang

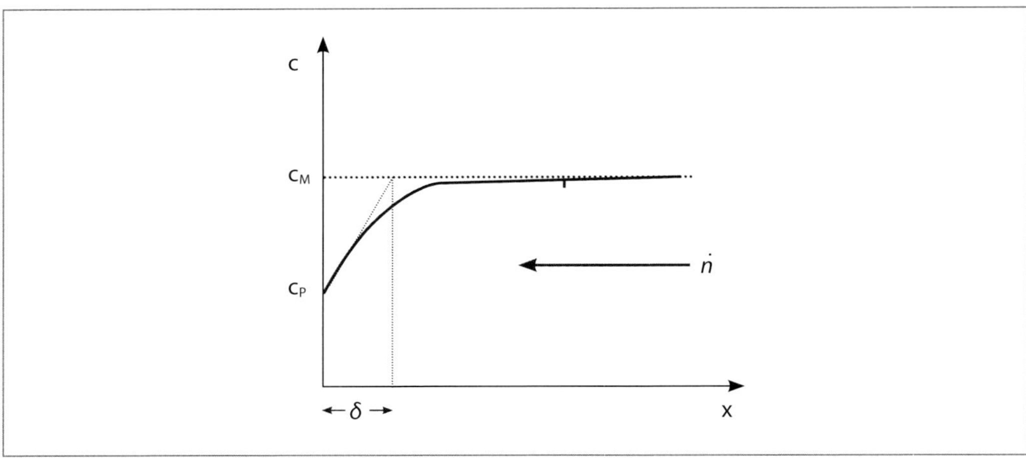

Der Quotient aus D und δ zu einer Größe zusammengefasst, ergibt den Stoffübergangskoeffizienten β. β ist abhängig von der Strömung, den Stoffwerten (D, ρ, η des Fluids) und der Phasengrenzflächengeometrie. An der Phasengrenze besteht ein laminarer Grenzfilm (Konzentrationsgrenzschicht mit der Dicke δ), in der die Stoffübertragung zur Phasengrenze nicht mehr konvektiv, sondern allein durch Diffusion abläuft (Filmtheorie).

Der Stoffdurchgang zwischen zwei Fluiden (fl./fl.) lässt sich in zwei Phasen unterteilen:

- Stoffübergang vom Kern des Fluids 1 an die Phasengrenzfläche durch Konvektion bzw. Diffusion innerhalb des Grenzfilms auf der Seite des Fluids 1,
- Stoffübergang von der Phasengrenzfläche in den Kern des Fluids 2 durch Diffusion innerhalb des Grenzfilms bzw. Konvektion auf der Seite des Fluids 2.

Die so beschriebene Zweifilmtheorie basiert auf der Filmtheorie von Whitman und Lewis und wurde am Beispiel des Stoffübergangs Gas/Flüssigkeit entwickelt (Abb. 2.8). Es werden hierbei nur die Diffusionswiderstände innerhalb der gas- und flüssigkeitsseitigen Grenzschichten auf beiden Seiten berücksichtigt. Ein Stofftransportwiderstand an der Phasengrenzfläche wird vernachlässigt. An der Grenzfläche stellt sich augenblicklich das thermodynamische Gleichgewicht ein [2.5, 2.11].

Abb. 2.8: Konzentrationsverlauf nach der Zweifilmtheorie

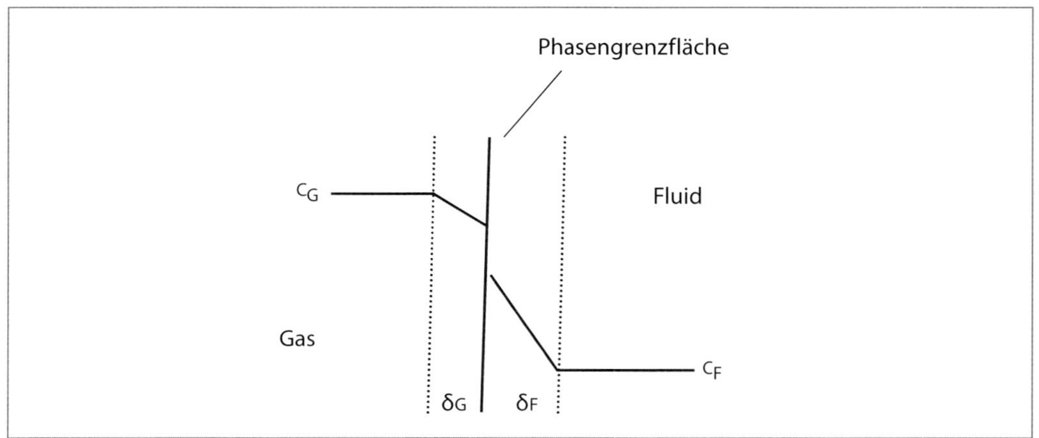

Dimensionslose Kennzahlen der Stoffübertragung sind:

$$Sh = \frac{ß \cdot l}{D} \quad \text{Sherwoodzahl} \tag{2.17}$$

l = charakteristische Länge

$$Re = \frac{\rho_F \cdot v \cdot l}{\eta_F} \quad \text{Reynoldszahl} \tag{2.18}$$

$$Sc = \frac{\eta}{\rho \cdot D} \quad \text{Schmidtzahl} \tag{2.19}$$

In der Maische findet ein Stoffaustausch zwischen fester und flüssiger Phase statt. Ob mit dem intensiven Rühren oder einer höheren Produktfeinheit eine Beschleunigung der biochemischen Abläufe möglich ist, wird unter Pkt. 2.5.2 diskutiert. Durch die enzymatischen Reaktionen werden ständig lösliche Abbauprodukte an die Grenzfläche transportiert, was die Beschreibung des Stoffaustausches noch komplexer macht.

Abb. 2.9: runde Maischbottichpfanne [2.12]

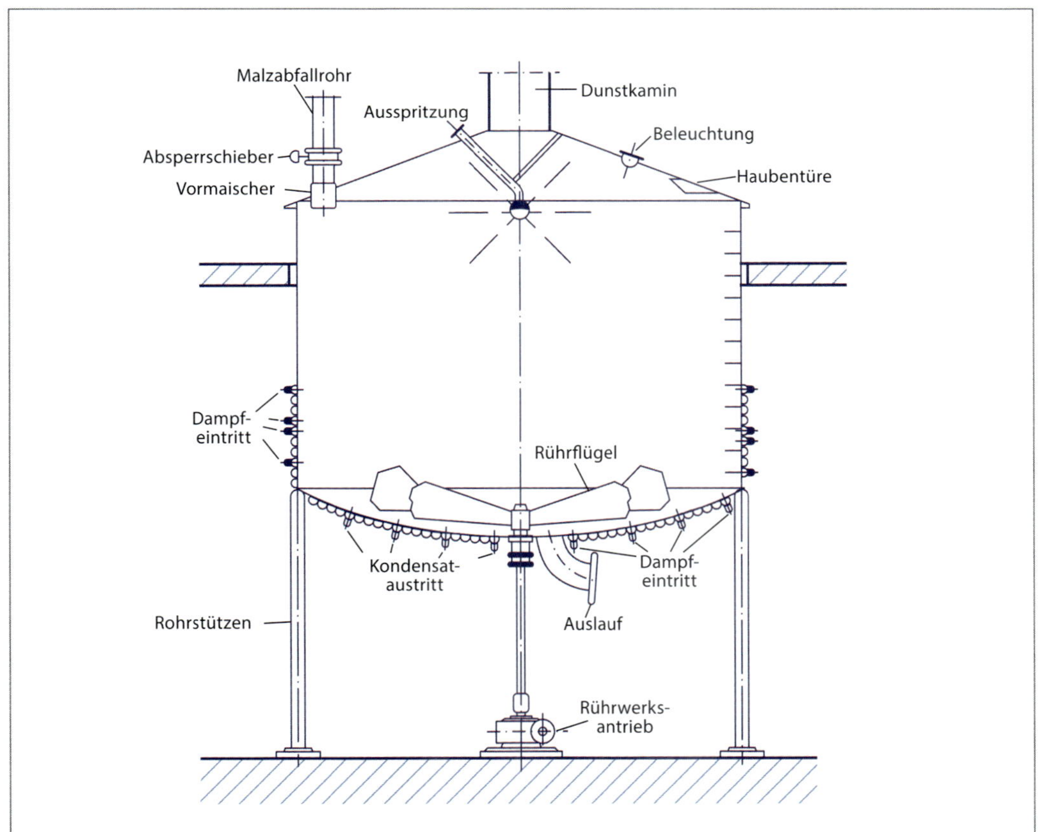

2.3 AUSFÜHRUNG VON MAISCHGEFÄSSEN

Das Maischgefäß ist heute in der Regel rund und aus Edelstahl gefertigt. Frühere eckig gebaute Ausführungen (bis Ende der 1970er-Jahre) zur besseren Raumausnutzung konnten sich aufgrund strömungstechnischer Nachteile nicht durchsetzen. Auch eingebaute Kocher erwiesen sich im Hinblick auf die Spelzenschädigung und Fouling als nachteilig [2.13].
Früher wurden die Maischgefäße zur Beheizung mit Heißwasser oder Dampf mit Doppelböden oder aufgeschweißten Halbrohren bzw. Profilstählen ausgerüstet (Abb. 2.9). Die Heizflächen am Gefäßboden bzw. der Zarge waren so ausgelegt, dass die Gesamtmaische mit 1,5 °C/min aufgeheizt werden konnte. Heute sind lasergeschweißte Heiztaschen üblich. Die Heizflächen werden innen zur Produktseite in Form der Templatetechnik (Edelstahlbleche mit kugelförmigen Vertiefungen) angebracht [2.14, 2.15]. Dies hat den Vorteil, dass durch die dünnere Wand, größere Oberfläche (Dimples) und Turbulenzen in Wandnähe ein gleichmäßiger und schneller Wärmedurchgang (Erhöhung des k-Wertes) mit niedrigen Heizmittelvorlauftemperaturen möglich ist. Es kommen Dampftemperaturen von ≤ 120 °C (2 bar) bzw. Heißwassertemperaturen von 96–110 °C zur Anwendung, um eine Überhitzung im wandnahen Bereich zu vermeiden (geringere Grenzflächentemperaturen). Mit Heizraten von 1 °C/min für Malzmaischen und 1,5 °C/min für Rohfruchtmaischen ergeben sich kleinere Heizflächen als bei der oben geschilderten klassischen Ausführung. Der Behälter ist mit 1–2 Heizzonen in der Zarge versehen (Abb.2.10). Die Anordnung der Heizzonen richtet sich dabei nach den angestrebten Maischevolumen aus den Rezepten der Brauerei. Bei Bedarf wird zusätzlich eine Bodenheizzone eingebracht. Außerdem wird durch die Turbulenz das Fouling im Vergleich zu glatten Heizflächen deutlich verringert. Beim Maischsystem Shakesbeer® sind im Gefäß zusätzlich Vibrationsrüttler installiert, die eine Resonanzschwingung in der Maische erzeugen. Die in der Maische enthaltenen Luftbläschen werden ausgetrieben, woraus eine schnellere Durchfeuchtung, ein besserer Kontakt der Maischebestandteile und damit ein gesteigerter Stoffaustausch resultiert [2.16, 2.17, 2.18].

Abb. 2.10: Maischgefäß, System Shakesbeer® [2.19]

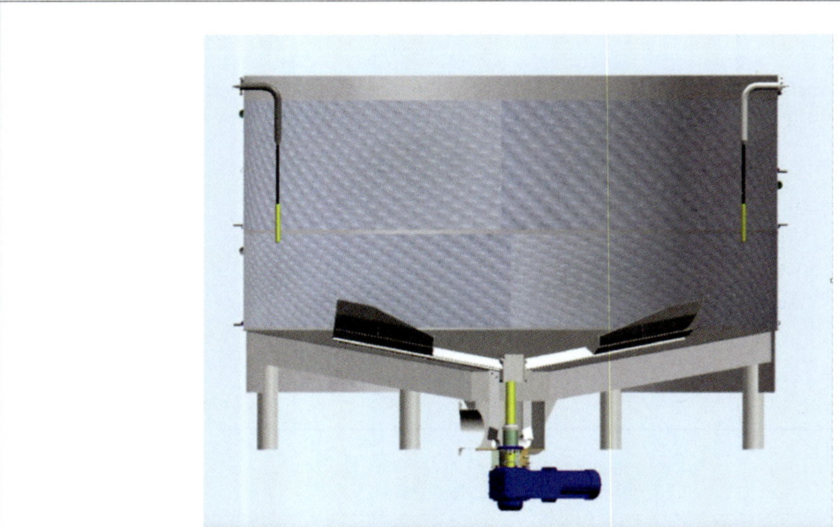

In Einzelfällen wird für die Maischeerhitzung eine Direktdampfinjektion vorgenommen [2.20]. Der gereinigte Heizdampf muss den Lebensmittelvorschriften entsprechen. Zu berücksichtigen ist auch, dass der Frischdampf in der Maische kondensiert, was einen Verdünnungseffekt zur Folge hat.

2.4 PROZESSPARAMETER - BIERQUALITÄT

Eine wesentliche Aufgabe der Technologie besteht darin, den Brauprozess hinsichtlich der Produktqualität und Wirtschaftlichkeit zu optimieren. Dazu gehört auch, dass bei sich ändernden Rohstoffgegebenheiten durch Eingriff in die Prozessparameter die verschiedenen Qualitätsmerkmale von Zwischen- und Endprodukten nahezu konstant gehalten werden können. Deshalb lautet die Fragestellung, bevor in den folgenden Kapiteln der Einfluss einiger Parameter in der Sudhaustechnologie diskutiert werden soll:
Wie weit muss ein Parameter verändert werden, damit sich das Messergebnis gegenüber dem Vergleich tatsächlich verändert und nicht nur zufällig ist? Bei Betrachtung der einzelnen Prozessschritte in der Brauerei wird offensichtlich, dass es sich vorwiegend um temperatur- und zeitgesteuerte Abläufe handelt. Eine Ausnahme stellt der Abläutervorgang dar, der durch das System, den Rohstoff und das Verfahren festgelegt wird. Die Beurteilung eines Prozesseingriffs nach Änderung eines entsprechenden Parameters, z. B. Temperatur, Zeit, pH-Wert, kann nur über Messungen, sprich Analysen, erfolgen. Beispielsweise wird aus biochemischen Gesetzen das aufgezeichnete Verhalten (Abb. 2.11) eines Merkmals in Abhängigkeit eines bestimmten Parameters erwartet. Würden die einzelnen Messwerte zu einer Kurve verbunden, so ergäbe sich ein scheinbares Maximum. Wird dagegen um jeden Messwert das Konfidenzintervall (Vertrauensbereich) errichtet, so wird deutlich, dass sich die benachbarten Werte statistisch nicht voneinander unterscheiden lassen, da sich die Konfidenzintervalle überschneiden [2.21, 2.22]. Denn der wahre Wert zu jedem Messwert liegt mit einer vorzugebenden Sicherheit P irgendwo in dem Vertrauensbereich und kein Punkt des Intervalls kann bevorzugt werden. Unter der Voraussetzung, dass die Messwerte normal verteilt sind, gilt folgende Gleichung:

$$\mu = \bar{x} \pm z \cdot \frac{\sigma}{\sqrt{n}} = \bar{x} \pm a \tag{2.20}$$

μ = wahrer Wert
$\bar{x}$ = Mittelwert der Messwerte
z = tabellierte Kenngröße aus der Normalverteilung
σ = wahre Streuung
n = Anzahl der Messwerte
a = Konfidenzintervall

Abb. 2.11: Beispielhafte Abhängigkeit des Messwerts vom Reaktionsparameter unter Einbeziehung der Konfidenzintervalle

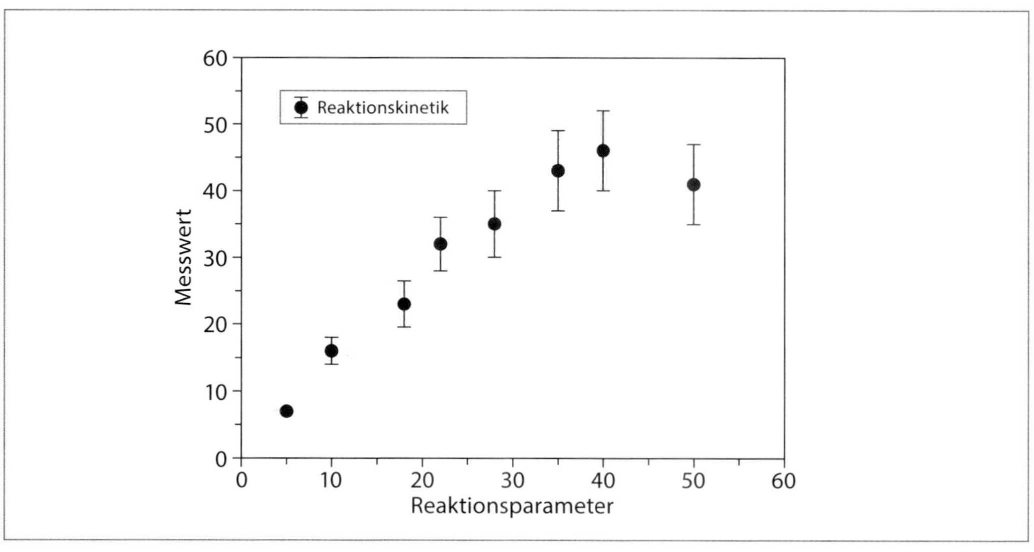

Mit diesen Voraussetzungen kann in dem aufgeführten Beispiel ein Maximum nicht mehr statistisch nachgewiesen werden.

Abb. 2.12: Normalverteilung von Messwerten um den wahren Wert μ [2.23]

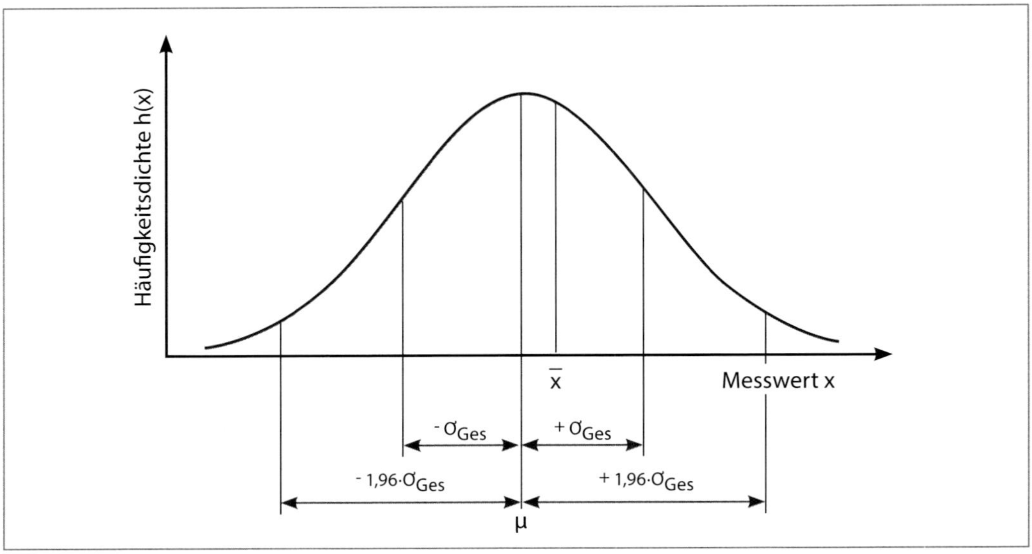

Die Zufallsvariable sei normalverteilt. Die Ergebnisse von Analysen schwanken bekanntlich immer. Sie schwanken um den wahren Wert μ. Analysiert man unendlich viele Proben (z. B. Bitterstoffe in 1 Liter Würze) und trägt die Ergebnisse und ihre Häufigkeit auf, so erhält man näherungsweise eine Normalverteilung (Abb. 2.12). Die Normalverteilung ist symmetrisch bezüglich des wahren Wertes μ, der auch als Mittelwert der Grundgesamtheit bezeichnet wird. Die Kurve hat an der Stelle des wahren Wertes ein Maximum. Die Standardabweichung σ ist ein Maß für die Streuung der Ergebnisse. Sie wird durch den Abstand der Wendepunkte der Häufigkeitskurve charakterisiert. σ muss nach DIN ISO 5725 [2.24] für das eigene Labor ermittelt werden. Je nach Größe des Intervalls liegt ein zufälliger Messwert x mit bestimmter Wahrscheinlichkeit in diesem Bereich. So wird zum Beispiel eine Fläche von 95 % durch ein Intervall der Größe $\mu \pm 1.96 \cdot \sigma$ charakterisiert. Wird statt einer Messung aus n Messungen ein Mittelwert aus zwei zufällig herausgegriffenen Werten gebildet, die Mittelwerte und ihre Häufigkeit wieder aufgetragen, so werden die Verteilungen enger, da die Messwerte, die weit vom wahren Wert entfernt sind, durch andere Werte bei der Mittelwertbildung ausgeglichen werden. Zusammenfassend ist festzustellen, dass es keine Verteilung der wahren Werte gibt. Der wahre Wert ist ein fester Wert, um den die Messwerte schwanken. Der Wert liegt mit der Wahrscheinlickeit P irgendwo im Vertrauensbereich a. Kein Punkt des Intervalls ist bevorzugt.

Ist das σ des Prüflabors nicht bekannt, so muss es mit den jeweiligen Versuchswerten ($n \geq 3$) über die Standardabweichung s abgeschätzt werden.

$$\bar{x} = \frac{1}{n}\sum_{i=1}^{n} x_i \qquad \text{Mittelwert} \qquad (2.21)$$

$$s^2 = \frac{1}{n-1}\sum_{i=1}^{n} (x_i - \bar{x})^2 \qquad \text{Varianz} \qquad (2.22)$$

$$s = \sqrt{s^2} \qquad \text{Standardabweichung} \qquad (2.23)$$

$$\mu = \bar{x} \pm t \cdot \frac{s}{\sqrt{n}} = \bar{x} \pm a \qquad (2.24)$$

t = tabellierte Kenngröße aus der Student-Verteilung

Die Erfahrung in der Technologie hat gezeigt, dass bestimmte biochemische Reaktionen auch bei minimalen Parameteränderungen ablaufen. Nur ist die vorhandene Analytik nicht immer dazu geeignet, diese Unterschiede zu dokumentieren, da der Analysenfehler zu groß ist.
Ein anschauliches Beispiel ist der koagulierbare Stickstoff, der als eines der Kriterien zur Beurteilung des Würzekochprozesses gilt und Bestandteil der Garantievereinbarungen bei der Sudhausabnahme ist. Als Richtwert werden 1,5–3,0 mg/100 ml in der heißen Ausschlagwürze (auf 12 GG % ber.) nach MEBAK-Richtlinien [2.25] genannt. Der Vorgang der Eiweißausscheidung kann mit einer Reaktion erster Ordnung beschrieben werden (Kap. 6). Die Ausfällungsrate hängt aber, wenn man die Kochsysteme verschiedener Brauereien vergleicht, nicht nur von der Temperatur und Zeit, sondern auch von der Würzebeschaffenheit (Malz, Sauerstoff, pH-Wert) und noch unbekannten Faktoren ab. In Abbildung 2.13 ist die Eiweißkoagulation in Abhängigkeit der Kochzeit bei einer konventionellen Kochung dargestellt [2.26]. Demnach resultiert aus einer 30-minütigen Kochzeitverlängerung (z. B. von 30 auf 60 min) noch kein statistisch abgesicherter Unterschied mit dem hohen σ (0,29 mg/100 ml). Zur Beurteilung der Eiweißkoagulation existiert leider keine alternative Analysenmethode.

Abb. 2.13: Abnahme des koagulierbaren N während einer konventionellen Kochung

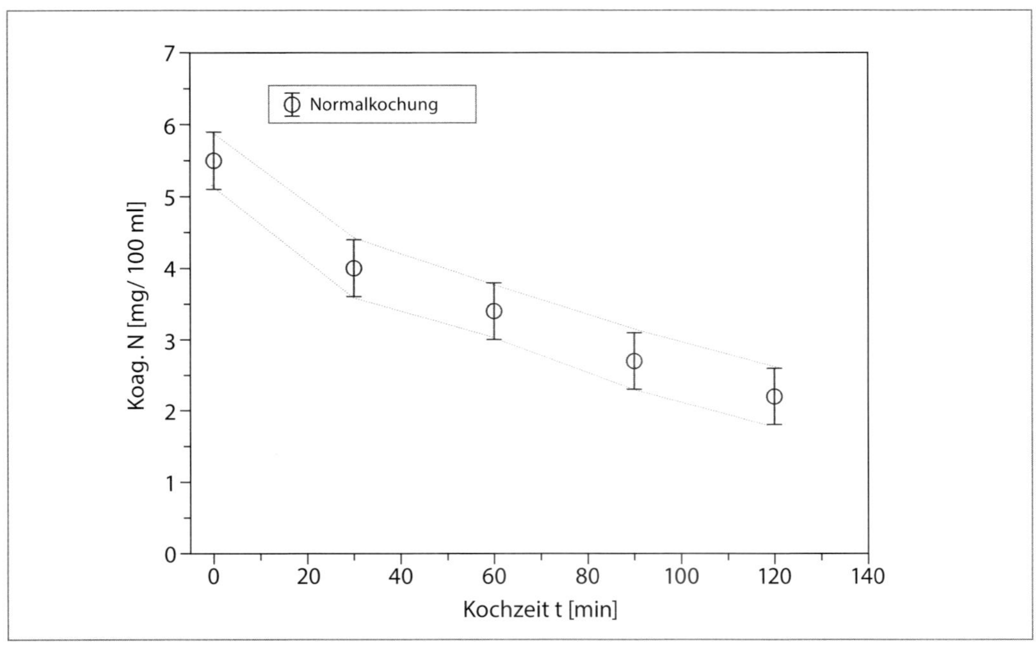

Eine Lösung dieser Problematik kann nur dadurch gefunden werden, dass man die Schwankungsbreite durch Mehrfachversuche verringert.

Als Beispiel für eine hoch empfindliche und gut reproduzierbare Analysenmethode kann die DMS-P/DMS-Bestimmung angeführt werden.

Zu den unabdingbaren Voraussetzungen für eine optimale Würzekochung zählen neben der Eiweißkoagulation die weitgehende Spaltung des DMS-Precursors und die anschließende Ausdampfung des entstandenen freien DMS. Denn das Niveau an freiem DMS im Bier (Schwellenwert < 100 µg/l bei Allmalzbieren, < 50 µg/l bei Rohfruchtbieren) ist durch den DMS-Gehalt der Anstellwürze festgelegt. Als Haupteinflussgrößen der Spaltung sind zu nennen: Anfangskonzentration an DMS-P, Temperatur, Zeit und pH-Wert. Die Precursorspaltung verläuft bei konstanter Temperatur nach einer Reaktion erster Ordnung [2.27] (Kap. 6). Durch Veränderung der Kochverfahren (Einbau von Innen- oder Außenkochern) wurden im Hinblick auf die Erhaltung des Bierschaums die Kochzeiten drastisch verkürzt. Kochzeiten von 60–65 min, in Einzelfällen darunter, sind häufig anzutreffen. Damit können zwar befriedigende Schaumzahlen erreicht werden, jedoch besteht die Gefahr, dass die daraus resultierenden Biere ein DMS-Off-Flavour aufweisen. Also bleibt technologisch keine andere Wahl, als die Kochzeit zu verlängern bzw. auch Malze mit einem DMS-P-Gehalt < 5000 ppb einzusetzen. In Abbildung 2.14 sind die Mittelwerte der DMS-P-Gehalte mit ihrer Schwankungsbreite über der Kochzeit aufgetragen. Infolge des geringen Analysenfehlers fallen die Konfidenzintervalle ab 150 ppb so gering aus, dass sie symbolisch nicht mehr dargestellt werden können. Im vorliegenden Beispiel bewirkt eine Kochzeitverlängerung von 5 min eine tatsächliche Abnahme des DMS-P-Werts.

Abb. 2.14: DMS-P-Zerfall während der Kochung

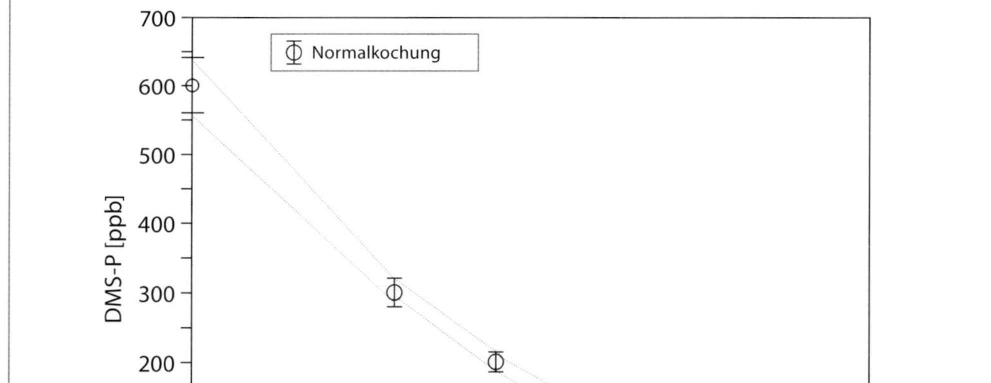

2.5 REAKTIONSKINETIK

2.5.1 GRUNDLAGEN

Der Maischvorgang führt den beim Mälzen stattgefundenen Auflösungsprozess bis zu dem gewünschten Maß weiter. Die Malzinhaltsstoffe werden zunächst aus dem Schrot gelöst. Anschließend bauen die vorhandenen Enzyme die hochmolekularen Substanzen wie Stärke, Eiweiß, Stütz- und Gerüstsubstanzen in niedermolekulare Substanzen ab. Zur kinetischen Beschreibung wird der Abbau oder die Bildung einer Substanz in Abhängigkeit von der Temperatur über der Zeit erfasst. Als Maß für den zeitlichen Ablauf einer Reaktion dient die Reaktionsgeschwindigkeit:

$$v = \pm \frac{dC}{dt} \tag{2.25}$$

Die in der Zeiteinheit dt sich umsetzende Stoffmenge dC ist einer Geschwindigkeitskonstanten k_n und der zu einer beliebigen Zeit vorliegenden Konzentration des noch nicht umgesetzten Stoffs C proportional. Allgemeiner Ansatz (n-ter Ordnung) für den Abbau einer Substanz ist:

$$-\frac{dC}{dt} = k_n \cdot C^n \tag{2.26}$$

k_n = Geschwindigkeitskonstante

Entsprechend der Zahl der reagierenden Stoffe und der Konzentration erfolgt eine Unterteilung in Reaktionsordnungen (Abb. 2.15). Der Abbau bzw. die Neubildung von Inhaltsstoffen folgt in den meisten Fällen einer Reaktion erster Ordnung.

Abb. 2.15: Klassifizierung der Reaktionen [2.28]

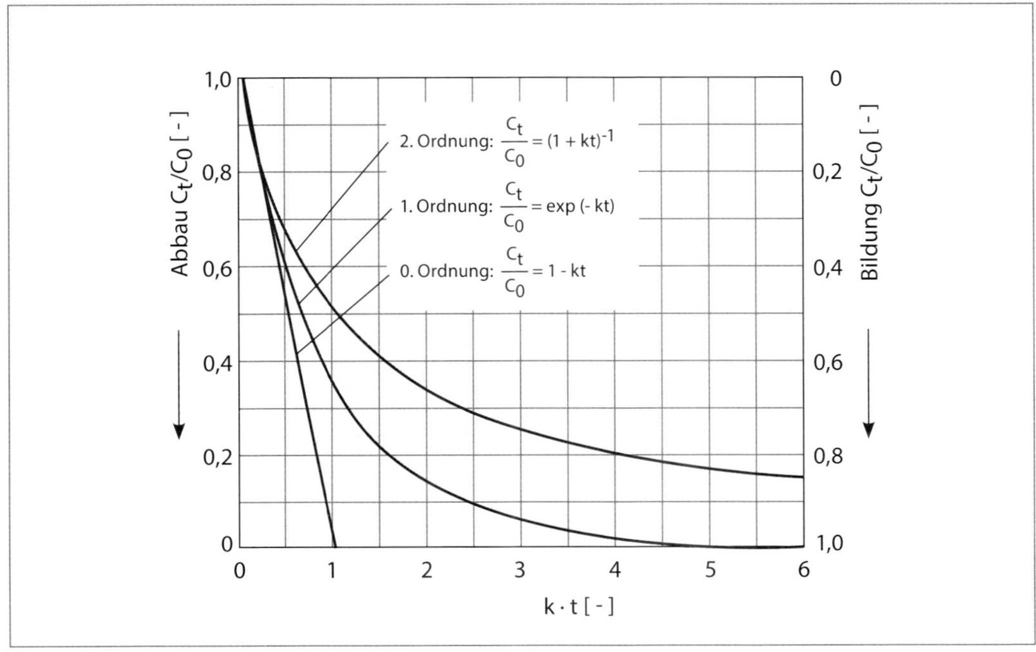

Die Konstanten k_n sind temperaturabhängige Geschwindigkeitskonstanten der betreffenden Reaktion. Ihre Temperaturabhängigkeit ist nach Arrhenius wie folgt formuliert:

$$k_n = k_0 \cdot \exp\left[-\frac{E_a}{R} \cdot \frac{1}{T}\right] \quad (2.27)$$

k_0 = Frequenzfaktor
E_a = Aktivierungsenergie
R = universelle Gaskonstante
T = absolute Temperatur

$$\ln \frac{k_n}{k_0} = -\frac{E_a}{R} \cdot \frac{1}{T} \quad (2.28)$$

Abb. 2.16: Arrheniusdiagramm

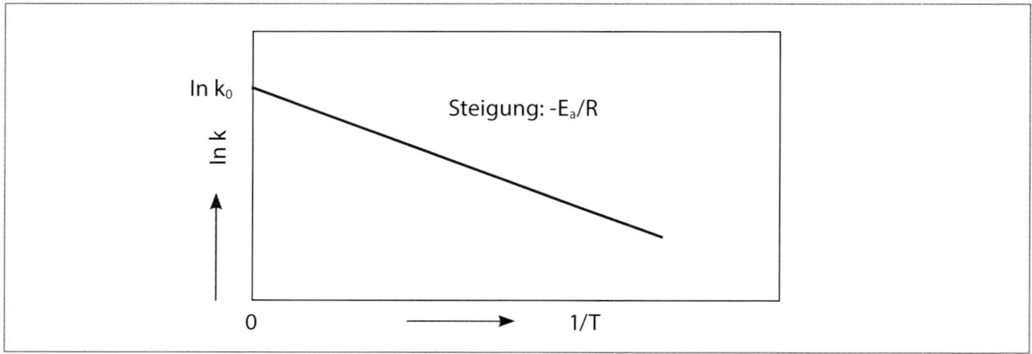

Bei logarithmischer Auftragung der k-Werte über dem Kehrwert der absoluten Temperatur, erhält man eine Gerade mit der Steigung $-E_a/R$. Somit kann die Aktivierungsenergie E_a bzw. der Frequenzfaktor k_0 bei 1/T=0 ermittelt werden (Abb. 2.16).

2.5.2 UNTERSUCHUNGEN ZUR ZEITOPTIMIERUNG VON MAISCHVERFAHREN

Bei der Würzebereitung nimmt das Maischen eine zentrale Rolle ein. Hierunter versteht man das Lösen der Malzinhaltsstoffe bzw. den Abbau hochmolekularer Substanzen in eine niedermolekulare wasserlösliche Form durch die malzeigenen Enzyme. Zur Steuerung der Umsetzungen stehen die Parameter Zeit, Temperatur und in geringerem Umfang Wasserstoffionenkonzentration und Feinheit des Schrots zur Verfügung. Durch die Wahl des Maischverfahrens (= Temperatur-Zeit-Verlauf) hat der Bierbrauer die Möglichkeit, den Biertyp zu beeinflussen bzw. schwankende Rohstoffqualitäten auszugleichen.

Die heute angewandten Maischverfahren beruhen weitgehend auf Empirie; sie wurden allerdings durch die Erkenntnisse der beteiligten Enzyme und deren Wirkungsoptima schrittweise verbessert. Die Züchtungsfortschritte der letzten drei Jahrzehnte führten zu homogenen und enzymstarken Malzen. Die heutige Malzqualität ermöglicht eine Anpassung der bestehenden Maischverfahren, was eine Kompatibilität mit den aktuellen Taktzeiten von Läuterbottich und Maischefilter möglich macht. Es stellt sich die Frage, ob die ausgedehnten Rastzeiten beim Maischen überhaupt noch nötig sind, um die gewünschten Stoffumsetzungen herbeizuführen bzw. ob intensive Maischverfahren mit langen Rastzeiten bei bestimmten Temperaturen nicht sogar qualitätsmindernde Auswirkungen (z. B. Verschlechterung des Bierschaums bei zu weit gehendem Eiweißabbau) nach sich ziehen.

Bisherige Arbeiten beschränken sich weitgehend auf die Anfangs- und Endzustände von Rasten bei vorgegebenen Maischverfahren. Zur Entwicklung der Technologie des Maischens haben folgende Arbeiten maßgeblich beigetragen:

- Windisch, Kolbach und Schild untersuchten 1932 den Einfluss der Maischparameter auf den Stärkeabbau anhand des Gesamt- und des vergärbaren Extrakts [2.29],
- Narziß [2.30] gab 1972 basierend auf Arbeiten von Heißinger und Durgun einen ausführlichen Überblick über die Wirkung hydrolytischer Enzyme und deren Abbauprodukte,
- Schur [2.31] erarbeitete 1975 sehr eingehend den Einfluss variierender Maischbedingungen auf die Amylolyse,
- Windisch et al. [2.32] führten 1931 Untersuchungen zum Eiweißabbau mittels Differenzierung der Eiweißabbauprodukte (löslicher Stickstoff, Formol-Stickstoff) durch,
- Jones and Pierce [2.33] entwickelten 1963 eine Methode, um das Verhalten von freien Aminosäuren während des Maischens verfolgen zu können.

Tab. 2.1: Erkenntnisse in der Technologie des Maischens

Verfasser	Jahr	Thema
Windisch, W., Kolbach, P., Schild, E.	1932	Über den Stärkeabbau beim Maischen
Narziß, L. et al.	1972	Neue Erkenntnisse über Theorie und Praxis des Maischens
Schur, F.	1975	Untersuchungen zur Amylolyse
Windisch, W., Kolbach, P., Schild, E.	1931	Über den Eiweißabbau beim Maischen
Jones, M., Pierce, J.	1963	Quantifizierung von freien Aminosäuren während des Mälzens und Maischens
Visuri, K., Mikola, J., Enari, T.M.	1969	Isolierung und Charakterisierung der Carboxypeptidase aus der Gerste
Lintz, B., Narziß, L.	1975	Über das Verhalten eiweißabbauender Enzyme beim Maischen
Preece, I. A., Mackenzie, K. G.	1952	Untersuchungen über die Zusammensetzung von β-Glucan in Gerste
Schuster, K., Narziß, L., Kumada, J.	1967	Untersuchungen zum Verhalten der Gummistoffe während der Malz- und Bierbereitung
Erdal, K., Gjertsen, P.	1967	β-Glucan wurde in Malz nachgewiesen. ß-Glucane werden erst gelöst, wenn die Stärke verkleistert ist.
Litzenburger, K., Narziß, L.	1977	Weiterführende Untersuchungen zum Verhalten der Gummistoffe und der cytolytischen Enzyme während des Mälzens und Maischens

- Visuri, Mikola und Enari [2.34] publizierten 1969, dass die Carboxypeptidase 80 % der beim Maischen gebildeten Aminosäuren freisetzt,
- Lintz und Narziß [2.35] bestimmten 1975 die optimalen Aktivitäten für eiweißabbauende Enzyme unter Berücksichtigung von Temperatur, pH-Wert, Zeit und Ionen (Brauwasser) beim Maischen,
- Preece [2.36] gelang es 1952, die Gummistoffe über Ammonsulfatfällung in Gerste zu fraktionieren,
- Erdal und Gjertsen [2.37] stellten 1967 eine Methode zur ß-Glucanbestimmung in Malz und Würze vor und stellten die Hypothese auf, dass der ß-Glucananstieg beim Maischen mit der Verkleisterung der Stärke zusammenhängt,
- Kumada [2.38] und später Litzenburger [2.39] bedienten sich dieser Methoden, um die Gummistoffe im Bierbereitungsprozess zu charakterisieren,
- Bamforth [2.40] stellte die Hypothese auf, dass der ß-Glucananstieg durch das enzymatische Freisetzen von ß-Glucan aus den Zellwänden bei ca. 60 °C mittels der ß-Glucansolubilase verursacht wird.

Die Aussagen über reaktionskinetische Vorgänge sind nur sehr unvollständig. Aus diesem Grund kamen in den folgenden Studien [2.41, 2.42] die wichtigsten Stoffumsetzungen, wie Stärke-, Eiweiß- und ß-Glucanabbau in Abhängigkeit von Temperatur und Zeit reaktionskinetisch umfassend zur Untersuchung. Weitere Parameter waren unterschiedliche Malzqualitäten (gg = gutgelöst, sg = schlechtgelöst; Tab. 2.2) und verschieden feine Schrote (Abb. 2.17).

Tab. 2.2: Malzanalysendaten

Pilsener Malz	Schlecht gelöst	Gut gelöst
Extrakt wfr. (%)	79,1	81,6
pH-Wert	5,93	5,88
Farbe (EBC)	2,6	3,0
Kochfarbe (EBC)	4,5	4,3
MS-Diff. (%)	8,1	1,5
Friabilimeter (%)	56,8	90,4
Viskosität (mPas)	1,91	1,48
Lösl. N (mg/100g)	595	748
ELG (%)	33,1	42,5
FAN (mg/100g)	128	139
VZ 45 °C (%)	23,6	38,5
ß-Glucan (mg/l)	1225	174

Abb. 2.17: Partikelgrößenverteilung der eingesetzten Schrote

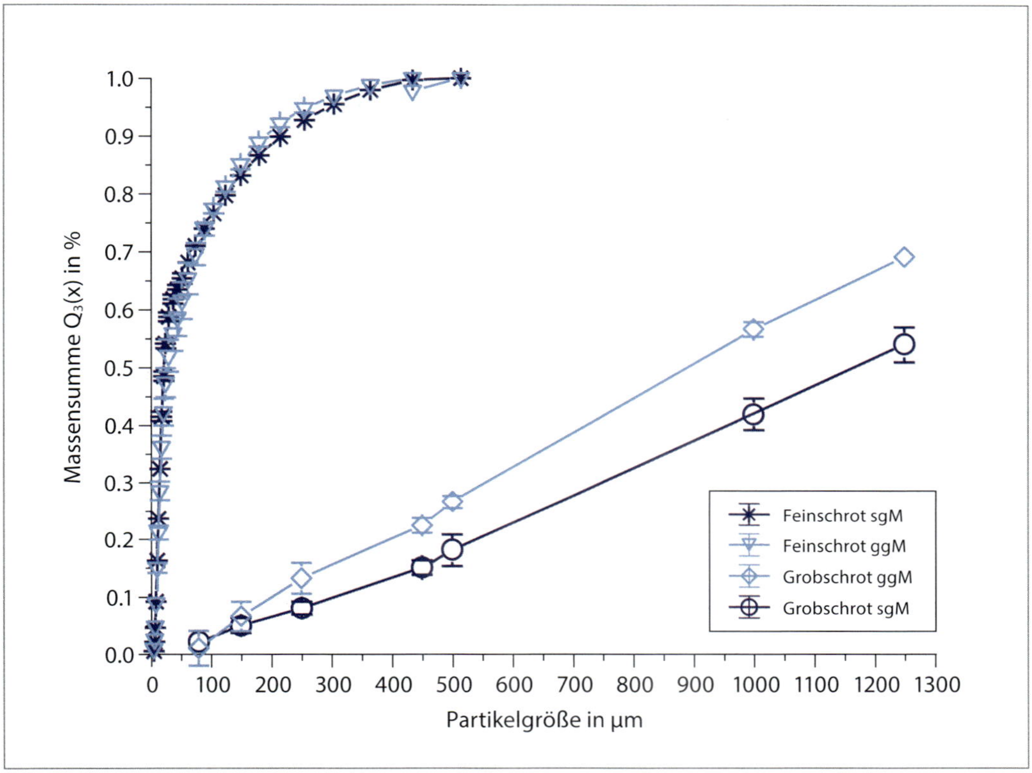

Massensumme $Q_3(x)$ in %

Partikelgröße in µm

Feinschrot sgM
Feinschrot ggM
Grobschrot ggM
Grobschrot sgM

2.5.2.1 Stärkeabbau

Der Stärkeabbau ist der wichtigste enzymatische Vorgang beim Maischen. Hierbei muss die unlösliche Malzstärke in lösliche Form übergeführt und bis zu einem definierten Maß abgebaut werden (s. Jodnormalität, Endvergärungsgrad des angestrebten Biertyps). Als erstes müssen Stütz- und Gerüstsubstanzen und Eiweiße abgebaut werden, damit die Stärkekörner frei zugänglich sind (Bimodale Verteilung: Großkörner 25 µm, Kleinkörner 5 µm). Hauptbestandteile der Stärkekörner sind die α-Glucane Amylose (Glucoseeinheiten in α-1,4-Bindung) und Amylopektin (Glucoseeinheiten in α-1,4-u. α-1,6-Bindung).

Abb. 2.18: Aufbau des Stärkekorns [2.43]

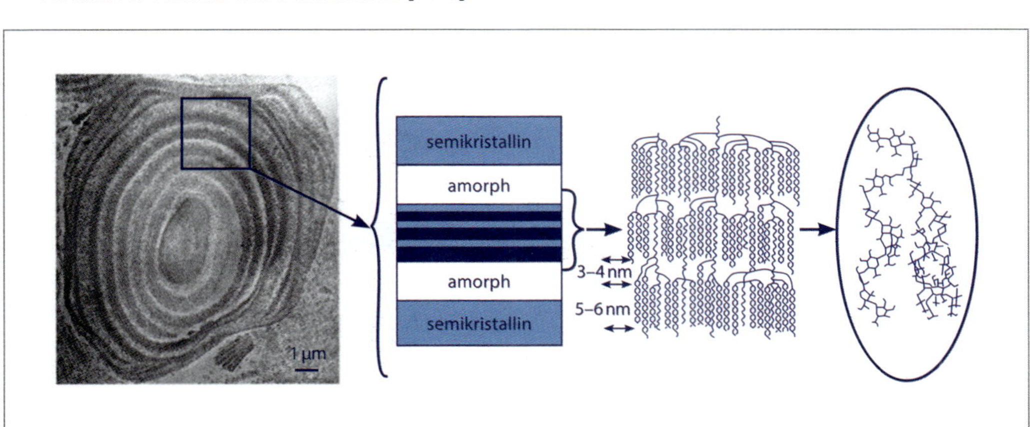

Die Anordnung des Amylopektins im Stärkekorn führt zu der typischen Ringbildung bestehend aus amorphen und semikristallinen Schichten. Seine molekulare Struktur setzt sich aus kristallinen Clustern (Lamellen) von Doppelhelices zusammen (Abb. 2.18), die aus Glucoseeinheiten aufgebaut sind.

Nach dem enzymatischen Freilegen (Cytolyse, Proteolyse) der Stärkekörner erfolgen dann ein Quellen, Verkleistern und durch die Enzyme die Verflüssigung und der Angriff. Die ablaufenden Mechanismen sind bis heute nicht vollständig geklärt [2.44, 2.45]. Bekannt ist, dass bei der Verkleisterung das Stärkekorn Wasser aufnimmt, was im Bereich von 50 bis 65 °C zu einer stärkeren Quellung (amorphe Bereiche) führt. Mit zunehmender Temperatur schmelzen die kristallinen Bereiche und die Körner verlieren ihre Form. Abb 2.19 dokumentiert fotografisch die Veränderung des Stärkekorns während eines Infusionsmaischverfahrens [2.46].

Abb. 2.19: Morphologische Veränderung des suspendierten Stärkekorns [2.46]

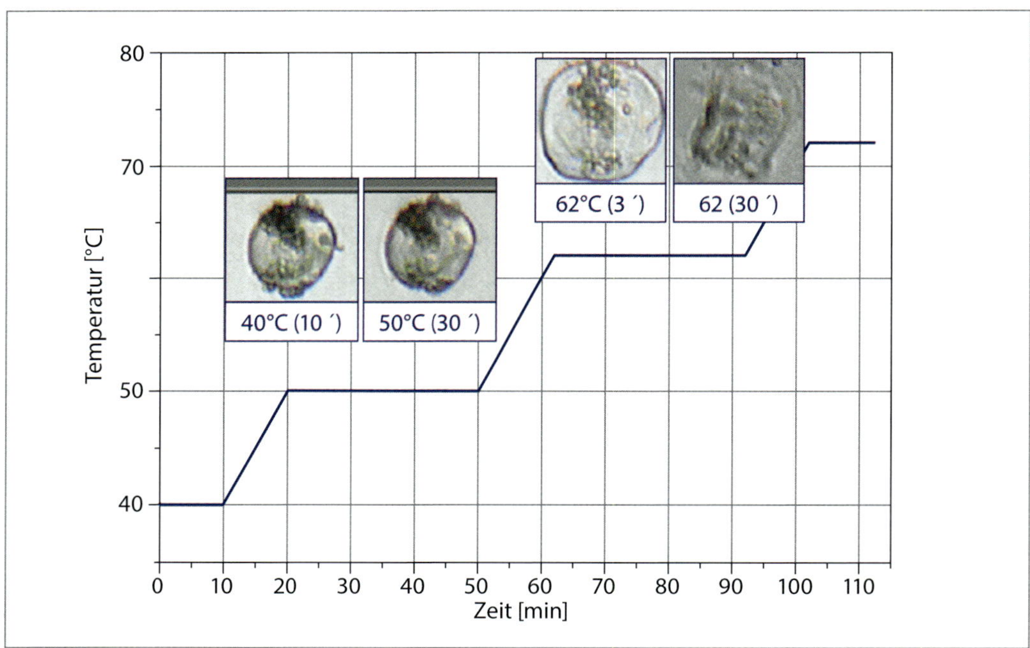

Die Amylose geht kolloidal über, das Amylopektin ist für die Verkleisterung verantwortlich. Erst mit dem Verkleistern können die Stärkepolymere enzymatisch hydrolysiert werden. Bei mangelnder Verkleisterung können sich durch einen niedrigen Endvergärungsgrad, Jodreaktionen, Kleistertrübung und Filtrationsprobleme (α-Glucane) Qualitätseinbußen einstellen. Als Einflussfaktoren auf das Verkleisterungsverhalten werden der Lipidgehalt und das Verhältnis aus großen und kleinen Stärkekörnern genannt [2.44]. In extremen Gerstenjahrgängen kann sich die Verkleisterungstemperatur nach oben verschieben (bis ca. 67 °C), was eine technologische Korrektur erfordert.

Reaktionskinetische Untersuchungen zeigen, dass die Maltosebildung während der 65 °C-Rast bei einem Feinschrot aus gut gelöstem Malz nach 10 bis 20 min abgeschlossen ist (Abb. 2.20). Auch Schur [2.47, 2.48] stellte fest, dass innerhalb der Aufheizzeit von 50 °C auf 65 °C in 15 min die größte Menge an Maltose gebildet wird und sich während der eigentlichen Rast bei 65 °C nur noch geringfügige Mengen an Maltose bilden. Ein Grund dafür wurde in der kompetitiven Hemmung der ß-Amylase durch die bereits vorliegende Maltose gesehen.

Abb. 2.20: Maltosebildung, 65 °C isotherm [2.41]

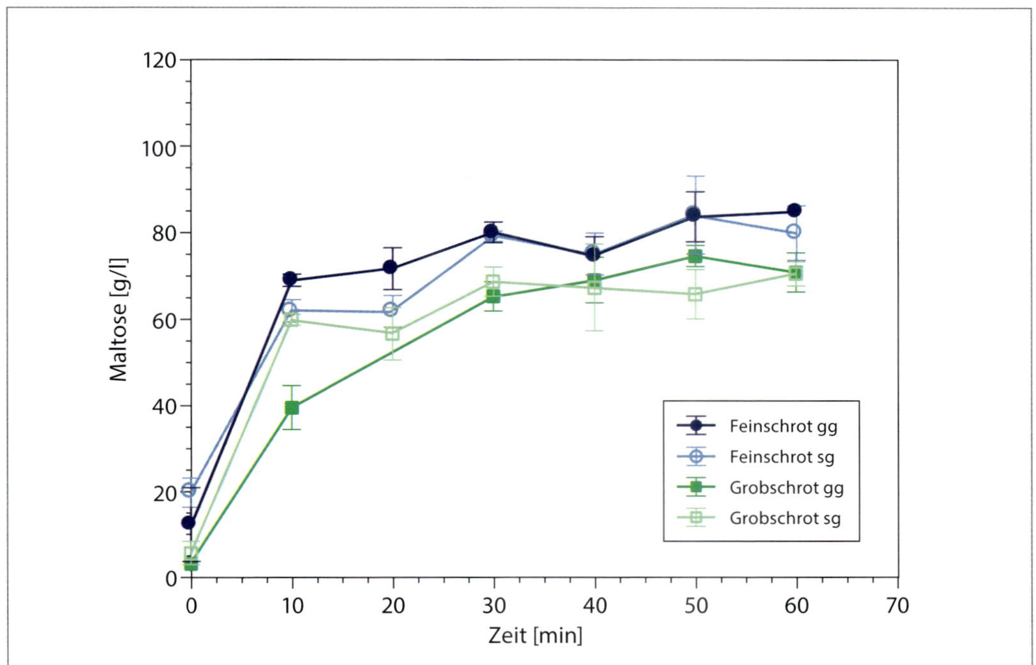

Die Reaktionsgeschwindigkeiten für die Maltose- und Extraktbildung sind bei allen vier Versuchen, unabhängig von Schrotfeinheit (FS = Feinschrot, GS = Grobschrot) und Malzlösung (gg = gutgelöst, sg = schlechtgelöst) annähernd gleich (Abb. 2.20). Ebenso ergeben sich keine Unterschiede bei der Maltosebildung zwischen einem gut und einem schlecht gelösten Malz innerhalb des Fein- und des Grobschrots. Die Versuchsergebnisse zeigen, dass die Maltosebildung als Grundlage für die Vergärbarkeit nach 20 bis maximal 30 min abgeschlossen ist. Anscheinend bewirkt ein Überschuss an Enzymen keine zusätzliche Stoffumsetzung, bzw. die Anzahl der im Schrot befindlichen Enzyme reicht bei beiden Malzqualitäten aus, um die reaktiven enzymatisch angreifbaren Stellen vollständig zu belegen. Dies könnte auch der Grund dafür sein, dass beim Feinschrot die Stärkehydrolyse nicht schneller vonstatten geht. Mit den eingesetzten Prallmühlen (Hammermühle, Fächerschlägermühle) bleibt die Struktur der Stärkekörner (5–30 µm) erhalten und somit wird auch die Anzahl der reaktiven Stellen nicht erhöht [2.49]. Damit hat auch die Schrotung keinen Einfluss auf die vorhandene Verkleisterungstemperatur [2.44, 2.45].

Unter dem Aspekt eines forcierten Abbaus der Malzinhaltsstoffe (Zellwände) und eines tatsächlichen Angriffs der Stärkekörner ist der Einsatz des Dispax-Reactors® zu diskutieren. Verglichen wurden isotherme Maischen aus Pulverschrot (Prallmühle = Fächerschlägermühle) mit Dispaxmaischen [2.50]. Bezüglich des Stärkeabbaus ist kein signifikanter Unterschied zwischen beiden Zerkleinerungstechniken ersichtlich. Wie schon erwähnt, ist der Umsatz innerhalb der ersten 10 min am stärksten. Die deckungsgleichen Extraktverläufe lassen keinen gesteigerten Abbau der hochmolekularen Stärke bei der Dispergiertechnik erkennen. Bei unterschiedlich gelösten Malzen ist die Extraktbildung (Abb. 2.21) in beiden Fällen gut, verläuft, wie es aus den reaktionskinetischen Ergebnissen zu erwarten ist und führt zu verkürzten Maischzeiten. Schon die Dissertation von Einsiedler [2.41] s.o. zeigte, dass die Maltosebildung von der Malzlösung weitgehend unabhängig ist.

Abb. 2.21: Dispaxmaischen, 65 °C isotherm, Extraktbildung [2.50]

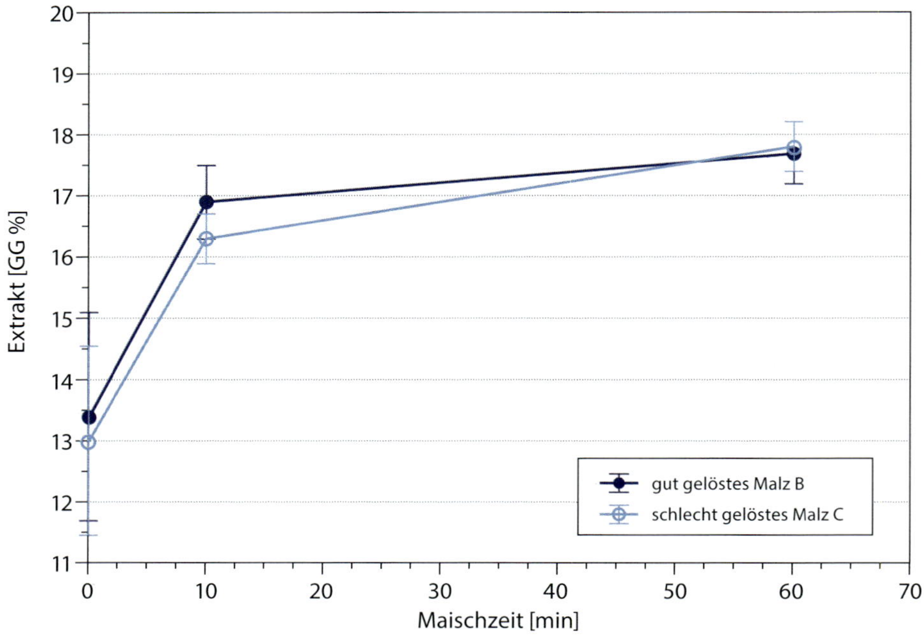

Extrakt [GG %]

20
19
18
17
16
15
14
13
12
11

0 10 20 30 40 50 60 70

Maischzeit [min]

gut gelöstes Malz B
schlecht gelöstes Malz C

Die elektronenmikroskopischen Aufnahmen (Abb. 2.22) belegen sehr anschaulich, dass nach der Zerkleinerung des Malzes über den Dispax beim gut gelösten Malz die Zellwände in kleinen Fetzen vorliegen und die Stärkekörner (5–30 µm) frei zugänglich, aber trotz der angewendeten Zerkleinerungstechnik intakt vorliegen.

Abb. 2.22: REM-Aufnahme, gut gelöstes Malz, dispergiert

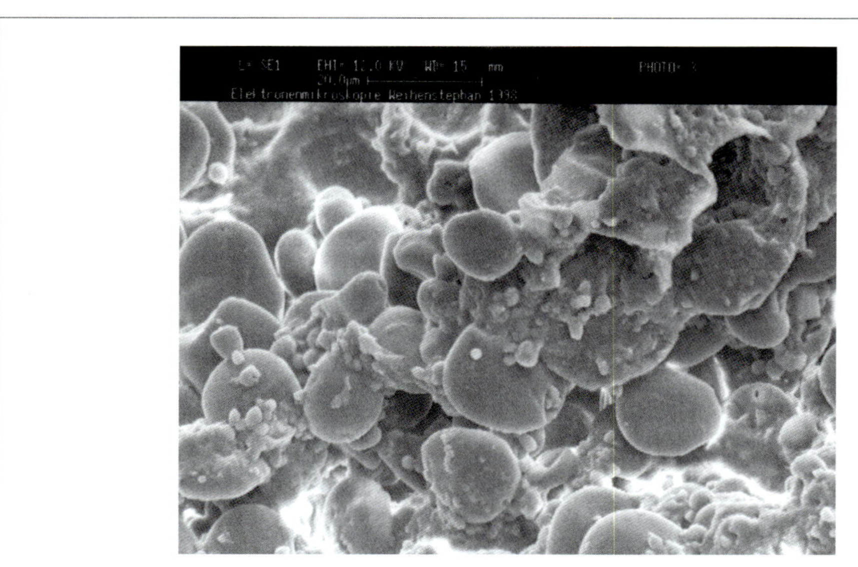

Nur der Einsatz einer Rührwerkskugelmühle führt zu einer Zerkleinerung der Stärkekörner. Diese Technik, die für den Brauereibetrieb allerdings nicht praktikabel ist, bewirkt einen Angriff der Stärkekornstruktur (Abb. 2.23) und eine Ausbeuteerhöhung.

Abb. 2.23: REM-Aufnahmen von Stärke vor (oben) und nach der Zerkleinerung (unten) mit der Rührwerkskugelmühle [2.51]

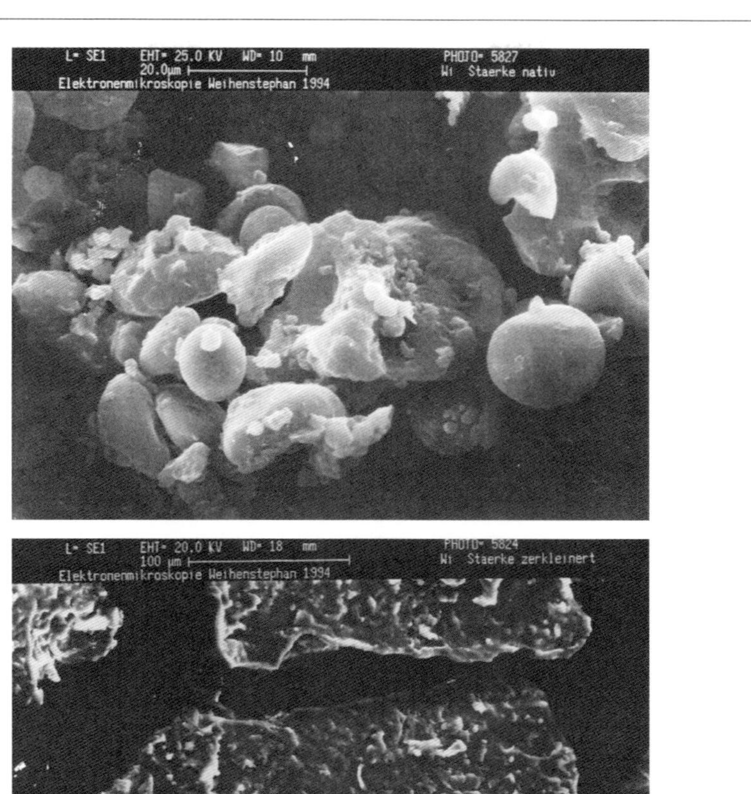

Brautechnologisch besteht die Eingriffsmöglichkeit darin, dass man niedriger einmaischt, dadurch Bestandteile der Stütz- und Gerüstsubstanzen wie Hemicellulosen, Lipide und Proteine freisetzt, somit die Quellung und Verkleisterung einleitet und hierdurch in einem gewissen Maße die enzymatischen Umsetzungen fördert.
Die Modellierung des Stärkeabbaus basiert auf der Vorstellung des Flüssig-Flüssig-Modells (Abb. 2.24), das in seiner Funktionsweise einem Schwamm gleicht. Das Schrot stellt die Schwammstruktur dar. Das Wasser lagert sich in die Hohlräume der Schrotpartikeln ein. Die Inhaltsbestandteile des Schrots lösen sich in dem Wasservolumen und somit liegt eine bestimmte Anfangskonzentration c_{0i} des Stoffes i zum Zeitpunkt t=0 vor.

Abb. 2.24: Bildhafte Darstellung der Modellidee [2.52]

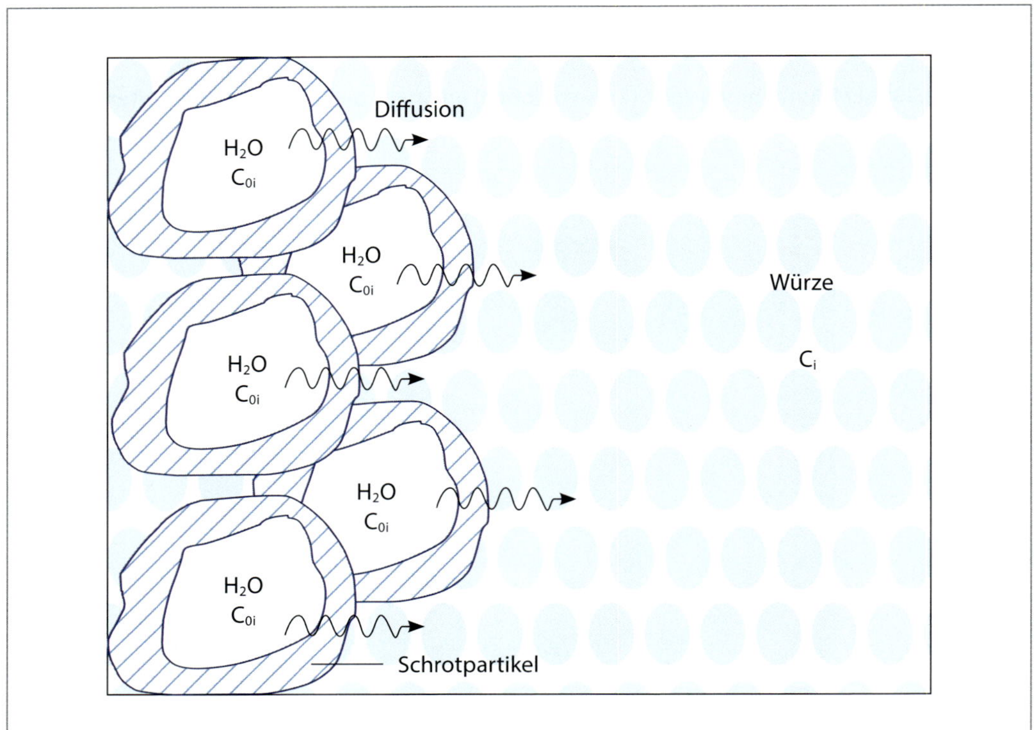

Durch das Konzentrationsgefälle in der Partikel und dem äußeren Wasser (später Würze) beginnt die Diffusion von Inhaltsbestandteilen von der Phasengrenzschicht in das äußere Wasservolumen, in welchem Konvektion herrscht, bis die Konzentrationen innen und außen den gleichen Betrag erreicht haben (Abb. 2.24).

Zur mathematischen Beschreibung werden Differentialgleichungen verwendet, die die Diffusionsvorgänge, die Massenbilanz und die Temperaturabhängigkeit berücksichtigen [2.52].

Abb. 2.25 zeigt beispielhaft den Vergleich zwischen Messung (Symbole) und Simulation (Kurvenverlauf) bei Verwendung eines Temperatur-Zeit-Profils. Mithilfe der entwickelten Modelle für den Stärke-, ß-Glucan- und Eiweißabbau ist eine Vorhersage des Umsetzungsverlaufs bei vorgegebenem Temperatur-Zeit-Profil möglich. Allerdings sind im Rahmen der Standardmalzanalyse zusätzliche Messungen (z. B. Anfangsgehalt Stärke, Zucker, Enzyme) erforderlich. Bei den einzusetzenden Modellkonstanten ist zwischen den universell einsetzbaren wie Aktivierungsenergie, Diffusionskoeffizient und Proportionalitätsfaktor, die nur einmal ermittelt werden müssen, und den spezifischen wie Frequenzfaktor, Geschwindigkeitskonstante und Verkleisterungstemperatur zu unterscheiden. Diese sind vom jeweils eingesetzten Rohstoff abhängig und müssten über einen längeren Zeitraum beobachtet werden. Des Weiteren ist der Soll-Ist-Zustand der Maische über weiter entwickelte Online-Messysteme zu kontrollieren.

Abb. 2.25: Modellvalidierung [2.52]

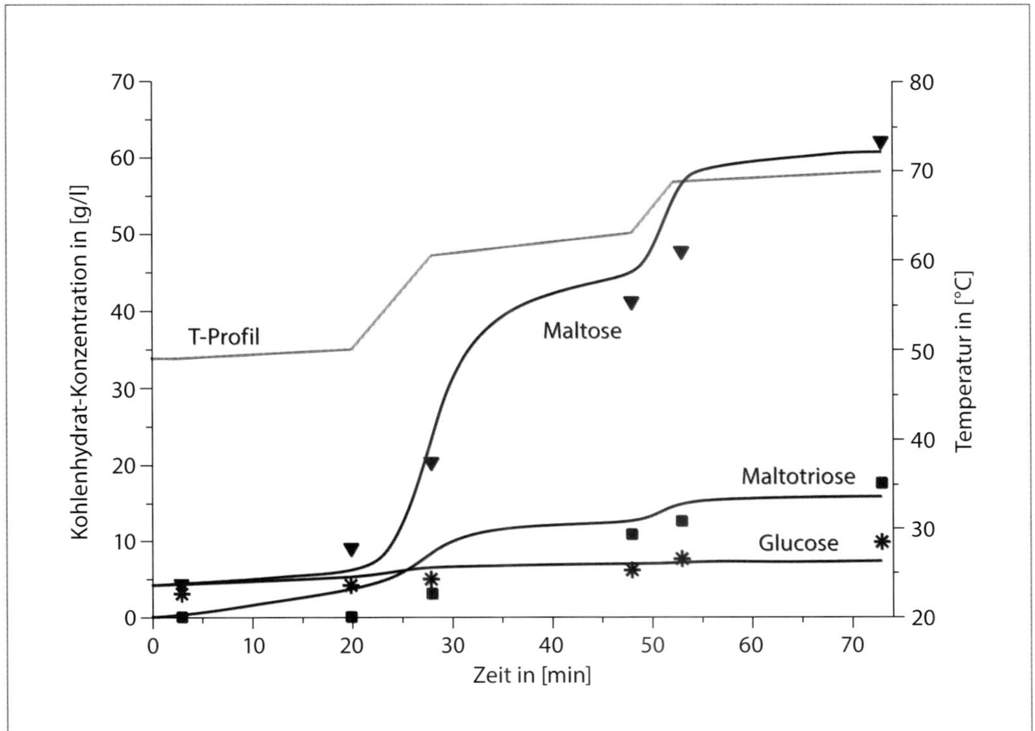

Wir kommen zur Frage der Maischzeitverkürzung zurück: In der Praxis beansprucht die 65 °C-Rast bei Dekoktionsverfahren im günstigsten Fall rund 60 min. Es muss zwangsläufig zur Diskussion gestellt werden, ob aus dieser aus technologischer Sicht unnötig langen Rast Nachteile für die Würzezusammensetzung (s. Eiweißfraktionen) resultieren. So konnte bereits Barth [2.53] nachweisen, dass längere Rasten bei 65 °C zu einem Abbau der hochmolekularen Fraktion (10000–60000 Dalton) und der Glycoproteide führen. Andererseits zeigte sich, dass bei höheren Temperaturen ≥ 70 °C die Lösung der Glycoproteide gefördert wird, ohne dass ein Abbau stattfindet.

2.5.2.2 Eiweißabbau

Die Eiweißstoffe im Malz bestehen aus einem Gemisch unterschiedlicher stickstoffhaltiger Gruppen. Die genuinen Eiweiße (Albumine, Globuline, Prolamine, Gluteline) werden zu wasserlöslichen Peptiden abgebaut. Sie tragen zur Vollmundigkeit bei, beeinflussen den Bierschaum, sind beteiligt bei Farbreaktionen, sind essentiell für den Hefestoffwechsel (Leucin, Isoleucin, Valin), können aber auch zu Abscheidungsproblemen und mangelnder Stabilität führen. Die Lösung der Stickstoffsubstanzen verläuft während der Keimung wesentlich intensiver als der Stärkeabbau. Dies spiegelt sich in der Relation Mälzen/Maischen 1:0,6 bis 1,0 beim Eiweißabbau wider. Die Eiweißlösung ist infolgedessen durch die Malzqualität vorgegeben. Selbst mit hohen Einmaischtemperaturen gelingt es nicht, den Eiweißabbau unter einen bestimmten Wert zu bringen [2.54]. Insgesamt sind beim Maischen nur begrenzte Korrekturen möglich.

Abb. 2.26: Bildung der Aminosäuren, 50 °C isotherm [2.41]

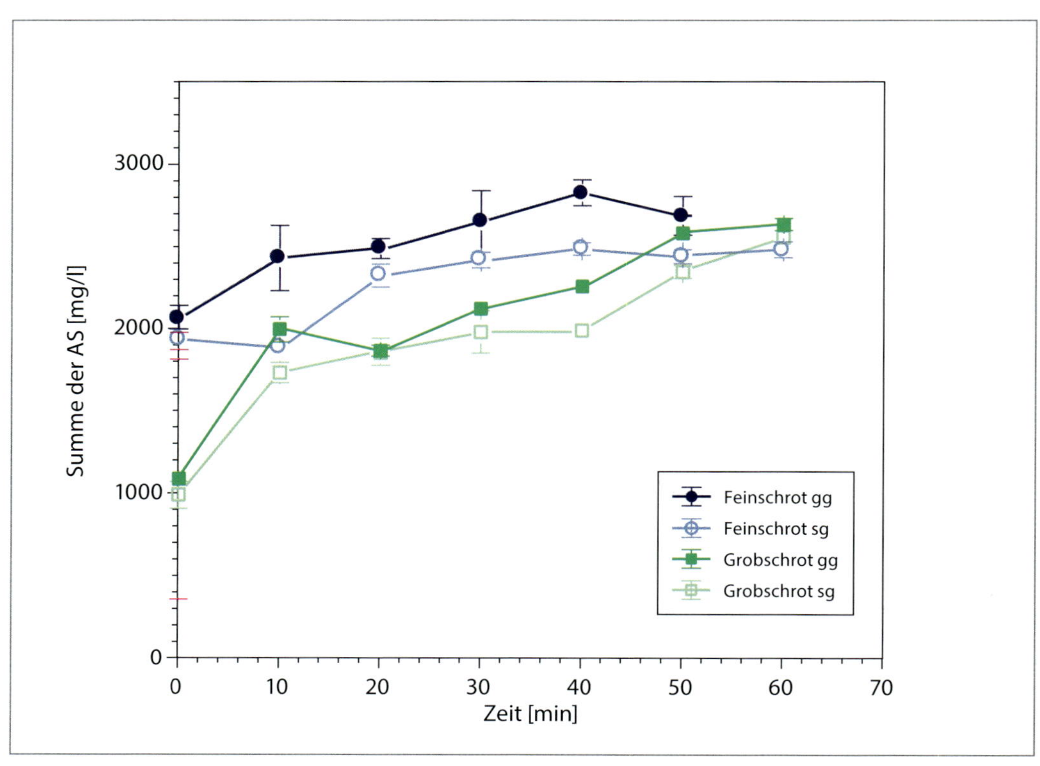

Der Eiweißabbau bezüglich der Aminosäurenbildung wird deutlich durch die Schrotfeinheit beeinflusst (Abb. 2.26). Dies könnte auch der Grund sein, weshalb sich beim Maischen von Mehl und Schrot eine Differenz im Extrakt ergibt. Hier werden nicht nur Zucker, sondern auch Eiweißstoffe und Glucane erfasst. Des Weiteren übt die Malzlösung Einfluss aus. Bei Feinschroten ist die Bildung der Aminosäuren (Summe der einzelnen Aminosäuren mittels HPLC) spätestens nach 20 min abgeschlossen. Die Grobschrote erreichen erst nach 50 min das Niveau der Feinschrote. Allerdings ist nicht bekannt, inwieweit hochmolekulare schaumpositive Proteine bei längeren Rastzeiten als 20 min und einem hierdurch marginal erzielbaren Zuwachs an alpha-Aminostickstoff (FAN) zusätzlich abgebaut werden. Die relativ langsame Nachbildung an niedermolekularem Stickstoff zeigte sich schon bei früheren Untersuchungen [2.55]. Andererseits muss man sich darüber im Klaren sein, dass das Niveau des FAN einen Mindestwert in der Anstellwürze nicht unterschreiten darf. Für eine optimale Hefeernährung werden als Eckwerte 200-250 mg/l FAN (auf 12 GG % ber.) in der Anstellwürze genannt (22 % vom Gesamt-Stickstoff). Verschieden stark gelöste Malze und damit variierende FAN-Gehalte üben einen Einfluss auf die Bildung und Reduktion von 2-Acetolactat (Intermediärstoffwechselprodukt der Valinbiosynthese) bei der Gärung und Reifung aus. Aus einer starken Unterbilanzierung an FAN resultieren bei der Vergärung erhöhte Mengen an Acetohydroxisäuren und dadurch längere Reifungszeiten. Nachbesserung ist hier durch Absenkung der Einmaischtemperatur möglich. Das Niveau des gut gelösten Vergleichsmalzes wird jedoch meist nicht erreicht [2.56].

2.5.2.3 ß-Glucanabbau

Die stärkeführenden Zellen sind von einer Matrix aus Proteinen und Hemicellulose umhüllt. Die unlöslichen Hemicellulosen müssen enzymatisch in wasserlösliche Gummistoffe überführt werden, die aus ca. 80 % ß-Glucan und ca. 20 % Pentosan (Arabinoxylan) bestehen. Die ß-Glucangehalte sollten im Hinblick auf eine nachfolgend problemlose Verarbeitung in der Ausschlagwürze 200 mg/l (auf 12 GG % berechnet) nicht überschreiten. Generell ist festzustellen, dass bei knapp oder schlecht gelösten Malzen das schon frei vorliegende ß-Glucan durch die ß-Glucanasen (Wirkungsoptimum ca. 50 °C) weitgehend abgebaut werden sollte. Die Problematik liegt darin, dass die 62- bis 65 °C-Rast im Hinblick auf den Wirkungsbereich der ß-Amylase nicht übersprungen werden kann. Somit ist es unvermeidbar, dass bei dieser Temperatur ß-Glucan durch die ß-Glucansolubilase (Wirkungsoptimum ca. 62 °C) aus den Zellwänden herausgelöst wird und das umso mehr, je schlechter das Malz gelöst ist. Die bei dieser Temperatur nur noch vermindert aktiven ß-Glucanasen vermögen dann diesen Überhang nicht mehr abzubauen. Deshalb ist auch hier die Frage der Rastdauer wichtig. Bei gut gelösten Malzen ist eine hohe Einmaischtemperatur von 62 bis 65 °C vertretbar. Malze schlechter Lösung rufen sofort ein β-Glucanproblem hervor (Abb. 2.27), das noch mit steigender Schrotfeinheit weiter zunimmt.

Abb. 2.27: ß-Glucan, 65 °C isotherm

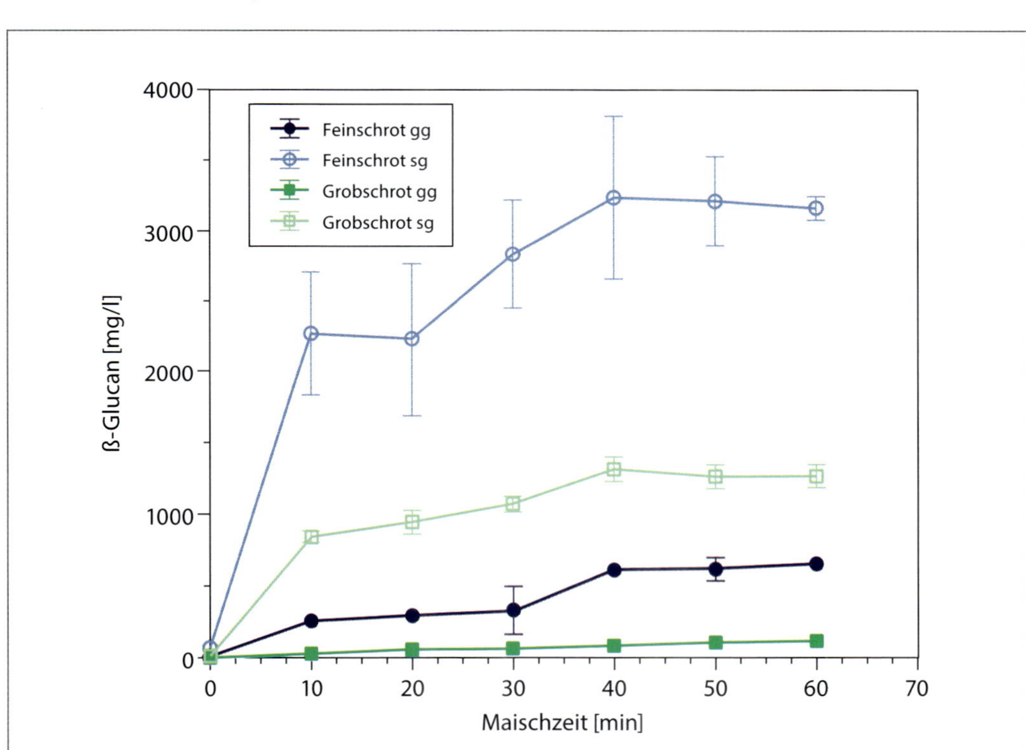

Damit bleibt als Nächstes die Frage zu beantworten, ob durch das Dispergieren eine schlechtere Malzlösung kompensiert werden kann. Dazu wurden zwei Malze unterschiedlicher Qualität im Verhältnis 1:4 bei 65 °C isotherm dispergiert und gemaischt. Innerhalb der ersten 10 min wird bei beiden Malzqualitäten relativ viel ß-Glucan freigesetzt. Anschließend verläuft die Kurve für das gut gelöste Malz flach. Beim schlecht gelösten Malz vermögen die vorliegenden Enzyme jedoch diesen Überhang nicht abzubauen. Infolgedessen steigt auch die Viskosität bis zum Ende an (Abb.2.28).

Abb. 2.28: Dispaxmaischen, 65 °C isotherm, Zellwandabbau [2.50]

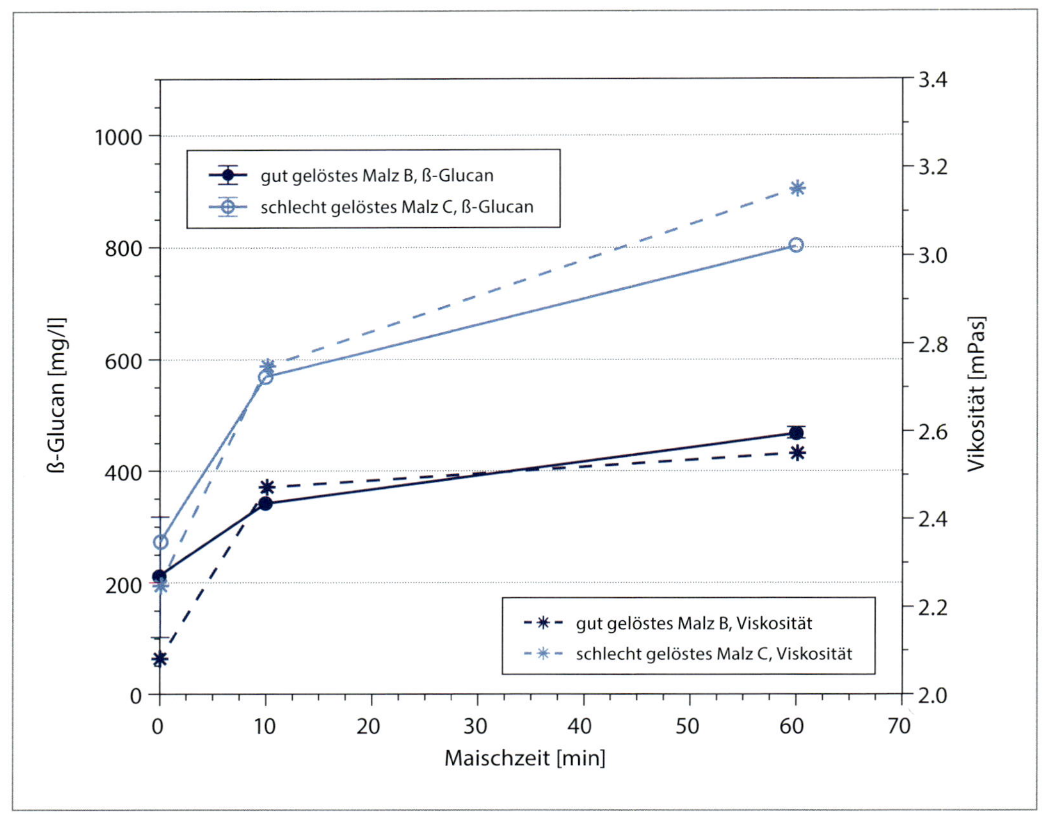

Brautechnologisch besteht auch hier nur die Eingriffsmöglichkeit darin, dass man niedriger einmaischt, dadurch Bestandteile der Stütz- und Gerüstsubstanzen wie Hemicellulosen freisetzt und die hydrolytische Wirkung der ß-Glucanasen nutzt.

2.5.2.4 Schlussfolgerung zur Zeitoptimierung von Maischverfahren

Reaktionskinetische Untersuchungen haben gezeigt, dass für alle drei Abbauwege bei gut gelösten Malzen eine Rastdauer von jeweils 20 min möglich ist, ohne dass mit Qualitätseinbußen gerechnet werden muss. Dies bestätigt auch die Erfahrung, die besagt, dass hohe Einmaischtemperaturen und knappe Rastzeiten qualitativ gute Biere hervorbringen.

Als Ausblick der vorgestellten Ergebnisse könnten folgende Maischverfahren zum Einsatz kommen (Abb. 2.29, 2.30): Für ein normal gelöstes Malz (Viskosität < 1,52 mPas, ß-Glucan < 150 mg/l) sollte eine Maischzeit von insgesamt zwei Stunden bei einer Einmaischtemperatur von 50 °C genügen. Beim Einsatz gut gelöster Malze kann noch weiter verkürzt werden, wobei die 70 Minuten sicherlich noch nicht das untere Limit darstellen, wie schon frühere Untersuchungen [2.57] im Kleinmaßstab gezeigt haben. Infusionsverfahren mit einer Maischdauer von 48 Minuten lieferten damals bei überlösten Malzen noch akzeptable Biere.

Abb. 2.29: Maischverfahren für normal gelöstes Malz MV 1

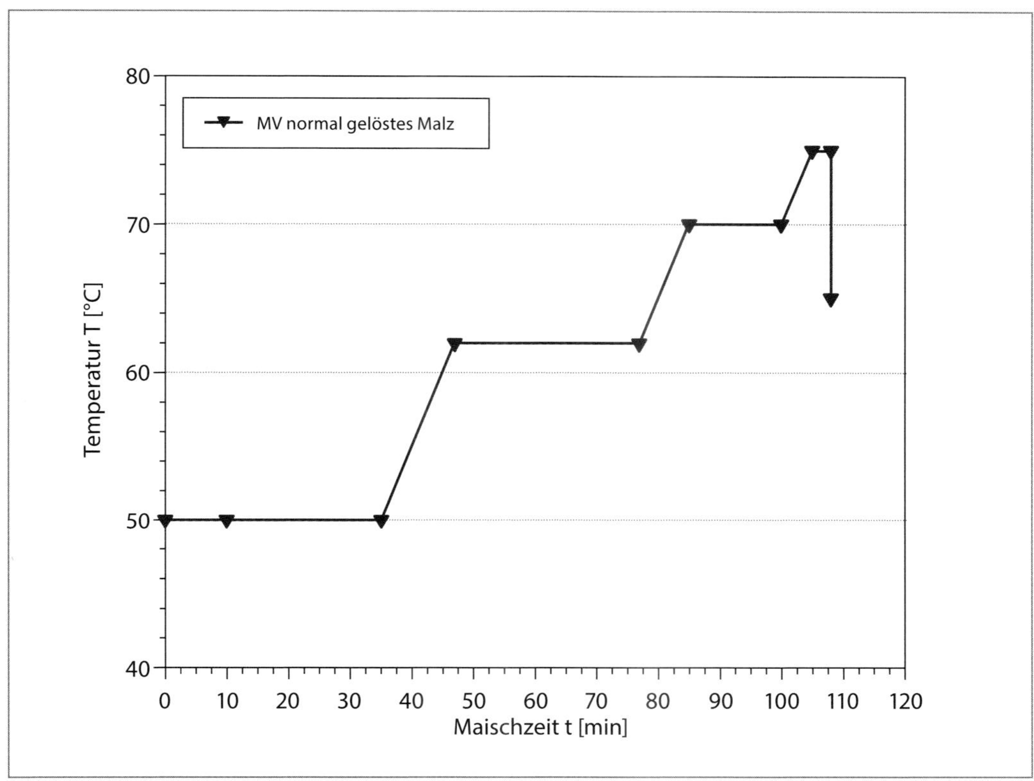

Unter Verwendung von gut gelöstem Malz mit durchschnittlicher Eiweißlösung (Tab. 2.3) wurden drei Sude mit dem Maischverfahren MV 2 im 1-hl-Maßstab durchgeführt. Die Schrotung erfolgte über eine 2-Walzenmühle (a = 0,8 mm). Abgesehen davon, dass das Verhältnis von FAN/GN etwas knapp ausfällt, erfüllen die chemisch-technischen Eckdaten der Ausschlagwürzen die technologischen Anforderungen (Tab. 2.4) und stützen die in den 1960er-Jahren gemachten Erfahrungen. In der nächsten Versuchsreihe wurden mit demselben Rohstoff unter Anwendung desselben Maischverfahrens drei Sude im 7-hl-Maßstab durchgeführt. Die Malzzerkleinerung erfolgte über die Dispergiereinrichtung Dispax-Reactor® DR 3/16. Die in Tab. 2.5 aufgeführten Daten sind eine Bestätigung der oben getroffenen Aussagen. Außerdem zeigt sich wiederum, dass bei guter Malzqualität die Schrotzerkleinerung von sekundärer Bedeutung ist. Abschließend ist festzuhalten, dass mit heute verfügbaren homogenen und enzymstarken Malzen Maischzeiten von ≤ 75 Minuten möglich sind, was wiederum bedeutet, dass in dem Fall die Würzetrenntechnik über Läuterbottich bzw. Maischefilter zum Engpass im Sudhaus wird (Kap. 5).

Abb. 2.30: Maischverfahren für gut gelöstes Malz MV 2

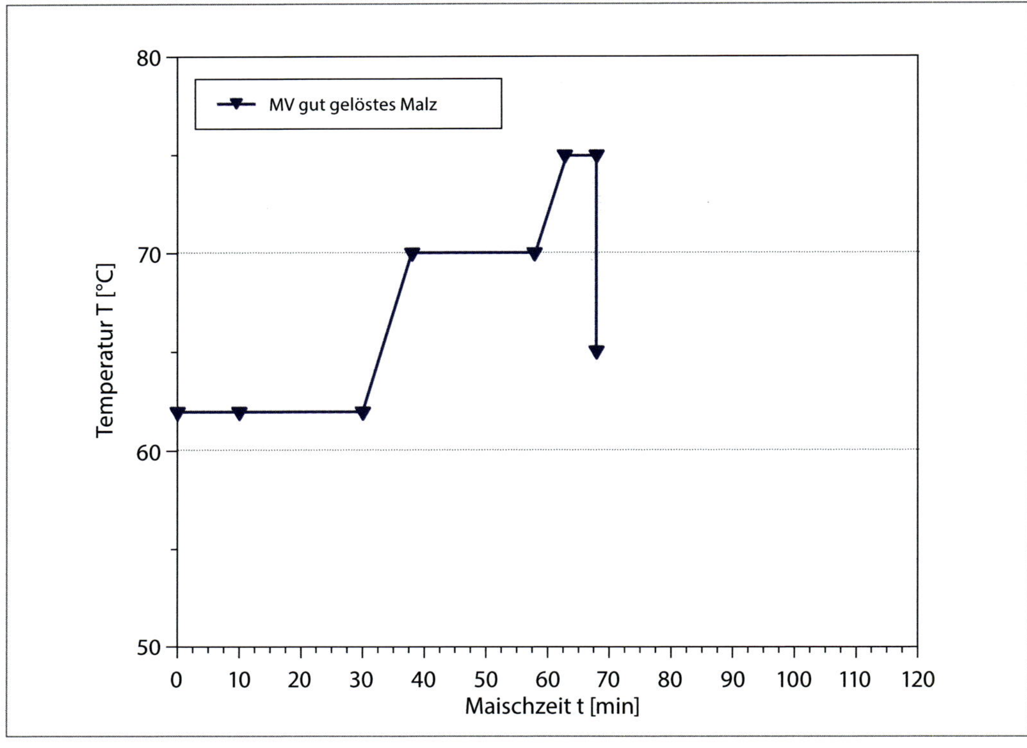

Tab. 2.3: Gut gelöstes Malz mit MV 2 (1hl-/7hl-Maßstab)

Kriterium	Einheit	Messwert
Wassergehalt	%	4,4
Extrakt wfr.	%	82,6
Extraktdifferenz	%	1,3
pH-Wert	-	5,86
Farbe	EBC	3,1
Kochfarbe	EBC	5,2
Viskosität (8.6 %)	mPas	1,53
Friabilimeter ganzglasig	% %	84,4 1,6
Eiweiß wfr.	%	10,4
Löslicher N	g/100g TrS	0,694
Eiweißlösungsgrad	%	41,8
VZ 45 °C	%	38,1

Tab. 2.4: Chemisch-technische Eckdaten der Ausschlagwürzen (1 hl-Maßstab)

Kriterium	Analysenwert	Konfidenzintervall a
EVG [%]	85,0	± 0
Photometr. Jodprobe	0,043	± 0,044
FAN/GN [%]	21,3	± 0,8
Viskosität [mPas] auf 12 % ber.	1,81	± 0,01
ß-Glucan [mg/l] auf 12 % ber.	173	± 17,4

Tab. 2.5: Chemisch-technische Eckdaten der Ausschlagwürzen (7 hl-Maßstab)

Kriterium	Analysenwert	Konfidenzintervall a
Stammwürze [GG %]	11,11	0,47
EVG [%]	83,7	1,4
GN [mg/100 ml] auf 12 % ber.	97,2	3,1
FAN [mg/100 ml] auf 12 % ber.	21,6	0,7
FAN/GN	22,2	0,6
Viskosität [mPas] auf 12 % ber.	1,78	± 0
ß-Glucan [mg/l] auf 12 % ber.	187	11,5
Photometr. Jodprobe	0,11	0,10

LITERATUR

[2.1] Baehr, H. D., Stephan, K.: Wärme- u. Stoffübertragung, Springer Verlag, Heidelberg, 2010

[2.2] Böckh, P. von, Wetzel, T.: Wärmeübertragung, Springer Verlag, Heidelberg, 2009

[2.3] Schmidt, E.: Thermodynamik, Springer Verlag, Berlin, 1960

[2.4] Mersmann, A., Kind, M., Stichlmair, J.: Thermische Verfahrenstechnik, Springer Verlag, Heidelberg, 2005

[2.5] Schönbucher, A.: Thermische Verfahrenstechnik, Springer Verlag, Heidelberg, 2002

[2.6] Ekato: Handbuch der Rührtechnik, Schopfheim, 1990

[2.7] Mersmann, A., Einenkel, W.-D., Käppel, M.: Chem. Ing. Tech., Nr. 23, 1975, S. 953–964

[2.8] Kraume, M.: Transportvorgänge in der Verfahrenstechnik, Springer Verlag, Heidelberg, 2004

[2.9] Lohrengel, B.: Einführung in die thermischen Trennverfahren, Oldenbourg Wissenschaftsverlag, 2007

[2.10] Schwister, K.: Taschenbuch der Verfahrenstechnik, Carl Hanser Verlag, München, 2010

[2.11] Christen, D.: Praxiswissen der chemischen Verfahrenstechnik, Springer Verlag, Heidelberg, 2010

[2.12] Narziß, L.: Die Bierbrauerei 2: Die Technologie der Würzebereitung, 2009, Abb. 3.25, S. 317, Copyright Wiley-VCH Verlag GmbH & Co. KGaA, reproduced with permission

[2.13] Stippler, K.: Brauwelt, Nr. 15/16, 2008, S. 413–418

[2.14] Wasmuht, K.: Brauwelt, Nr. 33, 2005, S. 970–972

[2.15] Thüsing, C.: Brauindustrie, Nr. 3, 2008, S. 23–25

[2.16] Dahncke, C., Schneid, R., Methner, F.-J.: Brauwelt, Nr.50, 2008, S. 1540–1542

[2.17] Schneid, R.: Dissertation, TU Berlin, 2009

[2.18] Schneid, R., Lamberti, N.: Brauwelt, Nr. 3, 2017, S. 55–57

[2.19] Krones AG

[2.20] www.meura.com

[2.21] Kreyszig, E.: Statistische Methoden und ihre Anwendungen, Vandenhoeck & Ruprecht, Göttingen, 1967

[2.22] Lehrstuhl für Verfahrenstechnik disperser Systeme, Skript zum Seminar „Qualitätskontrolle und Qualitätssicherung in der Brauerei", 1993

[2.23] Michel, R., Nitzsche, F., Sommer, K.: Mschr. F. Brauwiss., Nr. 3, 1989, S. 108–112

[2.24] International Standard ISO 5725, Precision of test methods, 1986

[2.25] Richtlinien zur Sudwerkskontrolle, Selbstverlag der MEBAK, Freising, 2009

[2.26] Narziß, L.: Die Technologie der Würzebereitung, F. Enke Verlag, Stuttgart, 1992

[2.27] Zürcher, Ch., Gruss, R., Kleber, K.: EBC-Proc., 1979, S. 175–188

[2.28] Kessler, H.-G.: Lebensmittelverfahrenstechnik, Verlag A. Kessler, Weihenstephan, 1988

[2.29] Windisch, W., Kolbach, P., Schild, E.: Wschr. f. Brauerei 49, Nr. 37 u. 38, 1932, S. 289–303

[2.30] Narziß, L.: Brauwelt, Nr. 50 u. 52, 1972, S. 1027–1078

[2.31] Schur, F.: Dissertation, TU-München, 1975

[2.32] Windisch, W., Kolbach, P., Schild, E.: Wschr. f. Brauerei 58, Nr. 25, 26, 27, 28, 1931, S. 253–300

[2.33] Jones, M., Pierce, J.: EBC-Proc., 1963, S. 100–134

[2.34] Visuri, K., Mikola, J., Enari, T. M.: European J. Biochem. 7, Nr. 2, 1969, S. 193–199

[2.35] Narziß, L., Lintz, B.: Brauwiss. 28, Nr. 9, 1975, S. 253–260

[2.36] Preece, I. A., Mackenzie, K. G: J. Inst. Brew. 58, 1952, S. 353–362

[2.37] Erdal, K., Gjertsen, P.: EBC-Proc., 1967, S. 295–302

[2.38] Schuster, K., Narziss, L., Kumada, J.: Brauwissenschaft, Nr. 5, 1967, S. 185–206

[2.39] Litzenburger, K.: Dissertation, TU-München, 1976

[2.40] Bamforth, C. W., Martin, H. L., Wainwright, T.: J. Inst. Brew. 85, 1979, S. 334–338

[2.41] Einsiedler, F.: Dissertation, TU-München, 1997

[2.42] Schwill-Miedaner, A.: Habilitationsschrift, TU-München, 2000

[2.43] Perez, S., Bertoft, E.: Starch/Stärke, 62, 2010, 389–420

[2.44] Schüll, F.: Dissertation, TU München, 2012

[2.45] Henke, S.: Dissertation, TU München, 2016

[2.46] Herrmann, J.: Dissertation, TU-München, 2002

[2.47] Schur, F., Pfenninger, H. B., Narziss, L.: EBC-Proc., 1973, S. 149–155

[2.48] Schur, F., Pfenninger, H. B., Narziss, L.: Schweizer Brauerei Rundschau, Nr. 8, 1973, S. 161–180

[2.49] Richter, K., Sommer, K.: Mschr. F. Brauwiss., Nr.1/2, 1994, S. 4–7

[2.50] Herzog, T.: Diplomarbeit, TU-München, 1999

[2.51] Richter, K.: Dissertation, TU-München, 1998

[2.52] Einsiedler, F., Schwill-Miedaner, A., Sommer, K., Hämäläinen, J.: Mschr. F. Brauwiss., Nr. 11/12, 1997, S. 202–209

[2.53] Narziß, L., Reicheneder, E., Barth, D.: Brauwissenschaft, Nr. 11, 1982, S. 275–283

[2.54] Kolbach, P., Buse, R.: Wochenschr. Brauerei, 1933, S. 265-277, 281-285

[2.55] Barth, D.: Diplomarbeit, TU-München, 1978

[2.56] Miedaner, H.: Habilitationsschrift, TU-München, 1980

[2.57] Narziß, L.: Brauwelt, Nr.23/24, 1970, S. 429–436

[2.58] Poggemann, R., Steiff, A., Weinspach, P.-M.: CIT, Nr. 10, 1979, S. 948–959

[2.59] Petersen, H.: Brauereianlagen, Verlag Hans Carl, Nürnberg, 1993

3 RÜHREN

3.1 SEDIMENTATION IM SCHWEREFELD

Die Maische ist eine Suspension mit einer turbulenten Rührströmung, die ein Entmischen oder Absetzen unter Schwerkrafteinfluss verhindern soll. Bei der Betrachtung einer kugelförmigen Partikel in einer ruhenden Flüssigkeit im Schwerefeld werden vereinfachende Voraussetzungen getroffen:

- Partikel der Größe x ist starr,
- Feste Wände sind weit entfernt,
- Fluid ist inkompressibel und newtonsch.

Auf eine kugelförmige Partikel wirken im Gravitationsfeld nach der Anlaufphase (instationäre Anfangsphase) drei im Gleichgewicht stehende Kräfte: die Auftriebskraft F_A, die Widerstandskraft F_W und die Gewichtskraft F_G (Abb. 3.1). Dies bedeutet, dass die Beschleunigung der Kugel abgeschlossen ist. Es herrschen stationäre Verhältnisse. Die Partikel besitzt eine stationäre Endfallgeschwindigkeit w_f, die von der Zähigkeit des Fluids η, dem Dichteunterschied zwischen Partikel und Fluid ($\Delta\rho = \rho_s - \rho_f$) und der Partikelgröße x abhängt [3.1].

Abb. 3.1: Kräftegleichgewicht an einer kugelförmigen Einzelpartikel

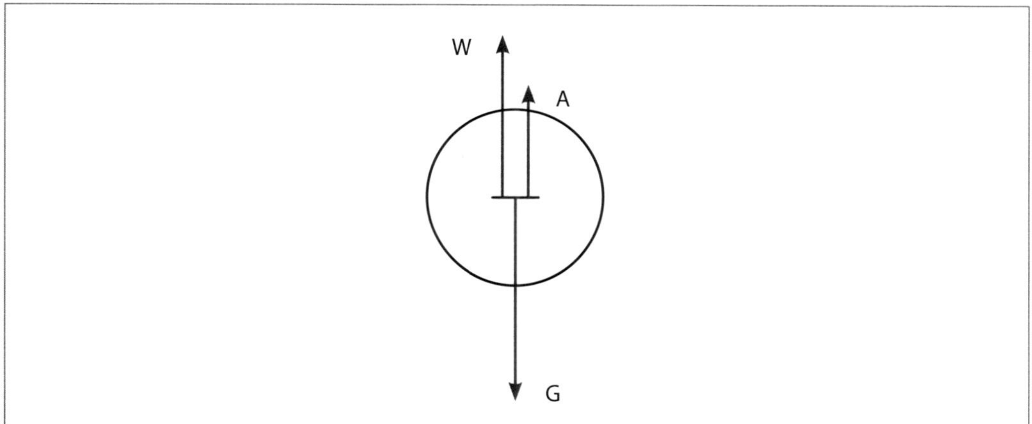

$$F_G - F_A = F_W \tag{3.1}$$

$$\frac{\pi}{6} \cdot x^3 \cdot (\rho_s - \rho_f) \cdot g = c_w(\text{Re}) \cdot \frac{1}{2} \cdot \rho_f \cdot w_f^2 \cdot \frac{\pi}{4} x^2 \tag{3.2}$$

$$\text{Re} = \frac{w_f \cdot x \cdot \rho_f}{\eta} \tag{3.3}$$

Aus dem Kräftegleichgewicht an der sinkenden Kugel ergibt sich der allgemeine Ansatz:

$$w_f^2 = \frac{4}{3} \cdot \frac{\Delta\rho}{\rho_f} \cdot g \cdot x \cdot \frac{1}{c_w(\text{Re})} \tag{3.4}$$

c_w = Widerstandsbeiwert

Da die beiden Größen w_f und x in c_w(Re) noch einmal enthalten sind, ist der Zusammenhang in Gl. 3.4 im Allgemeinen nicht explizit. Für die Sonderfälle des Stokes- und Newtonbereichs ist die Gleichung eindeutig zu lösen.

Laminare Strömung (Stokesbereich):

$$w_f = \frac{\Delta\rho}{18 \cdot \eta} \cdot g \cdot x^2 \tag{3.5}$$

mit Re < 0,25 $\quad c_w = \frac{24}{\text{Re}}$

Turbulente Strömung (Newtonbereich):

$$w_f^2 = \frac{8 \cdot \Delta\rho}{3 \cdot \rho_f} \cdot g \cdot x \tag{3.6}$$

mit $1 \text{x} 10^3 < \text{Re} < 3 \cdot 10^5$ $c_w \approx = 0{,}5$

Im Übergangsbereich $0{,}25 < \text{Re} < 1 \text{x}\ 10^3$ greift man auf die Verwendung der dimensionslosen Parameterdarstellung im Ar-Ω-Diagramm zurück (siehe Anhang).

Im Unterschied zu der Endfallgeschwindigkeit einer Einzelpartikel, kommt es bei einem Schwarm gleicher Partikeln zu einer gegenseitigen Beeinflussung, welche bei einer Volumenkonzentration von $c_v > 10^{-2}$ auftritt. In diesem Fall wird die Sedimentation durch

- eine Gegenströmung infolge der Flüssigkeitsverdrängung durch den Feststoff
- das Strömungsprofil in der Partikelumgebung
- Grenzflächeneffekte und
- gegenseitige Wechselwirkungen der Partikeln

beeinträchtigt. Die Einzelpartikeln sinken in der Gruppe langsamer. Um wie viel sie im Vergleich zur Einzelpartikel langsamer sinken, hängt von der Volumenkonzentration φ_V (0,01-0,3) und vom Schwarmexponenten s' ab [3.1]. Re wird auf die unbeeinflusste Sinkgeschwindigkeit der Einzelpartikel bezogen. Für die Schwarmsinkgeschwindigkeit w_{ss} besteht folgender empirischer Ansatz:

$$w_{ss} = w_f\,(1 - \varphi_V)^{s'} \tag{3.7}$$

Für den Schwarmexponent s' in Abhängigkeit von Re gilt [3.2]

$\text{Re} < 0{,}2$	$s' = 4{,}65$
$0{,}2 < \text{Re} < 1{,}0$	$s' = 4{,}35\,\text{Re}^{-0{,}03}$
$1{,}0 < \text{Re} < 500$	$s' = 4{,}45\,\text{Re}^{-0{,}1}$
$\text{Re} > 500$	$s' = 2{,}39$

3.2 RÜHRERTYPEN

Die durch den Rührer beim Maischen erzeugte Turbulenz soll optimales Suspendieren und Homogenisieren ermöglichen. Bezüglich des Wärmeaustausches strebt man eine schnelle Temperaturverteilung (keine Überhitzung im wandnahen Bereich, kleine Grenzschichtdicke, Abb. 3.2) bei geringer Scherbelastung an.

Abb. 3.2: Wärmedurchgang durch die Behälterwand [3.3]

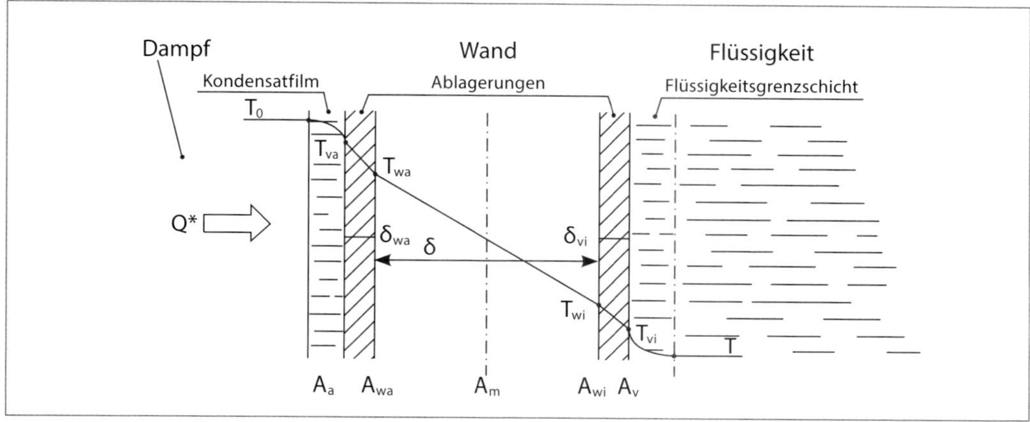

Das Rührwerk besteht aus Antrieb, Rührerwelle mit Rührer und Wellendichtung sowie dem Rührbehälter. Der Behälter kann mit Einbauten, sogenannten Strombrechern (Bewehrung), ausgestattet sein. Einbauort, Art und Abmessungen des Rührers, Rührertyp und Drehzahl prägen die erzeugte Strömung. Von großer Bedeutung sind die geometrischen Daten von Behälter und eingebautem Rührwerk. Bei der Auslegung eines Rührwerks konstruiert man um das Rührorgan herum und bezieht alle Maße auf den Rührerdurchmesser d_2 bzw. auf den Behälterdurchmesser d_1 [3.4]. Wichtige geometrische Kenndaten sind d_2/d_1, h_3/d_1, h_1/d_1 (Abb. 3.3).

Abb. 3.3: Geometrie des Rührbehälters [3.4]

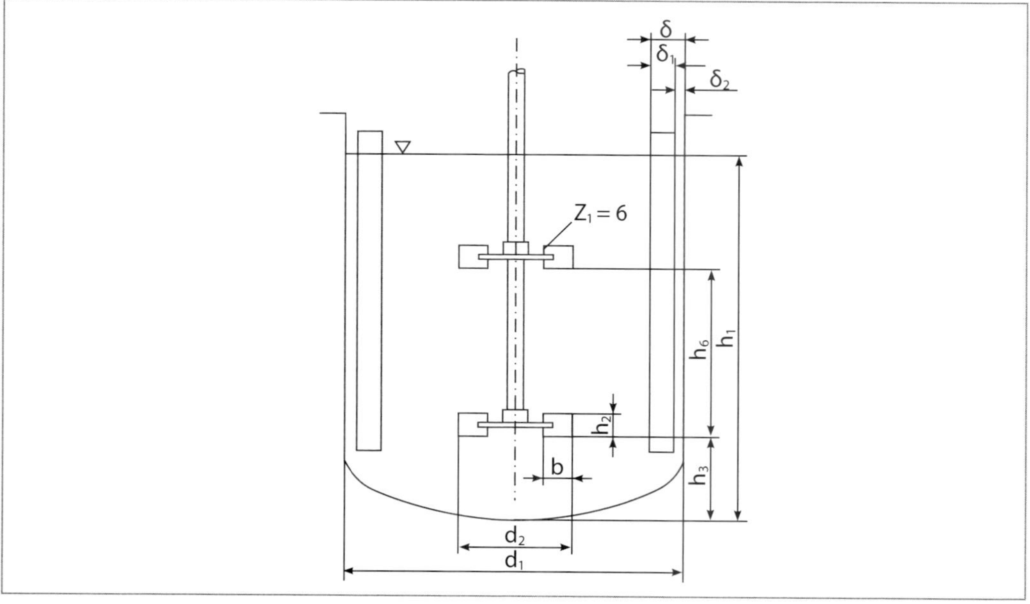

Die Rührertypen können nach folgenden Kriterien unterschieden werden:

- primär erzeugte Strömungsrichtung (axial, radial, tangential),
- geometrische Verhältnisse (d_2/d_1),
- Rührerumfangsgeschwindigkeit,
- Strömungsbereich (turbulent, laminar),
- Zähigkeitsfließverhalten des Mediums, (nieder-, hochviskos; newtonsch, nicht-newtonsch).

Das Rührorgan muss durch Bewegung (meistens Rotation) den flüssigen Behälterinhalt durchmischen. Zur Beschreibung der Strömung gibt es verschiedene Möglichkeiten. Das Lichtschnittverfahren liefert erste Anhaltspunkte zu den Strömungsbildern. Silberplättchen oder Aluflitter werden zugesetzt, die den Bahnlinien folgen. Zur Aufnahme wird eine senkrechte Schnittebene erzeugt. Erst die Lasertechnik ermöglicht die dreidimensionale Auswertung von Geschwindigkeitsfeldern, die auf die Schubspannungsverteilung im Behälter rückschließen lassen (Pkt. 3.4.1). Man unterscheidet nach der Förderrichtung primär axial, radial, und tangential fördernde Rührer. Zu den Axialrührern zählen Propeller-, Schrägblatt-, Wendelrührer.

Abb. 3.4: Merkmale gängiger Rührsysteme [3.5]

Strömungszustand	turbulent	turbulent/Übergang	laminar
Förderrichtung	axial	axial/radial	axial
Position	wandfern	wandfern	wandnah
Typische Rührorgane	Propeller	Schrägblattrührer	Wendelrührer
Rührorganform	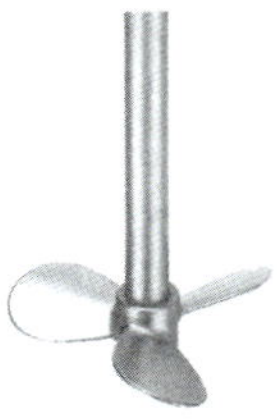	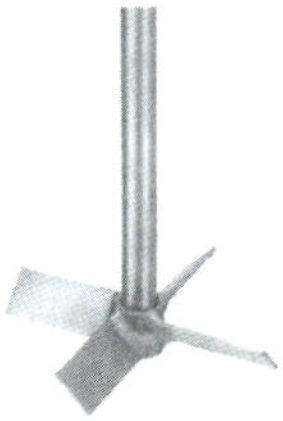	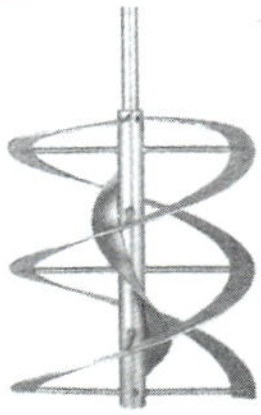
Strömungsbild	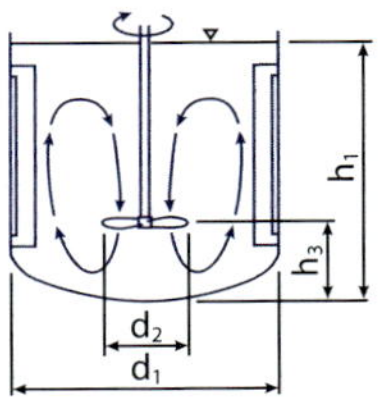	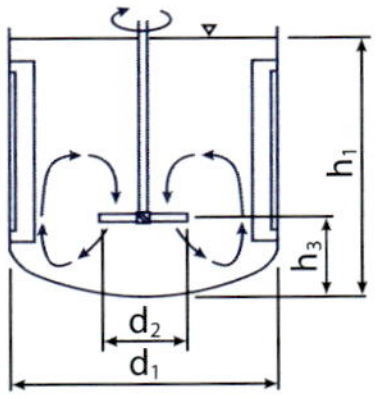	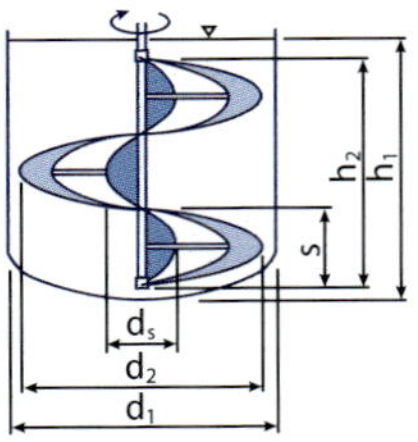
d_2/d_1	0,1 bis 0,5	0,2 bis 0,5	0,9 bis 0,98
h_3/d_2	0,3 bis 3	0,3 bis 3	
u [m/s]	3 bis 15	3 bis 15	bis 2
η [mPa·s]	bis 8000	bis 20 000	bis 100 000
Blattanzahl	3	4/6	-
Stufenzahl	1	1	-
Strömstöreranzahl	3	2/3/4	-

Der Propellerrührer mit drei Blättern ist ein typischer Vertreter der Axialrührer (Abb. 3.4). Mit einer Umfangsgeschwindigkeit von 3 bis 15 m/s ist er zum Homogenisieren, Suspendieren und den Wärmeaustausch geeignet. Das Rührorgan ruft eine abwärts gerichtete Axialströmung im Behälter hervor, die den Feststoff vom Boden aufwirbelt und durch die äußere Aufwärtsströmung im Behälter verteilt [3.6].
Beim Wendelrührer wird die axiale Bewegung im Gegensatz zum Propellerrührer nicht durch eine Druckdifferenz, sondern durch eine laminare Strömung in hochviskosen Medien erzeugt.
Scheibenrührer, Radialschaufelrührer, Impellerrührer und Zahnscheibe fördern radial.

Abb. 3.5: Merkmale gängiger Rührsysteme [3.5]

Strömungszustand	turbulent	turbulent/Übergang	laminar
Förderrichtung	radial	radial	tangential
Position	wandfern	wandfern	wandnah
Typische Rührorgane	Scheibenrührer	Zahnscheibe	Ankerrührer
Rührorganform	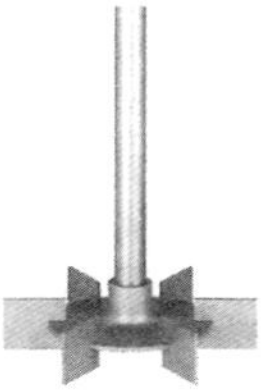	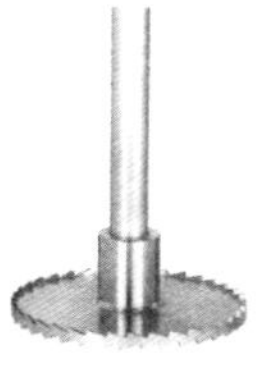	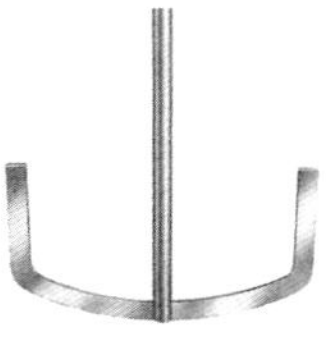
Strömungsbild	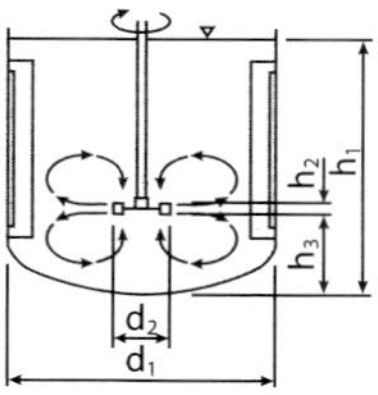	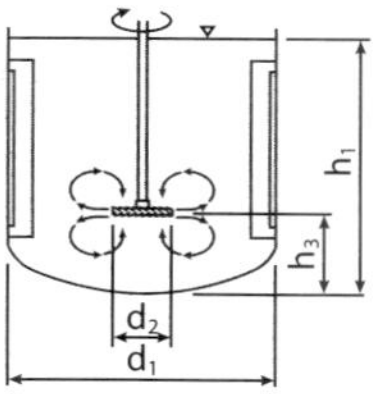	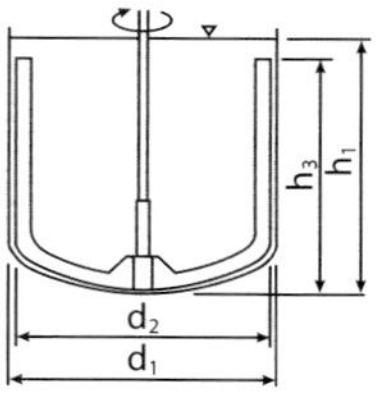
d_2/d_1	0,2 bis 0,5	0,2 bis 0,5	0,9 bis 0,98
h_3/d_2	0,3 bis 3	0,3 bis 3	
u [m/s]	3 bis 7	8 bis 30	bis 2
η [mPa·s]	bis 10 000	bis 10 000	bis 100 000
Blattanzahl	6	-	-
Stufenzahl	1	1	-
Strömstöreranzahl	2/(4)	(0)/2/(4)	1/2

Der Scheibenrührer mit 6 rechteckigen Blättern im Anstellwinkel von 90° ruft eine Radialströmung (v_u = 3–7 m/s) hervor, d. h. die eigentliche Mischwirkung liegt in der Scherzone des radial austretenden Strahls (Abb. 3.5). Ohne Bewehrung (Stromstörer) bildet sich eine Trombe aus. Der Rührer wird für ein Homogenisieren, Emulgieren, Begasen und den Wärmeaustausch empfohlen [3.1].
Der Ankerrührer ist ein weitverbreiteter Vertreter für tangential fördernde Rührer. Das Verhältnis von Rührer- zu Behälterdurchmesser beträgt 0,9-0,98, sodass dieser Rührer als wandgängig gilt und damit die Grenzschicht an der Behälterwand reduziert.
Propeller- und Scheibenrührer werden für niedrigviskose Medien eingesetzt, Anker- und Wendelrührer für hochviskose Produkte.
Die wichtigsten Serienrührorgane sind mit ihren geometrischen Daten und Arbeitsbereichen in [3.7] zusammengestellt.

Mit dem Rührvorgang wird ein gleichmäßiges Verteilen (Suspendieren) eines dispersen Feststoffs in der Flüssigkeit angestrebt. Die Feststoffe werden vom Behälterboden aufgewirbelt und in Schwebe gehalten. Der Zustand der Suspension wird durch den Leistungseintrag des Rührers bestimmt. Mit zunehmender Drehzahl werden die einzelnen Suspendiergrade durchlaufen (Abb. 3.6). In der Anfahrphase befindet sich noch ein Teil der Feststoffe am Behälterboden (unvollständige Suspension). Mit gesteigerter Drehzahl wird eine vollständige Suspension mit dem Ergebnis erreicht, dass sich die aufgewirbelten Partikel nicht mehr dauerhaft absetzen (1-sec-Kriterium). Noch liegen im Behälter zwei Phasen vor: die untere, feststoffbeladene und die obere, feststofffreie Phase. Bei weiterer Drehzahlsteigerung erreicht die Trennlinie der zwei Phasen die Flüssigkeitsoberfläche. Damit sind die Feststoffe im Behälter gleichmäßig verteilt und der Zustand der homogenen Suspension ist erreicht.

Abb. 3.6: Suspendierzustände [3.8]

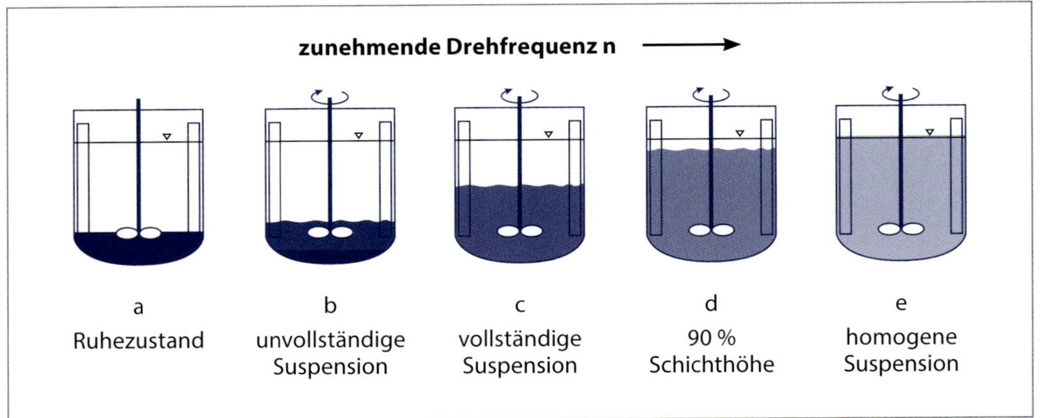

Beurteilungskriterien

Als gebräuchliche Suspendierkriterien können das *1-sec-Kriterium* (max. Bodenberührdauer einzelner Teilchen) und das *Schichthöhenkriterium* (Aufwirbeln bis zu einer best. Höhe) herangezogen werden. Es wird der Quotient aus Höhe der Grenzschicht h zur Flüssigkeitshöhe H bestimmt. Ab einem Wert von ≥ 0,6 sind alle Partikel aufgewirbelt (vollständige Suspension).

Die *Mischzeit* ist die Zeitdauer, in der im Rührbehälter eine definierte Mischgüte (Homogenitätsgrad) erreicht wird. Eine blaue Jodstärkelösung wird durch Einrühren von Natriumthiosulfat entfärbt. Die völlige Klarheit der Lösung gilt als Mischgüte. Die zum Erreichen nötige Mindestzeit ist die Mischzeit.

Bei zentrisch eingebauten Rührorganen rotiert der gesamte Behälterinhalt und bei höherer Drehzahl bildet sich eine Trombe (Absenkung an der Oberfläche der Welle). Wächst die Trombe bis zum Rührorgan, so wird Luft angesaugt und die Leistung sinkt. Es werden große Kräfte, welche bis zu einem Faktor von 8 größer sein können als im normalen Betriebszustand auf die Rührerwelle wirksam [3.9]. Dieser Effekt kann durch Stromstörer (Bewehrung), in geringem Abstand von der Behälterwand senkrecht angebrachte Leisten, verhindert werden. Die Stromstörer sind meist flach mit einer Breite von ca. 8 % des Behälterdurchmessers. Zur Behälterwand sollte ein Spalt von ca. 2 % sein. Die Anzahl der Leisten hängt vom verwendeten Rührorgan ab. Sie lenken die Tangentialströmung in die axiale Richtung um, erhöhen die Turbulenz und verbessern den Mischeffekt, ziehen aber eine höhere Antriebsleistung (Abb. 3.7) nach sich.

Abb. 3.7: Leistungscharakteristik mit/ohne Bewehrung [3.9]

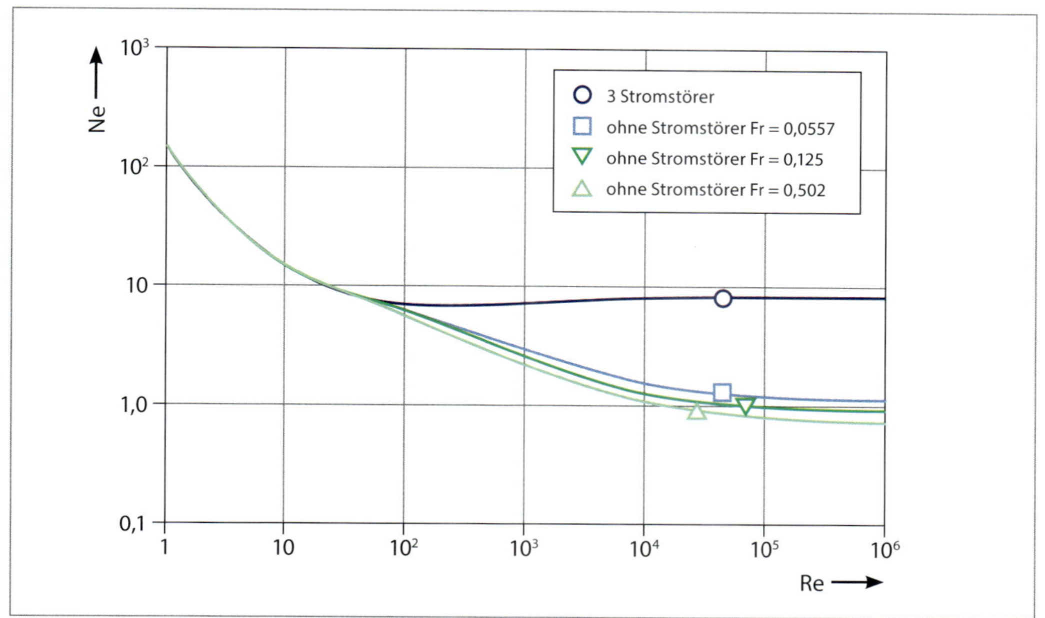

Mit zunehmendem Rührerdurchmesser/Behälterdurchmesser-Verhältnis d_2/d_1 wird das Gut schonender umgewälzt, wenn die volumenspezifische Leistung P/V konstant bleibt.
In der Brauereipraxis kommen bevorzugt große langsam laufende, frequenzgeregelte Rührer ohne Stromstörer in Kombination mit flachkonischen meist dampfbeheizten Behälterböden zum Einsatz. Die mit einer Umfangsgeschwindigkeit $v_u \leq 1{,}5\text{-}4$ m/s je nach Behälter- bzw. Rührerdurchmesser und Prozessstadium wie Einmaischen, Rast oder Aufheizen laufenden Rührer erzeugen eine Axialströmung. Ausführungsbeispiele sind den Abbildungen 3.8–3.12 zu entnehmen.

Abb. 3.8: Gegenstromrührer [3.10]

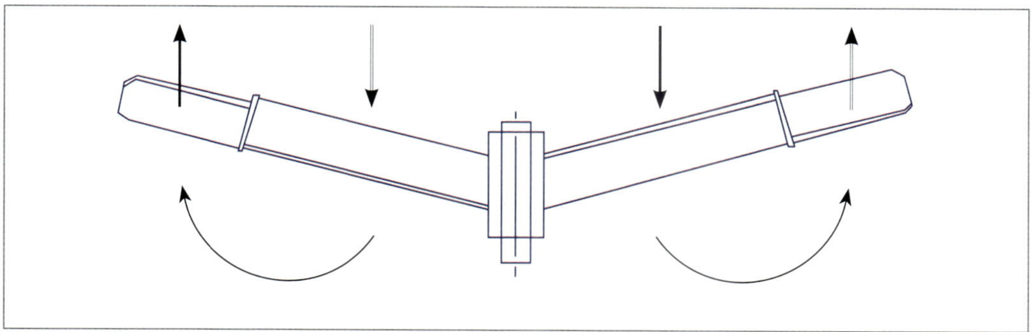

Bei üblich rechtsdrehender Antriebswelle (Abb. 3.8) bewirkt das Innenblatt mit seiner konkaven Seite eine Strömung nach unten und das entgegen gestellte Außenblatt einen Impuls nach oben.

Abb. 3.9: Doppeldecker [3.10]

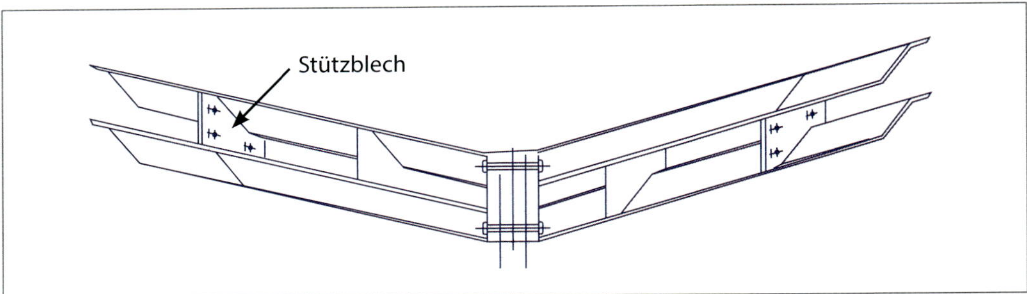

Bedingt durch das Profil wird die Maische beim Doppeldecker-Rührer nach außen und oben getrieben, wodurch eine vertikale Zirkulation unterstützt wird (Abb. 3.9).

Abb. 3.10: Rührer mit großen Rührblättern, Rührflügel 2.0® [3.11]

In Abb. 3.10 ist ein Rührer mit großen Rührblättern dargestellt, die gegenläufig angestellt sind und eine rollende Durchmischung fördern sollen. Durch die Durchdringungen sollen die Zonen hinter den Blättern besser durchmischt und Kavitationseffekte durch die abströmende Maische an der Rührerblattkante vermieden werden.

Abb. 3.11: Kombination Gegenstromrührer – Doppeldecker [3.12]

Der in Abb. 3.11 gezeigte Rührer kombiniert die Eigenschaften des Gegenstrom- und Doppeldeckerrührers.

Das Rührwerk Colibri by Ziemann® (Abb. 3.12) vereint die Kombination aus drei Rührertypen mit ihren charakteristischen Aufgaben: Der Lochbalkenrührer dreht über dem Heizboden. Zwei seitlich aufgesetzte Träger fungieren wie ein Ankerrührer und bewegen sich an der Zargenheizung vorbei. Sie sind mit einer Wendel verbunden, die für eine Homogenisierung von Temperatur und Konzentration im Maischgefäß auch bei Rohfruchtmaischen sorgt.

Abb. 3.12: Maischerührwerk Colibri by Ziemann® [3.13]

3.3 RÜHRERLEISTUNG

Eine der wichtigsten mechanischen Kenngrößen in der Rührtechnik ist die Leistungskennzahl Ne (Newton-Zahl). Sie hängt von der Rührerform, der geometrischen Anordnung im Behälter sowie von Kennzahlen ab, welche die Strömung charakterisieren. Mit Kenntnis von Ne kann die mechanische Leistung bestimmt werden [3.1].

$$P = Ne \cdot \rho \cdot n^3 \cdot d_2^5 = M_t \cdot 2\pi \cdot n$$ Rührleistung (Nettoleistung) (3.8)

ρ = Dichte des Fluids
n = Rührerdrehzahl
d_2 = Rührerdurchmesser
M_t = Drehmoment

$$Ne = \frac{M_t \cdot 2\pi}{\rho \cdot n^2 \cdot d_2^5}$$ Drehmomentengleichung (3.9)

Ausgehend von der Gleichung (3.8) muss zur experimentellen Ermittlung von Ne die Rührleistung P bzw. das Wellendrehmoment M_t in Abhängigkeit von ρ, n und d_2 gemessen werden. Als Rührmedium werden Silikonöle mit verschiedenen Viskositäten eingesetzt, da diese ein streng newtonsches Fließverhalten zeigen. Die Viskositäten werden so gewählt, dass ein großer Re-Bereich abgedeckt werden kann.
Als Leistungscharakteristik bezeichnet man die grafische Darstellung der Leistungskennzahl über der Reynolds-Zahl Re (Abb. 3.13). Wird die Rührgeometrie geändert, so ändert sich auch die Leistungscharakteristik. Prinzipiell unterscheidet man drei Strömungsbereiche (laminar, Übergang, turbulent). Im turbulenten Bereich Re > 5 x 10^3-10^4 ist Ne bei den meisten Rührern nahezu konstant. Dies bedeutet, dass bei bekannter Leistungscharakteristik die Rührleistung sehr einfach ermittelt werden kann. Bei der Maische ist die Kenntnis der Stoffdaten wie z. B. Viskosität leider bis heute nur unzureichend. Man behilft sich nach wie vor mit Erfahrungswerten.

Abb. 3.13: Leistungscharakteristik für verschiedene Rührorgane für $h_1/d_1 = 1$ [3.9]

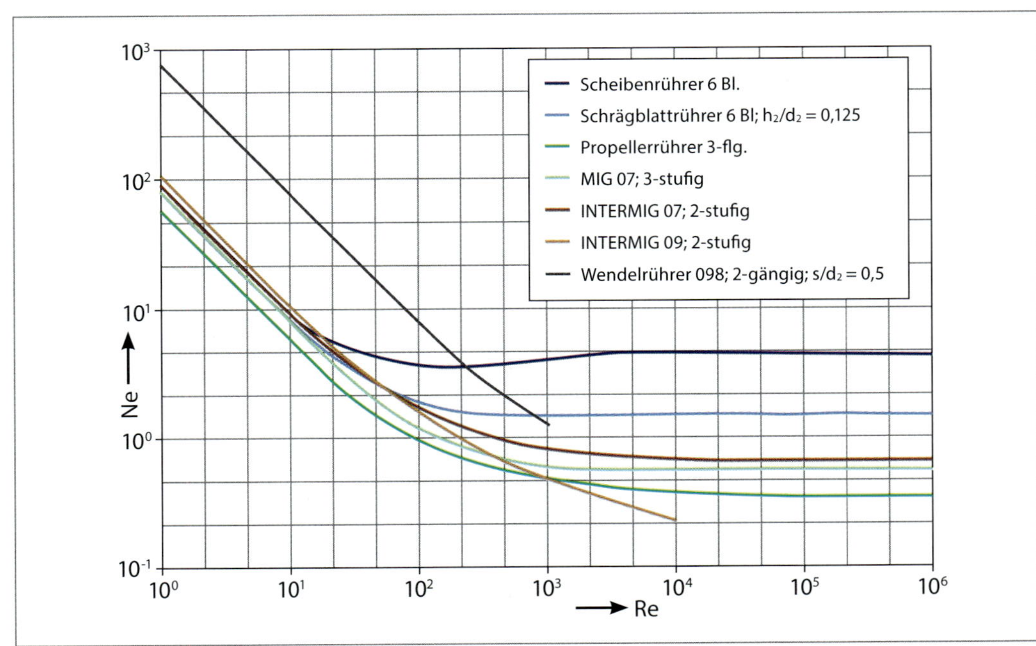

Soll der Rührprozess vom Modellmaßstab (M) auf eine größere Einheit (B) umgesetzt werden (Scale-up), sind die Grundvoraussetzungen wie geometrische Ähnlichkeit (lineare Vergrößerung) und gleiches Produkt einzuhalten. Aus dem Penney-Diagramm (Abb. 3.14) können die spezifischen Leistungen in Abhängigkeit vom Maßstab (Volumenvergrößerungsfaktor V_B/V_M) je nach Wahl des Übertragungskriteriums (z. B. Umfangsgeschwindigkeit u = const.) entnommen werden [3.4].

Abb. 3.14: Scale-up, Kriterien [3.1, 3.4]

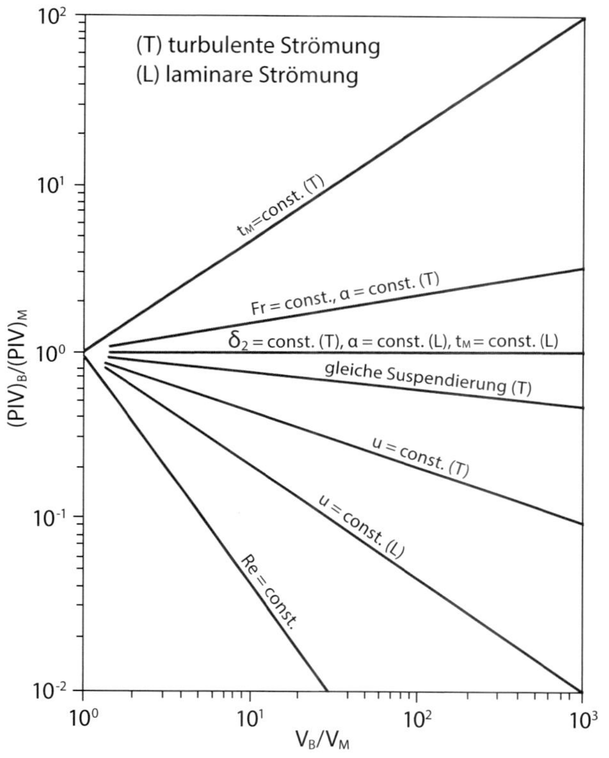

3.4 TURBULENZ UND MECHANISCHE BEANSPRUCHUNG

3.4.1 THEORIE

Viele Rührprozesse sind durch die vom Rührorgan erzeugte Turbulenz beeinflusst. Die Beschreibung der Partikelbeanspruchung ist insofern problembehaftet, als sich zwar nach Definition der Mikrofluidmechanik kleine Körper (1 µm–1 mm), bedingt durch ihre laminare Umströmung, numerisch charakterisieren lassen, jedoch die Schubspannungsverteilung an größeren Partikeln (z. B. Flocken) in turbulenten Scherströmungen bis heute nicht hinreichend mathematisch beschreibbar ist [3.14, 3.15]. Als Ursache der Partikelbeanspruchung ist die Relativgeschwindigkeit zwischen Partikel und Fluid zu sehen. In den meisten Reaktoren liegen turbulente, dreidimensionale Strömungen vor. Hier sind der Grundströmung u dreidimensionale Schwankungsbewegungen mit den Geschwindigkeitskomponenten u_i' (i = x, y, z) überlagert (Abb. 3.15). In diesem Fall ist als Relativgeschwindigkeit die turbulente Schwankungsgeschwindigkeit u' von Einfluss. Die Intensität der Turbulenz wird durch den Turbulenzgrad T_u beschrieben [3.2].

$$T_u = \frac{\sqrt{\overline{u'^2}}}{u} \qquad (3.10)$$

$$u'_{eff} = \sqrt{\overline{u'^2}} \qquad (3.11)$$

u'_{eff} = zeitgemittelter Effektivwert der turbulenten Schwankungsgeschwindigkeit
u = zeitgemittelte Geschwindigkeit an der betrachteten Stelle

Abb. 3.15: Lokaler zeitlicher Geschwindigkeitsverlauf [3.2]

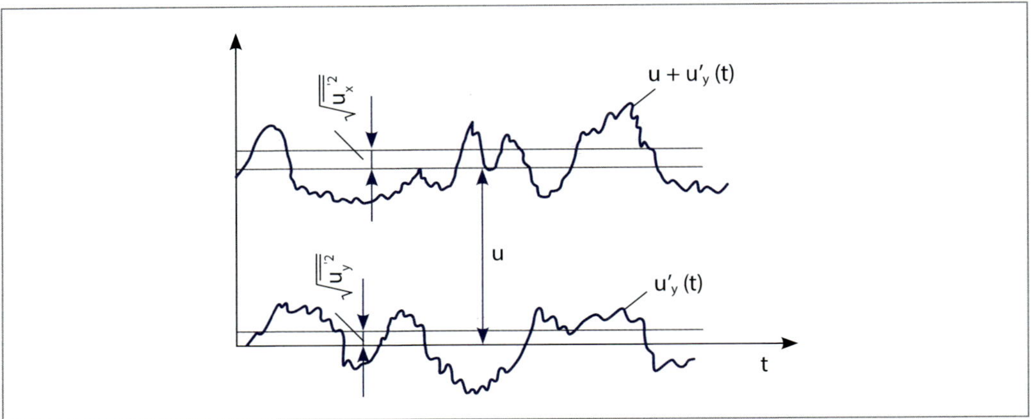

Zur Ermittlung der turbulenten Schwankungsgeschwindigkeit werden berührungslose Messmethoden wie die LDA (Laser-Doppler-Anemometrie) eingesetzt. Zwei sich kreuzende Laserstrahlen erzeugen ein Interferenzraster (Abb. 3.16). Die der Flüssigkeit zugesetzten Partikeln reflektieren im Lichtraster. Die Anzahl der Lichtreflexe pro Zeiteinheit beim Durchqueren des Streifenmusters entspricht der Geschwindigkeit der Partikeln. Die turbulenten Schwankungsgeschwindigkeiten werden in lokale Energiedissipationsdichten umgerechnet.

Abb. 3.16: Messaufbau Laser-Doppler-Anemometrie [3.5]

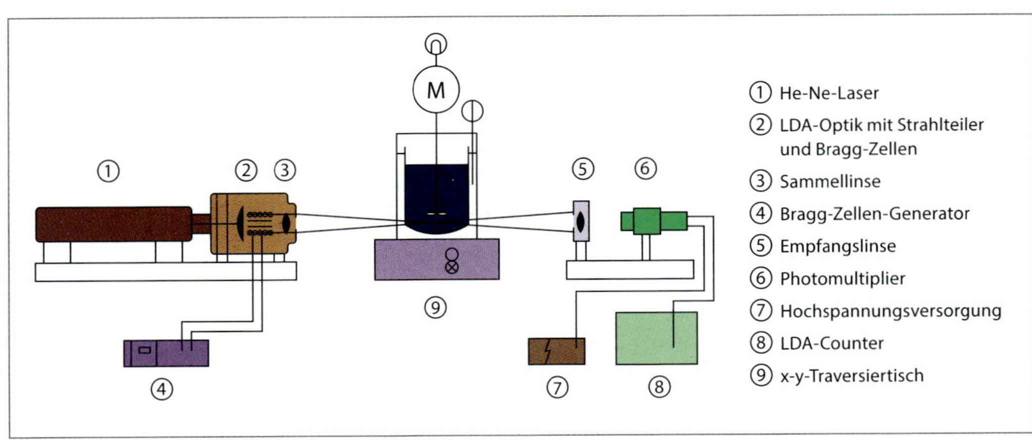

Nach der Turbulenztheorie von Kolmogoroff [3.16] haben die Wirbel auf die turbulente Schwankungsgeschwindigkeit bzw. auf die Partikelzerstörung Einfluss, die eine zu den Partikeln vergleichbare Größe aufweisen. Vom Rührorgan werden Makrowirbel erzeugt, deren Größe in etwa dem Durchmesser des Rührorgans entspricht. Man spricht vom Makromaßstab Λ und bezeichnet damit die größten im Fluidmaßstab erzeugten Wirbel. Die Makrowirbel zerfallen in immer kleinere Wirbel (Wirbelkaskade), bis die kleinste Wirbelgröße erreicht ist. Diese Abmessungen bewegen sich im Mikromaßstab λ. Hier treten laminare Reibungskräfte auf, deren Folge eine irreversible Energieumwandlung der kinetischen Energie in molekulare Schwingungsenergie ist, also eine Dissipation in Wärme [3.2, 3.9].

Abb. 3.17: Dissipation frei erzeugter Wirbel [3.9]

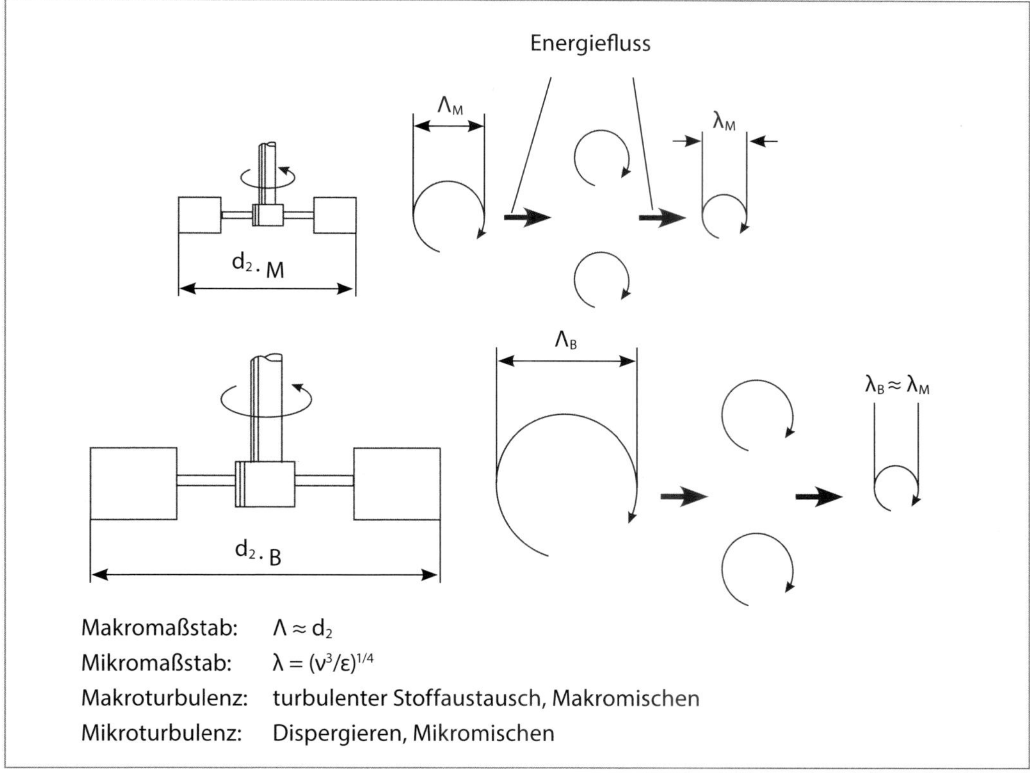

Im Makromaßstab (turbulenter Stoffaustausch) liegt somit eine Maßstabsabhängigkeit $\Lambda \approx d_2$ vor, wohingegen im Mikromaßstab (Dispergieren) ein Zusammenhang zwischen Energiedissipationsrate ε (spezifische Rührerleistung) und kinematischer Viskosität ν besteht (Abb. 3.17).

$$\lambda = \left(\frac{\nu^3}{\varepsilon}\right)^{1/4} \tag{3.12}$$

λ stellt die Abmessung der kleinsten Turbulenzelemente, deren Energie infolge der Viskosität direkt in Wärme umgewandelt wird.

Wie oben dargelegt, ist die Größenrelation der im Fluid befindlichen Partikel zu den im Fluid erzeugten Mikrowirbeln maßgebend: sind die Abmessungen der Partikel in der Flüssigkeit wesentlich kleiner als die der Mikrowirbel, so bewegen sich die Partikeln mit gleicher Drehfrequenz und können folglich nicht geschert bzw. dispergiert werden.

3.4.2 BETRACHTUNGEN ZUR MECHANISCHEN BELASTUNG DER MAISCHE

Bei der Bierherstellung werden die den einzelnen Prozessschritten entsprechenden Fluide Maische, Würze und Bier mechanischen Belastungen ausgesetzt. Diese treten bei hohen Strömungsgeschwindigkeiten in Rohrleitungen, bei hohen Eintrittsgeschwindigkeiten in Behältern oder bei Rühr- und Pumpvorgängen auf. Aus der Literatur ist zu entnehmen, dass sich durch mechanische Belastung der Maische (z. B. starkes Pumpen oder Rühren) die Viskosität der Maische bzw. der Würze erhöhen und deshalb die Abläuterung verschlechtern soll [3.17]. Andererseits soll durch die mechanische Belastung ein Abrieb der Schrotpartikeln erfolgen. Der erhöhte Feinanteil kann dann den Filterkuchen verstopfen [3.18]. Einige Arbeiten befassen sich mit dem Eingriff in die molekulare Struktur. Letters [3.19] stellte 1977 eine Hypothese zur Gelbildung aus ß-Glucanen auf. Demnach werden bei Bieren mit hohem ß-Glucangehalt die knäuelartigen ß-Glucan-Moleküle durch Scherkräfte gestreckt und können dann durch Parallelanlagerung Gele bilden. Dies geschieht z. B. durch Separieren oder im Labor durch Homogenisieren. Diese Gele konnten von Krüger [3.20] analytisch detektiert werden. Sie sind strukturviskos, erhöhen die Viskosität des Bieres und führen schon bei geringen Mengen zu großen Filtrationsschwierigkeiten. Durch Erwärmen > 30 °C können sie wieder in die Solform überführt werden.

Abb. 3.18: Mittlere zulässige Strömungsgeschwindigkeit bei verschiedenen Strömungsfällen [3.21]

Strömung		zulässige mittlere Geschwindigkeit $v_{m,\,zulässig}$ in m/s ($\tau_{Material}$ = 45 Pa)
Whirlpool-Einlauf		3.5
Sudpfanne mit seitlichem Zulauf Ø Pfanne / Ø Düse ≈ 60		3.5
Gerades Rohr		4–6
Rohrbögen:	r/d = 1.0	1.2
	r/d = 1.8	2.0
	r/d = 2.2	2.2
	r/d = 2.5	2.5
	r/d = 3.0	3.5
90° T-Stück:		
$\dot{V}_1$ $\dot{V}_3$	$\dot{V}1/\dot{V}3$ = 1.0	1.1
$\dot{V}_1$ $\dot{V}_3$ $\dot{V}_2$	$\dot{V}1/\dot{V}3$ = 2.0	1.3
$\dot{V}_3$ $\dot{V}_1$ $\dot{V}_2$	$\dot{V}1/\dot{V}3$ = 2.0	1.8

Mit diesem Kenntnisstand ist die Forderung nach Schonförderung der Heißwürze entstanden [3.22–3.24]. Aus den so gewonnenen Erfahrungen wird als Standard die Schubspannungsverteilung zugrunde gelegt, die im Einlaufstrahl des Whirlpools bei ca. 3,5 m/s auftritt, wenn dieser unter der Würzeoberfläche liegt. Als vorläufiger tolerierbarer Wert für den gesamten Heißwürzebereich wird eine Schubspannung von τ_{max} = 50 Pa angenommen, bei der die Heißwürze bzw. ihre Inhaltsstoffe auch unter Dauerbeanspruchung keine Schädigung erfahren. Über den Einfluss der Scherzeit liegen noch keine Angaben vor. Aus den empfohlenen Richtwerten in Abb. 3.18 ist zu entnehmen, dass Verrohrungen im Sudhaus unter einer Minimierung von 90°-Krümmern und insbesondere T-Stücken (s. Ventile) vorzunehmen sind. Für den Anlagenbauer stellt sich jedoch die Frage, ob die Strömungsgeschwindigkeit für die Maische erhöht bzw. der Leitungsquerschnitt verringert werden kann. Vor diesem Hintergrund wurden Untersuchungen zur mechanischen Belastung der Maische angestellt [3.25]. Für die Versuche wurde ein Kreislauf mit DN 25 von ca. 20 m Länge im Technikum des Lehrstuhls für Verfahrenstechnik disperser Systeme aufgebaut und in die Pilotbrauerei integriert. Herangezogen wurde das Kriterium der Viskosität in der filtrierten Maische, da, wie bereits angedeutet, in der Literatur vielfach ein Zusammenhang zwischen mechanischer Belastung, Viskosität und Läuterproblemen erwähnt wird. Zusätzlich wurden ß-Glucan und ß-Glucan-Gel in der filtrierten Maische und die Partikelgrößenverteilung der Maische nach einem Siebschnitt bei 560 µm ermittelt. Dass diese Vorgehensweise in die Kategorie der phänomenologischen Betrachtungsweise eingeordnet werden muss, ist unumstritten. Sie kann jedoch als Ansatz und Denkanstoß für weitere Untersuchungen dienen. Als maximale Strömungsgeschwindigkeit für Maische wurden 2,5 m/s eingestellt. Sowohl die verlängerte Umpumpzeit (5 min, 2,5 m/s) als auch im weiteren Versuch höhere Strömungsgeschwindigkeiten (4,5 m/s, 2 min) bewirken keine Viskositätsveränderungen (Abb. 3.19 u. 3.20).

Abb. 3.19: Einfluss der Umpumpzeit [3.25]

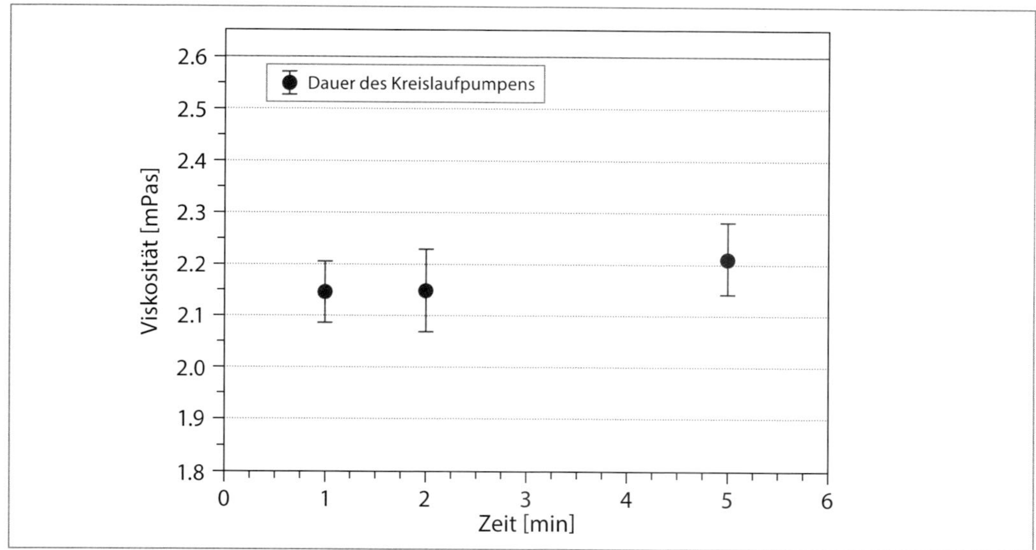

Abb. 3.20: Einfluss der Strömungsgeschwindigkeit [3.25]

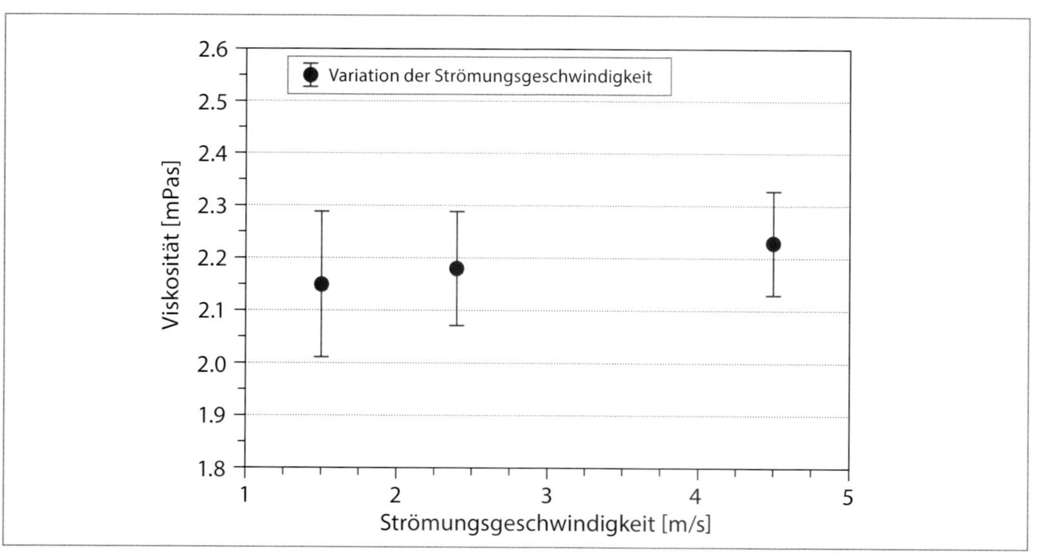

Nach technologischem Kenntnisstand wird beim Maischerühren eine Umfangsgeschwindigkeit $v_u \leq 3$ m/s empfohlen. Andernfalls werden Lufteintrag in die Maische und erhöhte Scherkräfte befürchtet. In einer dritten Versuchsreihe wurde der Einfluss der Rührergeschwindigkeit mit in die Betrachtung aufgenommen. Der Intermig-Rührer des Technikumssudwerks lief mit 60 bzw. 200 U/min. Es wurde jeweils 1 h bei 78 °C und der entsprechenden Drehzahl weitergemaischt, was zu keiner Veränderung der Viskosität führte. Selbst die maximal mögliche Rührereinstellung von 200 U/min zeigte keine Auswirkung. Der nahezu identische Viskositätsverlauf bei beiden Einstellungen kann als Beleg für die reproduzierbare Maischarbeit in der Pilotbrauerei gewertet werden (Abb. 3.21, 3.22).

Abb. 3.21: Maischverfahren mit normaler Rührereinstellung [3.25]

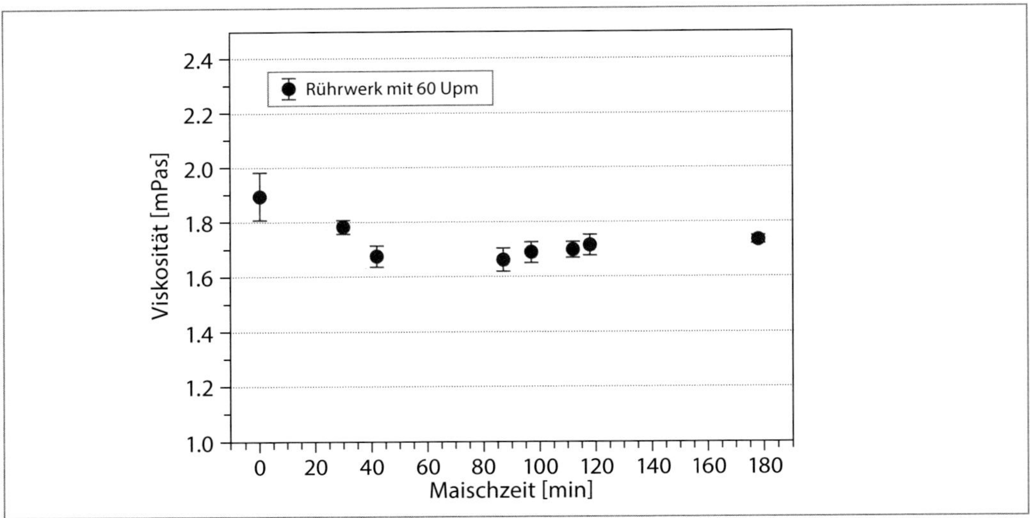

Auch ein Wechsel der Rührwerksgeschwindigkeit von 60 auf 200 U/min nach dem Infusionsverfahren erbrachte nach 1 h keine Signaländerung. Allerdings verschlechterte sich die Abläuterung drastisch.

Abb. 3.22: Maischverfahren mit extremer Rührereinstellung [3.25]

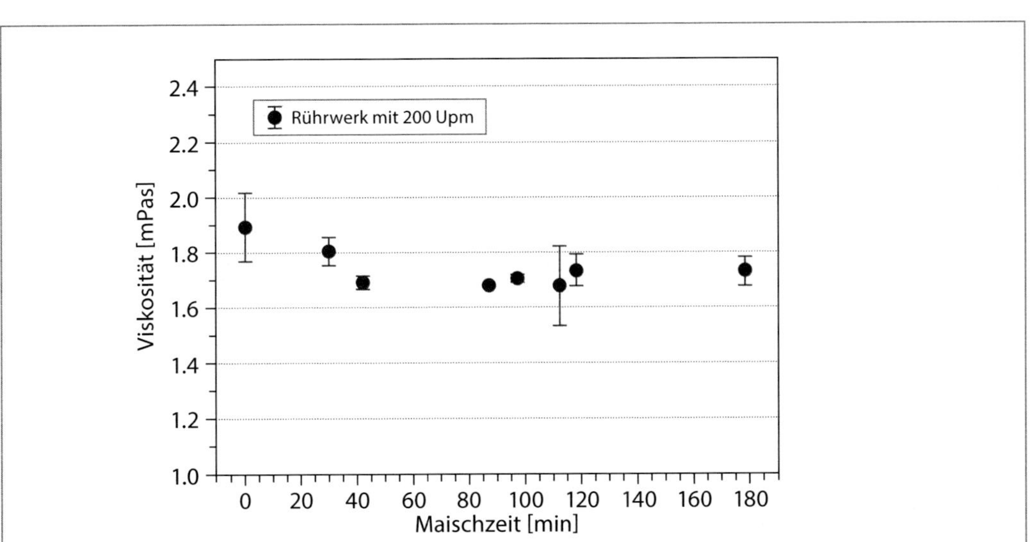

In einer weiteren Versuchsreihe zeigte die extreme Maischebeanspruchung mit einem Ultraturrax bei 50 bzw. 63 °C unter Einsatz schlecht gelöster Malze keinen Effekt. Wiederum stellten sich trotz unterschiedlicher Malzlösung keine deutlichen Viskositätsunterschiede ein (Abb. 3.23).

Abb. 3.23: Viskosität mechanisch belasteter Maischen [3.25]

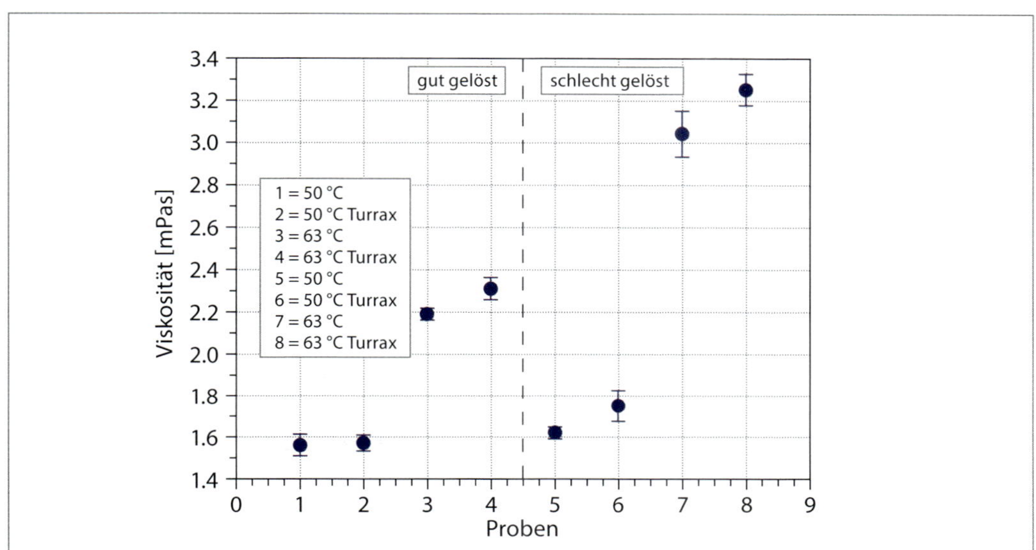

Allerdings ergab sich, wie auch schon bei der höheren Strömungsgeschwindigkeit (4,5 m/s), bei der Partikelgrößenverteilung eine Verschiebung zum Feinanteil (Abb. 3.24). Parallel zu dieser Beobachtung lief die Abläuterung sowohl im Labor- als auch Pilotmaßstab verzögert ab, was die Theorie des Partikelgrößeneinflusses erhärtet.

Abb. 3.24: Partikelgrößenverteilung von Maischen, Siebschnitt bei 560 µm [3.25]

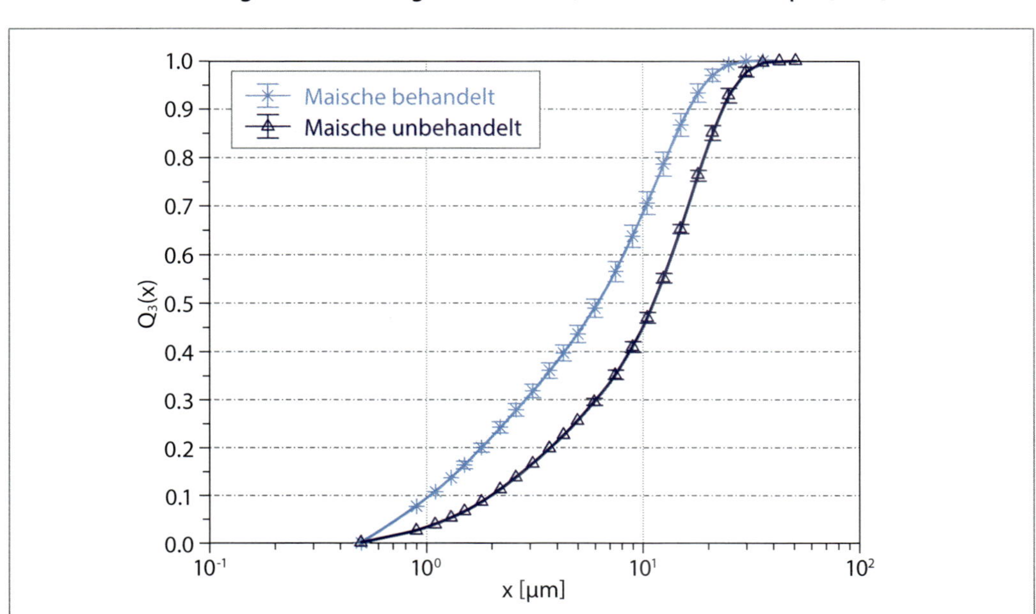

Für die geschilderten Untersuchungen ist festzuhalten, dass bei den verschiedenen Belastungsarten der Maische (höhere Strömungsgeschwindigkeit, stärkeres Rühren oder Homogenisieren) keine Viskositätsveränderung, kein Anstieg der ß-Glucane, keine Gelbildung in der filtrierten Maische (im Gegensatz zu Bieren mit hohen ß-Glucangehalten) zu verzeichnen sind. In diesem Zusammenhang stellt sich die Frage, wie überhaupt durch mechanische Belastung viskositätserhöhende Stoffe entstehen können. Denn zum Aufbrechen von Bindungen sind mindestens 5×10^6 - 5×10^{10} N/m² erforderlich [3.26]. Möglicherweise auftretende Schubspannungen liegen im Brauprozess wesentlich niedriger, nämlich zwischen 20 und 1500 N/m² [3.27].

3.5 RHEOLOGIE

3.5.1 THEORIE

Die Rheologie beschäftigt sich mit dem Fließverhalten und der Verformung der Materie. Als Fluidmodell dienen parallel zueinander verschiebbare, dünne rechteckige Platten. Jede Platte stellt eine Fluidschicht (Molekülschicht) dar. Zum Verschieben einer Flüssigkeit ist eine bestimmte Kraft F notwendig, die tangential an der Platte angreift (Abb. 3.25). Die Schichten fließen stufenweise versetzt zueinander, wobei sie mit zunehmendem Abstand immer langsamer werden.

Abb. 3.25: Fluidmodell

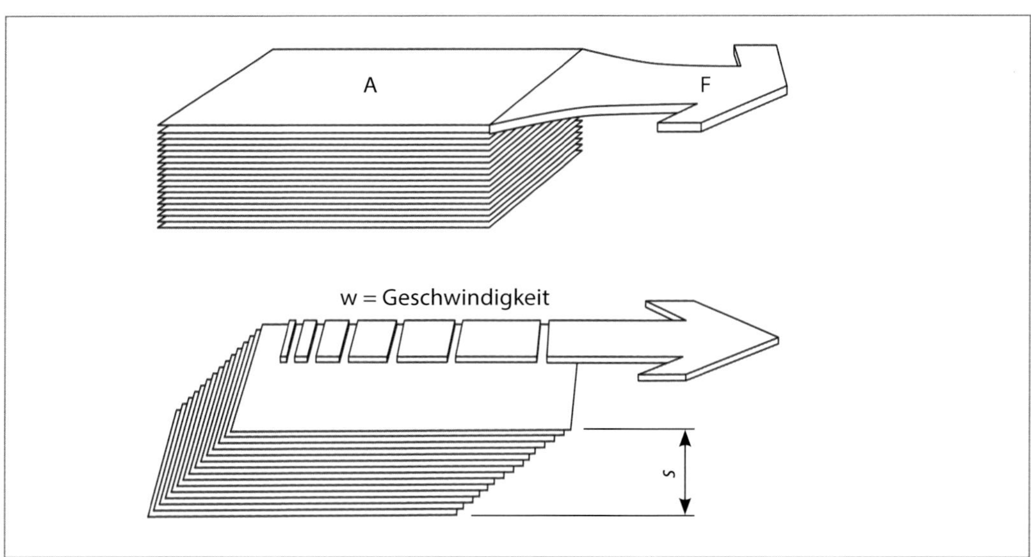

Bezieht man F auf die Fläche A des betrachteten Fluidelements, ergibt sich die Schubspannung τ:

$$\tau = \frac{F}{A} \tag{3.13}$$

Beim Angreifen einer Tangentialspannung τ zeigt der viskose Körper einen mit der Zeit zunehmenden Scherwinkel y bzw. eine konstante Scherrate ẏ [3.28]. Die Scherrate bzw. das Schergefälle besteht aus dem Quotienten von Schergeschwindigkeit w und der Fluidschichtdicke s:

$$\dot{y} = \frac{w}{s} \tag{3.14}$$

Abb. 3.26: Fließeigenschaften, Fließ- bzw. Viskositätskurven

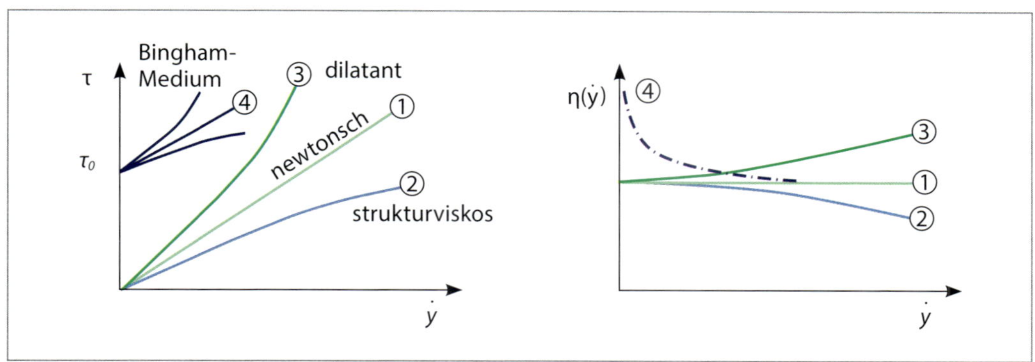

Trägt man die Schubspannung τ über der Scherrate $\dot{y}$ auf, erhält man die Fließkurve (Abb. 3.26). Wächst die Schubspannung proportional zur Scherrate, handelt es sich um newtonsche (idealviskose) Fluide (Kurve 1). In der Fließkurve ist diese Proportionalität als Gerade mit der Steigung η durch den Nullpunkt angegeben. Per Definition ist die Viskosität ein Maß für die Widerstandsfähigkeit eines flüssigen Systems gegenüber mechanischen Deformationskräften. Für die dynamische Viskosität η gilt:

$$\eta = \frac{\tau}{\dot{y}} \tag{3.15}$$

Daraus lässt sich über die Dichte ρ die kinematische Viskosität errechnen:

$$v = \frac{\eta}{\rho} \tag{3.16}$$

Bei newtonschen Fluiden ist η für alle Scherraten gleich groß. Für die Viskosität reicht die Angabe eines Wertes zur Charakterisierung des Fließverhaltens bei allen Scherraten.
Besteht zwischen τ und $\dot{y}$ kein linearer Zusammenhang oder verläuft die Fließkurve nicht durch den Koordinatenursprung, handelt es sich um nicht-newtonsche Fluide (Kurve 2–4). Bei strukturviskosem (pseudoplastischem) Verhalten (Kurve 2) stellt sich eine Abnahme des Fließwiderstands infolge der Flüssigkeitsscherung ein. Ursache ist die Abschwächung der intermolekularen Wechselwirkungen zwischen den Fluidmolekülen. Bei Makromolekülen erniedrigt die zunehmende Ausrichtung der Moleküle parallel zur Strömungsrichtung den Fließwiderstand [3.28, 3.29]. Bei dilatanten Fluiden (Kurve 3) nimmt die Viskosität über das Schergefälle zu. Bingham-Fluide besitzen eine Fließgrenze τ_0. Darunter existiert keine Bewegung. Oberhalb von τ_0 zeigt die Flüssigkeit newtonsches Verhalten. Sonderfälle sind Fluide, die oberhalb der Fließgrenze strukturviskoses oder dilatantes Verhalten zeigen. Ändert sich die Viskosität mit Dauer der Beanspruchung (zeitabhängiges Fließverhalten), unterscheidet man Thixotropie und Rheopexie.
Die Viskosität nicht-newtonscher Fluide kann mit dem allgemeinen Ansatz nach Ostwald und de Waele beschrieben werden [3.28, 3.30]:

$$\tau = K \cdot \dot{y}^m \tag{3.17}$$

K = Konsistenzfaktor
m = Fließindex

In Verbindung mit dem newtonschen Schubspannungsansatz

$$\tau = \eta \cdot \dot{y} \tag{3.18}$$

ergibt sich:

$$\eta = K \cdot \dot{y}^{m-1} \tag{3.19}$$

Existiert eine Fließgrenze ($\tau_0 > 0$) erweitert sich Gl. 3.17:

$$\tau = \tau_0 + K \cdot \dot{y}^{m} \tag{3.20}$$

Existiert keine Fließgrenze ist $\tau_0 = 0$. Allgemein gilt für newtonsches Verhalten m = 1, für strukturviskoses Verhalten m < 1 und für dilatantes Verhalten m > 1.

Trägt man die Schubspannung doppelt logarithmisch auf, so erhält man K aus dem y-Achsenabschnitt und m aus der Steigung der Messgeraden. Der Potenzansatz gilt nur für einen bestimmten Messbereich. Die mithilfe von Gl. 3.19 bestimmte Viskosität, ist die scheinbare Viskosität. Hierbei müssen das Messprinzip und die Scherrate mit angegeben werden [3.31].

Der Energieaufwand für verfahrenstechnische Prozesse wie Pumpen, Rühren, Dispergieren, Homogenisieren und Wärmetauschen ist stark viskositätsabhängig. Zudem sind strömungsmechanische Vorgänge (Rohr-, Rührströmungen) beeinflusst. Aufgrund dieses Zusammenhangs führen hohe Viskositätswerte zu niedrigen Re-Zahlen. Die in der Brauerei anfallenden Produkte Maische, Würze und Bier unterscheiden sich in ihrem Fließverhalten. Würze und Bier zählen zu den newtonschen Medien, deren Viskosität eine starke Temperaturabhängigkeit aufweist (s. Abläuterung). Die Strukturviskosität (pseudoplastisches Fließverhalten) ist die weitaus häufigste Fließanomalie. Unter Punkt 3.5.2 wird diskutiert, ob die Maische z. T. ein strukturviskoses Verhalten besitzt (s. Verkleisterung der Stärke). Für Würze und Bier, also newtonsche Fluide, ist die Viskosität relativ leicht zu ermitteln. Es bieten sich folgende Messsysteme an:

Kugelfallviskosimeter nach Höppler

Die Messung basiert auf der Stoke'schen Widerstandsgleichung für eine laminar umströmte Kugel in einem viskosen Medium. Nachdem die Kugel eine konstante Sinkgeschwindigkeit erreicht hat, wird die Durchlaufzeit beim Herabsinken durch die Versuchsflüssigkeit zwischen zwei Strichmarken in einem definiert geneigten Fallrohr ermittelt. Aus der Fallzeit, dem Dichteunterschied von Flüssigkeit und Kugel sowie einer Gerätekonstanten kann die Viskosität errechnet werden.

Kapillarrheometer

Das Messprinzip besteht darin, dass durch eine Druckdifferenz (Stempel, Druckgas, Schwerkraft) eine Scherströmung initiiert wird (laminare Rohrströmung nach Hagen Poiseuille):

$$\frac{dV}{dt} = \frac{r^4 \cdot \pi \cdot \Delta p}{8 \cdot \eta \cdot l} \tag{3.21}$$

$$\frac{dV}{dt} = \text{Volumenstrom}$$

r, l = Radius und Länge der Kapillare

η = Viskosität des Mediums

Δp = Druckdifferenz zwischen den Kapillarenden

Kapillarviskosimeter nach Ubbelohde

Beim Viskosimeter mit hängendem Kugelniveau wird die Zeit gemessen, welche die Probe braucht, um eine Kapillare bestimmter Weite und Länge zu durchfließen.

Kapillarviskosimeter LK 2.1
Beim Kapillarviskosimeter LK 2.1, wird ein konstanter Volumenstrom von ca. 25 ml eingesaugt und wieder herausgedrückt. Die auftretenden Drücke werden über eine Membran gemessen und aus der Druckdifferenz wird auf die Viskosität umgerechnet.

Rotationsviskosimeter
Rotationsviskosimeter spielen in der Brauereianalytik eine untergeordnete Rolle. Der Grund liegt zum einen im Anschaffungspreis, zum anderen ist das Gerät eher für höhere Messbereiche und strukturviskose Medien ohne Feststoffanteil vorgesehen. Zur Verfügung stehen Ausführungen mit zylindrischen, kegelförmigen, flachen und speziell geformten Drehkörpern. Man unterscheidet bei der zylindrischen Bauart zwischen dem Searle-Typ (aufgrund einfacherer Bauart häufiger verwendet) mit bewegtem Innenzylinder und dem Couette-Typ mit bewegtem Außenzylinder.
Voraussetzung ist ein definiertes Schergefälle, das durch einen koaxialen Ringspalt erfüllt wird. Innerhalb des Ringspalts bildet sich bei Rotation des Drehkörpers eine laminare Strömung (Couette-Strömung) aus. Bei konstanter Drehfrequenz und kleinem Ringspalt sind Scherrate und Schubspannung bei bekannter Fläche über den Drehmomentaufnehmer definiert. Die Searle-Ausführung arbeitet mit eingestellter Drehzahl des Innenzylinders, der äußere Zylinder ist fest. Das im Ringspalt zum Fließen gebrachte Medium initiiert durch seine Scherung ein zu messendes Drehmoment, das Proportionalität zur Schubspannung aufweist. Die Fließkurven (τ-$\dot{y}$-Wertepaare) lassen sich durch Variation der Drehzahl erstellen [3.9, 3.30].
Die in der Brauerei auftretenden Normwerte liegen für Kongresswürze bei 1,45 bis 1,60 mPas (auf 8,6 % berechnet), für 11–14 % Ausschlagwürze zwischen 1,70 und 2,20 mPas (auf 12 % berechnet) und für Vollbier bei 1,60 bis 2,00 mPas (auf 12 % berechnet) [3.32].

3.5.2 VISKOSITÄTSBESTIMMUNG IN DER MAISCHE

Die Maische ist hinsichtlich Korngröße und Kornform eine heterogene Fest-Flüssig-Suspension sedimentierender Partikeln mit hohem Feststoffanteil und noch zu beschreibendem Fließverhalten. Ihre Viskosität wird durch die umgebende Flüssigkeit bzw. Polymere, die erst in Lösung gehen und dann wieder einem Abbau unterliegen, und durch den Feststoffanteil (Spelzen) beeinflusst. Durch chemisch-physikalische Vorgänge kommt es zu Veränderungen von Partikel- und Molekülgrößen (Verkleisterung, Lösung von Polymeren), sodass sich die rheologischen Eigenschaften in Abhängigkeit von Temperatur und Zeit ändern.
Das Problem liegt darin, dass die Viskosität η_{Sus} in der Grobschrotmaische (Läuterbottichmaische) nicht gemessen werden kann. Die relativ groben Feststoffbestandteile lassen keine Messung im Rotationsviskosimeter zu. Die Partikelfeinheit von Feinstschrotmaischen (minimale Sedimentation) ermöglicht eine Viskositätsmessung mit einem Platte-Platte-Rotationsrheometer. Zur Berechnung der Suspensionsviskosität η_{Sus} in Abhängigkeit der kontinuierlichen Phase und der Konzentration der dispergierten Partikeln sind zahlreiche Modellansätze zu finden, die nur sehr begrenzt Gültigkeit haben. Einstein [3.33] stellte ein theoretisches Modell zum Fließverhalten von Suspensionen bei geringer Dichtedifferenz und Feststoffkonzentration ($\varphi v \leq 0{,}02$) auf. In dieser idealisierten Annahme handelte es um starre Kugeln gleicher Größe ohne Sinkgeschwindigkeit (rein statisch).

$$\eta_{Sus} = \eta_c (1 + 2.5 \cdot \varphi v) \tag{3.22}$$

η_c = Viskosität der kontinuierlichen Phase

Die meisten Suspensionen sind in der Praxis (s. Maische) höher konzentriert und weisen auch eine Eigenbewegung auf. Außerdem stellen sich hydrodynamische Wechselwirkungen ein [3.34].
Zum Teil wird das Fließverhalten als relative Viskosität η_R angegeben

$$\eta_R = \frac{\eta_{Sus}}{\eta_c} \tag{3.23}$$

Im Hinblick auf die verfahrenstechnischen Abläufe ist es von Interesse, eine Größenordnung der Viskosität der Maische als Fest-Flüssig-Suspension zu erhalten und zu klären, ob teilweise strukturviskoses Verhalten vorliegt. Dazu wurde eine Messmethode entwickelt, die die Viskosität der Trägerflüssigkeit und der Fest-Flüssig-Suspension getrennt voneinander im Prozess erfasst [3.34].
Zum einen wurde ein Rührreaktor im Labormaßstab eingesetzt, mit dem über die eingebrachte Rührleistung in die Maische auf die Viskosität der Fest-Flüssig-Suspension in Abhängigkeit von Temperatur und Zeit geschlossen wird. Über den gesamten Maischverlauf wird eine konstante Drehzahl eingestellt und das Drehmoment M_t der Rührerwelle reibungsfrei über Kraftmesser gemessen (Abb. 3.27). Denn die Maische stellt je nach Abbauzustand einen Widerstand dar.

$$P = 2\pi \cdot M_t \cdot n \tag{3.24}$$

$$Ne = \frac{P}{\rho \cdot n^3 \cdot d^5_2} \tag{3.25}$$

Abb. 3.27: Rührreaktor [3.34]

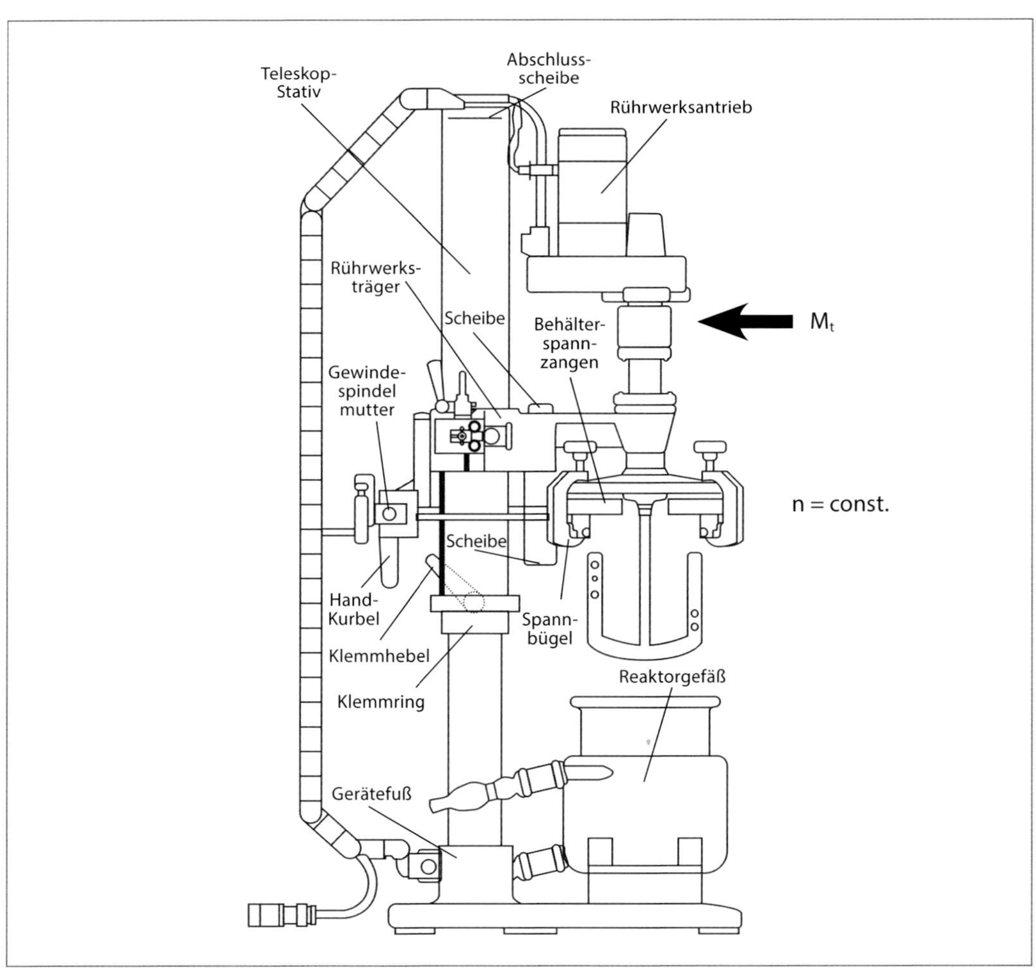

Nach der Rieger-Novak-Methode wird über die Rührleistung P die scheinbare Viskosität η_s der Maische ermittelt ($M_t \rightarrow P \rightarrow N_e \rightarrow R_e$ (aus Leistungscharakteristik) $\rightarrow \eta_s$) [3.35].

Abb. 3.28: Rieger-Novak-Methode [3.9]

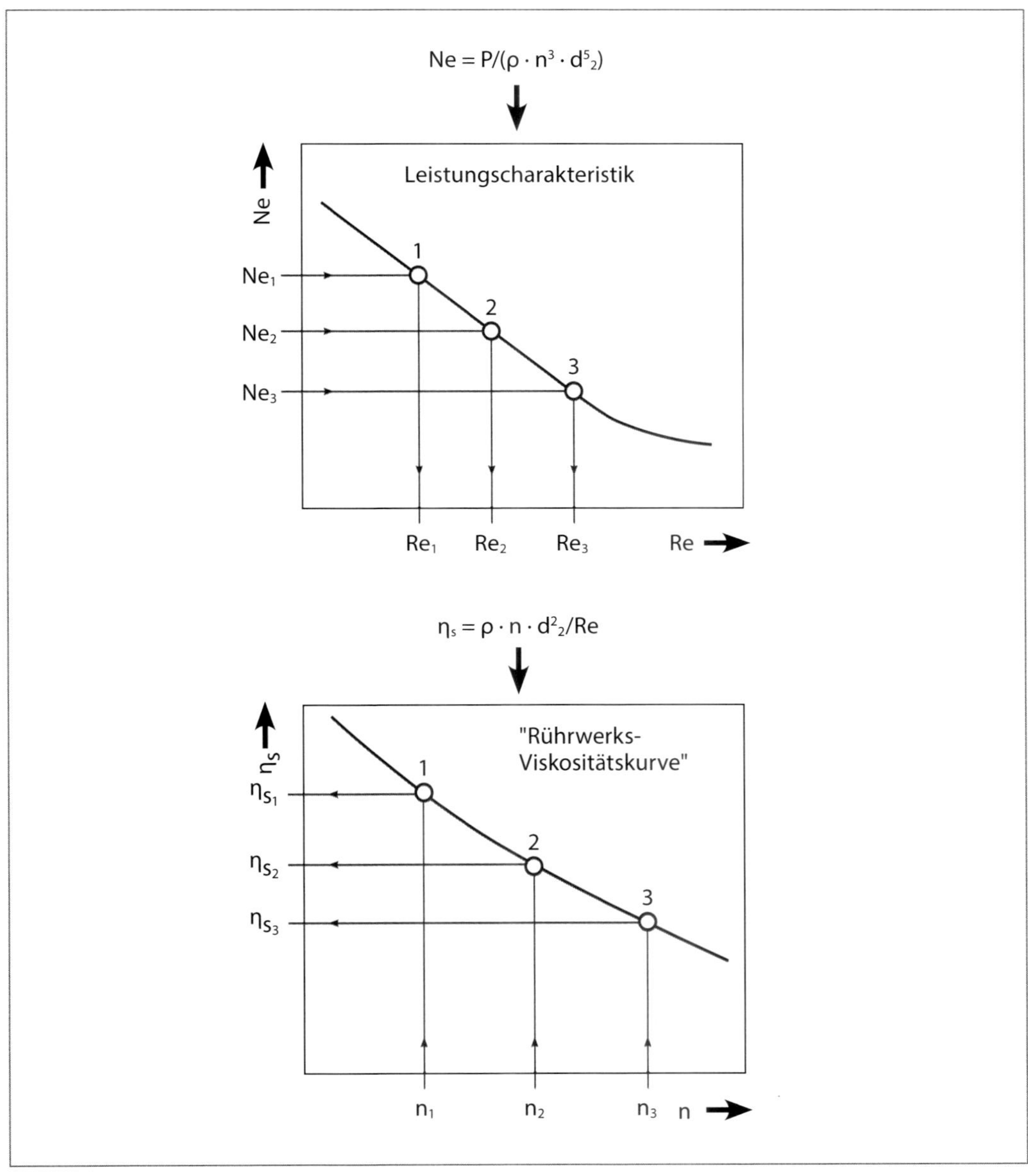

Mit der Anwendung dieser Viskosität werden demnach nicht-newtonsche Fließeigenschaften auf der Basis der newtonschen Leistungscharakteristik diskutiert.

Zum anderen wurde ein Probennehmer konstruiert, der es ermöglicht, innerhalb des Maischprozesses die Maische zu filtrieren und dann die Viskosität der Trägerflüssigkeit bei der jeweiligen Prozesstemperatur zu messen.

In Abb. 3.29 wird der Maischprozess anhand der relativen Viskosität der Trägerflüssigkeit (Würze) und der relativen Viskosität (Messwert/Maximalwert) der Fest-Flüssig-Suspension (Maische) dargestellt. Mit

Beendigung des Einmaischens weist die Suspensionsviskosität ein Maximum auf. Als Ursache kann der Feststoffgehalt der Maische, der ein starkes Anfahrmoment des Rührers hervorruft, gesehen werden. Durch die Temperaturerhöhung und die strukturelle Veränderung der Maische fällt dann die Suspensionsviskosität stetig ab. Bei Überschreiten der 60 °C steigt die Viskositätskurve in Form des Peaks deutlich an (M_t steigt mit der Verkleisterung an), während die Trägerflüssigkeitsviskosität (untere flache Kurve) zur gleichen Zeit zunächst leicht absinkt (Temperaturerhöhung) und erst zum Ende der 62-°C Rast zunimmt. Die Lösung der viskositätsbeeinflussenden Inhaltsstoffe verläuft also zeitversetzt. Aufgrund der Ergebnisse kann die Viskosität der Trägerflüssigkeit als Steuerungsgröße verwendet werden. Anzumerken ist, dass für die Maische im untersuchten Konzentrationsbereich keine Abweichung vom newtonschen Fließverhalten festgestellt wurde. Im Gegensatz dazu zeigte die Feinschrotmaische im Rahmen der Untersuchung zur Membranfiltration bei hohen Feststoffkonzentrationen und hohen Scherraten (stationäre Scherung) strukturviskoses Verhalten [3.36]. Dieser Effekt verstärkt sich bei zunehmender Würzeviskosität.

Abb. 3.29: Viskosität in der Maische [3.34]

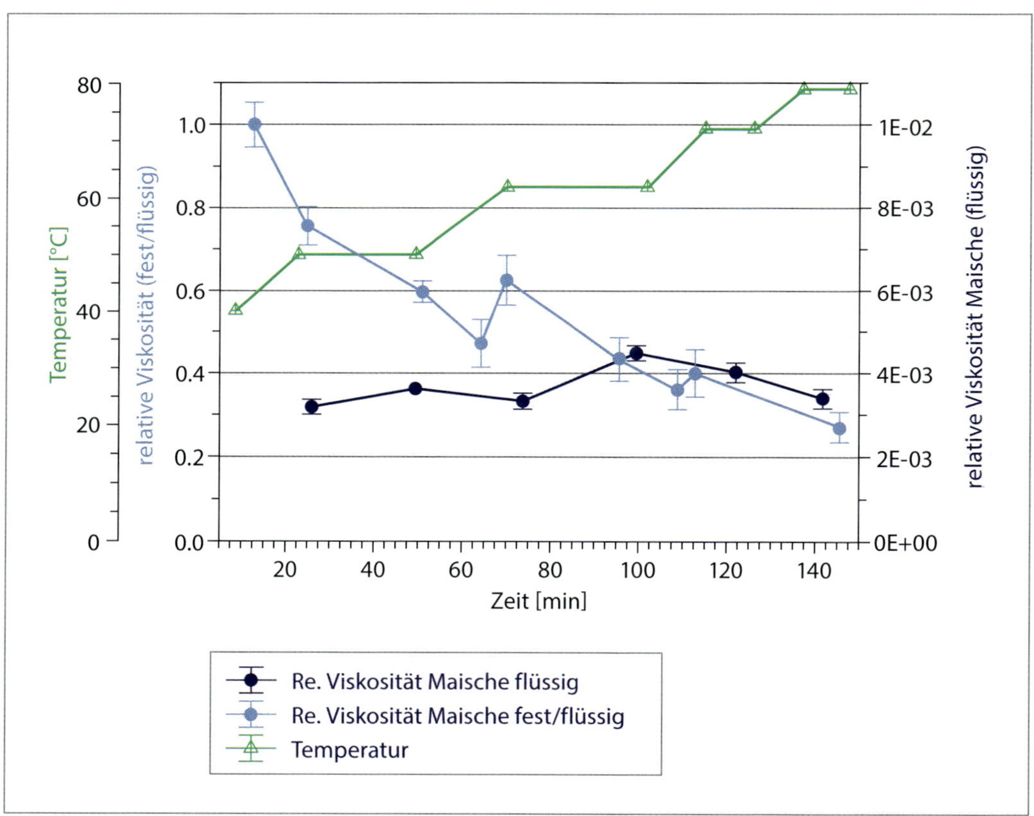

LITERATUR

[3.1] Stieß, M.: Mechanische Verfahrenstechnik – Partikeltechnologie 1, Springer Verlag, Berlin, 2009

[3.2] Schubert, H.: Handbuch der mechanischen Verfahrenstechnik, Wiley-VCH, Weinheim, 2003

[3.3] Poggemann, R., Steiff, A., Weinspach, P.-M.: Chem.-Ing.-Tech., Nr. 10, 1979, S. 948–959

[3.4] Wilke, H.-P., Weber, C., Fries, T.: Rührtechnik, Hüthig Verlag, Heidelberg, 1988

[3.5] Ekato: Handbuch der Rührtechnik, Schopfheim, 2000

[3.6] Zlokarnik, M.: Rührtechnik, Springer-Verlag, Berlin, 1999

[3.7] Kipke, K.: Chem.-Ing.-Tech., Nr. 5, 1979, S. 430–436

[3.8] Kraume, M.: Transportvorgänge in der Verfahrenstechnik, Springer Vieweg, 2012

[3.9] Ekato: Handbuch der Rührtechnik, Schopfheim, 1990

[3.10] Herrmann, J.: Diplomarbeit, TU-München, 1997

[3.11] GEA Brewery Systems GmbH

[3.12] Krones AG

[3.13] ZIEMANN HOLVRIEKA GmbH

[3.14] Nirschl, H.: Dissertation, TU-München, 1994

[3.15] Nirschl, H.: Habilitationsschrift, TU-München, 1997

[3.16] Kolmogoroff, A. N., Obuchow, A. M., Jaglom, A. M., Monin, A. S.: Sammelband der statistischen Theorie der Turbulenz, Akademie-Verlag, Berlin, 1958

[3.17] Englmann, J., Wasmuht, K.: Brauwelt, Nr. 47, 1993, S. 2374–2380

[3.18] Bühler, T. M., Matzner, G., McKechnie, M. T.: EBC-Proc., 1995, S. 293–300

[3.19] Letters, R.: EBC-Proc., 1977, S. 211–224

[3.20] Krüger, E., Wagner, N., Esser, K. D.: EBC-Proc., 1989, S. 425–436

[3.21] Brück, D.: Dissertation, TU-München, 1997

[3.22] Denk, V.: Brauwelt, Nr. 44, 1994, S. 2316–2322

[3.23] Denk, V.: Mschr. F. Brauwiss., Nr.1/2, 1995, S. 4–11

[3.24] Denk, V.: EBC-Proc., 1995, S. 267–276

[3.25] Schwill-Miedaner, A., Miedaner, H.: Brauwelt, Nr. 13/14, 1999, S. 593–596

[3.26] Handbook of chemistry and physics, CRC Press, 1974

[3.27] Lutz, M., Delgado, A., Denk, V.: Der Weihenstephaner, Nr. 3, 1998, S. 180–182

[3.28] Figura, L. O.: Lebensmittelphysik, Springer-Verlag, Berlin, 2004

[3.29] Klisch, W., Schöne, D.: Handbuch für die Brennerei- u. Alkoholwirtschaft, 1994, S. 387–413

[3.30] Weipert, D., Tscheuschner, H.-D., Windhab, E.: Rheologie der Lebensmittel, Behrs Verlag, Hamburg, 1993

[3.31] Christen, D. S: Praxiswissen der chemischen Verfahrenstechnik, Springer Verlag, Heidelberg, 2010

[3.32] Brautechnische Analysenmethoden, Würze, Bier, Biermischgetränke, Selbstverlag der MEBAK, Freising, 2012

[3.33] Einstein, A.: Ann. d. Physik, Nr. 19, 1906, S. 289–305

[3.34] Herrmann, J.: Dissertation, TU-München, 2002

[3.35] Rieger, F., Novak, V.: Chem. Eng. Sci., 1974, S. 2229–2234

[3.36] Schneider, J.: Dissertation, TU-München, 2001

4 KONTINUIERLICHES MAISCHEN

Batch-Prozesse durch kontinuierliche Prozesse zu ersetzen, wird in der Industrie von Verfahrenstechnikern angestrebt, aber auch für Technologen ist es Wunsch und Herausforderung zugleich. In erster Linie sind es Rationalisierungsbestrebungen mit dem Ziel einer deutlich verbesserten Wirtschaftlichkeit und Reproduzierbarkeit des Produktionsprozesses, die mit der kontinuierlichen Arbeitsweise erreicht werden sollen. So hat es auch bei der Bierherstellung immer wieder Versuche gegeben, für einzelne Prozessabschnitte kontinuierliche Alternativen zu schaffen. Seit den 1960er-Jahren sind beispielsweise Ansätze zu kontinuierlichen Maischsystemen zu verzeichnen, wobei nach Art der Maischeführung eine Eingruppierung in horizontale bzw. vertikale Systeme, Röhrenapparate und Rührkessel vorgenommen wird [4.1–4.4]

4.1 THEORETISCHE GRUNDLAGEN

Kontinuierliche Prozesse sind nur dann sinnvoll, wenn geringere Anlagengrößen realisiert werden können und daraus geringere Investitionskosten (jedoch evtl. höherer Automatisierungsgrad) resultieren. Dazu müssen die Verweilzeiten der einzelnen Prozessschritte verkürzt werden können. Beim Maischen muss bekanntlich chemischen und enzymatischen Vorgängen Rechnung getragen werden, was sich in den hierfür maßgebenden Parametern der Temperatur und der Rastdauer (Verweilzeit) niederschlägt. Dies bedeutet, dass eine bestimmte Menge Produkt eine festgelegte Zeit unter definierten Reaktionsbedingungen verbleibt, was dem absatz- oder chargenweisen Betrieb, kurz Batch-Prozess, entspricht. Alle Volumenelemente im Reaktor haben die gleiche Verweilzeit und die Zusammensetzung des Behälterinhalts ist zu einer beliebigen Zeit über das gesamte Volumen identisch. Es gibt nur eine definierte Verweilzeit. Bei einem kontinuierlichen Verfahren werden die Prozessanlagen vom Produkt konstant durchströmt (Abb. 4.1). Nicht die Ansatzmenge, sondern der Volumenstrom des Produkts ist konstant. Es gibt Produktanteile, die länger oder kürzer im Behälter bleiben. Die Verweilzeit für ein beliebiges Teilchen ist eine Zufallsgröße, die durch eine Verteilungsfunktion charakterisiert wird. Die mittlere Verweilzeit $\bar{t}$ wird wie folgt beschrieben:

$$\bar{t} = \frac{V_B}{\dot{V}} \qquad (4.1)$$

V_B = Füllvolumen

$\dot{V}$ = Volumenstrom

Abb. 4.1 Verweilzeiten bei Batch-Verfahren und kontinuierlichen Verfahren [4.5]

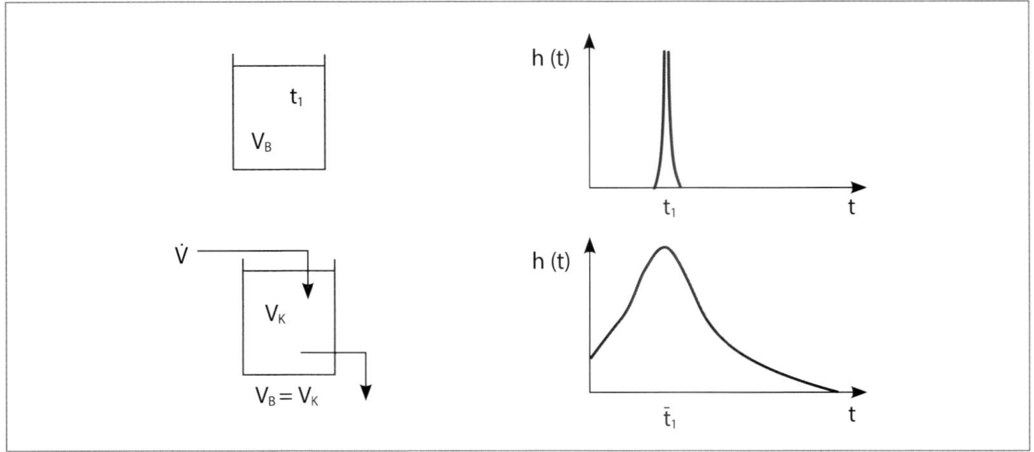

Die Häufigkeit der auftretenden Verweilzeiten von Volumenelementen im Prozess wird durch die Verweilzeitverteilung h(t) bzw. E(t) dargestellt. Für idealisierte Reaktormodelle ist die Verweilzeitverteilung bekannt (Abb. 4.2.). Ein durchströmter Rührkessel (a, ideale Mischung) mit sehr gutem Rührer mischt sofort den Behälterinhalt vollständig, hat aber eine breite Verweilzeitverteilung. Temperatur- und Konzentrationsgradienten treten nicht auf. Der abfließende Strom hat durch die ideale Vermischung stets dieselbe Zusammensetzung wie der Behälterinhalt. Ein erheblicher Maischeanteil verlässt den Behälter sofort, andere Anteile verbleiben über die mittlere Verweilzeit hinaus. Von der Reaktionskinetik wird allgemein das Verweilzeitverhalten des idealen Strömungsrohrs (d, ideale Verdrängung) gefordert, bei dem alle Teilchen die gleiche Verweilzeit (wie beim Batch-Prozess) besitzen. Dies bedeutet, dass keine Vermischung in axialer Richtung besteht. Die Zusammensetzung des Reaktionsgemisches ist über den Querschnitt konstant, ändert sich aber längs des Reaktors (Pfropfenströmung). Im idealen Strömungsrohr durchströmen alle Fluidelemente das Rohr bei konstantem Volumenstrom mit einer definierten Zeit. Die mittlere Verweilzeit $\bar{t}$ berechnet sich wie folgt:

$$\bar{t} = \frac{\pi \cdot d^2 \cdot l}{4 \cdot \dot{V}} \tag{4.2}$$

l = Rohrlänge
d = Rohrdurchmesser

In der Praxis wird meist ein Kompromiss zwischen den zwei beschriebenen Extrema gewählt. Durch ein Hintereinanderschalten von idealen Rührkesseln (c, Rührkesselkaskade) bei gleicher Produktmenge wird die Verweilzeitverteilung bei gleicher mittlerer Verweilzeit enger, bis sie sich dem Rohrreaktor wieder annähert (unendlich viele Rührkessel), Abb. 4.3. Die Volumina der Behälter werden entsprechend kleiner. Der Ausgangsstrom eines Reaktors stellt den Zulaufstrom des nächsten Reaktors dar. Die Konzentrationen ändern sich sprunghaft von Reaktor zu Reaktor. Jeder Rührkessel ist homogen durchmischt.

Abb. 4.2 Verweilzeitverhalten verschiedener Anlagen [4.6]

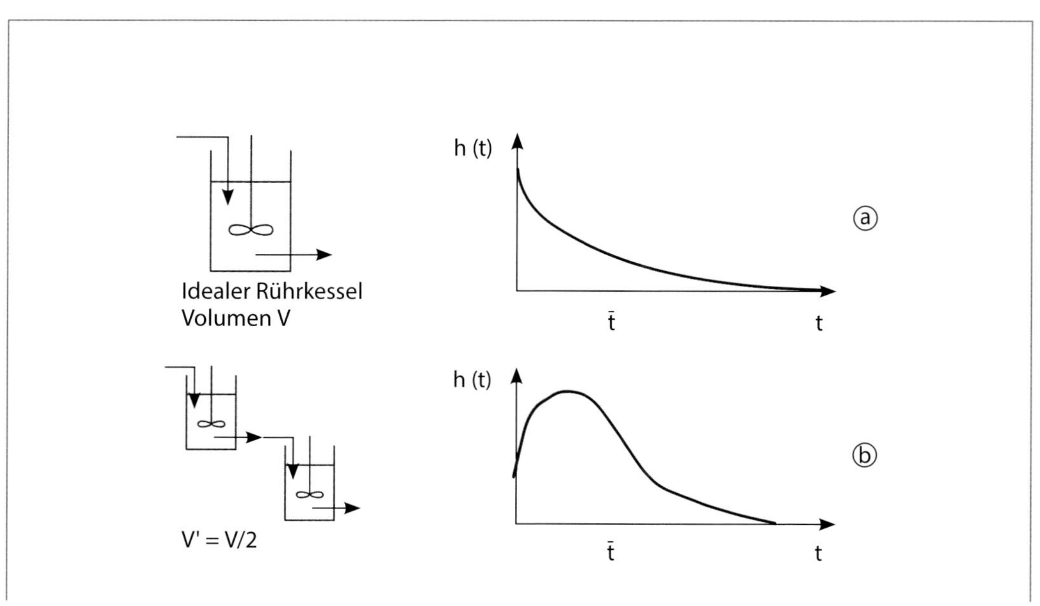

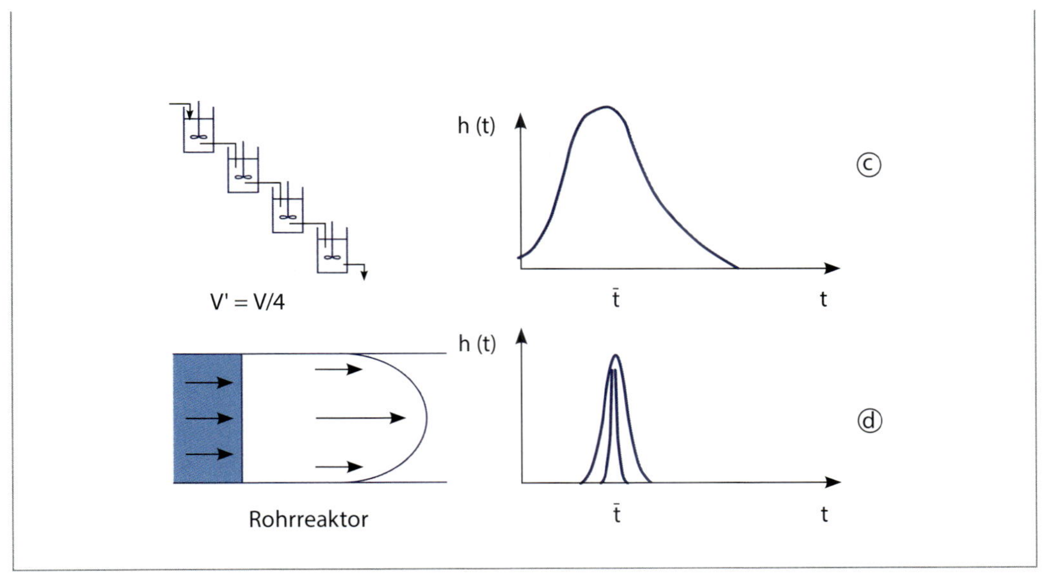

Abb. 4.3 Verweilzeitverteilung (n = Anzahl der Reaktoren in einer Kaskade) [4.7]

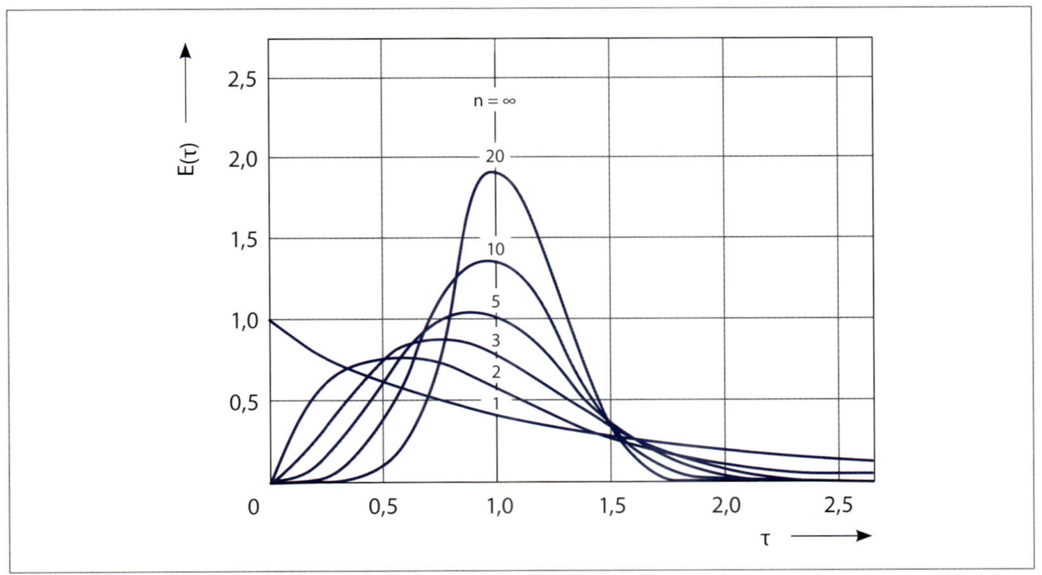

4.2 ERMITTLUNG DER VERWEILZEITSPEKTREN EINER 2-STUFIGEN RÜHRKESSELKASKADE

Die unter Pkt. 2.5.2 gewonnenen Ergebnisse zur Reaktionskinetik waren Anlass, den Vorgang des Maischens in Kombination mit der abschließenden Treberabtrennung kontinuierlich zu gestalten [4.6, 4.8]. Ziel war, in der Technikumsbrauerei im Durchlaufverfahren mit zwei Rührkesseln eine konstante Würzequalität zu produzieren, die mit der aus absatzweisen Verfahren vergleichbar ist. Da bei einer kontinuierlichen Prozessführung beim Maischen der Zusammenhang zwischen Verweilzeitverteilung und Reaktionsverhalten der einzelnen Stoffgruppen zu berücksichtigen ist, ergibt sich daraus die Notwendigkeit, die Verweilzeitspektren h(t) = E(t) der beiden Rührkessel bzw. der Serienschaltung zu ermitteln.

Die hierzu eingesetzte Indikatormethode beruht darauf, dass man am Reaktoreintritt als Eingangsfunktion eine definierte Konzentrationsänderung eines Indikatorstoffs aufgibt und am Reaktoraustritt die daraus resultierende Antwortfunktion in Abhängigkeit von der Zeit aufnimmt [4.9]. Als Eingangsfunktion wurde die Impulsfunktion (Dirac-Stoß) gewählt. Beim Zeitpunkt $t=t_0$ wird die Indikatorkonzentration schlagartig erhöht und sofort wieder auf null abgesenkt. Im Gegensatz zur Impulsfunktion wird bei der Sprungfunktion die Konzentration des Indikators im Zulauf plötzlich erhöht und dann beibehalten.

Im ersten Reaktor wurde eine Temperatur von 65 °C (Maltoserast), im zweiten eine Temperatur von 72 °C (Verzuckerungsrast) eingestellt. Der Wasserzulauf und -ablauf war auf 100 kg/h eingestellt und wurde über induktive Durchflussmesser kontrolliert. Die Behälter wurden vor Betrieb mit 50 l Wasser gefüllt, um eine mittlere Verweilzeit von 60 Minuten zu erhalten. Als Indikator kam eine 30%ige Zuckerlösung zur Anwendung, deren Dichteverlauf über Biegeschwinger mit aufgezeichnet wurde. Aus den sich daraus ergebenden Antwortkurven lassen sich die Verweilzeitdichtefunktion E(t) (Verweilzeitverteilung) und die Verweilzeitsummenfunktion F(t) (Übergangsfunktion) ermitteln.

$$E(t) = \frac{1}{\bar{t}} \cdot e^{-\frac{t}{\bar{t}}} \tag{4.3}$$

$$F(t) = \int_0^t E(t) \cdot dt \tag{4.4}$$

$$F(t) = 1 - e^{-\frac{t}{\bar{t}}} \tag{4.5}$$

Abb. 4.4 Verweilzeitspektren der beiden in Reihe geschalteten Reaktoren im Vergleich mit einer idealen zweistufigen Rührkesselkaskade [4.8]

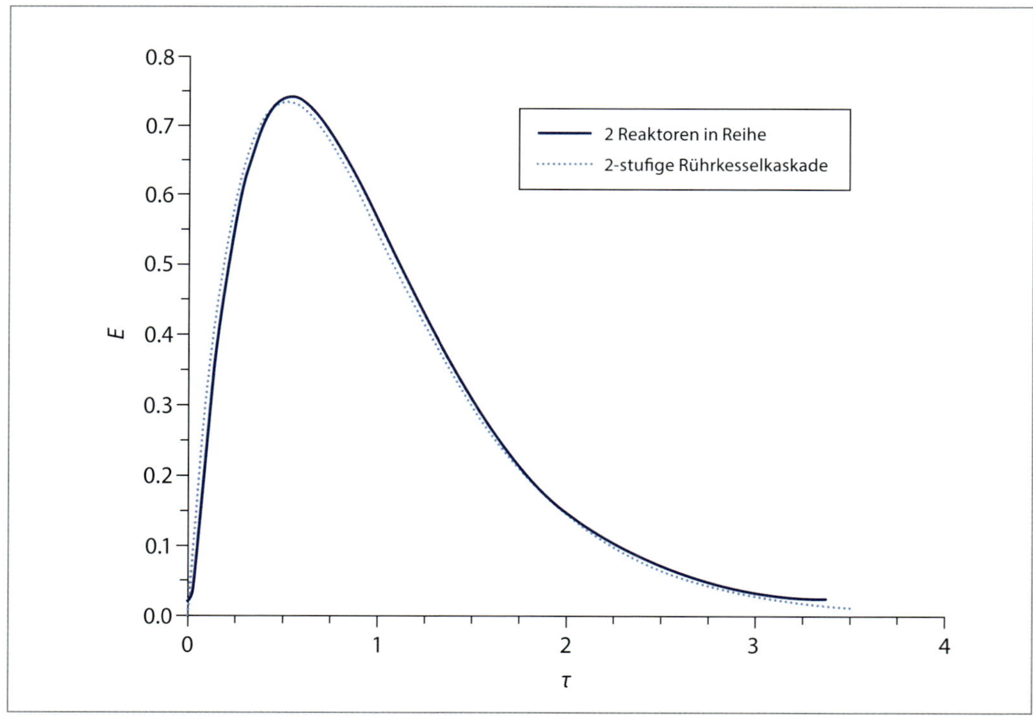

Aus Abb. 4.4 ist zu ersehen, dass das gemessene Verweilzeitspektrum der in Reihe geschalteten Reaktoren sehr gut mit dem berechneten Verweilzeitspektrum einer idealen 2-stufigen Rührkesselkaskade übereinstimmt. Nach der Verweilzeitsummenfunktion F(t) (Abb. 4.5) verlassen 59 % aller Teilchen die Anlage nach Ablauf der mittleren Verweilzeit oder schneller.

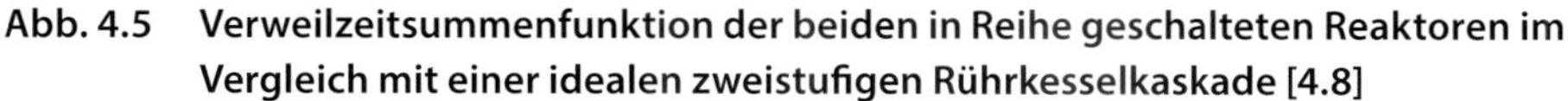

Abb. 4.5 Verweilzeitsummenfunktion der beiden in Reihe geschalteten Reaktoren im Vergleich mit einer idealen zweistufigen Rührkesselkaskade [4.8]

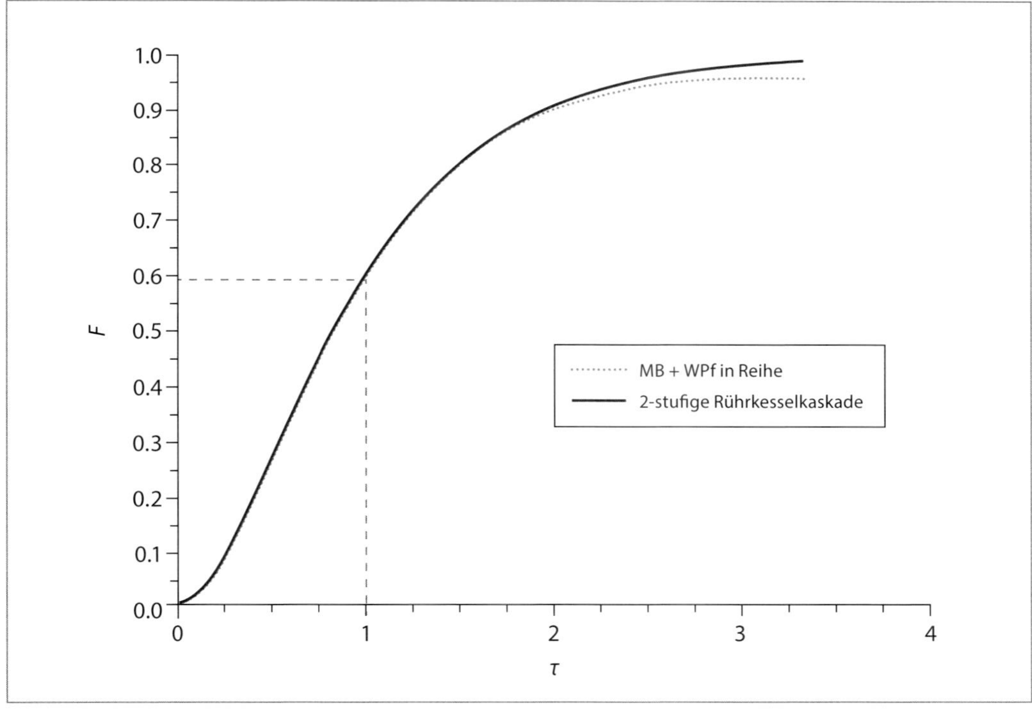

Um verschiedene Strömungssysteme miteinander zu vergleichen, ist es angebracht, als Zeitmaßstab nicht die real gemessene Zeit zu verwenden, sondern eine dimensionslose Zeit. Zu diesem Zweck wird die gemessene Zeit durch die mittlere Verweilzeit dividiert.

$$\tau = \frac{t}{\bar{t}} \qquad \text{bzw.} \qquad d\tau = \frac{dt}{\bar{t}} \tag{4.6}$$

Für eine N-stufige Rührkesselkaskade gilt [4.10]

$$E(\tau) = e^{-N \cdot \tau} \cdot \frac{N^N}{(N-1)!} \cdot \tau^{N-1} \tag{4.7}$$

Versuche mit eingemaischten Trebern

Die Verweilzeitverteilung in kontinuierlichen Systemen wird durch die Strömungsverhältnisse bzw. die Fluideigenschaften beeinflusst. Beim Maischen besteht der Inhalt der Reaktoren aus einem inhomogenen Gemisch, in dem zwei Phasen (fest und flüssig) vorkommen. Infolgedessen müssten die Verweilzeitspektren beider Phasen einzeln bestimmt werden. Hierzu bedürfte es allerdings eines Indikators, mit dem sich die Treber spezifisch markieren lassen. Nach den oben geschilderten Versuchen mit reiner Flüssigkeit wurde unter der Annahme, dass beim Einsatz von Pulverschrotmaische keine Entmischungen und somit keine verschiedenen Verweilzeiten auftreten, eingemaischten Trebern (1:10), die aus einer Pulverschrotmaische stammten und über Dekanter abgetrennt worden waren, mit Zucker markierte Treber als Indikator zugeführt. Die Messwerte (Abb. 4.6) kommen den berechneten Werten des idealen Rührkessels für das Verweilzeitspektrum wieder sehr nahe.

4.3 KONTINUIERLICHER MAISCHVERSUCH

Zum Abschluss wurde mit kontinuierlichen Maischversuchen begonnen, um zu beurteilen, ob sich unter den gegebenen Bedingungen (Temperaturstufen, mittlere Verweilzeit) eine konstante Würzequalität herstellen lässt. Als Reaktoren wurden der Maischbottich bei 65 °C und die Würzepfanne bei 72 °C eingesetzt. Eingemaischt wurde im Verhältnis 1:4 (20 kg/h Malz : 80 kg/h Wasser), da ein Gesamtmassenstrom von 100 kg/h angestrebt wurde. Die Treberabtrennung wurde einstufig mit einem Dekanter durchgeführt. Um die Konstanz des Maischprozesses beurteilen zu können, wurden Würzeproben nach einer Zeit von 60 (konstante Verhältnisse haben sich eingestellt) bzw. 90 min nach dem Dekanter gezogen. Die Analysenwerte (Tab. 4.1) bezüglich Amylolyse und Proteolyse lassen zwischen den zwei Zeitstufen keine signifikanten Unterschiede erkennen. Ebenso zeichnen sich keine krassen Defizite der Würzeausstattung ab. Dies ist bemerkenswert, da aufgrund des breiten Verweilzeitspektrums einer derartigen 2-stufigen Anlage ca. 25 % der Maische nur 30 min oder kürzer gemaischt wurde (Abb. 4.5). Andererseits haben die reaktionskinetischen Untersuchungen in Pkt. 2.5.2.1 ergeben, dass innerhalb der ersten 10–15 min bei 65 °C isothermen Maischens eine starke Bildung der Maltose unabhängig von Schrotfeinheit und Malzlösung besteht. Außerdem wird bei der Proteolyse das schnelle Herauslösen und die Bildung des freien Aminostickstoffs durch die Pulverschrotmaische begünstigt. Eine Optimierung der Abbauvorgänge (Verbesserung FAN/GN) wäre auch im Hinblick auf die Cytolyse durch Vorschalten eines dritten Reaktors bei 50 °C denkbar. Für diese Rührkesselkaskade müsste die mittlere Verweilzeit angepasst werden (z. B. je Stufe 20 min).

Eine industrielle Umsetzung des kontinuierlichen Sudhauses wurde im Jahr 2007 in Belgien im Maßstab von 200 hl/h Würze (20 °P) realisiert. Die Anlage besteht aus vier Rührkesseln, die jeweils einer Maischtemperatur zugeordnet sind. Anschließend erfolgt die Maischefiltration in drei alternierend arbeitenden Filtern. Nach der Würzekochung bzw. Heißhalten im Rührbehalter und der Heißtrubabtrennung im Absetztank werden die flüchtigen Würzearomastoffe mittels Strippingkolonne korrigiert (Pkt. 6.7.2.1) [4.11].

Abb. 4.6: Verweilzeitspektrum beim Maischversuch mit Trebern

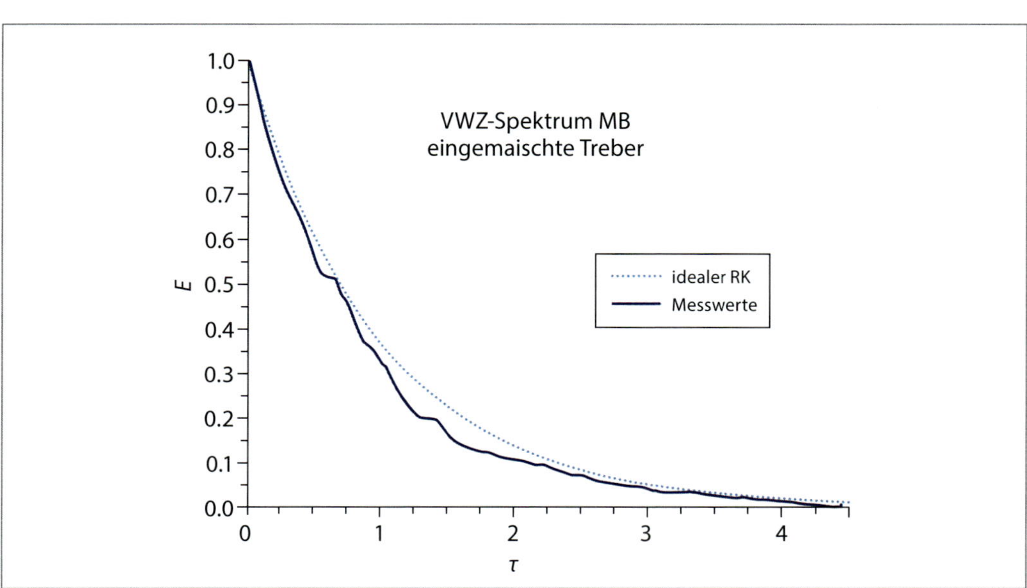

Tab. 4.1 Eckdaten zur Amylolyse und Proteolyse

Kriterien	60 min	90 min
Extrakt GG% ± a	10,77 ± 0,08	11,75 ± 0,08
EVG % ± a	72,3 ± 1,4	72,3 ± 3,8
Jodwert ± a	0,13 ± 0,11	0,10 ± 0,06
Gesamtstickstoff mg/100 ml ± a	89,9 ± 3,0	96,3 ± 3,9
Freier Aminostickstoff mg/100 ml ± a	16,0 ± 0,9	18,2 ± 1,5

LITERATUR

[4.1] Kollnberger, P.: Entwicklung von kontinuierlichen Bierherstellverfahren, Vorstudie, Versuchs- und Lehranstalt für Brauerei, Berlin, 1989

[4.2] Hall, R. D., Fricker, R.: Brewer's Guardian Supplement, 1969, S. 15, 17, 47, 49

[4.3] Ehnström, L.: MBAA Technical Quarterly 14, 1977, S. 159–169

[4.4] Bendek, G., Horvath, I., Ullmann, P.: EBC-Proc., 1991, S. 633–640

[4.5] Richter, K., Sommer, K.: Brauwelt, Nr. 32, 1994, S. 1566–1578

[4.6] Richter, K.: Dissertation, TU-München, 1998

[4.7] Schwister, K.: Taschenbuch der Verfahrenstechnik, Carl Hanser Verlag, München, 2010

[4.8] Gelhard, M.: Diplomarbeit, TU-München, 1996

[4.9] Pippel, W.: Verweilzeitanalyse in technologischen Strömungssystemen, Akademie-Verlag, Berlin, 1978

[4.10] Schubert, H.: Handbuch der mechanischen Verfahrenstechnik, Wiley-VCH, Weinheim, 2003

[4.11] https://www.meura.com

5 ABLÄUTERN

Der Läutervorgang umfasst die Trennung der löslichen Bestandteile der Maische, der Würze, von den unlöslichen Bestandteilen, den Trebern. Der Läuterprozess kann in zwei Abschnitte eingeteilt werden:

- Abziehen der Vorderwürze
- Auslaugen der Treber

Nach dem Abmaischen soll die Fest-Flüssig-Trennung in möglichst kurzer Zeit mit hohen Ausbeuten erfolgen. Ein geringer Feststoffgehalt der Würze und eine minimale Sauerstoffaufnahme sind zusätzlich in den Qualitätsanforderungen verankert. Als klassische Apparate der Trenntechnik werden Läuterbottich (bis 30 t) oder Maischefilter (bis 25 t) eingesetzt.

5.1 THEORETISCHE GRUNDLAGEN

Die Notwendigkeit des Spelzeneinsatzes bzw. eine mögliche Reduzierung desselben hängt stark vom Trennsystem ab. Je nach Trennsystem sollen die Spelzen ihre Aufgabe als Filterschicht erfüllen. Hier bildet das Schrot die Grundlage der Treberbeschaffenheit und damit des Läuterprozesses (Aufhacktechnik, Führung der Nachgüsse). Mit steigender Feinheit des Schrots nimmt sowohl das Rückhaltevermögen von Flüssigkeit als auch die Quellfähigkeit zu. Dies bedeutet, dass die Würze aus einem fein strukturierten Treberkuchen nicht nur langsamer abläuft, sondern auch das Waschwasser schwerer in die Poren eindringt. Insgesamt besteht die Gefahr einer unvollständigen oder zumindest erschwerten Auswaschung. Daraus folgt, dass mit sinkendem Spelzenanteil die Aufhacktechnik optimiert bzw. ein alternatives Trennverfahren zum Läuterbottich LB oder Maischefilter MF (6–8 cm) eingesetzt werden muss. In diesem Zusammenhang sei an das Reiterverfahren erinnert [5.1], bei dem ein Pulverschrot mit einem Anteil von 70 % < 150 µm eingesetzt wurde. Auch bei diesem Trennverfahren mittels Vakuumtrommelfilter wurde eine möglichst lockere Filterschicht angestrebt. Als Einflussgröße ist die Form der Spelzen zu berücksichtigen. Das Auftreten von Spelzensplittern führt zu einer Verlegung der Filtertücher oder Siebe. Dies muss bei der Auswahl der Mühle zur Pulverisierung von Malz [5.2] beachtet werden.

Als Normwerte für den Spelzenanteil bei Läuterbottich- bzw. Maischefilterbetrieb älterer Bauart (6–8 cm) gelten 18 bzw. 11 % [5.3], wobei sich in Abhängigkeit von der Malzauflösung Schwankungen in der Schrotzusammensetzung einstellen [5.4], welche bis zu einem gewissen Maß toleriert werden. Hier gilt es, unter Berücksichtigung dieses Einflussfaktors, den Toleranzbereich auszuloten. Bemerkenswert ist, dass sich in der Praxis bei beiden Trennsystemen für die einzelnen Schrotfraktionen Überlappungen ergeben und das konventionelle Maischefilterschrot nur tendentiell feiner ausfällt, im Gegensatz zum wesentlich feineren Pulverschrot (Hammermühlenschrot) für den Dünnschichtfilter DF (Abb. 5.1) [5.5].

Abb. 5.1: Partikelgrößenverteilung für LB, MF, DF [5.5]

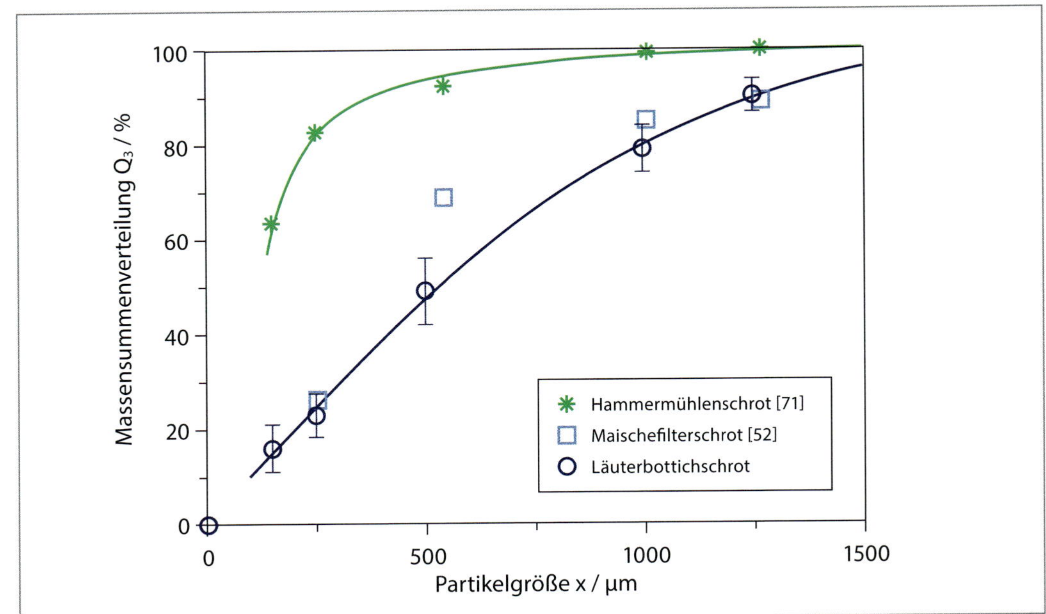

Neben den gut erhaltenen Spelzen mit wenig Spelzensplittern (Spelzenvolumen > 700 ml/100 g) wird aber auch einem bestimmten Prozentsatz an Grießen, die als "Distanzstücke" fungieren sollen, ein Einfluss auf den Würzeablauf zugeschrieben.

Vom verfahrenstechnischen Standpunkt konnte der Abläuterprozess noch nicht vollständig geklärt werden. Beobachtungen [5.6] haben gezeigt, dass nach dem Abmaischen zunächst die Spelzen und Grobgrieße, gefolgt von leichteren Grießen und Spelzenbruchstücken sedimentieren, was zum Aufbau eines Filterkuchens führt. Hierbei beeinflussen die Malzlösung und damit die Schrotzusammensetzung sowie der Erhaltungsgrad der Spelzen den Kuchenaufbau und somit das Läuterverhalten. Sowohl bei der Gewinnung der Vorderwürze als auch der Nachgüsse überlagern sich neben der Sedimentation (Pkt. 3.1) die Trennmechanismen der Sieb-, Kuchen- und Tiefenfiltration (Kap. 12). Offen ist noch, zu welchem Zeitpunkt welches Verfahren dominiert. Treibende Kraft beim Abläutern ist ein Druckgefälle, beim Läuterbottich dargestellt durch die statische Höhe, beim Maischefilter durch den Druck der Abmaisch- bzw. Anschwänzpumpe. Auch der Schritt der Auswaschung (Diffusion, Verdrängung) muss noch durchleuchtet werden.

5.1.1. SEDIMENTATION IM SCHWEREFELD

Die theoretischen Grundlagen hierzu werden unter Punkt 3.1 erläutert. Diese Berechnungen gelten nur für gleich große, homogene Partikeln in niedriger Konzentration. Bei der in der Praxis vorliegenden Feststoffkonzentration ist eine Einzelkornbetrachtung nicht zutreffend. Mit steigendem Feststoffanteil wird der Abstand zwischen den benachbarten Partikeln immer kleiner und damit die Beeinflussung der Sedimentation immer größer. Es handelt sich um ungleichmäßige Partikeln (Größe, Form, Dichte), deren Fallbewegung durch gegenseitige Stöße und Neigung zum Agglomerieren gestört wird. Die Geschwindigkeitsunterschiede verschieden großer Teilchen kommen nicht mehr zum Tragen. Nach einem homogenen Abmaischen bildet sich nach kurzer Zeit eine Zone mit klarer Flüssigkeit (Vorderwürze), die sich deutlich von der darunterliegenden Phase (Suspension) abgrenzt (Abb. 5.2). Darunter verdichtet sich der Treberkuchen (dritte Phase). Dieser Vorgang wird auch als Zonensedimentation beschrieben [5.7].

Abb. 5.2: Beginn des Abläuterns

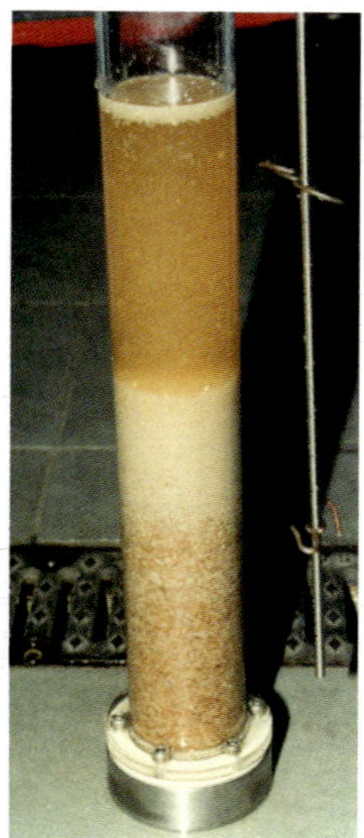

5.1.2 FILTRATION

Die Filtrationsprinzipien werden in Kap. 12 behandelt. Den theoretischen Betrachtungen liegt als Arbeitshypothese das Poiseuille'sche Gesetz für die laminare Strömung durch Kapillaren mit kreisförmigem Querschnitt zugrunde.

$$\frac{dV}{dt} = \frac{r^4 \cdot \pi \cdot \Delta p}{8 \cdot \eta \cdot l} \qquad (5.1)$$

$\frac{dV}{dt}$ = Volumenstrom

r, l = Radius und Länge der Kapillare
η = Viskosität des Mediums
Δp = Druckdifferenz zwischen den Kapillarenden

Nach Darcy ist die Filtrationsgeschwindigkeit v (Leerrohrgeschwindigkeit) dem Druckverlust Δp durch die Filterschicht der Dicke L proportional, mit r als spezifischem Filterwiderstand und unter der Voraussetzung ε = konstant, Re ≤ 3. Es wird also das laminare Durchströmen einer konstanten porösen Schicht beschrieben.

$$\Delta p = L \cdot r \cdot \eta \cdot v \qquad (5.2)$$

$$v = \frac{\dot{V}}{A} \text{ Leerrohrgeschwindigkeit} \qquad (5.3)$$

$\dot{V}$ = Volumenstrom

$$r = \frac{R}{L} \text{ spezifischer Filterwiderstand} \qquad (5.4)$$

mit R = Filterwiderstand

Die Durchströmung einer porösen Schicht ist schematisch in Abb. 5.3 dargestellt. Eine homogene und poröse Schicht der Länge L mit dem Querschnitt A wird stationär von einem inkompressiblen newtonschen Fluid durchströmt. Vorausgesetzt, dass Wandeinflüsse keine Rolle spielen (Partikeln und Porenweite < L und < $\sqrt{A}$), ergibt sich ein Zusammenhang zwischen der Durchströmungsgeschwindigkeit v, dem Druckunterschied Δp, den Fluideigenschaften ρ und η und der Schichtgeometrie [5.7]. Die äußere Geometrie der Schicht wird durch die Länge L, die innere Geometrie durch die Porosität ε und die Porenlänge x charakterisiert.

Abb. 5.3: Durchströmen einer porösen Schicht

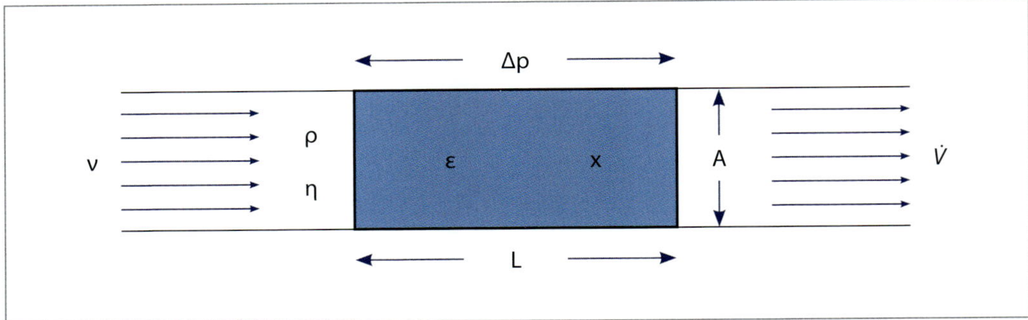

Die Porosität ε gibt den Anteil des Hohlraums V_H am Gesamtvolumen V_{ges} des Systems an.

$$\varepsilon = \frac{V_H}{V_{ges}} = 1 - \frac{V_s}{V_{ges}} \tag{5.5}$$

V_s = Feststoffvolumen

Als Richtwert für Abschätzungen wird $\varepsilon \approx 0{,}4$ (Filterkuchen 0,4–0,9) angegeben.
Damit werden ideale Filtrationszustände beschrieben. In der Realität verändert sich der Treberkuchen während der Abläuterung. Die Hohlräume verengen sich [5.8]. Der Filterkuchen ist kompressibel und der Druck steigt an. Die dadurch bedingte Verringerung des Volumenstroms macht eine optimale Aufhacktechnik erforderlich.

5.1.3 STOFFTRANSPORT

Beim Anschwänzen mit 75 °C heißem Wasser und Abläutern der Nachgüsse muss die hierbei stattfindende Stoffübertragung (Stoffdurchgang), welche die Diffusion und den konvektiven Stofftransport umfasst, betrachtet werden, siehe Pkt. 2.2.2. Hierbei findet zum einen ein Stoffübergang des wasserlöslichen Extrakts vom Feststoff (Treber) in die flüssige Phase (umgebendes Wasser), zum anderen ein Transport des Würzeextrakts in das Filtrat statt. Daneben wird bei beiden Läutersystemen (LB, MF) während der Nachgüsse die Vorderwürze aus den Trebern verdrängt (Kolben- oder Pfropfenströmung), aber auch mit Anschwänzwasser vermischt (Verdünnung).

5.2 DER LÄUTERBOTTICH

Der Läuterbottich stellt die ursprüngliche Art der Würzegewinnung dar. Rein konstruktiv handelt es sich dabei um einen runden, heute isolierten Edelstahlbehälter mit perforiertem Boden, welcher unter Zurückhaltung der festen Maischebestandteile einen zügigen Ablauf der Vorderwürze und der Nachgüsse gestattet. Rechteckige oder quadratische Ausführungen wurden zwar erprobt, konnten sich aber nicht durchsetzen [5.9]. Im Vergleich zum Maischefilterbetrieb hat der Läuterbottich mit seinem Durchmesser von bis zu 15 m einen hohen Flächenbedarf. Der Vorteil liegt in seiner Flexibilität, denn er kann mit 15 % über- bzw. 50

% unterschüttet werden. Allerdings können maximal ca. 40 % Rohfruchtanteil verarbeitet werden.
Das Fassungsvermögen des Läuterbottichs wird durch die Schüttung bzw. die Maischemenge festgelegt und beträgt ca. 8 hl/100 kg Schüttung [5.6]. Grundvoraussetzung ist die Vermahlung des Malzes über Walzenmühlen zum Erhalt der Spelzenfraktion und z. T. der Grobgrieße für die notwendige Filterschicht. Die spezifische Senkbodenbelastung stellt eine wichtige Kenngröße von Läuterbottichen dar. In Abhängigkeit von der Schrotzusammensetzung mit oder ohne Konditionierung oder als Nassschrot können unterschiedliche Senkbodenbelastungen erzeugt werden, welche das Durchsatzvolumen bestimmen. Sie schwankt bei Läuterbottichen mit Trockenschrot zwischen 150 und 220 kg/m^2 (in Extremfällen) und kann bei Nassschrotung bis zu 250 kg/m^2 erreichen. In Tabelle 5.1 sind die Zusammenhänge zwischen Schrotungstechnologie, spezifischer Schüttung und Treberhöhe (s. Porosität) in Abhängigkeit der erforderlichen Sudzahl dargelegt. Die wesentlichen Bauteile des Läuterbottichs sind der Senkboden und das Aufhackwerk. Beim Arbeiten mit dem Läuterbottich können folgende einzelne Abschnitte unterschieden werden: Wasservorlage, Abmaischen, Vorschießen, Trübwürzepumpen, Abläutern der Vorderwürze, Abläutern der Nachgüsse, Austrag der Treber, Reinigung.
Grundvoraussetzung für eine hohe Extraktausbeute ist eine homogene sauerstoffarme Einlagerung der Maische ohne Entmischung. Während früher das Abmaischen über Maischeverteiler von oben erfolgte, wird die Maische heute zur Vermeidung einer Sauerstoffaufnahme meist über Bodenventile bzw. seitliche Einlässe über dem Senkboden bei evtl. langsamem Lauf der Schneidmaschine eingelagert.

Tab. 5.1: Richtwerte für spezifische Beladungen des Läuterbottichs

Sudzahl/Schrotart	8	9	10	11	12
Trockenschrot(kg/m^2)	165–175	155–165	150–160	145–155	140–150
Treberhöhe (cm)	29–32	27–29	26–28	25–27	25–26
Kond. TS(kg/m^2)	175–185	170–175	165–175	160–165	150–160
Treberhöhe (cm)	32–33	30–32	29–32	27–29	26–28
Nassschrot (kg/m^2)	220–230	205–215	195–205	190–200	180–190
Treberhöhe (cm)	39–41	36–38	35–36	34–35	32–34

Spätestens nach Beendigung des Abmaischens wird durch das Vorschießen der Raum zwischen Läuterbottichboden und Senkboden von Maischeresten befreit. Beim Trübwürzepumpen wird die Würze so lange im Kreislauf auf den Läuterbottich zurückgepumpt, bis sie die gewünschte Klarheit (normalerweise < 50 EBC) erreicht hat. Beim Vorderwürzelauf gilt es, einen Kompromiss zwischen Ablaufgeschwindigkeit und Aufbau des Treberwiderstandes zu finden. Wesentlich ist hierbei die Hackwerksarbeit in Kombination mit entsprechender Automation und Steuerung (s. u.). Technologisch ist es von Vorteil, wenn der Zeitpunkt des evtl. erforderlichen Tiefschnitts (1,5–2,0 cm Höhe bei gestoppter Abläuterung) mit dem Ende des Vorderwürzelaufs zusammenfällt und mit dem Überschwänzen (kontinuierlich/ diskontinuierlich) begonnen werden kann.
Je nach Hersteller ergeben sich Unterschiede in der Ausführung der Schneidmaschine mit gewellten Doppelschuhmessern oder geraden und gewellten Einfachschuhmessern und unten aufgebrachten Auflockerscheiten oder gewellten Einfachschuhmessern, aber mehr Messerbalken. Strömungsoptimierte Aufschneidmesser für hohe Drehzahlen sollen dazu geeignet sein, den Läuterkuchen störungsfrei aufzulockern [5.10]. Die freie Durchgangsfläche des Senkbodens (bei geschlitzten Edelstahlböden im Durchschnitt 15 %) spielt für den Würzeablauf eine untergeordnete Rolle [5.6], da der Senkboden nur als Träger des Filterkuchens fungiert. Dagegen ist die Kapazität eines Läuterbottichs von der Anordnung und Zahl der Quellgebiete (ca. 0,8–1,5 m^2 Fläche/Anstich) sowie von den Abmessungen und der Führung der Rohrleitungen (gerade, gleich lang) abhängig. Diese münden in ein zentrales Sammelrohr

oder besser in konzentrische Ringleitungen bzw. in einen runden Sammelbehälter, von wo aus die Würze ohne Sog über eine regelbare Pumpe weiterbefördert wird (Abb. 5.4). Strömungsgünstig gestaltete Abläutertulpen (z. B. konusförmig erweitert) sowie ein etwas größerer Abstand (z. B. 25–30 mm) zwischen Senk- und Gefäßboden vermindern ebenfalls den Saugzug auf den Läuterkuchen.

Bei den sich anschließenden Nachgüssen ist hinsichtlich einer maximalen Extraktgewinnung (steiler Extraktabfall) auf gleichmäßige Auslaugung zu achten. Die Vorderwürzekonzentration ist ein für die Extraktgewinnung wesentlicher Faktor. Hohe Vorderwürzekonzentrationen (> 18–21 %) erfordern höhere Nachgussmengen und somit eine bessere Auslaugung der Treber. Die Nachgüsse werden üblicherweise bei einer Glattwasserkonzentration von 1,0 bis 1,2 % abgebrochen (s. Glattwassernutzschwelle).

Die Kontrolle des Läuterprozesses erfolgt qualitativ über Trübung (während 60 % der Läuterzeit ≤ 40 EBC), Sauerstoffgehalt (< 0,2 mg/l) und Feststoffgehalt (< 100 mg/l) der Pfanne-Voll-Würze. Eine zu weit gehende Klarheit der Läuterwürze kann auch technologische Nachteile mit sich bringen, was unter Pkt. 5.5.2.2 diskutiert wird. Die Extraktgewinnung wird heute normalerweise nicht mehr über die Sudhausausbeute, sondern ausschließlich über die Treberverluste (< 4,0 % auswaschbar und < 6,5 % aufschließbar, bezogen auf Trebertrockensubstanz) beurteilt [5.3, 5.11]. Die vermeintlich hohen Werte der Treberanalyse resultieren zum einen aus der Umrechnung auf Trebertrockensubstanz, zum anderen beim aufschließbaren Extrakt zusätzlich aus der angewandten EBC-Methode (Enzyme Termamyl u. SAN). Demzufolge ist die hohe Extraktgewinnung bei allen Läutersystemen unverändert.

Bis vor ca. 30 Jahren war der Läuterbottich der begrenzende Faktor für die Sudfolge. So werden bereits seit Ende des 19. Jahrhunderts in der Literatur immer wieder Bemühungen beschrieben, den Läuterprozess zu beschleunigen. Über Einbauten, Zargensiebe oder Ähnliches wurde versucht, zusätzliche Läuterfläche zu schaffen. Für eine beschleunigte Vorderwürzegewinnung wurde vielfach die Würze von oben abgezogen. Es gab aber auch Vorschläge, die Durchlässigkeit der Treberschicht durch getrenntes Maischen von Grießen und Spelzen und getrenntes Abmaischen, Spelzenmaische vor Grießmaische zu erhöhen. Ein weiterer Vorschlag beruhte auf dem Abläutern kochend heißer Maische zur Absenkung der Viskosität und nachfolgender Verzuckerung über Malzauszüge. Viele dieser Vorschläge vermochten zwar die Leistungsfähigkeit eines Läuterbottichs zu steigern, scheiterten aber schließlich an der Würze- bzw. Bierqualität.

Abb. 5.4: System LAUTERSTAR® [5.12]

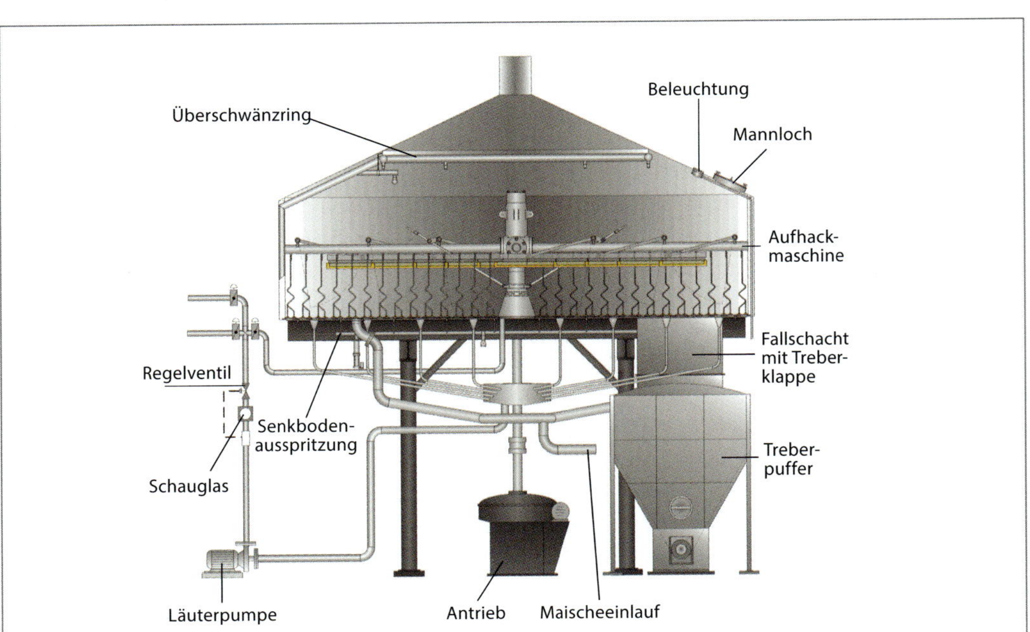

Der eigentliche Durchbruch zugunsten des Läuterbottichs erfolgte in den letzten 30 Jahren. Die 1988 eingeführte Steuerung über die Schnitttiefe der Aufhackmaschine in Abhängigkeit der Treberbettdurchlässigkeit etablierte den Hochleistungsläuterbottich [5.13]. Die Möglichkeiten der heutigen in-Line-Messtechnik, in Kombination mit den modernen Methoden der Steuerung und Automation, erbrachten für den Läuterbottich eine Leistungssteigerung von früher 8 Suden über 10 Sude pro Tag auf heute bis zu 14 Sude pro Tag. Grundvoraussetzung hierfür ist aber eine sehr gute hydraulische Optimierung des Apparats und eine entsprechende Malzqualität und vor allem die Homogenität des Malzes.

Abb. 5.5: System Pegasus C® [5.14]

Heutige Läutersysteme

Zum jetzigen Zeitpunkt existieren im Wesentlichen drei mehr oder weniger differierende Konzepte für eine reibungsfreie Läuterarbeit.

Als Charakteristika des LAUTERSTAR® sind mehr Anstiche mit optimierter Geometrie, eine Erhöhung des Senkbodenabstands auf 25 mm und geringe Messerabstände (Doppelschuhmesser) anzuführen. Es wird über einen Schweißspaltboden mit angestelltem Profil über Läuterrohre in einen Sammeltopf oder auch über ein Ringrohrsystem abgeläutert (Abb. 5.4).

Beim System Pegasus wurde zunächst auf die Innenzone ($r_i \leq$ 1-1,5 m) verzichtet. Die unbefriedigende Aufhackwirkung und ungleichmäßige Auslaugung im Innenbereich um den Kronenstock, die der herkömmliche Läuterbottich aufweist, konnte durch eine neue Konstruktion umgangen werden. Die gleichmäßige Einlagerung geschah über Eintrittsöffnungen (Klappenventile) am inneren Konusring. Es wurde dann über die äußere ringförmige Läuterfläche abgeläutert. Strömungswiderstände wurden durch möglichst gerade Leitungen und mehr Quellgebiete verringert, sodass die sich aus der geringeren Läuterfläche ergebende höhere Beladung kompensiert werden konnte. Die Normalauslegung betrug bei konditioniertem Trockenschrot 160–180 kg/m² und 12–14 Sude/Tag [5.15]. In der weiteren Entwicklung zum System Pegasus C® ist man wieder auf die Nutzung der gesamten Läuterfläche zurückgekommen (Abb. 5.5). Der Problematik der Innenzone wird durch ein modifiziertes Hackwerk begegnet, indem eine dichtere und angewinkelte Anordnung der Messer die Treberdurchlässigkeit verbessert. Ab einem Durchmesser von 5,5 m wird das Hackwerk unten mit sogenannten Crossliftern (horizontalen Messern) zur Verhinderung von Kanälen und zur besseren Homogenität des Läuterkuchens ausgestattet. Außerdem wird der Würzeablauf im zentralen Bereich durch 1,4 Anstiche/m² (außen 1,2 Anstiche/m²) unterstützt. Die Quellgebiete münden alle in den Würzesammelring.

Das Läutersystem Lotus by Ziemann® (Abb. 5.6) setzt auf ein strömungstechnisch verbessertes kelchförmiges Tulpendesign, als auch auf einen erweiterten Senkbodenabstand von 25 mm. Strömungsanalysen (CFD) zeigten, dass bereits mit dieser Maßnahme kein Sog mehr auf den Treberkuchen einwirkt. Diese Erkenntnis führte zu dem nächsten Schritt, die Anzahl der Anstiche auf ca. 50 % der Gesamtanzahl zu verringern. Dies vermindert den Material- und Reinigungsaufwand und verkleinert gleichzeitig das Volumen der Wasservorlage im Bereich der Verrohrung zugunsten der Menge des Anschwänzwassers. Die Anstiche sind auf einem Läuterring (äußerer Radius) mit einer Quellgebietsfläche von 1,5 m² gleichmäßig verteilt [5.16, 5.17].

Abb. 5.6: System Lotus by Ziemann® [5.18]

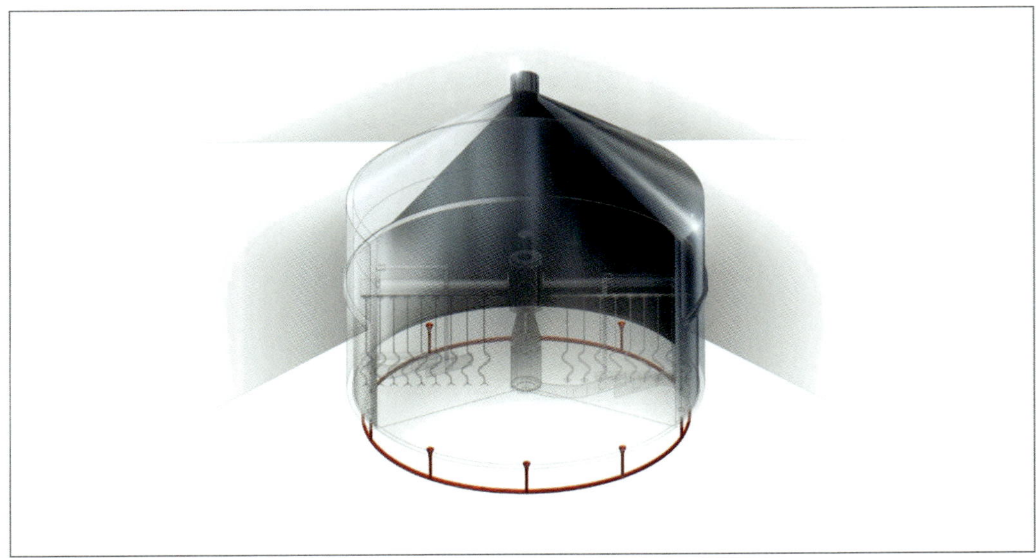

Abb. 5.7 Läuterdiagramm [5.14]

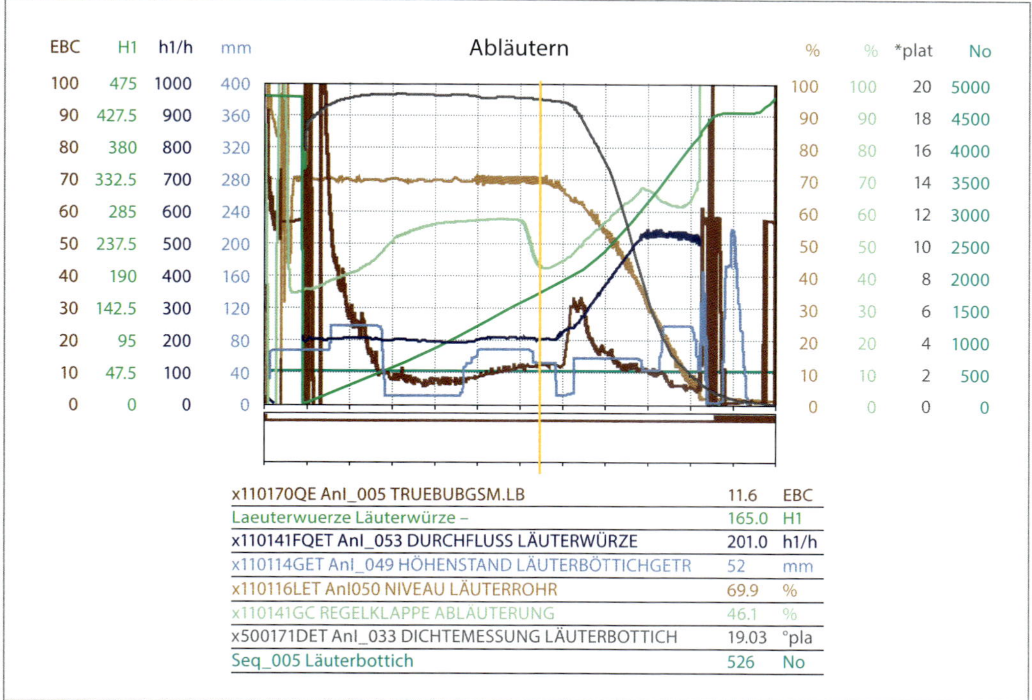

Für den Praktiker wäre es wünschenswert, aus den Läuterkurven (Abb. 5.7), je nach Vorderwürzekonzentration, allgemein gültige Gleichungen aufstellen zu können. Denn mit Kenntnis des Extraktverlaufs könnte der Läuterprozess ab einer bestimmten Menge Pfanne-Voll-Würze abgebrochen werden, ohne dass unerwartete Ausbeuteverluste eintreten. Gleichzeitig kann die angestrebte Verdampfung und Kochzeit eingehalten werden.

5.3 UNTERSUCHUNGEN ZUR DURCHLÄSSIGKEIT VON TREBERSCHICHTEN IN LÄUTERBOTTICHEN

Untersuchungen an Läuterbottichen zeigten, dass bei vergleichbaren technischen Einrichtungen und ebensolchem Automatisierungsgrad sehr unterschiedliche Nettoläuterzeiten erreicht wurden. Ziel der Untersuchungen war es, durch Betrachtung einzelner Einflussgrößen, z. B. des Schrottyps, Zusammenhänge aufzuzeigen. Stand des Wissens ist, dass die Zusammensetzung des Treberkuchens über die Höhe des Läuterbottichs einen entscheidenden Einfluss auf die Geschwindigkeit des Würzeablaufs und das Ausmaß der Extraktgewinnung bei den Nachgüssen hat. Hierbei ist bekannt, dass speziell der „Oberteig" und in einem geringeren Maß der Kern des Treberkuchens den Würzeablauf stark beeinträchtigen, während der "Unterteig" diesbezüglich unproblematisch ist.

Der Oberteig setzt sich hauptsächlich aus Gelproteinen und Polysacchariden zusammen, die in der Kombination eine nahezu undurchdringbare Schicht bilden [5.19, 5.20]. Nach Muts [5.19] besteht ein enger Zusammenhang zwischen Filtrationsgeschwindigkeit und Gelproteinanteil. Die Gelproteine setzen sich vorwiegend aus Glutelinen zusammen, die beim Maischen unter Luftzutritt eine molekulare Vergrößerung erfahren. Sie bilden mit anderen Gelproteinen während des Läutervorganges Disulfidbrücken, die den Durchfluss negativ beeinflussen sollen. Versuche, bei denen der Oberteig gezielt entfernt wurde, ergaben eine deutliche Steigerung der Ablaufgeschwindigkeit. Filtrationsversuche mit einer Laborfilterzelle [5.21] bestätigen diese Beobachtung [5.22]. Bei einer getrennten Anschwemmung der Schichten mit heißer Vorderwürze geht vom Oberteig der größte Filterwiderstand aus (Abb. 5.8). Die Durchflussrate nimmt im Vergleich zur Unterschicht um den Faktor 100 ab. Auch Bühler et al. [5.23, 5.24] stellten fest, dass zwischen dem spezifischen Widerstand der Treber und der mittleren Partikelgröße der Feinfraktion hoch signifikante Korrelationen bestehen.

Abb. 5.8: Filtrationswiderstand von Treberschichten [5.22]

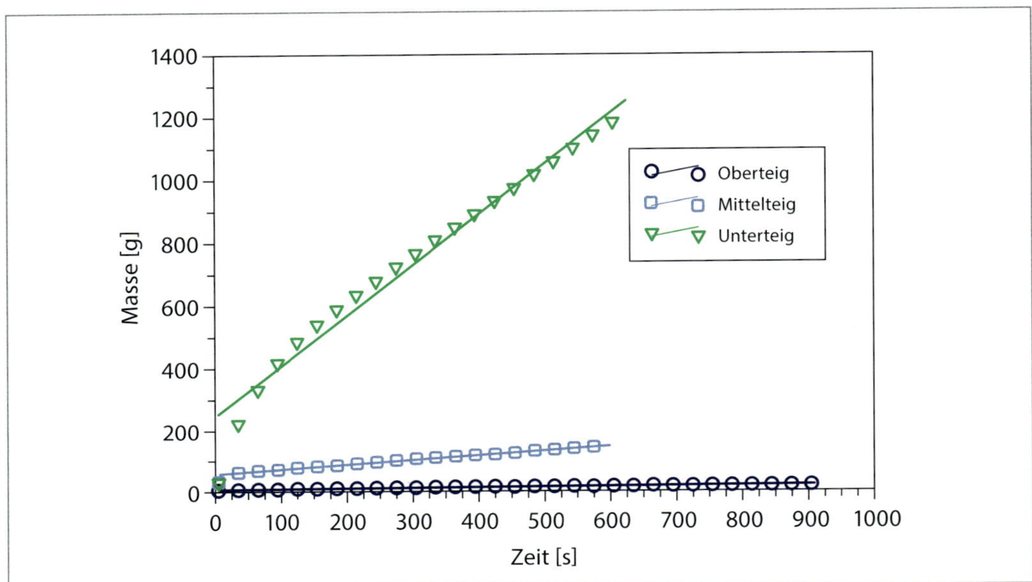

Weitere Technikumsversuche zeigten, dass die Schicht des Oberteigs bei vorhergehendem Lauf des Hackwerks beim Abmaischen geringer ausfällt. Feinpartikeln des Oberteigs werden anscheinend im gesamten Treberkuchen verteilt und setzen sich nicht mehr wie im Fall einer ungestörten Sedimentation in der obersten Schicht ab. Gestützt auf diese ersten Ergebnisse, wurden Treberschichten von Läuterbottichen anhand von Bohrkernen untersucht [5.25]. Bei optisch erkennbarer Schichtenbildung ergaben sich längere Ablaufzeiten. Zur weiterführenden Untersuchung der Durchlässigkeit und Zusammensetzung wurden Treberkuchen aus Nassschrot sowie aus konditioniertem Schrot analysiert [5.26]. Um Vergleichbarkeit sicherzustellen, stammten alle Proben aus hellen Vollbiersuden (12,0–12,5 GG %) und aus Sudwerken eines Herstellers (Tab. 5.2).

Die Untersuchungen zeigten, dass Läuterkuchen aus Nassschrottrebern weniger zur Bildung von Sperrschichten im Kuchen neigen als Treber aus konditioniertem Trockenschrot (Abb. 5.9, 5.10).

Tab. 5.2: Kennzahlen der untersuchten Betriebe

Brauerei	**1**	**2**	**3**	**4**	**5**
Schrotung	nass	nass	trocken/ kond.	trocken/ kond.	trocken/ kond.
Schüttung [kg]	2900	4200	4800	4800	5080
Einmaischtemperatur [°C]	58	58	52	60	61
Hackwerk (beim Abmaischen)	nein	nein	ja	nein	ja
Spezif. Beladung [kg/m²]	190	232	244	244	180
Läuterrast [min]	0	2	15	0	5
Höhe Treberkuchen [cm]	34	41	43	43	32
Schichtungen	nein	nein	ja	ja	ja
Rel. Durchfluss [g/s]					
Max.	5.50	7.00	4.40	6.00	3.90
Min.	3.60	5.00	2.20	2.20	0.50
Differenz %	-35	-29	-50	-63	-87

Abb. 5.9: Durchflussraten bei Treberschichten aus Nassschrot [5.26]

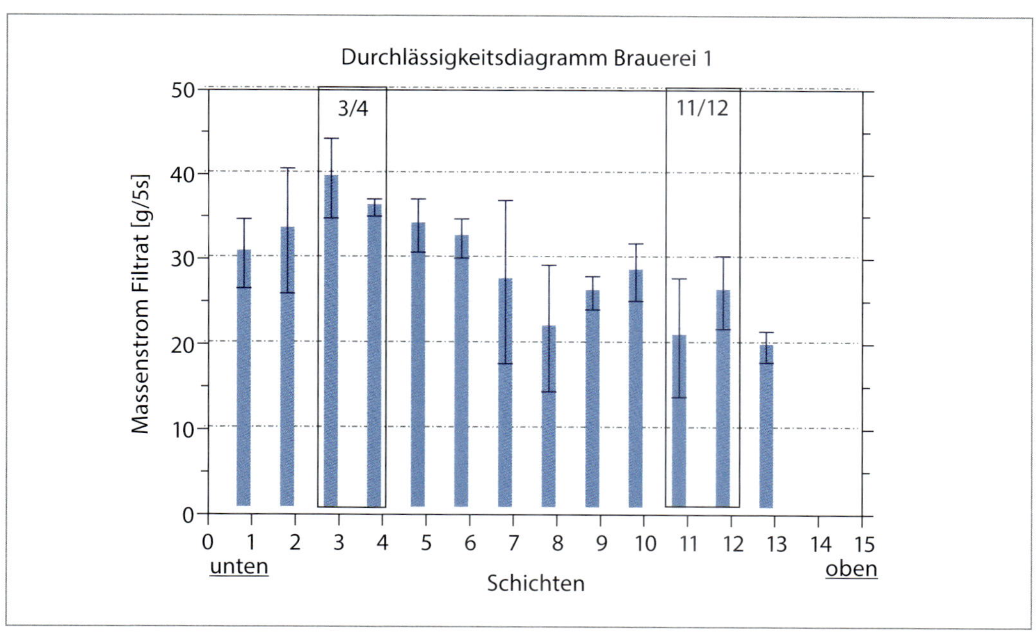

Aus den besser erhaltenen Spelzen und dem größeren Schrotvolumen resultiert eine Erhöhung der Ablaufgeschwindigkeit. Bemerkenswert ist, dass die Oberteigschicht bei Nassschrottrebern bezogen auf die beste Schicht des jeweiligen Treberkuchens relativ geringe Durchflusseinbußen nach sich zieht (Abb. 5.9).

Abb. 5.10: Durchflussraten bei Treberschichten aus konditioniertem Trockenschrot [5.26]

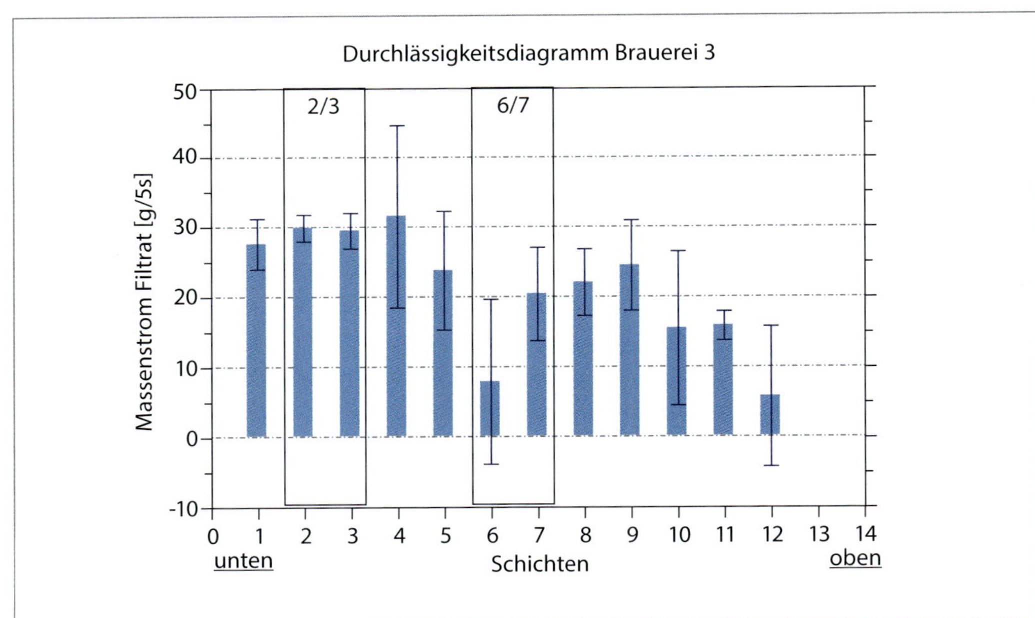

Die Durchlässigkeitsdiagramme der Treberkuchen aus Trockenschrot (Abb. 5.10) zeigten eindeutig das Vorhandensein von schlechter durchlässigen Sperrschichten. Dies betrifft nicht nur die Oberschicht, sondern die gesamte Höhe des Treberkuchens. Bezogen auf die beste Schicht des jeweiligen Kuchens ist die Durchlässigkeit zu 50 bis 80 % reduziert. Die Werte der chemisch-technischen Analysen (Gesamtstickstoff, Zuckerspektrum, ß-Glucan) teighaltiger Oberschichten bzw. von Sperrschichten ließen im Vergleich zu den relevanten Inhaltsstoffen gut durchlässiger Schichten keine Rückschlüsse bezüglich der durchflussmindernden Eigenschaften zu. Eine mögliche Erklärung für die Durchflussverringerung der untersuchten Ober- und Sperrschichten ist die Ansammlung von Feinpartikeln, die auch bei schonender Einbringung der Maische in den Läuterbottich aus dem Überstand sedimentieren und die Poren des Treberkuchens verlegen. Weiterführende Arbeiten beschäftigen sich mit dem Verhalten von Feinpartikeln während des Läutervorgangs [5.27]. Ein derzeit laufendes Forschungsvorhaben setzt sich zum Ziel, durch eine Flockung (Agglomeration) der Feinpartikel den Läuterprozess zu optimieren. Die Läuterzeit kann dadurch erheblich verkürzt werden, da die zugesetzten Flockungsmittel die Partikeln vergrößern und damit die Sedimentation beschleunigen. Zudem bauen die Filterhilfsmittel einen poröseren Treberkuchen auf. Allerdings erschweren die Flocken die Auswaschung und Extraktion, was zu um 10 % geringerer relativer Extraktausbeute führt [5.28].

Aus den angeführten Untersuchungen ergeben sich aufgrund der Schichtungsproblematik sowohl Anforderungen an den Maschinenbauer als auch an den Technologen. Primär sollte anlagenseitig geprüft werden, ob eine Homogenität der Maische durch die vorhandene Technik des Einmaischens, Rührens, Abmaischens und Einlagerns gewährleistet ist. Die Technologie ist gefordert, eine spezifischere Analytik zur Detektion und Quantifizierung der offensichtlich wasserunlöslichen Komponenten (Eiweiße/Kohlenhydrate) bereitzustellen. Weiterhin ist die Frage des Einflusses der Malzqualität und des Maischverfahrens zu klären.

5.4 DER MAISCHEFILTER

Erste Ansätze zur Würzetrennung mittels Maischefilter gehen bereits auf das Ende des 19. Jahrhunderts zurück. Als Vorteile des Maischefilters galten lange die höheren Sudzahlen pro Tag, die höhere Ausbeute und eine gewisse Unempfindlichkeit gegenüber einer schlechteren Malzqualität. In Kauf genommen wurden häufig die Nachteile einer begrenzten und für alle Biersorten einheitlichen Schüttung, des höheren Energieaufwands zur Herstellung von Fein- bzw. Pulverschrot, des hohen Personalaufwands beim Austrebern und Reinigen der Tücher sowie deren begrenzte Haltbarkeit und die hohe Trübung der Würzen [5.9].

Abb. 5.11: Maischefilter, Abläutern der Vorderwürze [5.6]

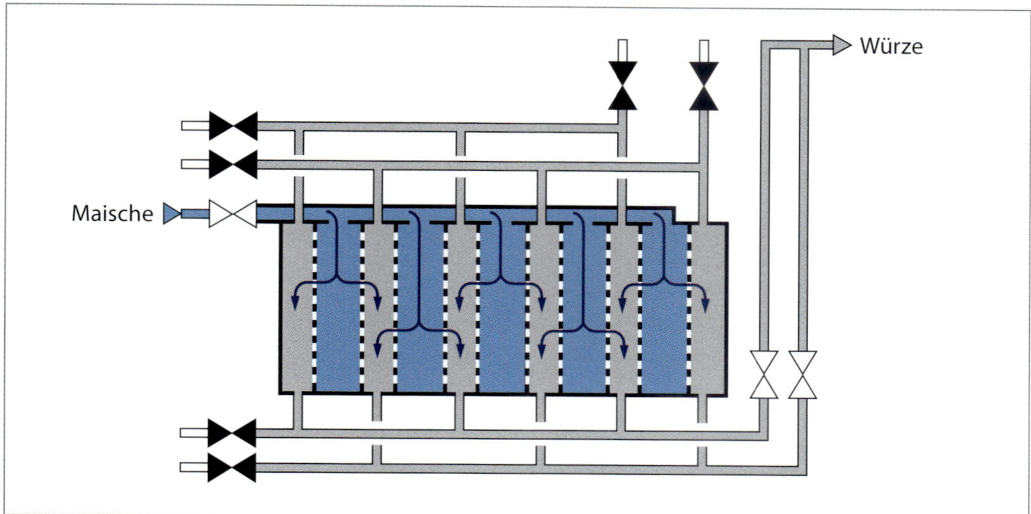

Der Maischefilter ist, verfahrenstechnisch betrachtet, ein Rahmenfilter. Zu Beginn wird die Maische in Kammern eingelagert, die durch einen Rahmen und zwei mit Filtertuch bespannte Platten (früher Gusseisen) gebildet werden. Diese sind zwischen einem festen Kopf- und einem beweglichen Endstück eingespannt. Wie auch beim Läuterbottich überlagern sich die Mechanismen der Kuchen-, Sieb- und Tiefenfiltration. Nach dem Trübwürzepumpen läuft die Würze durch das Filtertuch und die Platten über einen Sammelkanal ab (Abb. 5.11). Der Ablauf der Vorderwürze beginnt mit der vollständigen Füllung des Filters mit aus Walzenmühlenschrot hergestellter Maische. An den Tüchern wird ein Kuchen angeschwemmt, wobei die Kuchendicke so lange steigt, bis die Kammer vollständig gefüllt ist. Die Schichtdicke beträgt im Unterschied zum Läuterbottich etwa 6–8 cm. Für die Auslaugung wird die Treberschicht wie beim Läuterbottich zur Erzielung einer hohen Extraktausbeute mit warmem Brauwasser gewaschen.

Abb. 5.12: Beispiel Dünnschichtfilter (25 t) [5.18]

Abb. 5.13: Dünnschichtfilter, weiteres Abmaischen über oberen Maischekanal (links), Anschwänzen (rechts) [5.18]

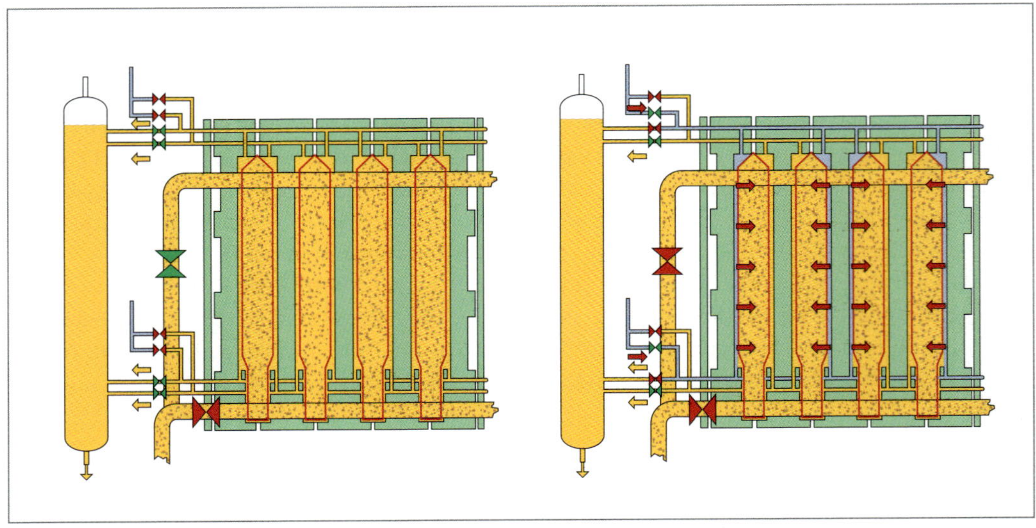

Die Nachteile des oben geschilderten Filters für Läuterbottichschrot ließen den Maischefilter als Dünnschichtfilter DF, auch als Dünnschicht-Kammerfilter bezeichnet (Abb. 5.12), eine Renaissance erleben. Mit diesen Systemen ist eine hohe Sudzahl (bis zu 16 Sude/d) und eine Ausbeutesteigerung möglich. Der schematische Aufbau entspricht dem des Maischefilters mit einer auf 4 bis 5 cm reduzierten Schichtdicke. Die aus Polypropylen bestehenden Platten sind oben aufgehängt und werden über einen umlaufenden Plattentransport bewegt. Alternativ existieren seitliche Aufhängungen mit vor- und zurückfahrendem Plattentransport. Die Treber in den Kammern können noch zusätzlich durch Membranen auf den kammerbegrenzenden Platten ausgepresst werden. Die geringe Treberschichtdicke ermöglicht die Verwendung von feinerem Schrot, welches in den meisten Fällen mittels Hammermühle hergestellt wird (Tab. 1.4). Die geringere Permeabilität des Pulverschrots im Vergleich zum Läuterbottichschrot wird durch die größeren Filtrationsflächen kompensiert. Grundvoraussetzung für eine problemlose Arbeitsweise ist eine homogene Maischeeinlagerung von unten (in < 4 min) über einen mittig angeordneten Maischekanal, wobei bereits Vorderwürze über die unteren Kanäle abgezogen wird [5.29]. Trübwürzepumpen ist nicht unbedingt erforderlich. Im weiteren Verlauf wird die Vorderwürze aus den oberen Eckkanälen abgeläutert und die restliche Maischezufuhr über den oberen Maischekanal getätigt (Abb. 5.13). Der Druck bewegt sich im Bereich von 0,8 bis < 3 bar (Enddruck beim Auspressen des Glattwassers). Die Anschwänzrichtung wird von Sud zu Sud (Rückspülen der Polypropylentücher) getauscht. Eine Weiterentwicklung ist im vollautomatischen Ablauf (inkl. Treberaustrag und Reinigung) und in zu- bzw. abschaltbaren Trennsätzen für variierende Schüttungen zu sehen. Die aktuelle Kapazität der Dünnschichtfilter liegt bei 16 Suden pro Tag mit 25 t Schüttung. Der Vorteil des Maischefilters im Vergleich zum Läuterbottich liegt in der Verarbeitung von Rohfrucht von bis zu 100 % und der Herstellung von Highgravitywürzen (VW ≤ 25° Plato). Mittlerweile kommen alternativ zum Kammerfilter mit seiner Anschwänzwassermenge von ≥ 3,2 l/kg Membranfilter mit einer geringeren Anschwänzwassermenge von ≤ 2,8 l/kg zum Einsatz [5.30]. Durch das Auspressen der Treber lässt sich deren Wassergehalt bis auf ca. 70 % senken und damit auch die Verluste in Form des auswaschbaren Extrakts, was mit zur Ausbeute auf bis zu < 0,5 % unter der Laborausbeute oder besser beiträgt.

Abb. 5.14: Beispiel Membranfilter [5.14]

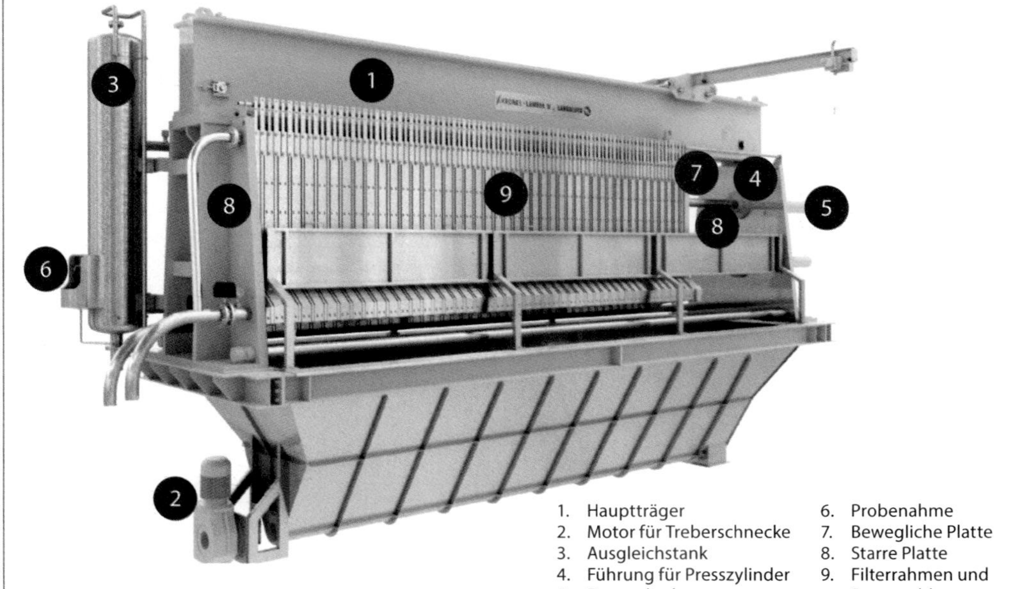

Abb. 5.15: Beispiel Mixed-Package Butter-Fly by Ziemann® [5.18]

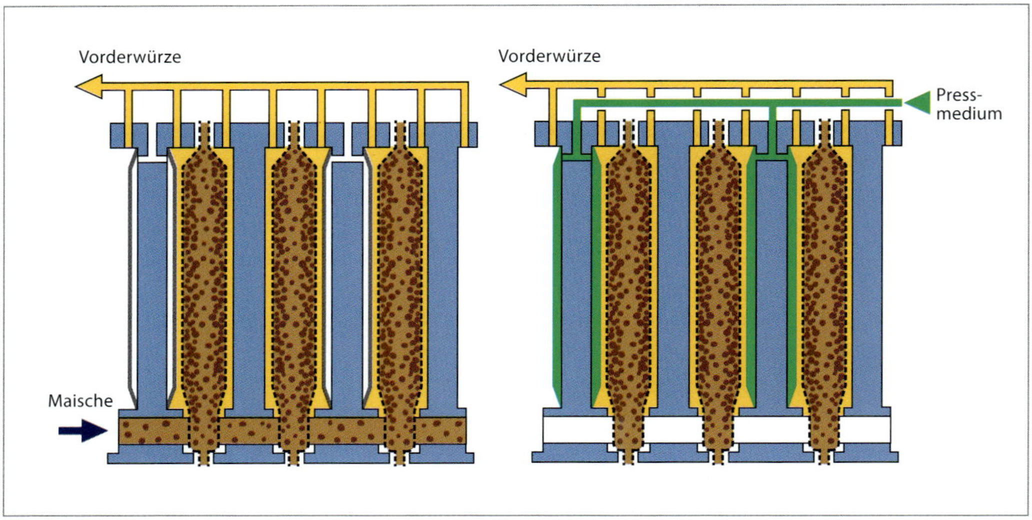

Abb. 5.16: Aufbau Dünnschichtfilter mit Membran, MEURA 2001® [5.31]

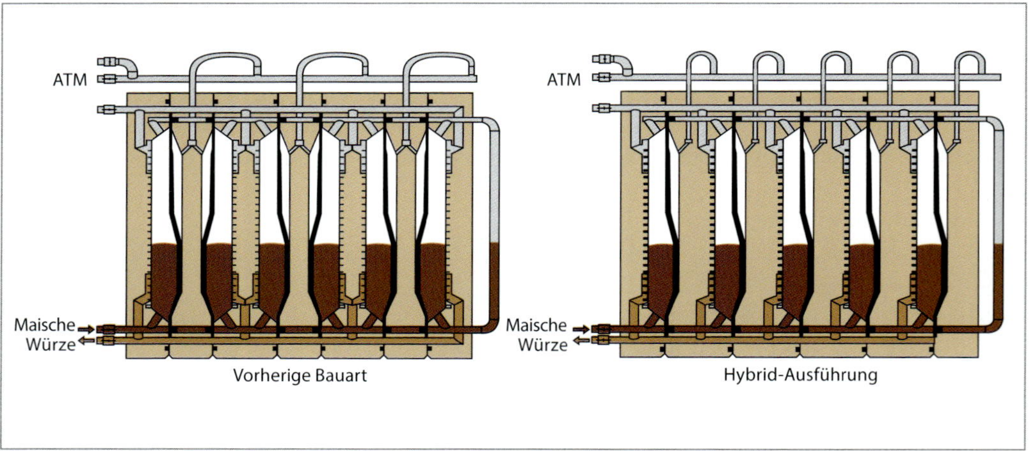

Entweder wechseln sich Kammerfilter- mit Membranfilterplatte ab (Abb. 5.15), oder die Ausführung besitzt auf der einen Seite die undurchlässige Membran und auf der anderen Seite die Filterplatte (Abb. 5.16). Als Pressmedium dienen Luft oder Wasser. Durch das Anpressen und Entspannen der Treberschicht erhöht sich die Porosität und es kann der feinere Kuchen (Mehl u. Puder 59 %) effektiv ausgewaschen werden [5.32].

5.5 ALTERNATIVE TRENNSYSTEME

5.5.1 KONTINUIERLICHES ABLÄUTERN MIT DEKANTER

Kontinuierliche Trennsysteme, welche in anderen Industriezweigen häufig anzutreffen sind, wie Vakumdrehfilter, Bandfilter, Siebzentrifuge und Dekanter konnten bisher, hauptsächlich aus Gründen der mangelhaften Bierqualität, großtechnisch keine Verbreitung finden.

Läuterbottich und Maischefilter erfordern eine Belegungszeit von ≤ 2 h. Zur Beschleunigung dieses Trennvorgangs trug man sich seit ca. 100 Jahren mit dem Gedanken, den Prozess kontinuierlich zu gestalten. Zur Realisierung einer kontinuierlichen Brauerei stellte sich die Frage, ob Dekanter alternativ zu herkömmlichen Läutergeräten Verwendung finden können [5.33]. Derartige Vollmantelschneckenzentrifugen zeichnen sich durch einfache Handhabung und hohe Betriebssicherheit aus und werden demzufolge in der chemischen Industrie zur Erzielung hoher Abscheidegrade und Trockensubstanzgehalte betrieben.

Abb. 5.17: Dekanter, Gegenstromausführung [5.33]

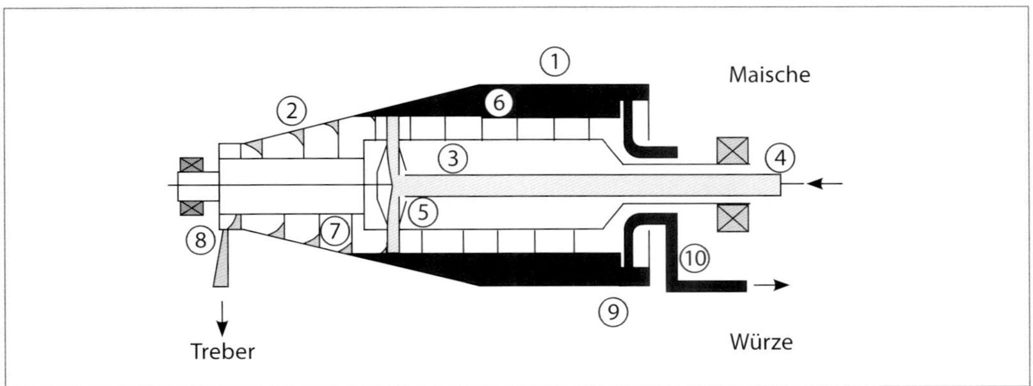

Das Prinzip der Abtrennung entspricht der Sedimentation über Dichteunterschied zwischen Feststoff und Zentrat (Würze), wobei die Absetzgeschwindigkeit durch die Zentrifugalkraft erhöht ist. Die Zentrifugalbeschleunigungen können das 10000-fache der Erdbeschleunigung betragen. Abb. 5.17 zeigt die Schnittzeichnung eines Dekanters. Die rotierende Trommel (zwischen 3000 bis 7000 U/min) besteht aus einem zylindrischen (1) und einem konischen Bereich (2). Eine innen liegende Schnecke (3), die gegenüber dem Vollmantel mit einer etwas höheren Drehzahl rotiert (Differenzdrehzahl 1,5–115 U/min), gewährleistet den Feststofftransport. Das zu trennende Suspensionsgemisch fließt durch das Einlaufrohr (4) in den rotierenden Schneckengrundkörper. Durch Verschieben des Einlaufrohrs kann der Aufgabeort variiert werden. Die Suspension wird im Grundkörper vorbeschleunigt und strömt durch die Aufgabebohrungen (5) in die Trommel. Durch die Rotationsbewegung bildet sich an der Trommelwand ein hohlzylindrischer Flüssigkeitsring (6) aus. Der Feststoff sedimentiert auf die Trommelinnenfläche und wird von der Schnecke in Richtung Konus befördert. Wenn der Feststoff den Flüssigkeitsring in der Trommel verlassen hat, kann er auf dem Konus (7) entfeuchten und verlässt durch die Bohrungen am Konusende (8) den Dekanter. Die geklärte Flüssigkeit strömt zwischen den Schneckengängen über dem Feststoff zum zylindrischen Ende und kann durch Bohrungen (9) in der Stirnfläche der Trommel ablaufen. Der Radius, auf dem die Bohrungen angebracht sind, bestimmt den Füllstand der Trommel bzw. die Dicke des Flüssigkeitsrings (Teichtiefe). Meistens sind die Bohrungen bei Stillstand der Maschine durch bestimmte Vorrichtungen (Wehrscheiben) in Grenzen veränderbar. Die dekantierte Flüssigkeit kann entweder offen ablaufen oder mittels Greifer (10) weitergefördert werden.

Für die Auslegung von Trennapparaten ist ein Augenmerk auf die kleinen Partikeln zu richten, die naturgemäß eine längere Zeit zur Sedimentation benötigen. Für kleine Partikeln mit Reynoldszahlen Re < 0,5 besteht folgende Sinkgeschwindigkeit (s. Pkt. 3.1)

$$w_f = x^2 \cdot g \cdot \frac{(\rho_s - \rho_f)}{(18 \cdot \eta)} \tag{5.6}$$

Bei Übertragung dieses Ansatzes ins Zentrifugalfeld ist die Erdbeschleunigung g durch die Zentrifugalbeschleunigung a zu ersetzen. Sie wird, bezogen auf g, als Schleuderziffer C angegeben.

$$a = r \cdot \omega^2 \tag{5.7}$$

$$C = r \cdot \frac{\omega^2}{g} \tag{5.8}$$

ω = Winkelgeschwindigkeit
r = Radius

Mit der Schleuderziffer lässt sich aus der Gleichung 5.6 die Sinkgeschwindigkeit im Zentrifugalfeld w_{fz} bestimmen

$$w_{fz} = x^2 \cdot C \cdot g \cdot \frac{(\rho_s - \rho_f)}{(18 \cdot \eta)} \tag{5.9}$$

Nach einer zu vernachlässigenden Beschleunigungsphase sedimentieren die Partikeln mit konstanter Geschwindigkeit. Eine Partikel gilt als abgeschieden, wenn sie während der Verweilzeit t im Dekanter durch die Flüssigkeitsschicht h_T bis zur Trommelwand sedimentiert. Damit gilt für die gerade noch abgetrennte Partikelgröße x_T:

$$w_{fz} = \frac{h_T}{t} \tag{5.10}$$

h_T = Teichtiefe
t = Verweilzeit

Mit der Forderung, eine Würze kontinuierlich zu gewinnen, die hinsichtlich Qualität und Ausbeute die gleichen Merkmale wie herkömmlich gewonnene Würze aufweist, wurde eine zweistufige Dekanteranlage zur Abtrennung von Pulverschrot (x_{50} < 50 µm) eingesetzt. Die Maische wurde im Infusionsverfahren (Schüttung 20 kg; HG:NG 1:6,5) hergestellt. Die Einstellungen der Dekanter lagen bei 5500 U/min für die Trommeldrehzahl, 1,5 U/min Differenzdrehzahl, 25 mm Teichtiefe und 100 kg/h Massenstrom. Die abgetrennten Treber aus der ersten Stufe wurden erneut mit Brauwasser vermischt und der zweiten Trennstufe zugeführt, um den verbleibenden auswaschbaren Extrakt in den Trebern zu reduzieren.

Abb. 5.18: 2-stufiger Dekanterbetrieb zur Maischetrennung [5.35]

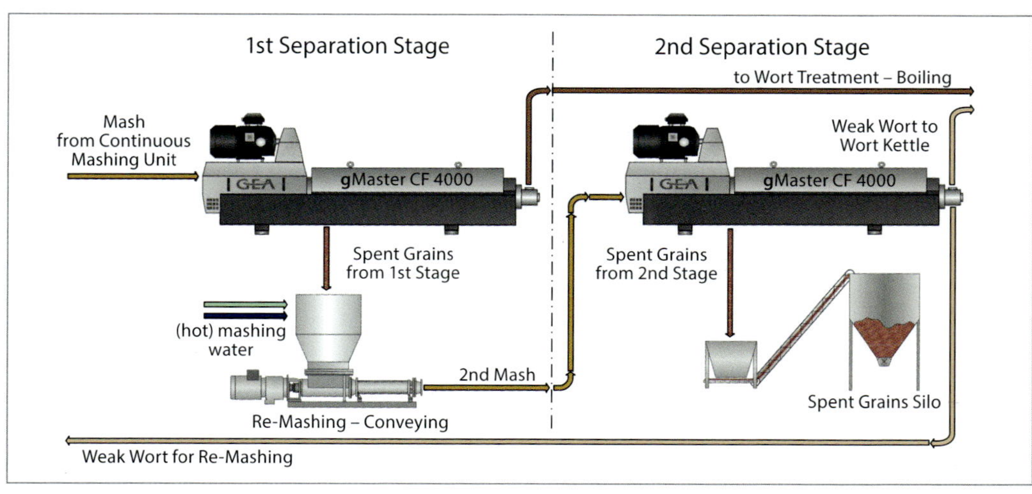

Aus verfahrenstechnischer Sicht ergaben sich sehr gute Resultate. Die Trebertrockensubstanzgehalte waren denen eines Standardsystems weit überlegen. Die aus dem Dekanter ablaufende Würze war stets stark opal. Die Abtrennung der Partikeln erfolgt hier im Zentrifugalfeld und nicht durch Filtration. Bei der Trübung handelte es sich offenbar zum Großteil um Eiweißpartikeln, da sich beim Kochen deutlich mehr Heißtrub bildete, der während der 30-minütigen Whirlpoolrast vollständig abgeschieden werden konnte. Außerdem war ein starker Sauerstoffeintrag für die Arbeitsweise der ersten Dekanter charakteristisch. Dieses Problem konnte durch die aktuelle Generation mit hydrohermetischem Design gelöst werden.
Die durch Dekantieren gewonnenen Würzen wiesen deutlich höhere Fettsäuregehalte auf, was sich bis nach der Kühltrubentfernung wieder ausglich (Tab. 5.3) [5.33]. Die Geschmacksstabilität der hergestellten Biere lag jedoch im normalen Rahmen. Da das Verhältnis der ungesättigten zu den gesättigten Fettsäuren konstant blieb, kann die Annahme, dass eine Weiterreaktion der ungesättigten, instabilen Fettsäuren abläuft, nicht gestützt werden. Eine Bilanzierung von Pulverschrot- und Läuterbottichmaische zeigte, dass a priori durch eine feinere Zerkleinerung des Malzes mehr Fettsäuren in der Maische in Lösung gehen (Tab. 5.4) [5.34]. Eine weitere Studie [5.35] berichtet, dass sich der Einsatz von Dekanterwürzen positiv auf den Gärverlauf auswirkt. Es wurden Gärzeitverkürzungen von mehr als einem Tag erzielt. Diese Beobachtungen decken sich mit der Vergärung von Würzen, die über Drehscheibenfilter gewonnen werden (Pkt. 5.5.2.2). Vom technologischen Standpunkt aus betrachtet, muss festgehalten werden, dass trotz höherer Fettsäuren-, Feststoffgehalte und Belüftung der Würzen durch Dekantieren der Maische technologisch unauffällige Würzen und Biere erzeugt werden können. Das Abtrennen von Maische mittels Dekanter kann somit bei kontinuierlichem Betrieb (Pkt. 4.3) als Alternative zum Läuterprozess in Erwägung gezogen werden. Die Dekanterlösung ist mittlerweile auch im industriellen Einsatz erprobt. Außerdem können so auch spelzenlose Rohstoffe mit hoher Schüttung verarbeitet werden.

Tab. 5.3: Verlauf der Fettsäuren bei der Würzegewinnung (alle Werte in mg/l)

	Ölsäure C 18:1		**Linolsäure C 18:2**		**Linolensäure C 18:3**	
	Messwert	Standard	Messwert	Standard	Messwert	Standard
Maische	75,7	94,5	410	421	82,1	46,9
Vorderwürze	6,8	0,7	42,6	1,7	6,5	0,4
Pfanne Voll	4,8	3,4	29,1	15,2	3,9	1,6
N. Heißtrub-entfernung	1,8	0,3	7,0	1,2	1,3	nn.
N. Kühltrub-entfernung	0,6	0,5	0,9	3,5	nn.	0,5

Tab. 5.4: Gehalt an langkettigen Fettsäuren in Maischen aus Pulverschrot und Läuterbottichschrot (alle Werte in mg/l)

	Pulverschrot		**Läuterbottichschrot**	
	Maische	Würze	Maische	Würze
Palmitinsäure C 16:0	127	50	81	12
Stearinsäure C 18:0	8	5	7	3
Ölsäure C 18:1	36	10	16	2
Linolsäure C 18:2	324	122	193	24
Linolensäure C 18:3	70	18	26	10

5.5.2 DYNAMISCHE MEMBRANFILTRATION

5.5.2.1 Trennsystem mit oszillierenden Membranen

Die Arbeitsweise des Läuterbottichs und Maischefilters ist der statischen Filtration zuzuordnen. Die Treber bilden bei beiden Systemen einen Filterkuchen, wobei die Schrotfeinheit beim Läuterbottichbetrieb den limitierenden Faktor darstellt. Beim Einsatz der dynamischen Filtration zur Abtrennung von Feinstschrotmaische dient die Membran nicht nur als Stützschicht, sondern auch als Filtermittel [5.36, 5.37]. Prinzipiell wird in der strömenden Suspension an der Membranoberfläche ein Schergefälle induziert. Das Filtermodul, welches einer oszillierenden Bewegung unterliegt, setzt sich aus horizontalen kreisrunden Filterscheiben zusammen, die außen aus Membranen, innen aus Drainagegewebe bestehen. Die schmalen Ringe bilden zwischen den Scheiben einen Spalt (Trubraum), Abb. 5.19. Die Maische verteilt sich über die äußeren Bohrungen in den Spalt und die Membranen werden radial überströmt. Die Würze permeiert durch die Membran in das Drainagegewebe und wird über den zentralen Stutzen abgeführt. Das Retentat (ca. 90 % Wassergehalt) wird über die Bohrungen am inneren Radius entfernt. Für den Nachguss wird das Retentat erneut mit Brauwasser gemischt und dem Filter wieder zugeführt. Der Einsatz dieses Filtermoduls im Sudhaus machte einige Nachteile offenkundig. Das Verfahren toleriert nur Feststoffgehalte bis 15 % [5.37]. Die Kunststoffmembranen sind darüber hinaus gegenüber der Spelzenabrasion (verstärkt durch die oszillierende Bewegung) sowie den Reinigungsmitteln sehr empfindlich. Außerdem wird die nominale Trenngrenze der Membran von 0,45 µm durch Porenverengungen nach unten verschoben, sodass Makromoleküle (z. B. Proteine, ß-Glucan) zurückgehalten werden, was auf der einen Seite einen positiven Effekt auf Filtration und Stabilität hat, andererseits jedoch den Schaum beeinträchtigen kann. Der Einsatzbereich dieses Filtermoduls ist eher im Kaltbereich (Hefefiltration, Bierklärung) in Erwägung zu ziehen.

Abb. 5.19: Aufbau des Filtermoduls [5.37]

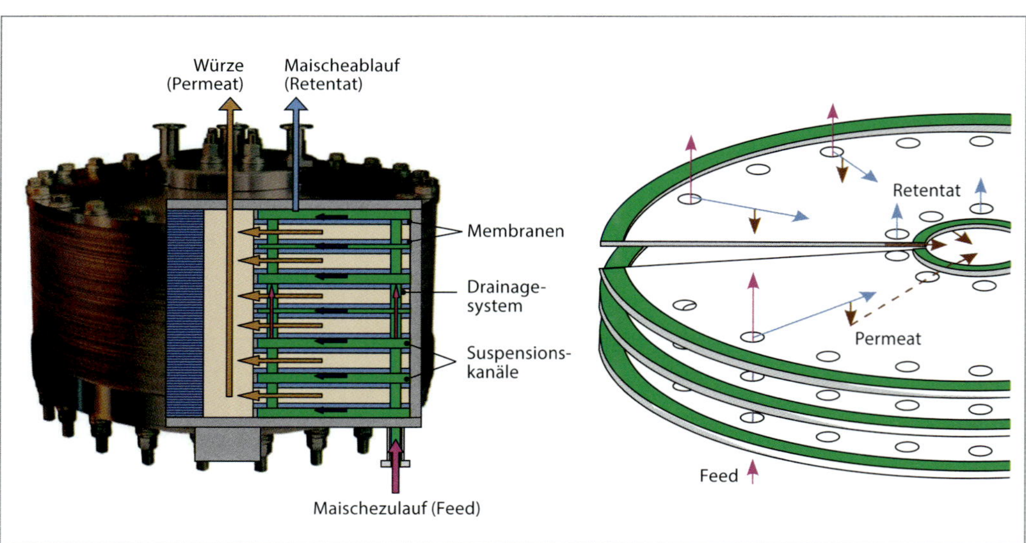

5.5.2.2 Trennsystem mit Drehscheibenfiltern

Der Läuterprozess ist mittlerweile der Taktgeber im Sudhaus. Maischefilter und Läuterbottich sind hochentwickelte Trennsysteme, deren Potential nahezu ausgeschöpft ist. Mit den heutigen Rohstoffen, vor allem den homogenen und enzymstarken Braumalzen, sind Maischzeiten von ≤ 75 Minuten möglich.

Abb. 5.20: Maischefiltrationssystem Nessie by Ziemann®, Volumenströme [5.18, 5.38]

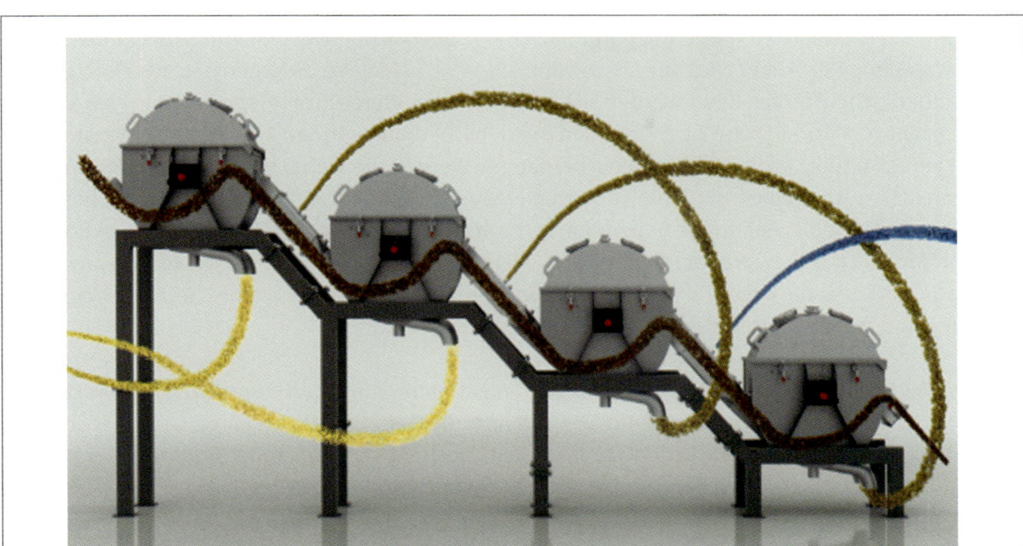

Daraus ergab sich die Idee, den Läuterprozess durch die Entwicklung eines neuartigen Trennverfahrens zu optimieren. Das Trennsystem Nessie by Ziemann® besteht aus vier kaskadenförmig angeordneten Drehscheibenfiltern und kann durch modulare Erweiterung der Filtereinheiten an die jeweilige Ausstoßsituation angepasst werden (Abb. 5.20). Jedes Modul hat ein Radpaar (ø 1 m), welches mit einem gesinterten Edelstahlgewebe von 70 µm bespannt ist [5.38]. Die Maische durchfließt die sich in Strömungsrichtung drehenden Filter. Bei einer Einstellung von 4 U/min hat eine Partikel eine Verweilzeit von nur drei Minuten zum Durchlauf. Die Fest-Flüssig-Trennung erfolgt im unteren Segment der Radpaare ohne Anstauen (Abb. 5.21).

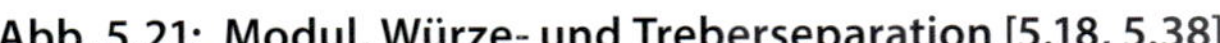

Abb. 5.21: Modul, Würze- und Treberseparation [5.18, 5.38]

Das gesamte System ist gekapselt und steht unter Wasserdampfatmosphäre. Während die filtrierte Würze kontinuierlich abgeleitet wird, werden die Treber zum nächsten Modul gefördert. Die Drehbewegung der Radpaare verhindert den Aufbau einer Filterschicht (Selbstreinigungseffekt der Siebe). Zur Auswaschung der Treber wird das Anschwänzwasser (2,5–3,5 l/kg) zwischen den zwei letzten Modulen aufgebracht. Anschließend werden die resultierenden Würzeströme von Rad 4 in den Verbindungsschacht von Modul 2 und 3 bzw. von Rad 3 in den Übergang von Rad 1 und 2 zur Gegenstromextraktion zurückgeführt (Abb. 5.20). In den Übergängen werden die Treber und das Fluid mittels eines Stauelements, welches eine turbulente Strömung erzeugt, homogenisiert. Somit vereint das beschriebene Trennsystem eine vierstufige Separation mit zwischengeschalteter zeitgleicher Extraktion und kann kontinuierlich oder wie Läuterbottich bzw. Maischefilter im Chargenprozess betrieben werden. Die Anlage wird über die Drehzahl der Radpaare und die Volumenströme für Maische, Anschwänzwasser, Würze und Treber parametriert.

Zur Bewertung des Systems sind folgende Punkte anzuführen. Durch den kompakten Aufbau der Anlage ergeben sich keine besonderen Anforderungen an die Gebäudestatik. Schrotzusammensetzung (Mühlentyp), Malzqualität (Jahrgangsschwankungen) und Art des Rohstoffs (Rohfrucht) sind vom Trennsystem entkoppelt. Schüttung und Vorderwürzekonzentration (bis ca. 32 °Plato) sind beliebig einstellbar. Folgende technologische Merkmale dieses Drehscheibenfilters machen den Unterschied zum Läuterbottichbetrieb deutlich. Es gibt keine O_2-Aufnahme. Das System steht unter Wasserdampfatmosphäre und ist gekapselt. Die Auslaugung der Spelzen ist gering, bedingt durch die kurze Kontaktzeit von 3 bis 5 Minuten. Die thermische Belastung ist abgesenkt, durch die insgesamt kürzere Prozesszeit und die niedrige Temperatur von 85 °C während der Trubentfernung (s. Pkt. 6.8). Es ergeben sich höhere Ausbeuten. Die Abmaischzeit entspricht der Läuterzeit, was eine Sudzeitverkürzung von ca. 34 Prozent erbringt. Allerdings ist die Pfanne-Voll-Würze sehr trüb. Sie hat mehr Fettsäuren, Zink (Nährstoffe) und Feststoffe (Stärkepartikel). Dieser Tatbestand macht eine technologische Aufarbeitung erforderlich (Pkt. 6.8). Nach brautechnologischem Kenntnisstand kann die Geschmackstabilität des Bieres insbesondere durch langkettige, ungesättigte Fettsäuren als Vorläufer für die Alterungscarbonyle [5.39] sowie die Schaumhaltbarkeit vor allem durch mittelkettige Fettsäuren negativ beeinflusst werden [5.39, 5.40]. Andererseits ist unumstritten, dass ungesättigte, langkettige Fettsäuren den Hefestoffwechsel fördern und zu einem zügigen Gärverlauf sowohl in der Hauptgärung als auch in der Nachgärung führen [5.41]. Unterstützt wird dies durch den höheren Zinkgehalt in der Anstellwürze. Die daraus resultierende vitale Hefe führt zu einer Eliminierung der aufgeführten Negativeffekte auf das fertige Bier. Der höhere Feststoffanteil der Pfanne-Voll-Würze beinhaltet Stärkepartikel (Grieße), die beim Kochen der Würze eine Jodreaktion nach sich ziehen. Dieser Tatsache wird durch die Dosage eines Malzauszuges nach dem Kochen entgegengewirkt. Insgesamt betrachtet ist im Kontext mit dem Sudhauskonzept Omnium by Ziemann® (Pkt. 6.8) eine Steigerung der Würze- und Bierqualität gegeben.

LITERATUR

[5.1] Reiter, F.: Brauwelt, Nr. 24, 1962, 449–451

[5.2] Schöffel, F.: Brauwissenschaft, Nr. 10, 1972, 301–312

[5.3] Richtlinien zur Sudwerkskontrolle, Selbstverlag der MEBAK, Freising, 2009

[5.4] Narziß, L., Krauss, W: Brauwelt, Nr. 22, 1983, S. 918-934

[5.5] Möller, M: Dissertation, TU-München, 1992

[5.6] Narziß, L.: Die Bierbrauerei Band 2: Die Technologie der Würzebereitung, Wiley-VCH Verlag, Weinheim, 2009

[5.7] Stiess, M.: Mechanische Verfahrenstechnik – Partikeltechnologie 1, Springer Verlag, Berlin, 2009

[5.8] Greffin, W., Kraus, G.: Mschr. f. Brauerei, 1978, S. 192–212

[5.9] Miedaner, H.: Festschrift „125 Jahre Steinecker", 2000

[5.10] Kantelberg, B.: Brauindustrie, Nr. 9, 2013, S. 40–45

[5.11] DIN 8777: 2018-05, Sudhausanlagen in Brauereien – Mindestangaben, Beuth Verlag, Berlin, 2018

[5.12] GEA Brewery Systems GmbH, Kitzingen

[5.13] Stippler, K.: Brauwelt, Nr. 15/16, 2008, S. 413–418

[5.14] Krones AG

[5.15] Wasmuht, K., Stippler, K., Weinzierl, M.: Brauwelt, Nr.39/40, 2002, S. 1340–1345

[5.16] Wasmuht, K., Becher, T.: Brauwelt, Nr. 18-19, 2013, S. 538–539

[5.17] Becher, T., Biechl, C., Wasmuht, T.: Brauwelt, Nr. 44, 2014, S. 1315–1318

[5.18] ZIEMANN HOLVRIEKA GmbH

[5.19] Muts, G. C. J., Pesman, L.: EBC-Monograph XI, Symposium on Wort Production, Mafflier, 1986, S. 25–35

[5.20] Moonen, J. H. E., Graveland, A., Muts, G. C. J.: J.Inst. Brew., Vol. 93, 1987, 125–130

[5.21] Müller, U.: Diplomarbeit, TU-München, 1994

[5.22] Flocke, R.: Diplomarbeit, TU-München, 1994

[5.23] Bühler, T. M., Matzner, G., McKechnie, M. T.: EBC-Proc., 1995, S. 293–300

[5.24] Bühler, T. M., McKechnie, M. T., Wakeman, R. J.: Mschr. F. Brauwiss., 1996, S. 226–233

[5.25] Resch L.: Diplomarbeit, TU-München, 1995

[5.26] König, W.: Diplomarbeit, TU-München, 1996

[5.27] Engstle, J., Briesen, H., Först, P.: BrewingScience, Nr. 1/2, 2017, S. 26–30

[5.28] Bandelt Riess, P. M., Kuhn, M., Briesen, H., Först, P.: BrewingScience, Nr. 7/8, 2018, S. 68–72

[5.29] Menger, H.-J.: MBAA TQ, No. 1, 2006, S. 52–57

[5.30] Becher, T.: Chem. Ing. Tech., No. 12, 2016, S. 1904–1910

[5.31] Meura News, No. 14, Nov. 2010

[5.32] Karstens, W.: Brauwelt, Nr.23, 2015, S. 652–655

[5.33] Richter, K.: Dissertation, TU-München, 1998

[5.34] Richter, K., Schwill-Miedaner, A., Sommer, K.: Brauwelt, Nr. 22/23, 1998, S. 1002–1018

[5.35] Michel, R.: Brauindustrie, Nr. 4, 2016, S. 16–20

[5.36] Lotz, M.: Dissertation, TU-München, 1997

[5.37] Schneider, J.: Dissertation, TU-München, 2001

[5.38] Becher, T., Ziller, K., Wasmuht, K., Gehrig, K.: Brauwelt, Nr. 6, 2017, S. 139–142

[5.39] Narziß, L.: Abriss der Bierbrauerei, Ferdinand Enke Verlag, Stuttgart, 1995

[5.40] Wasmuht, I., Voigt, J., Krottenthaler, M.: Brauwelt, Nr. 6, 2019, S. 1556–1560

[5.41] Kühbeck, F.: Dissertation, TU München, 2007

6 WÜRZEKOCHUNG

Die Würzeherstellung scheint auf den ersten Blick ein einfacher Prozess zu sein. Nach der klassischen Verfahrensweise wird die Würze 50–90 min (früher bis 120 min) unter Zugabe von Hopfen gekocht, anschließend vom Heißtrub befreit, nach der Abkühlung belüftet, mit Hefe versetzt und vergoren. Die Erfahrungen der vergangenen 50 Jahre haben jedoch gezeigt, dass jede Veränderung der Kochbedingungen, technisch und/oder technologisch bedingt, z. B. der Pfannengeometrie, des Heizsystems, des Heizmediums oder der Kochzeit und -temperatur zu einer häufig negativen Veränderung der Bierqualität führen kann.
Dem Prozessschritt der Würzekochung kommen folgende Aufgaben zu: das Eindampfen von Wasser zur Erzielung der gewünschten Würzekonzentration, vor allem die Ausscheidung von Eiweißstoffen, die Lösung und Isomerisierung der Hopfenbitterstoffe, die Inaktivierung von Enzymen und Stabilisierung der Würze sowie das Austreiben flüchtiger Substanzen und die Bildung von Maillardprodukten.

Das Eindampfen von Wasser, die Gesamtverdampfung, stellte schon immer einen Kompromiss zwischen gewinnbarem Extrakt beim Abläutern und der aufzuwendenden Energie zum Verdampfen des überschüssigen Wassers dar. Wurde bis zu den beiden Energiekrisen in den 1970er-Jahren zwei, bei Weizenbieren bis zu drei Stunden gekocht, um die gewünschte Eiweißausscheidung zu erreichen und eine stündliche Verdampfung von 8 % angestrebt (Verdampfungsziffer gemäß den Münchner Vereinbarungen von 1962), so liegt die Gesamtverdampfung heute üblicher Kochsysteme bei 4–8 %. Gegenüber früher stellt dies während des eigentlichen Kochvorgangs eine Energieeinsparung von 50–75 % dar.
Die Gesamtverdampfung GV errechnet sich wie folgt:

$$GV\,(\%) = \frac{Pfanne_{voll(hl)} - Ausschlagwürze(hl)}{Pfanne_{voll(hl)}} \cdot 100 \qquad (6.1)$$

Die Volumina sind auf 20 °C zu berechnen.

$$GV\,(\%) = \frac{Ausschlagwürze(GewVol\%) - Pfanne_{voll}\,(GewVol\%)}{Pfanne_{voll}(GewVol\%)} \cdot 100 \qquad (6.2)$$

Voraussetzung für diese Berechnung ist, dass Homogenität in der Pfanne herrscht.

Die Verdampfungsziffer dient zur Auslegung von Heizflächen.

$$V_{ziffer}\,(\%/h) = \frac{\left(Pfanne_{voll(hl)} - Ausschlagwürze(hl)\right) \cdot 60(\mathrm{min})}{Ausschlagwürze(hl) \cdot Kochzeit\,(\mathrm{min}) \cdot (h)} \qquad (6.3)$$

$$AE = \frac{(c_0 - c) \cdot 100}{c_0 \cdot GV} \quad \text{Ausdampfeffizienz} \qquad (6.4)$$

Bei der Ausdampfeffizienz handelt es sich um eine prozentuale Konzentrationsabnahme eines Stoffes bei einer bestimmten Verdampfung.

6.1 AUSDAMPFVERHALTEN VON AROMASTOFFEN BEI DER WÜRZEKOCHUNG

Die Ausschlagwürze besitzt aufgrund des Rohstoffeintrags von Malz und Hopfen und durch die vorangegangenen Umsetzungen eine Fülle an Aromastoffen (Abb. 6.1). Mit dem Eindampfen von Wasser geht eine erwünschte, z. T. auch unerwünschte Ausdampfung von Aromastoffen einher. Je höher flüchtig die Komponente ist, desto geringer kann die Ausdampfrate ausfallen, wobei die Siedepunkte der Würzearomastoffe eine große Bandbreite aufweisen (z. B. DMS 37 °C, Phenylethanol 219 °C).

Abb. 6.1: Kombiniertes FID-Sniffingchromatogramm einer Ausschlagwürze [6.1]

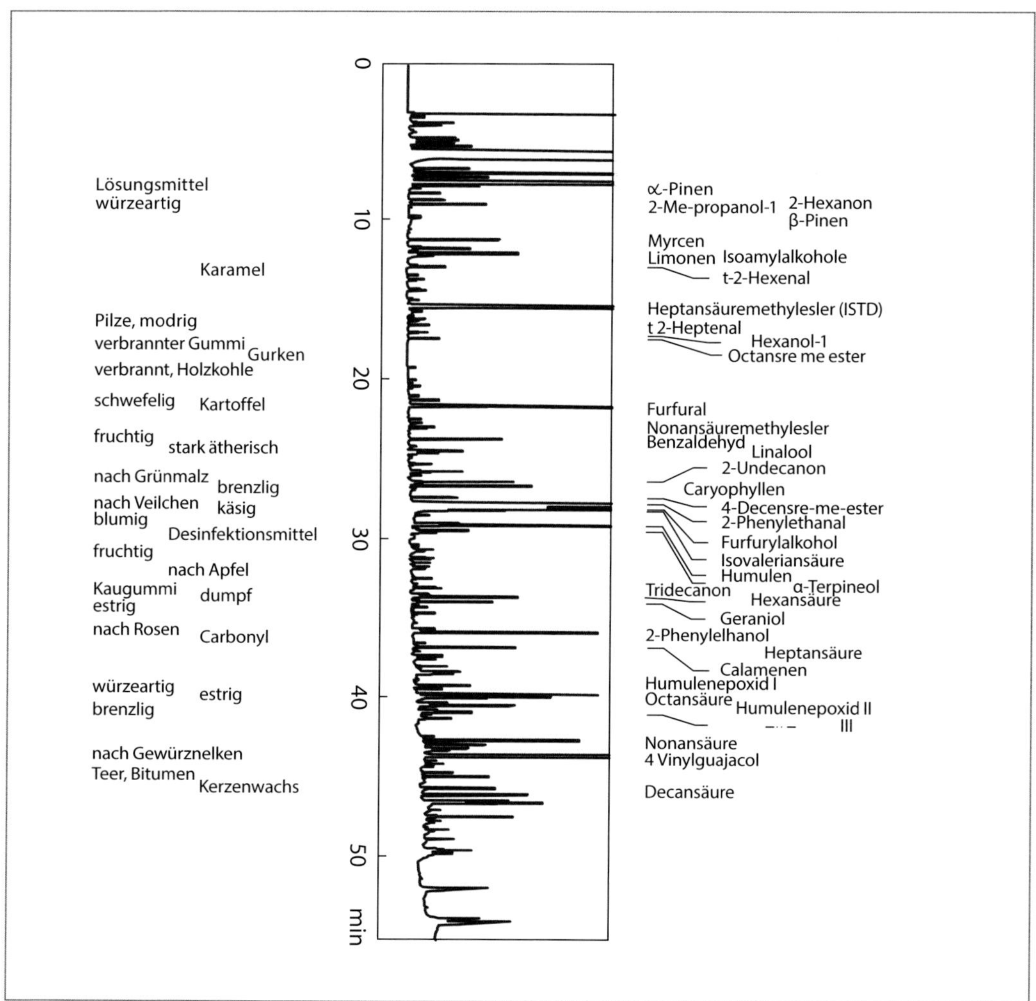

Um eine Aussage über das Ausdampfverhalten der relevanten Aromastoffe treffen zu können, müssen die Phasengleichgewichte (die Verteilungsfaktoren K_i) der einzelnen Aromakomponenten bekannt sein. Im Labormaßstab werden diese mithilfe einer Apparatur anhand von Zweistoffgemischen bestimmt. Da Wasser den Hauptbestandteil der Würze ausmacht (Aromastoffe liegen in der Würze in unendlicher Verdünnung vor), bildet dies die eine Komponente, DMS z. B. die andere.

In der Gleichgewichtskurve (Abb. 6.2) ist die Konzentration des leichter siedenden Stoffes in der Dampfphase über der Konzentration des leichter siedenden Stoffes in der Flüssigkeit aufgetragen ($y_i = x''_2$; $x_i = x'_2$). Die Dampf-Flüssig-Phasengleichgewichtskurve verläuft im Bereich der unendlichen Verdünnung nahezu linear (grüner Kreis, Abb. 6.2).

$$y_i = K_i \cdot x_i \tag{6.5}$$

y_i = Konz. der Komponente i im Dampf
x_i = Konz. der Komponente i in der Flüssigkeit
K_i = Verteilungsfaktor (absolute Flüchtigkeit) zw. Dampf u. Flüssigkeit

Ist die Konzentration eines Stoffes im Dampf höher als in der Flüssigkeit, nennt man den Stoff leichter flüchtig (K > 1). Leichter flüchtige Stoffe werden aus der Flüssigkeit ausgetrieben und reichern sich im Dampf an, z. B. DMS mit einem Siedepunkt von 37 °C. Bei einigen Stoffen können sich die Verhältnisse, abhängig von der Mischungszusammensetzung, umkehren. Solche Gemische nennt man azeotrope Gemische. Hier fallen Siede- u. Taupunkt des Gemisches zusammen (azeotroper Punkt) mit K = 1 (Abb. 6.2).

Abb. 6.2: Gleichgewichtsdiagramm nach McCabe-Thiele

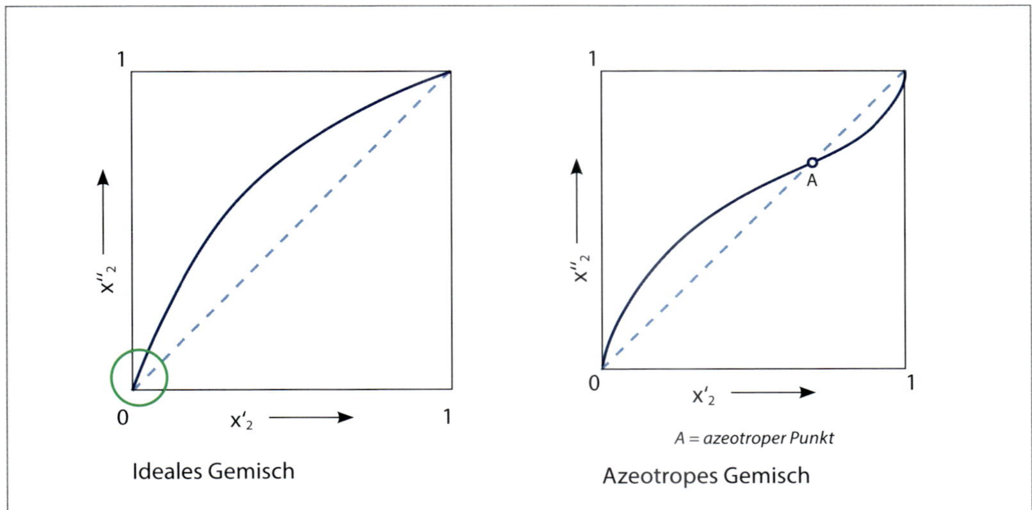

Für Konzentrationen, die kleiner sind als der azeotrope Punkt, reichert sich der Stoff in der Dampfphase an und wird aus der Flüssigkeit ausgetrieben. Liegt die Konzentration über dem azeotropen Punkt, ist eine Abreicherung in der Flüssigkeit durch Verdampfen nicht möglich. Dies bedeutet z. B., dass Hexanal als schwerer siedender Stoff (Siedepunkt 130 °C) in einen leichter siedenden durch Existenz eines azeotropen Punktes transferiert werden müsste. Systeme aus einer Aromakomponente und Wasser weisen oft ein azeotropes Verhalten auf. Deshalb kann im Bereich der unendlichen Verdünnung (Würze) der Aromastoff als Leichtersieder existieren, obwohl er als Reinsubstanz der eigentliche Schwerersieder ist. Somit ist eine Abreicherung durch Verdampfung möglich.

Ist das Phasengleichgewicht der einzelnen Aromastoffe bekannt, kann die erforderliche Gesamtverdampfung für die relevanten Substanzen sudspezifisch berechnet werden [6.2], wobei hierzu jeweils die Ausgangskonzentrationen (stark rohstoff- und verfahrensabhängig) in der Pfanne-Voll-Würze bestimmt werden müssen.

6.1.1 ATMOSPHÄRISCHE KOCHUNG

Abb. 6.3: Phasengleichgewicht bei der atmosphärischen Kochung [6.6]

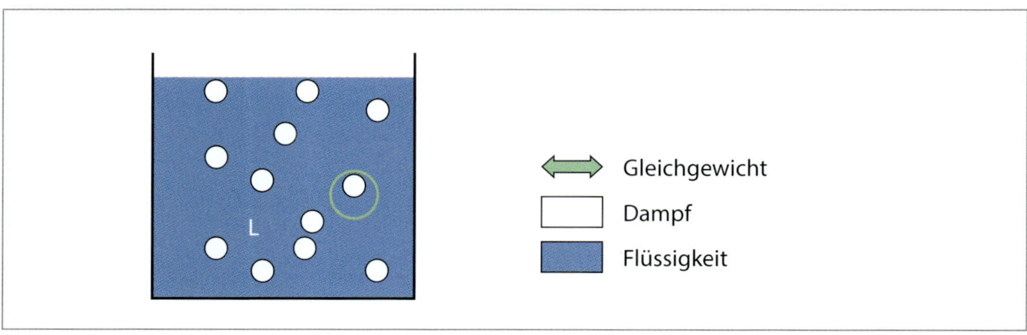

Bei der atmosphärischen Kochung steht der aufsteigende Dampf mit der siedenden Flüssigkeit im thermodynamischen Gleichgewicht, d. h. Temperatur und Gesamtdruck sind in beiden Phasen gleich. Auch der Partialdruck einer Aromakomponente ist in beiden Phasen gleich [6.3-6.5].
Der Sattdampfdruck der Würze ist gleich dem Umgebungsdruck. Es gilt Gleichung 6.5:

$$y_i = K_i \cdot x_i$$

6.1.2. ENTSPANNUNGSVERDAMPFUNG

Hierbei wird der Umgebungsdruck auf den Sattdampfdruck der Würze erniedrigt.

Abb. 6.4: Phasengleichgewicht bei der Entspannungsverdampfung [6.6]

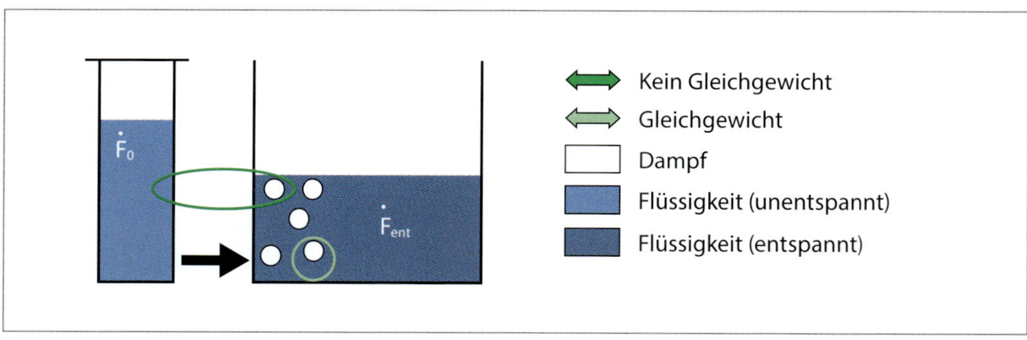

Beim Innen- bzw. Außenkocher liegt eine Kombination beider Kochprinzipien vor. Die Würze wird im Kocher überhitzt. Dementsprechend herrscht höherer Druck. Bei Eintritt in die Würzepfanne entspannt sich die Flüssigkeit auf Atmosphärendruck. Folge davon ist ein Sieden und Austreiben der Aromakomponenten (Verdampfung). Der aufsteigende Dampf y_i steht nicht im Gleichgewicht mit der Flüssigkeit x_{i0} vor der Entspannung im Kocher, sondern er steht im Gleichgewicht zur entspannten Flüssigkeit x_{ient}. Somit gilt:

$$y_i = K_{ient} \cdot x_{ient} \tag{6.6}$$

Umgerechnet wird mit einem Verhältnisfaktor ω_i:

$$\omega_i = \frac{x_{ient}}{x_{i0}} \qquad \omega_i < 1 \tag{6.7}$$

$$y_i = \omega_i \cdot K_{ient} \cdot x_{i0} \tag{6.8}$$

Da $\omega_i < 1$ ist, ist das Ergebnis der Entspannungsverdampfung schlechter als das der offenen Kochung (je nach Verteilungsfaktor des Aromastoffs). Je größer die Temperaturdifferenz (Kochertemperatur/Würzepfanne), desto mehr weicht das Ausdampfungsergebnis von der atmosphärischen Kochung ab (Abb. 6.5) [6.2, 6.6]. Es müsste also mehr verdampft werden als bei der offenen Kochung.

Abb. 6.5: Nachbildung in Pfannen- und Außenkochung, GV 5 %, 5 Umläufe/h [6.7]

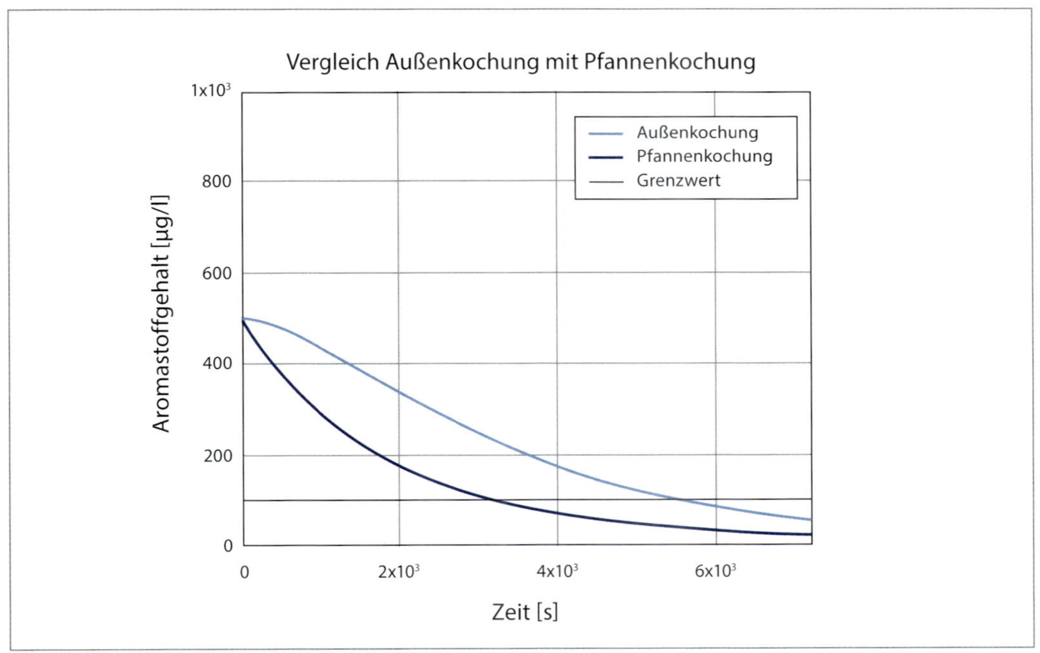

Eine Angleichung an die offene Kochung kann mittels Variierung der Umpumpgeschwindigkeit (Umwälzrate), in zwei Pasen unterteilt, beim Außenkocher erreicht werden [6.7]. In der ersten Phase wird bei geringer Umpumpgeschwindigkeit die DMS-P-Spaltung (DMS-Nachbildung) forciert. In der zweiten Phase bewirkt dann eine höhere Umwälzrate die Ausdampfung des gebildeten DMS.

Ein weiterer Ansatz schlägt zur Steigerung der Ausdampfeffizienz den Einbau einer Rektifikationskolonne (kontinuierliche Gegenstromdestillation) in das bestehende Kochsystem vor, die sich im Schlot der Würzepfanne befindet (Abb. 6.6) [6.8, 6.9]. Der aus dem Kochsystem entstehende Dampf gelangt in die Destillationskolonne. Zwei bis drei Siebböden im Dunstabzug fungieren als Trennstufen. Auf jeder Trennstufe findet ein Stoff- und Wärmeaustausch statt: aufsteigenden Dämpfen wird durch den entgegenfließenden Rücklauf Wärme entzogen, indem Würze aus der Pfanne abgezogen und mittels Steigleitung auf dem obersten Boden aufgegeben wird. Dabei kondensieren höhersiedende Anteile und vergrößern den Rücklauf. Parallel erwärmen die frei gewordene Kondensationswärme und die aufsteigenden Dämpfe den Rücklauf, so dass mitkondensierte, niedersiedende Anteile wieder verdampfen. Dieser Vorgang wiederholt sich auf jeder Trennstufe, wobei der Dampf immer mehr mit der niedersiedenden Komponente angereichert wird. In der Destillationskolonne stellt sich auf jeder Trennstufe zwischen Dampf und Flüssigkeit ein bestimmtes Gleichgewicht ein. Mit der beschriebenen Nachrüstung beträgt die Gesamtverdampfung < 3%.

Abb. 6.6: Schematische Darstellung des Rektifikationskochsystems [6.9]

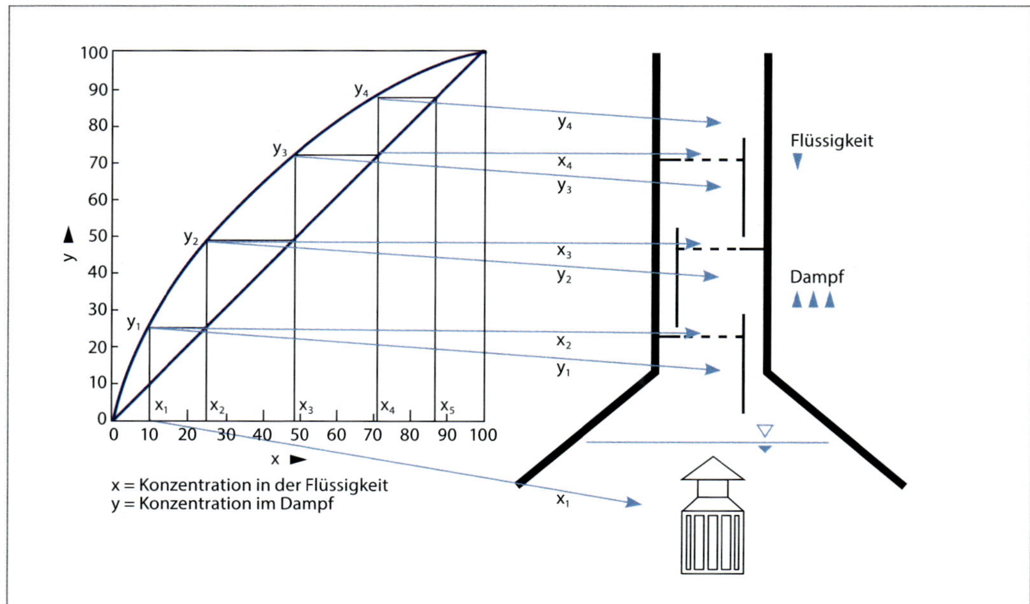

Besteht im Betrieb die Möglichkeit der Wärmerückgewinnung (Pfannendunstkondensator gekoppelt mit einem Energiespeichersystem), ist allerdings eine Gesamtverdampfung von mindestens 3,5–4 % erforderlich [6.10].

Abb. 6.7: Klassifizierung des Austreibeverhaltens von Aromastoffen

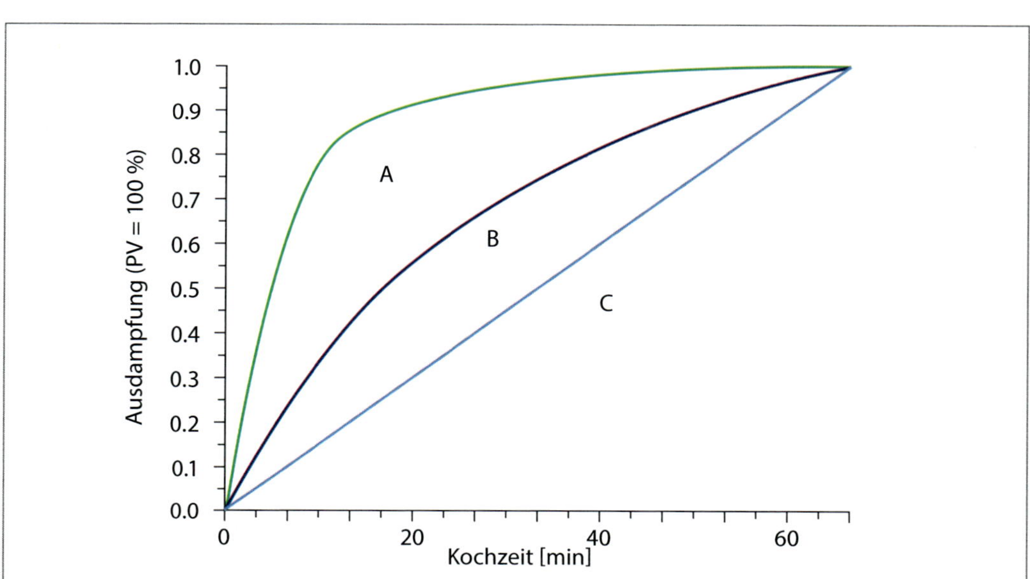

Buckee [6.11] leitete vom Ausdampfverhalten von Aromastoffen drei verschiedene Kurventypen ab (Abb. 6.7). Typ A charakterisiert Substanzen, die beim Kochen aufgrund ihrer Wasserdampfflüchtigkeit vollkommen entfernt werden. Bei Typ B kann erst ein linearer, dann ein leicht abfallender Verlauf verzeichnet werden, was dafür spricht, dass im Verlauf der Kochung neben einer schwächeren Wasserdampfflüchtigkeit eine Nachbildung stattfindet. Zum Typ C gehören vor allem Substanzen, die konstant frei werden und sich auch z. B. infolge thermischer Belastung bilden (Furfural). Aufgrund dieses unterschiedlichen Ausdampfverhaltens kann die Verdampfung nicht beliebig reduziert werden. Die untere Grenze der Gesamtverdampfung muss sich jeder Betrieb selber erarbeiten. Pauschal gelten 4,0–4,5 % Gesamtverdampfung als Minimum.

6.1.3 VERDUNSTUNG

Verdunstungsvorgänge, wie sie z. B. beim Maischen auftreten, zählen zum Verdampfungsprozess wie das Sieden. Allerdings entstehen keine Dampfblasen, da der Dampfdruck der Flüssigkeit bei der herrschenden Temperatur zu gering ist. Der Phasenübergang findet nur an der Grenzfläche zwischen Flüssigkeit und Gas statt.

6.2 WÄRMEÜBERTRAGUNG

Die Grundlagen der Wärmeübertragung werden bereits unter Pkt. 2.2.1 angesprochen. Wie beim Maischen wird die Wärme beim Würzekochen vom Heizmedium an die Heizfläche abgegeben, durch die Wand geleitet und vom Medium (Würze) wieder aufgenommen = Wärmedurchgang. Der Wärmestrom gibt an, welche Wärmemenge übertragen wird.

$$\dot{Q} = k \cdot A \cdot \Delta\vartheta \tag{6.9}$$

$\dot{Q}$ = Wärmestrom
A = Wärmeübertragungsfläche
$\Delta\vartheta$ = Temperaturdifferenz zw. Fluid 1 und Fluid 2
k = Wärmedurchgangskoeffizient

Als Heizmedien zur Würzekochung werden Sattdampf oder Heißwasser verwendet. Üblicherweise beaufschlagt man die Wärmeübertragungsflächen mit Sattdampf, da bei der Kondensation ein besserer Wärmeübergang als mit überhitztem Dampf vorliegt. Überhitzter Wasserdampf wird direkt in Kesselanlagen erzeugt oder bei der Dampfdrosselung auf einen niedrigeren Druck gebildet. Bleibt die Überhitzungstemperatur nach der Drosselstation < 10 K, kann auf eine Einspritzung zur Dampfkühlung verzichtet werden, da der in die Heizflächen eintretende Dampf mit dem schon vorhandenen Kondensat auf Sattdampftemperatur abkühlt [6.12]. Bei höheren Übertemperaturen bilden sich im Bereich der Dampfeintrittsstellen Ablagerungen.

6.2.1 DAMPFSEITIGER WÄRMEÜBERGANG

Dampf als Heizmedium kondensiert an einer Wand, wenn diese kälter ist als der Sattdampf. Die Kondensationswärme geht an die Wand über. Läuft das Kondensat als geschlossener Film an der Wand ab (vollständige Benetzung), liegt Filmkondensation vor. Von diesem Fall ist in der Praxis auszugehen. Nach einer Anlaufphase bildet sich eine turbulente Kondensatströmung aus [6.13]. Brauer [6.14] unterscheidet im Kondensatfilm je nach Strömungszustand drei verschiedene Wärmeübergangsbereiche:

$Re_f < 228$	laminar-glatter Film, Gültigkeitsbereich von Nusselt
$228 < Re_f < 400$	laminar-welliger Film, α wird etwas besser
$400 < Re_f$	turbulent-welliger Film, α steigt weiter an

Der Wärmeübergangskoeffizient α_a wird mit wachsendem laminaren Kondensatfilm kleiner (s. Filmdicke) und steigt mit zunehmender Turbulenz (laminare Unterschicht wird geringer) wieder an (Abb. 6.8 und Abb. 6.10).

Abb. 6.8: Wärmeübergang für Wasserrieselfilme nach Wilke [6.15]

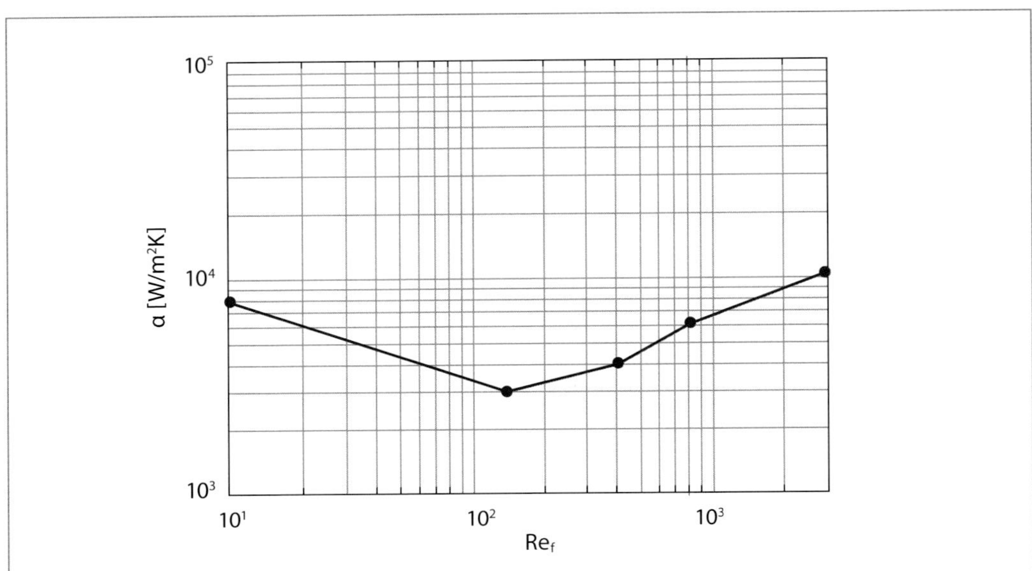

Nusselt berechnete den Wärmeübergang für laminare Filmkondensation an senkrechten Wänden (Nusselt'sche Wasserhauttheorie, 1916). Die Kondensationswärme gelangt ausschließlich durch Wärmeleitung an die Wand (Abb. 6.9). Für den Wärmeübergang im Kondensat an der Stelle x gilt:

$$\alpha_K(x) = \frac{\lambda}{\delta(x)} \quad (6.10)$$

λ = Leitfähigkeit des Kondensatfilms
δ = Filmdicke an der Stelle x

Abb. 6.9: Wärmeübergang im laminaren Kondensatfilm [6.15]

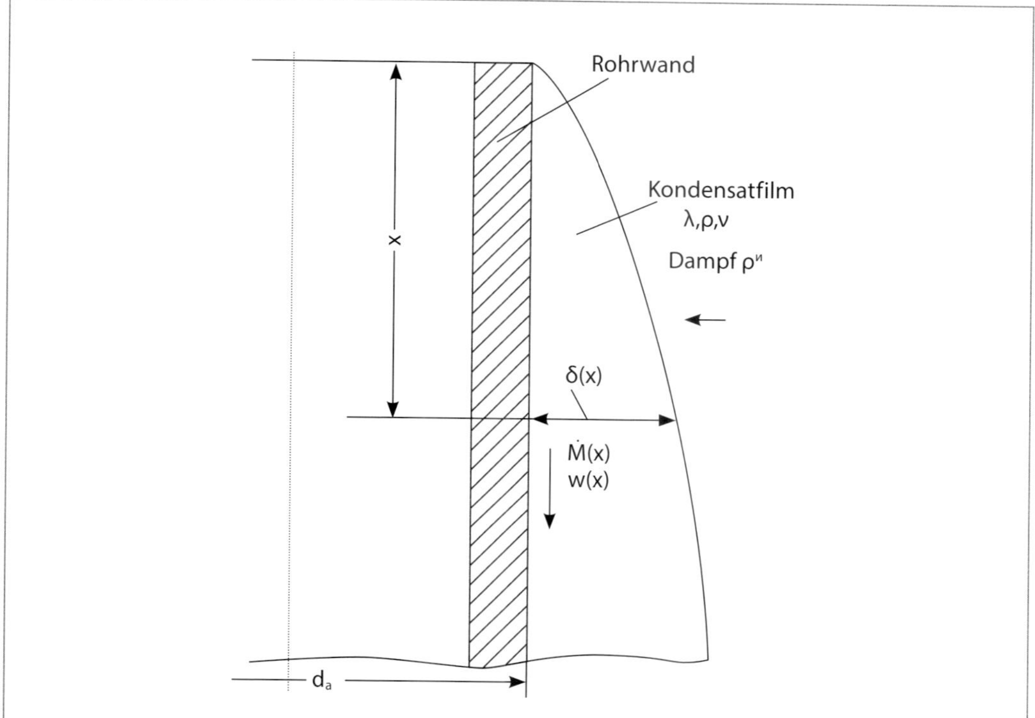

Aus diesem Ansatz kann α im Kondensatfilm für Rohre und geneigte Flächen (Merlin) im laminaren Bereich berechnet werden [6.13]. Der mittlere Wärmeübergangskoeffizient über die Rohrlänge L berechnet sich zu:

$$\alpha_{lam,\,senkr.} = 0{,}943 \cdot \sqrt[4]{\frac{\rho \cdot g \cdot \Delta h_V \cdot \lambda^3}{\nu \cdot (\vartheta_S - \vartheta_W) \cdot L}} \tag{6.11}$$

ν = kinematische Viskosität des Kondensats
λ = Wärmeleitfähigkeit des Kondensatfilms
ϑ_S = Temperatur des Kondensats (Siedetemperatur)
ϑ_W = Temperatur der Wand
ρ = Dichte des Kondensats
g = Erdbeschleunigung
Δh_V = spez. Verdampfungsenthalpie
L = Rohrlänge, Lauflänge

Für geneigte Flächen (Winkel β) wie im Fall des Dünnfilmverdampfers gilt:

$$\alpha_{ß} = \alpha_{lam,\,senkr.} \cdot \sqrt[4]{\sin ß} \tag{6.12}$$

Für turbulente Kondensatströmungen werden von verschiedenen Autoren ganz unterschiedliche Berechnungen vorgeschlagen, aus denen sich keine Allgemeingültigkeit ableiten lässt.

6.2.2 PRODUKTSEITIGER WÄRMEÜBERGANG

Der Aufheizvorgang der Würze soll am Beispiel des Innenkochers (Pkt. 6.4.2) beschrieben werden.

Abb.6.10: Strömungsverhältnisse im Heizrohr und Kondensatfilm [6.16]

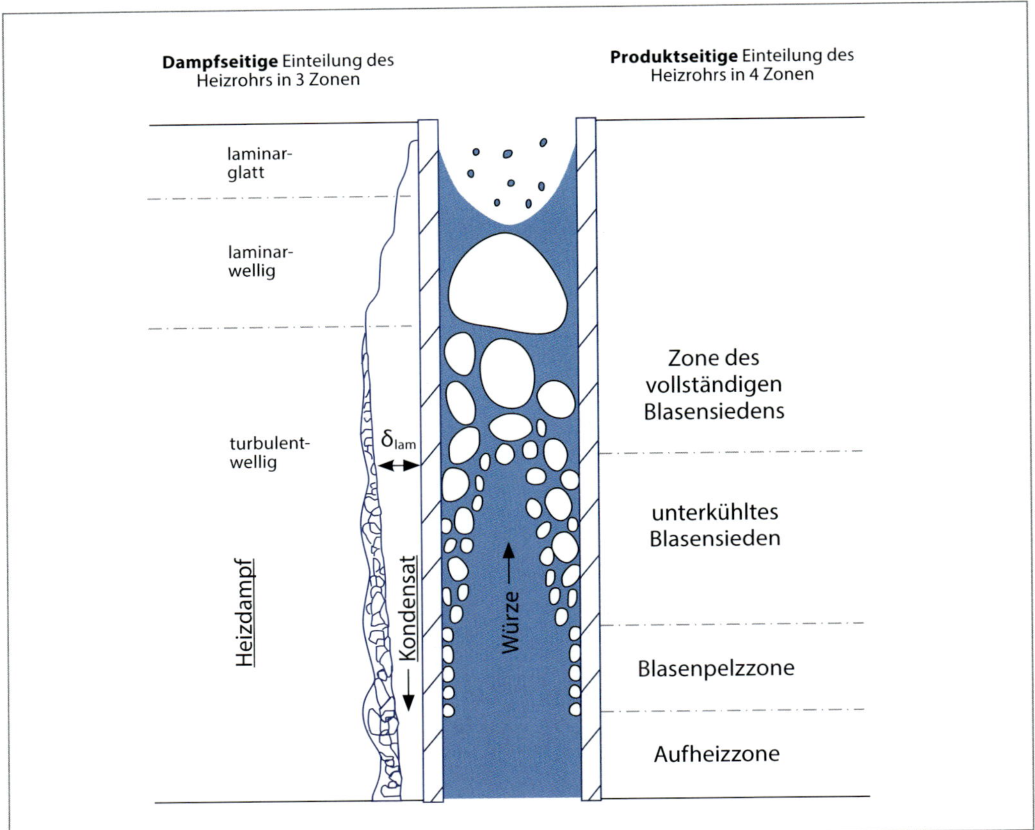

Die abgeläuterte Würze gelangt mit ca. 72 °C in den Kocher. Sattdampf (130–150 °C) beaufschlagt die Wand von außen. Damit können an der Heizrohrinnenwand 113 °C herrschen. Würzeseitig ändert sich der Wärmeübergang (α_i) mit steigender Rohrhöhe (Abb. 6.10). Verdampfung entsteht, wenn die Würze auf Siedetemperatur ϑ_S und darüber erhitzt wird. Je nach Übertemperatur an der Innenwand (Oberfläche) $\Delta\vartheta = \vartheta_O - \vartheta_S$ treten verschiedene Wärmeübertragungsarten auf. Vier Phasen sind zu unterscheiden [6.16, 6.17]:

1. Es herrscht eine einphasige Zwangskonvektion im turbulenten Bereich. Die Wandinnentemperatur (s. Temperatur der Würze) ist noch nicht so hoch, dass Blasen entstehen. α_i ist relativ niedrig. (Aufheizzone).
2. Kleine Unebenheiten in der Rohrwand dienen als Keimstellen für die Blasenbildung. Die örtliche Siedetemperatur wird nur direkt an der Wand überschritten, deshalb kommt es zu keinem Wachsen und Ablösen. Mit steigender Höhe nimmt die Überhitzungstemperatur weiter zu, der Blasenpelz wird dichter, α_i nimmt zu (Blasenpelzzone).
3. Die überhitzte Flüssigkeitsschicht an der Wand ist so groß, dass sich die Blasen von der Wand ablösen. Sie wandern in die Strömung, wo sie wieder kondensieren (Würzetemperatur < Siedetemperatur). Durch die Ablösung entstehen Verwirbelungen, die den Wärmeübergang weiter verbessern (unterkühltes Blasensieden).

4. Die Siedetemperatur ist auch in der Rohrmitte überschritten, deshalb bildet sich eine vollständige Zweiphasenströmung aus. α_i nimmt zu. Die aufsteigenden Dampfblasen erhöhen die Flüssigkeitszirkulation und damit den Wärmeübergang (vollständiges Blasensieden).
5. Sonderfall: Bei sehr großen Übertemperaturen $\Delta\vartheta$ (Wand bzw. Fluid) schließen sich die Blasen an der Heizfläche zu einem Dampffilm zusammen (Leidenfrost-Phänomen). Aufgrund der schlechten Wärmeleitfähigkeit des Dampfes vermindert sich die Wärmeübertragung (Filmsieden). Wird die Wärmezufuhr weiter gesteigert, tritt ein Temperatursprung ein (Abb. 6.11), wodurch bei Verdampfern eine lokale Zerstörung der Heizfläche (burn-out) eintreten kann.

Abb. 6.11: Wärmeübergang beim Sieden [6.4]

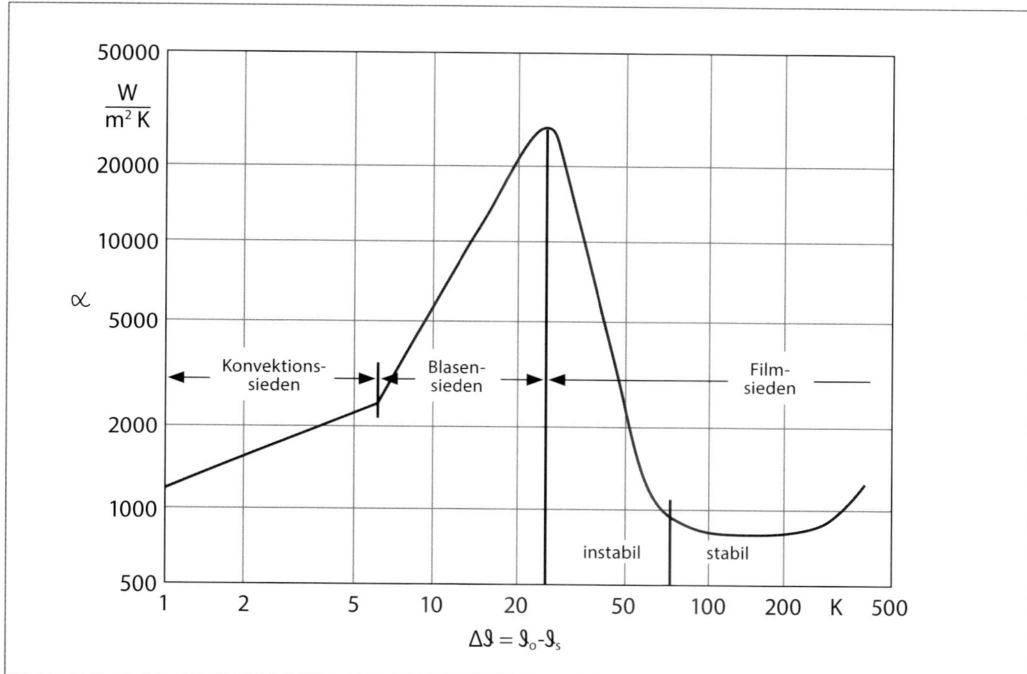

6.3 HEISSHALTEN DER WÜRZE

Schon vor mehr als 30 Jahren entstand die Idee, das eigentliche Kochen der Würze drastisch zu verkürzen oder sogar zu umgehen [6.18, 6.19, 6.20]. Beim Schonkochverfahren [6.21] wird die Kochung in eine reine Heißhalte- und Verdampfungsphase unterteilt. Aufgrund dieser Entwicklung stellt sich dem Technologen die Frage, ob die Würze für die hinlänglich bekannten Aufgaben gekocht werden muss und wenn nicht, wie heiß die Würze gehalten werden muss. Als primäre Fragen gilt es, die Kinetik und die Höhe der Verdampfung zu klären. Weiter sind mögliche Randeffekte wie Whirlpoolfähigkeit, Filtrierbarkeit und chemisch-physikalische Stabilität zu überprüfen. Hierzu wurden im Labormaßstab Würzen bei 80, 90, 95 °C heißgehalten und die entstehenden Schwaden am Rückflusskühler niedergeschlagen [6.22]. Als Vergleich dienten Kochungen ohne und mit Verdampfung.

6.3.1 THERMISCHE BELASTUNG – THIOBARBITURSÄUREZAHL (TBZ)

Unter den Bedingungen des Würzekochens erfolgt die Bildung neuer Aromastoffe z. B. im Rahmen der Maillardreaktion. Bei zu hohen Temperaturen kann dies in Extremfällen bis zur Ausbildung eines Kochgeschmacks im fertigen Bier führen. Dies ist auch der Grund, warum eine extreme Verkürzung der Kochzeit nicht durch eine beliebige Kochtemperatur ersetzt werden kann. Die TBZ umfasst eine Fülle von Primär- und Sekundärprodukten der Maillardreaktion. Sie hat eine hohe Korrelation zu N-Heterocyclen und zur Farbebildung in Malz und Würze. Es ist offensichtlich, dass sich bei Temperaturen von 80 bzw. 90 °C sehr günstige Werte ergeben (Abb. 6.12)

Abb. 6.12: Kinetik der TBZ-Bildung [6.22]

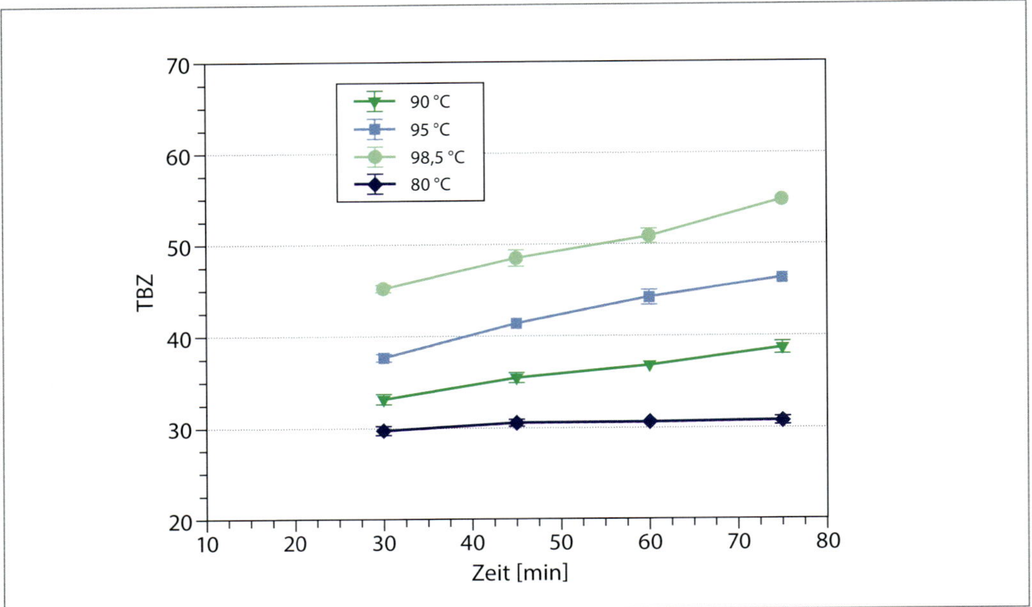

6.3.2 EIWEISSAUSCHEIDUNG – KOAGULIERBARER STICKSTOFF

Auf die Relevanz der Eiweißkoagulation wird in der einschlägigen Literatur bereits vor mehr als 100 Jahren hingewiesen. Man erahnte schon damals die Bedeutung der Eiweißausscheidung für die nichtbiologische Haltbarkeit der Biere. Das Problem der mangelhaften Eiweißausscheidung wurde mit den zunehmenden Anforderungen an die chemisch-physikalische Haltbarkeit der Biere immer dringlicher. Eine Lösung im Rahmen des Reinheitsgebots war die Absenkung des Würze-pH durch biologische Säuerung. Mit Beginn der rasanten Entwicklung energiesparender Kochsysteme kam es schließlich zu einer zu weitgehenden Eiweißauscheidung. Hiervon waren auch schaumpositive Eiweißsubstanzen betroffen, es kam vermehrt zu Schaumproblemen in den einzelnen Brauereien. Zur Kompensation wurde die Würzekochzeit weiter reduziert. Damit ergab sich jedoch das Problem, dass die Vorstufe von Dimethylsulfid (DMS) – ein unerwünschter schwefelhaltiger Aromastoff – nämlich das S-Methylmethionin (DMS-P), nicht im erforderlichen Maß thermisch zersetzt wurde. Als technologisch günstig hat sich ein Säuern 10 min vor Kochende auf einen pH-Wert ≥ 5,0 (sonst schlechter Trubkegel im Whirlpool) erwiesen. Damit wird die Zinkausstattung der Würze begünstigt. Das späte Säuern fördert zudem die vorhergehende DMS-P-Spaltung. Der pH-Sturz bei der Gärung wird unterstützt.

Bei der Eiweißausfällung handelt es sich um eine Reaktion erster Ordnung. In den ersten 30 min wird das meiste Eiweiß ausgeschieden. Nach Kolbach [6.23] dürfte eine Kochdauer von 1 h für eine vollkommene Ausscheidung genügen. Das Optimum der Koagulation mit einem pH-Wert von 5,2 bis 5,4 war damals schon bekannt. In Abb. 6.13 sind die für die Proteinstruktur verantwortlichen Bindungen aufgeführt.

Abb. 6.13: Verantwortliche Bindungen der Proteinstruktur [6.24]

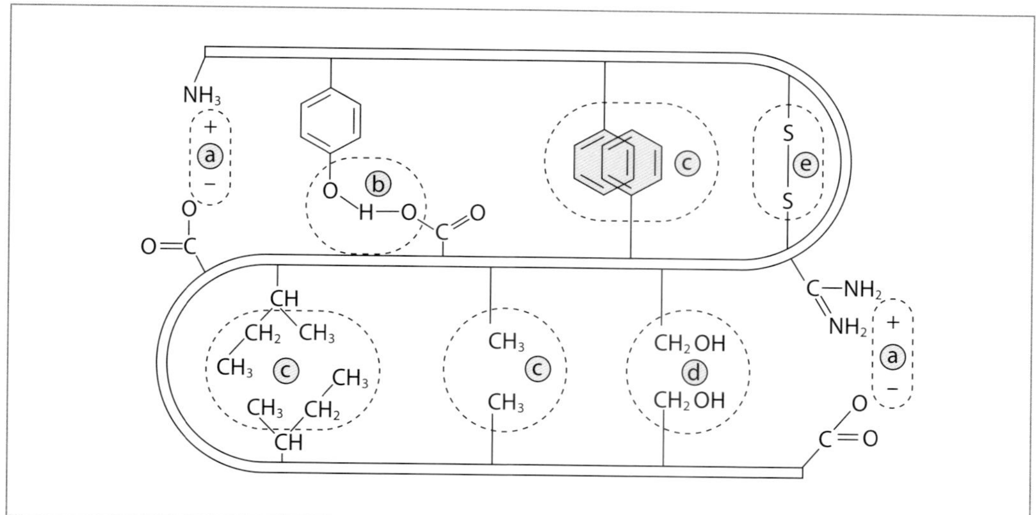

Die Stabilität des Proteinmoleküls wird durch elektrostatische Bindungen, Wasserstoffbrücken, hydrophobe Gruppen, Dipol-Dipol-Bindungen und kovalente Disulfidbindungen in geringer Zahl gewährleistet [6.25].

Der Mechanismus der Eiweißkoagulation besteht aus zwei Phasen [6.26] (Mehrstufenreaktion):

a) rein chemische Phase (Denaturierung),

b) kolloid-chemische Phase (Koagulation des denaturierten Proteins).

Diese irreversible Aggregatbildung erfolgt nahe dem isoelektrischen Punkt. Entgegen der früher herrschenden Meinung haben Polyphenole beim Würzekochen keinen direkten Einfluss auf die Eiweißausfällung [6.27]. Der Grund liegt darin, dass Eiweiß-Flavonoid-Interaktionen auf Wasserstoffbrücken basieren, die in der Hitze nicht stabil sind. Die fällende Wirkung kommt erst bei < 80 °C zum Tragen.

In den folgenden Abbildungen sind die Messwerte erst ab einer Reaktionszeit von 30 min aufgetragen, sodass der anfängliche exponentielle Verlauf der Kurven (Reaktion 1. Ordnung) nicht dargestellt wird. Die für die TBZ-Bildung günstigen Temperaturen von 80, 90 °C reichen nicht für die Eiweißausfällung aus (Abb. 6.14). Die 95 °C könnten ein Grenzfall für die chemisch-physikalische Stabilität sein. Außerdem kann erst bei einer Dampfblasenentwicklung die Bruchbildung beobachtet werden. Deshalb hat man der Kochintensität schon früher großen Einfluss zugesprochen. De Clerck [6.28] schlussfolgerte, dass die Kochbewegung maßgeblich ist, unabhängig davon, ob durch intensives Rühren oder Dampfblasen entstanden. Man hat aber auch in höheren Lagen (4000 m über Meeresspiegel) infolge von Siedepunktserniedrigung auf 85 °C eine Dampfblasenbildung und trotzdem Koagulationsprobleme, sodass der Schluss nahe liegt, dass die Reaktionstemperatur ($\vartheta_S = 98{,}5$ °C) eine Rolle spielt. Bei 95 °C liegt nur eine disperse Trübung vor. Die Frage ist, ob der Whirlpool ohne Bruchbildung funktioniert. Letztendlich ist diese Frage noch nicht hinreichend geklärt.

Abb. 6.14: Kinetik der Eiweißkoagulation [6.22]

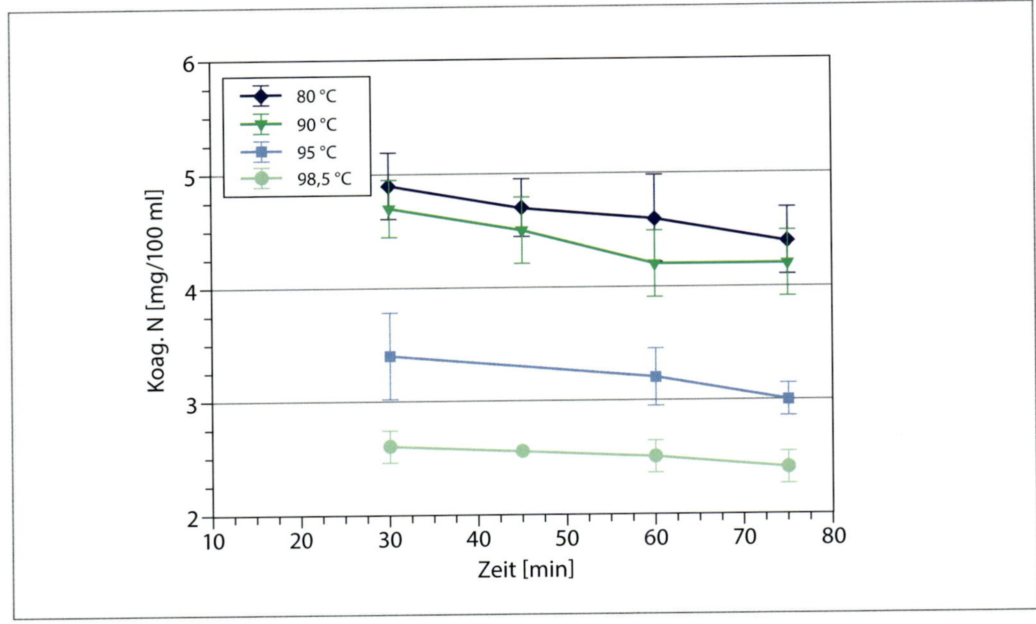

Abb. 6.15: Kinetik der Isomerisierung [6.22]

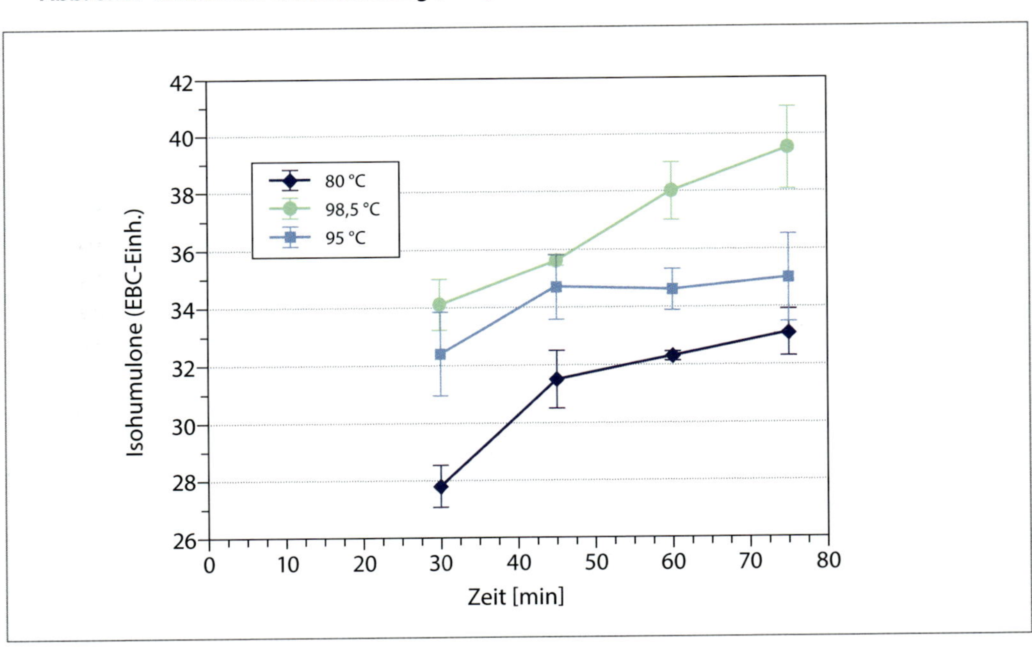

6.3.3 ISOMERISIERUNG – BITTERSTOFFE

Bei atmosphärischer Kochung hängt die Isomerisierung der Bitterstoffe (Reaktion erster Ordnung) sehr stark von der Kochdauer ab. Daraus lässt sich ableiten, dass ein Heißhalten bei 95 °C im Gegensatz zu TBZ und Eiweißkoagulation nicht ausreicht (Abb. 6.15).

Abb. 6.16: Kinetik der DMS-P-Spaltung [6.22]

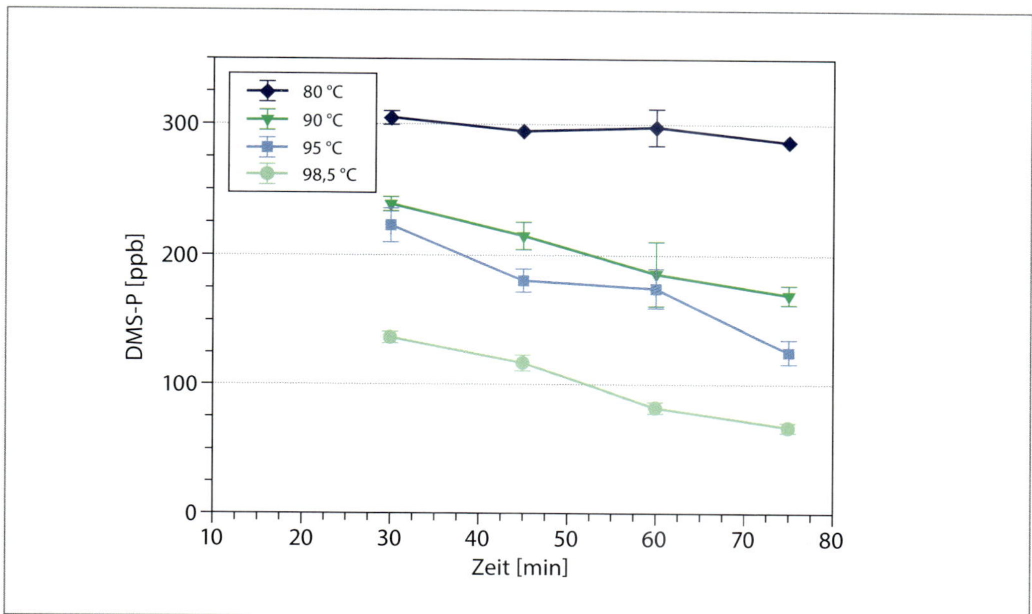

6.3.4 ENTFERNUNG FLÜCHTIGER WÜRZEINHALTSSTOFFE – DIMETHYLSULFID (DMS)

Bei der Betrachtung thermischer Prozesse spielt das DMS-P, auch S-Methylmethionin, als Vorläufer des DMS eine große Rolle. Als Einflussfaktoren sind die Gerste mit Sorte, Umwelt und Jahrgang sowie die Keim- und Darrparameter zu nennen. DMS-P wird vor allem während der Keimphase des Mälzungsprozesses über noch unbekannte Synthesewege gebildet. Es gilt als Intermediärstoffwechselprodukt des Eiweißaufbaus bzw. -abbaus. Je höher die Malzlösung ausfällt, desto mehr DMS-P wird gebildet. Es zerfällt teilweise unter thermischer Belastung, also beim Darren und Würzekochen. Die Abdarrtemperatur dürfte zusammen mit der Abdarrzeit die wichtigste Einflussgröße für den DMS-P-Gehalt im Malz darstellen. Denn die Lösungsvorgänge (s. Keimungsparameter) können im Hinblick auf die geforderte Malzqualität nicht so weit zurückgeschraubt werden. Demnach erfolgt mit zunehmender Abdarrtemperatur von 70 über 85 auf 100 °C ein fast vollständiger Zerfall des Precursors. Nur besteht hier eine fatale Verkettung: Die TBZ, die Thiobarbitursäurezahl, steigt bei höheren Temperaturen überproportional an. Bei der Spaltung des DMS-Precursors handelt es sich ebenfalls um eine Reaktion erster Ordnung [6.29]. Hohe pH-Werte und Temperaturen begünstigen diesen Vorgang. Hier zeigt nur die Kochung eine befriedigende Abnahme < 100 ppb (Abb. 6.16).

6.4 KOCHSYSTEME

Die ersten Würzepfannen waren flache, eckige, z.T. runde Behälter mit direkter Befeuerung. Ende des vorletzten Jahrhunderts nahm die technische Entwicklung mit dampfbeheizten Pfannen (Doppelboden), den so genannten Kugelpfannen, ihren Anfang. Ihnen haftete der Mangel an, dass die Bewegung der Würze ungenügend war. Mit zunehmender Pfannengröße ergab sich zudem das Problem, genügend Heizfläche unterzubringen. Dies führte zum zusätzlichen Einbau von Heizkörpern in Form von Heizschlangen oder in der Mitte angebrachten Kochern. Ende der 1920er-Jahre wurden die ersten Hochleistungspfannen eingeführt (Abb. 6.17). Mit der konusförmigen, nach innen hochgezogenen Heizfläche gelang es, mehr Heizfläche unterzubringen und die Bewegung der Würze während des Kochens besser zu beeinflussen (Kochkreis von innen nach außen, sogenannter „Wurf"). Eine weitere Verbesserung der Kochbewegung und eine Vergrößerung der Heizflächen zur Erhöhung der stündlichen Verdampfung versprach man sich durch den Bau von rechteckigen Pfannen gegen Ende der 1950er-Jahre. Da diese rechteckigen Pfannen mechanisch und technologisch mehr Nachteile als Vorteile brachten, wurden ab Mitte der 1970er-Jahre wieder ausschließlich runde Gefäße gefertigt. In den 1970er-Jahren mussten im Zuge der allgemeinen Energieverknappung und der zunehmenden Umweltauflagen bei der Entwicklung von Kochsystemen neue Wege eingeschlagen werden. Als Meilensteine des technischen Fortschritts in der Würzekochung sind die Einführung des Außen- bzw. Innenkochers, die Druckkochung, die Hochtemperaturwürzekochung und das Kochen mittels Dünnfilmverdampfer zu nennen. Bei der Diskussion dieser sehr vielfältigen Konzepte wird die Hochleistungspfanne mit den Kochbedingungen 65–90 min Kochzeit und 8–11 % Verdampfung immer noch als Bezugssystem herangezogen (Abb. 6.18). Qualitativ gleichwertig sind Außenkocherbetrieb mit 103 °C, 60–80 min und ≤ 8 % sowie Innenkocher ≤ 103 °C im Staukonus, 60–80 min und ≤ 8 %. Sie gehören zur Kategorie der barometrischen Kochung.

Abb. 6.17: Hochleistungspfanne [6.30]

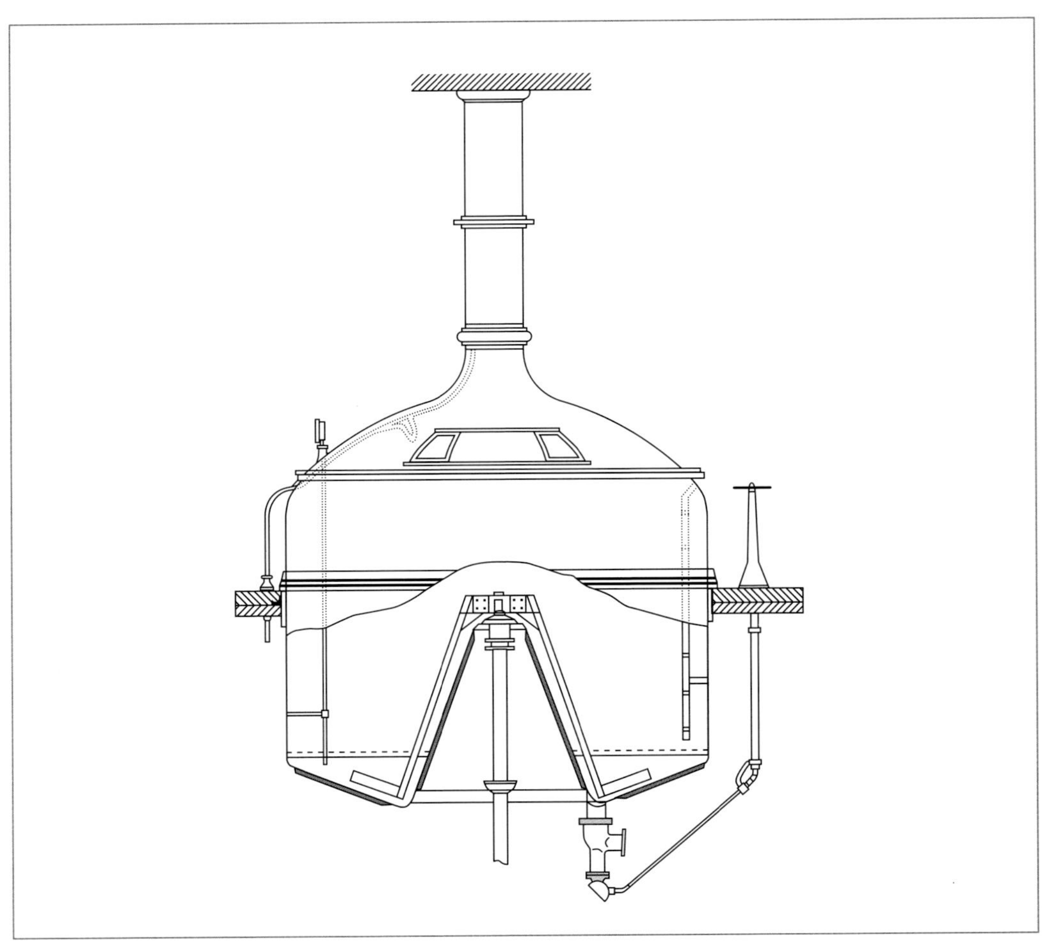

Das Sudhaus hat insgesamt einen durchschnittlichen Anteil von 50 % am Gesamtwärmebedarf in der Brauerei. Durch Maßnahmen wie Reduzierung der Gesamtverdampfung bei der Würzekochung und Wärmerückgewinnung lassen sich große Energiemengen einsparen. Neben der Verringerung der Eindampfraten wurde vorgeschlagen, die Kochzeit evtl. bei höheren Temperaturen zu reduzieren. Dies ist aber nur innerhalb bestimmter Grenzen möglich, um den Ablauf anderer qualitätsbestimmender Reaktionen im erforderlichen Maß sicherzustellen.

Abb. 6.18: Zusammenstellung Kochsysteme

Hochleistungspfanne (= Bezugssystem)	65–90 min, 100 °C atm., 8–11 %
Außenkocherbetrieb	60–80 min, ca. 103 °C, 4–8 %
Innenkocherbetrieb	60–80 min, ca. 102 °C, 4–8 %
Hochtemperaturwürzekochung	3 min, 130 °C, 6 %
Niederdruckkochung	50–70 min, 101–103 °C, 3–5 %
Merlin	35–40 min, 100 °C atm., ca. 4 %
Jet-Star	≥ 60 min, ca. 101 °C, 3,5–4,5 %
Stromboli	≥ 50–60 min, ca. 102 °C, 3,5–4 %
Shark	≥ 50–60 min, ca. 102 °C, 3,5–4,5 %
Würzepfanne mit Rektifikation	≥ 60 min, ca. 100 °C, 2,5 %
Simmerboil u. Stripping	≥ 45 min, ca. 100 °C, < 1,5 %

Grundvoraussetzung für eine konstante Würzequalität ist eine Würze, in der die Inhaltsstoffe während des Kochprozesses homogen verteilt sind. Als besonders kritisch erweist sich der Aufheizprozess (Pkt. 6.4.2). Häufig sind die Aufheizzeiten zu lang und verursachen neben einer hohen thermischen Belastung, darstellbar in der Thiobarbitursäurezahl (TBZ), einen nicht unbeträchtlichen Verlust an koagulierbarem Stickstoff. Die Ursache ist eine inhomogene Temperaturverteilung in der Pfanne. Abhilfe hierfür ist eine entsprechende Pfannengeometrie und eine Zwangsanströmung bei Innenkochern oder eine geteilte Würzerückführung bei Außenkochern. Als optimal ist eine Läuterwürzeerhitzung über einen Wärmetauscher auf 95 bis 98 °C anzusehen.
Heutzutage sind die Kochsysteme aus Edelstahl gefertigt. Wände und/oder Böden der Gefäße können als Heizflächen ausgeführt sein. Bei Innen- oder Außenkochern handelt es sich meist um Rohrbündelwärmetauscher (beim Außenkocher z. T. mit Umlenkungen).

6.4.1 AUSSENKOCHER

Die Einführung des Außenkochers Mitte der 1970er-Jahre stellte einen wesentlichen Fortschritt dar. Man konnte nicht nur eine von der Pfannenform unabhängige Heizfläche unterbringen, sondern die Kochtemperatur im Außenkocher durch Aufbau eines Gegendrucks zwischen Umwälzpumpe und Entspannungsventil nach dem Kocher auf 102–106 °C erhöhen und somit kürzere Kochzeiten erreichen. Der Vorteil des Außenkochers, einer praktisch beliebig großen Heizfläche, führte als Folge der Energiekrise zur Kombination Außenkocher mit Brüdenverdichtung. Die Würzeaufheizung auf Verdampfungstemperatur kann im Außenkocher mittels Frischdampfzufuhr erfolgen, oder für das Ankochen der Würze sowie für eine evtl. Stützdampfgabe kommt ein herkömmlicher Würzekocher zum Einsatz. Im ersten Fall sorgt eine frequenzgeregelte Würzeumwälzpumpe dafür, dass der Pfanneninhalt in 20-30 min aufgeheizt wird. Im Außenkocher findet keine Verdampfung statt. Sie erfolgt beim Eintreten in die Würzepfanne mit der Entspannung nach dem Ventil von 102 bis 104 (max. 106 °C) auf 100 °C (Abb. 6.19). Hierbei entsteht Brüdendampf, der nach der Aufheizphase durch Verdichtung auf ein höheres Druck-Temperatur-Niveau gebracht werden kann und dann den Außenkocher mit einer Heizmitteltemperatur von 108 bis 115 °C beheizt. Bei Außenkocherbetrieb muss zwischen ausreichender Strömungsgeschwindigkeit der

Würze (2,5 m/s; Selbstreinigungseffekt, Standzeit 16–24 Sude) und dem Gesamtdruckverlust (Energiebedarf der Pumpe) ein Kompromiss gefunden werden. Angestrebt werden mindestens 8–9 Umwälzungen pro Stunde, eine Kochzeit von 60–80 min mit ≤ 8 % Verdampfung. Die Würze wird entweder zentral über eine Düse mit Steigrohr und Schirm oder tangential in Höhe der Pfanne-Voll-Menge mit einem Winkel von 23° zur Wand in die Pfanne zurückgeleitet.

Abb. 6.19: Außenkocher mit Brüdenverdichtung [6.31]

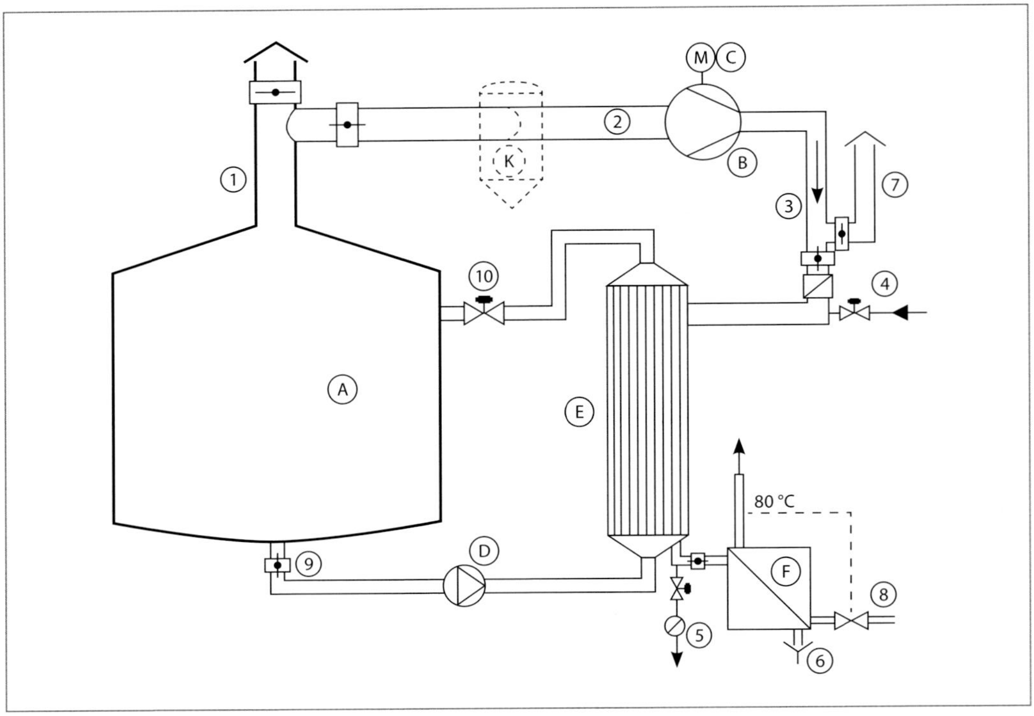

6.4.2 INNENKOCHER (ROBERTVERDAMPFER, NATURUMLAUFVERDAMPFER)

Als Alternative zum Außenkocher konnte sich gegen Ende der 1970er-Jahre der Innenkocher in der Brauerei etablieren. Gegenüber dem Außenkocher wird keine Umwälzpumpe benötigt. Die begrenzte Heizfläche erfordert jedoch höhere Heizmittelvorlauftemperaturen. Die Kochung erfolgt durch Naturumlauf. Die Würze durchströmt die Heizrohre (Rohrbündel) von unten nach oben wie beim Außenkocher. Es wird sowohl Wärme an die Würze im Heizrohr als auch über den Mantel an den Würzepfanneninhalt abgegeben (Abb. 6.20). Die am Innenkocher eingebrachten Entlastungsöffnungen sollen in der Aufheizphase die Homogenisierung des Pfanneninhalts unterstützen [6.32]. Der auf dem Rohrbündel montierte Konus sorgt für Druckreduzierung und Erhöhung der Strömungsgeschwindigkeit. Der Zwei-Ebenen-Leitschirm unterstützt eine intensive Nachverdampfung. Als problematisch erweist sich das Aufheizen der Läuterwürze bis zum Zustandekommen des Naturumlaufs mit Kochbeginn (Pkt. 6.2.2). In der Aufheizphase steht die Würze (nahe Kochtemperatur) so lange in den Heizrohren und wird überhitzt (Zufärbung, Eiweißausscheidung), bis teilweise eine Verdampfung eintritt. Die beginnende Dampfblasenbildung erzeugt einen Auftrieb. Aber auch durch den thermischen Auftrieb (Temperaturdifferenz zwischen Kochereinlauf und -auslauf) wird die Würze durch den Staukonus zum Verteilerschirm auf die Würzeoberfläche geleitet. Gleichzeitig wird die unterste Schicht in den Kocher gesaugt. Dieser auch als Pulsieren bezeichnete Vorgang ist nicht gleichmäßig und wird von längeren Intervallen unterbrochen. In der Pfanne sind Temperaturunterschiede bis zu 20 K zu messen (Abb. 6.21 a). Nach ca. 20 min ist eine homogene Temperaturverteilung erreicht. Kurz vor Kochbeginn endet das Pulsieren. Wenn der Naturumlauf erreicht ist, ist das System relativ stabil. Ein pulsationsfreies Aufheizen ist dann gegeben, wenn die Würzeeintrittstemperatur durch Läuterwürzeerhitzung über Wärmetauscher auf 95–96 °C (z.B. Energiespeicher), also nur 2–3 K unter der Verdampfungstemperatur, angehoben wird. Andere Konzepte versuchen diese problematische Aufheizphase durch Zwangsanströmung mittels Pumpe zu beheben.

Abb. 6.20: Innenkocher [6.32]

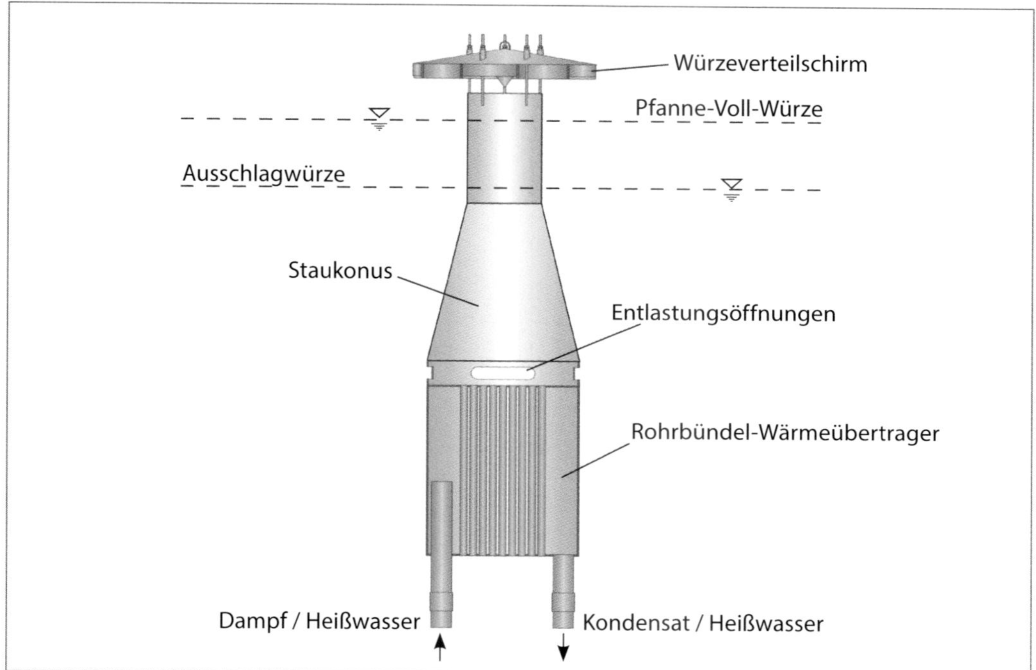

Abb. 6.21 a: Temperaturverlauf (vertikal) in der Pfanne bei Innenkocherbetrieb (Aufheizphase) [6.33]

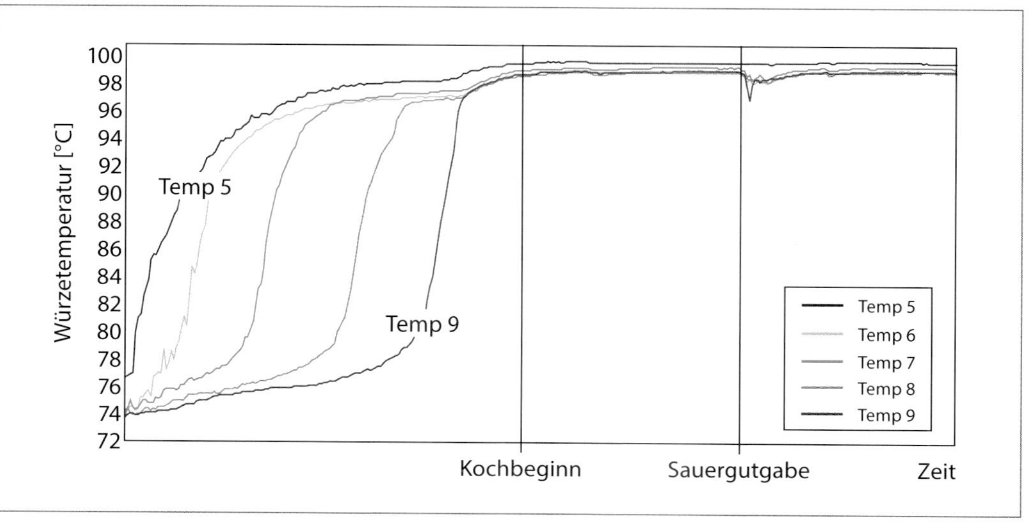

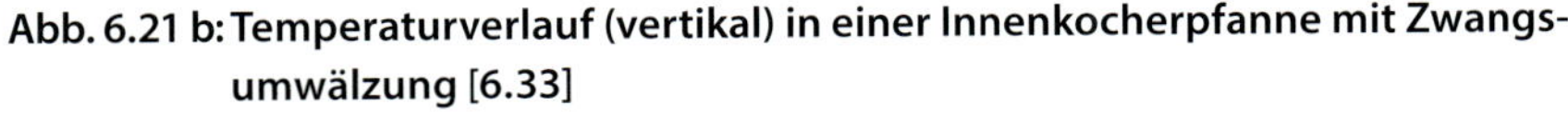

Abb. 6.21 b: Temperaturverlauf (vertikal) in einer Innenkocherpfanne mit Zwangsumwälzung [6.33]

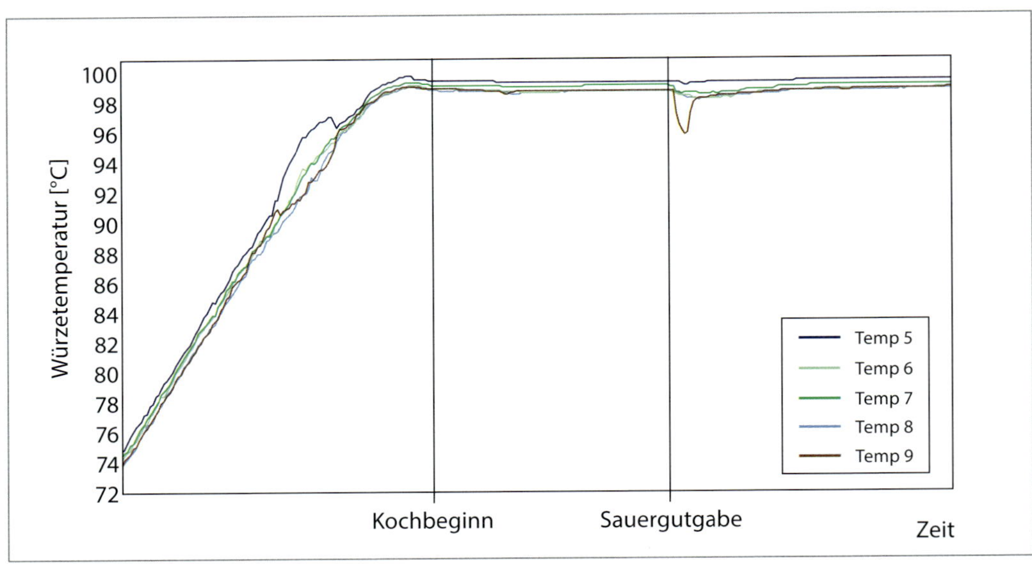

Trotz dieser technischen Verbesserungen ist der Einfluss der Heizmittelvorlauftemperatur zu beachten.

Abb. 6.22: Ablagerung am Heizrohr

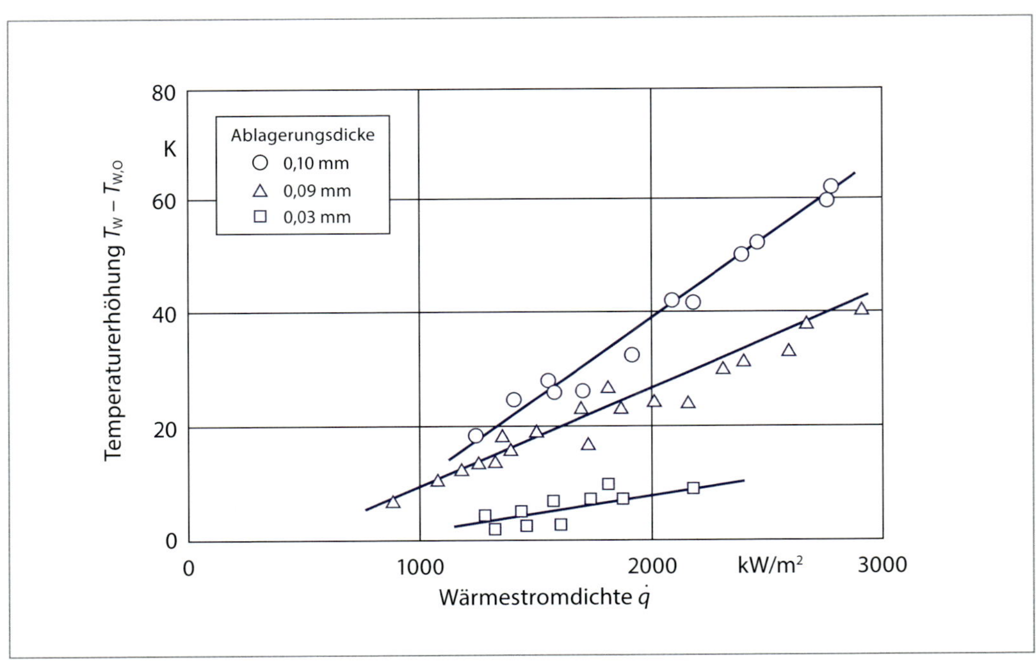

Bei Ablagerungen in den Heizrohren muss bei der Übertragung gleicher Wärmestromdichte die Dampftemperatur erhöht werden (Abb. 6.22).

Abb. 6.23: Einfluss der Aufheiztemperatur [6.34]

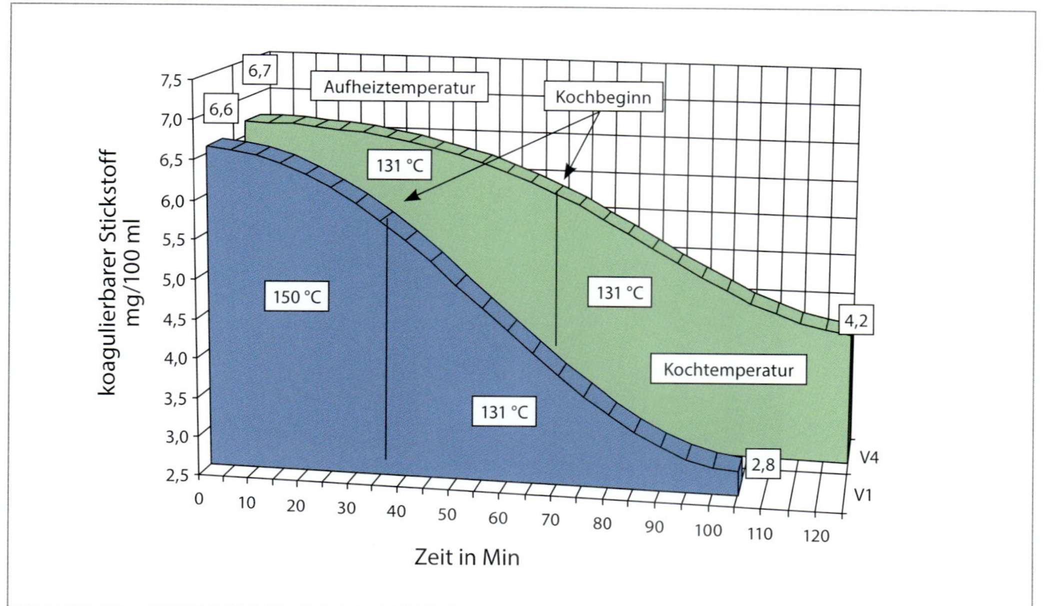

Die unterschiedlichen Dampftemperaturen von 150 bzw. 131 °C beim Aufheizen (pumpenangeströmter Innenkocher) [6.34] zeigen bei Kochbeginn vergleichbare Werte für die Eiweißausscheidung. Anschließend erfahren die mit 150 °C aufgeheizten Eiweiße bei gleicher Kochtemperatur von 131 °C eine stärkere Koagulation beim Kochen (Abb. 6.23). Dies ist auf die Mehrstufenreaktion zurückzuführen (Pkt. 6.3.2), wonach das Eiweiß erst denaturiert und später koaguliert.

Aufgrund der dargelegten Problematik des Innenkochers wurde die Arbeitsweise des Innenkochers strömungstechnisch analysiert. Untersuchungen [6.35, 6.36] mittels numerischer Simulation zeigten, dass die Art, wie die Würze vom Staukonus in die Würzepfanne aufgegeben wird, den größten Einfluss auf die Durchströmung der Pfanne ausübt. Für eine technologiegerechte Durchströmung der Würzepfanne wurde das 2-Zonen-Modell entwickelt. Es vereint die ideale Vermischung von Inhaltsstoffen mit einer Kolbenströmung, so dass jedes Würzeelement gleich oft den Innenkocher durchströmt. Ecotherm® löste diese Problematik der Homogenisierung mittels Zwangsanströmung des Kochers (Abb. 6.21 b). Das System besteht aus einer Umwälzeinrichtung für die Pfanne, einer Steuerung der Heizmitteltemperatur bzw. der Umwälzleistung und einem Doppelschirm mit unterschiedlichen Ablenkwinkeln, der bei variierenden Heizmitteltemperaturen günstige Ausdampfflächen liefert. Die Würze trifft nach dem Schirm immer im äußeren Drittel der Würzeoberfläche auf (insbesondere bei dickbauchigen Pfannen nicht zu nah an der Wandung). Hierbei strömt die Ausschlagpumpe, die als frequenzgeregelte Schonförderpumpe ausgelegt ist, den Kocher von unten an. Der Naturumlauf soll in der Kochphase nur unterstützt werden. Durch diese Maßnahmen wird der Wärmeübergang deutlich verbessert. Die Würzetemperatur steigt linear an, ohne dass sich Temperaturunterschiede in der Pfanne einstellen. Konstante Strömungsgeschwindigkeiten in den Heizrohren verhindern ein Pulsieren des Kochers und minimieren das Fouling, sodass sich größere Reinigungsintervalle ergeben. Außerdem werden 10 min Aufheizzeit gespart. Mit dem geschilderten Konzept wurde Ende der 1990er-Jahre die Phasenkochung eingeführt. Während der Würzekochung werden Umwälzleistung und Heizmitteltemperatur je nach Zielsetzung (Eiweißausscheidung, Isomerisierung, Precursorspaltung und Ausdampfung) variiert. Es ist zudem ein Umwälzschritt ohne Dampfzufuhr vorgesehen [6.33, 6.37].

6.4.2.1 Jet-Star® (submerged jet)

Kernstück ist der auf dem Innenkocher befindliche Staukonus mit den Subjetöffnungen unterhalb des Würzespiegels (Abb. 6.24). Totzonen und Kurzschlussströme sollen so vermieden werden, denn die Würze wird in einer Kolbenströmung vertikal nach unten bewegt und gleichmäßig vom Innenkocher angesaugt. Bestehende Anlagen können umgerüstet werden. Um das Pulsieren des Innenkochers zu vermeiden, ist ein Würzeerhitzer vorgesehen [6.38].

Abb. 6.24: Jet-Star® (Öffnung und Doppelschirm) [6.38]

In der ersten Phase, der thermischen Umsetzung (50–60 min), wird bei niedrigen Dampftemperaturen das erforderliche Eiweiß ausgeschieden und der DMS-Precursor gespalten, und das bei geringer Verdampfung. Die Würze tritt aus den Subjetöffnungen unterhalb des Würzespiegels aus.
In der zweiten Phase, der Verdampfungsphase (10–20 min), wird die untere Austrittsöffnung geschlossen und die Umwälzung über den Leitschirm geführt. Es wird eine Gesamtverdampfung von ≤ 4 % angestrebt.

6.4.2.2 Stromboli®

Durch das Zentrum eines Innenkochers wird ein Rohr geführt, welches von einer ständig laufenden frequenzgeregelten Pumpe zwangsdurchströmt wird (Abb. 6.25). Die Würze wird über symmetrisch angeordnete Pfannenanstiche abgezogen. Am Ende des Zentralrohrs sitzt der Würzeverteilschirm (Doppelschirm). Oberhalb der Kocherrohrbündel befindet sich im Zentralrohr eine Querschnittsverengung mit Leitblech (Strahldüse). Wie bei einer Wasserstrahlpumpe wird ein Unterdruck erzeugt, der die Würze durch die Kocherrohre ansaugt und hauptsächlich durch das Zentralrohr leitet [6.39]. Mit den zwei Umwälzkreisläufen wird eine Phasenkochung durchgeführt: Ankochen mit Natur-und Pumpenumlauf (Phase 1), Kochpause mit Pumpenumlauf bei geringer Energiezufuhr (Phase 2), anschließend intensives Ausdampfen mit Natur- und Pumpenumlauf (Phase 3).

Vorteil ist, dass die Gesamtumwälzung auch in der Kochpause unabhängig vom Naturumlauf vonstatten geht. Desweiteren wird ein partielles Überhitzen der Würze vermieden und es ergeben sich lange Kocherstandzeiten. Die Parameter belaufen sich auf eine Kochzeit von 50–60 min und eine Gesamtverdampfung von ca. 3,5 %.

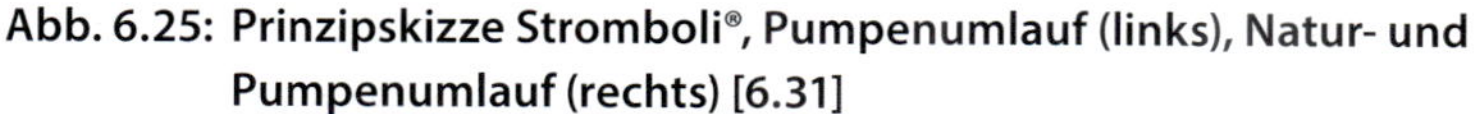

Abb. 6.25: Prinzipskizze Stromboli®, Pumpenumlauf (links), Natur- und Pumpenumlauf (rechts) [6.31]

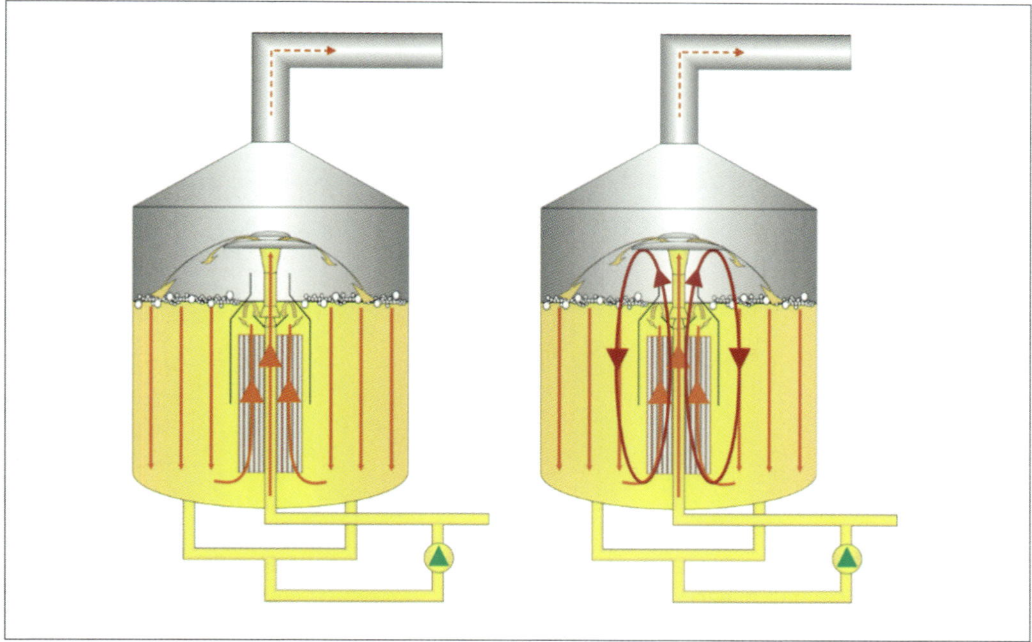

Es empfiehlt sich für alle Systeme, die Würze nach dem Vorlaufgefäß über einen Wärmetauscher (Kombination mit Energiespeicher) zu schicken. Die Läuterwürze wird dabei in ca. 20 Minuten von 72 °C auf 95–96 °C aufgeheizt.

6.4.2.3 Shark®

Die Besonderheit dieses Innenkochers ohne Umwälzpume besteht in den zwei Kocherzonen (Abb. 6.26 a+b): Die innere Zone mit Kocherrohren, die einen geringeren Durchmesser aufweisen und einer zylindrischen Umfangswand (Innenzylinder) und die äußere Zone mit größeren Kocherrohren und zylindrischer Innen- und Außenwand (Mantelzylinder). Das Verhältnis der Wärmeübertragungskapazität liegt bei etwa zwei Dritteln innen und einem Drittel außen. Die höhere Fließgeschwindigkeit in der inneren Zone (geringerer Staudruck) führt zu einem Venturieffekt, der die Würze durch alle Kocherrohre zieht und umwälzt. Auch hier wird mit einer Phasenkochung gearbeitet. Nach dem pulsationsfreien Aufheizen wird die innere Zone abgeschaltet und die Umwandlungen (Isomerisierung, Koagulation und DMS-P-Spaltung) werden mittels der äußeren Kocherzone vollzogen (Simmern). Anschließend wird mit beiden Zonen und damit der vollen Heiz- und Umwälzleistung eine intensive Ausdampfung betrieben [6.40, 6.41]. Dies ermöglicht eine bedarfsgerechte Einstellung der Kochzeit unter Einhaltung der gewünschten Verdampfungsrate. Durch die Simmerfunktion lassen sich auch längere Kochzeiten bei moderater Gesamtverdampfung darstellen, wobei die thermische Konvektion über den Innenkocher die notwendige Durchmischung der Würze aufrechterhält. Die Kochzeit beträgt im Durchschnitt 50–60 min mit 3,5–4,5 % Gesamtverdampfung.

Abb. 6.26 a: Prinzipskizze Shark by Ziemann® [6.42]

Abb. 6.26 b: Funktionsweise und Kochphasen (Beispiel) des Innenkochers Shark by Ziemann® [6.42]

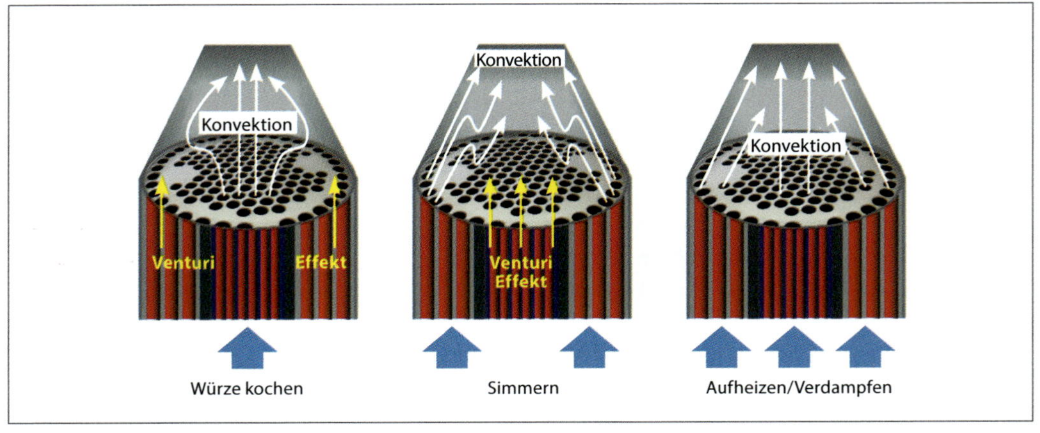

6.4.3 NIEDERDRUCKKOCHUNG

Mit der Niederdruckkochung wurde bereits in den 1920er- und 1930er-Jahren experimentiert. Auf Grund mangelhafter Kenntnisse über die notwendige Ausdampfung von Aromastoffen und somit geschmacklich nicht befriedigender Biere fand sie damals jedoch keine Verbreitung. Bei moderaten Temperaturen (max. 102 °C in der Pfanne; max. 104 °C am Kocheraustritt) ist die Niederdruckkochung in Verbindung mit einem Energiespeicher zur Läuterwürzeerhitzung eine interessante Alternative zur Brüdenverdichtung, vor allem auch für kleinere Betriebe.

Nach einer drucklosen Vorkochphase zum Entlüften des Systems hebt man die Würzekochtemperatur auf 102–104 °C für 20–30 min an, weil biochemische Reaktionen unter diesen Bedingungen schneller ablaufen. Die Würzepfanne ist auf 1 barÜ ausgelegt. Die Beheizung kann über Innen- oder Außenkocher erfolgen. Ein Vorkochen ist nicht nötig, aber nach der Entspannung ein 20-minütiges Nachkochen. In der Summe sind so in 65 min ca. 6 % Gesamtverdampfung erreichbar, was dem Ergebnis der offenen Kochung mit 11 % und 80 min entspricht.

6.4.3.1 Dynamische Niederdruckkochung (NDK)

Eine Weiterentwicklung sieht eine Aneinanderreihung von Druckaufbau- und abbauphasen (Expansionsverdampfung) vor. Ein konstanter Pfannendruck wird nicht mehr gehalten. Nach einer Vorkochphase (Abb. 6.27) von ca. 3 min wird während der Hauptkochung (45 min) periodisch der Druck auf- (1,13 bar, 103 °C) und abgebaut (1,05 bar, 101 °C). Wird eine unter Druck stehende Flüssigkeit auf einen niedrigeren Druck expandiert, so wird die Siedetemperatur der Flüssigkeit reduziert und die dabei freiwerdende Energie verwendet, um Dampfblasen im gesamten Flüssigkeitsvolumen zu bilden. Durch diese Entspannung (s. Siedeverzug) sollen vermehrt flüchtige Aromastoffe mit dem Brüden ausgetrieben werden. Ein atmosphärisches Nachkochen von ca. 5 min sorgt für die Konzentrationseinstellung. Zum Aufheizen und Kochen wird ein Innenkocher (Naturumlaufverdampfer) mit am Umfang ausgeführten Entlastungsöffnungen (Durchmischung) eingesetzt. Ein Würzeverteilschirm führt zu einem Abströmen der Würze im Innen- und Außenbereich der Pfanne und unterstützt das Austreiben der flüchtigen Aromastoffe. Die Gesamtverdampfung beläuft sich auf 3 bis 5 % [6.43].

Abb. 6.27: Dynamische Niederdruckkochung mit fraktioniertem Aufheizen [6.43]

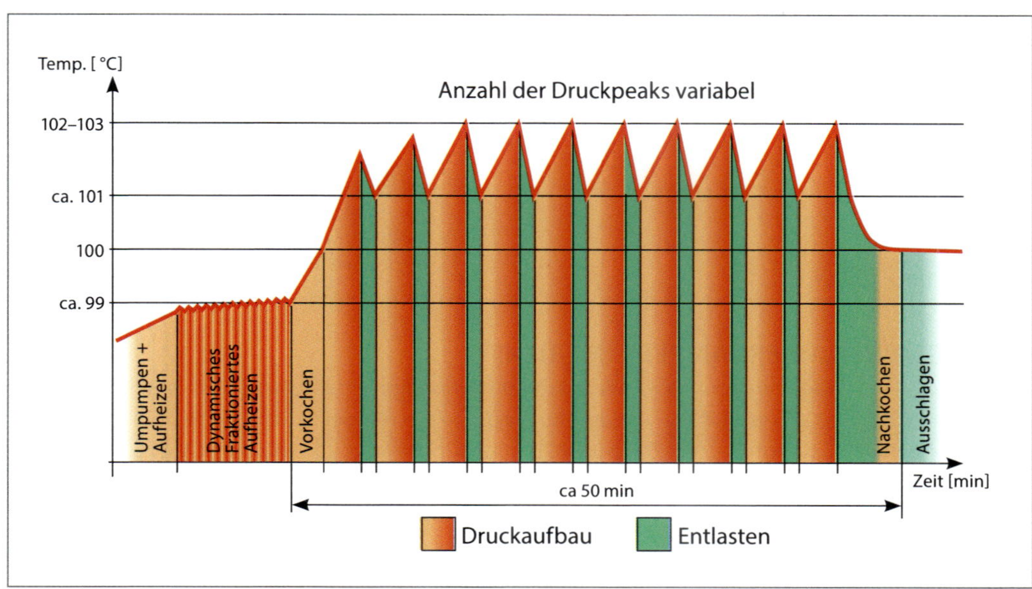

6.4.4 HOCHTEMPERATURWÜRZEKOCHUNG (HTWK)

Die Hochtemperaturkochung bewegt sich in einem Temperaturbereich von 125 bis 140 °C. Die Heißhaltezeiten betragen 180 bzw. 150 sec. Die Gesamtverdampfung erfolgt in zwei Stufen und beträgt 5–8 %. Obwohl durchaus einwandfreie Biere erzielt werden konnten, kam es immer wieder zu Aromaproblemen (Kochnote) [6.1]. Deshalb, aber auch wegen der mangelhaften Flexibilität bei mehreren Biersorten fand die HTWK keine weitere Verbreitung. Ihr Einsatz ist beim Betreiben eines kontinuierlichen Sudhauses in Betracht zu ziehen.

Bei der kontinuierlichen Würzekochung wird die Würze mittlerweile max. 3 min bei 130 °C heiß gehalten [6.44]. Sie wird im Wärmetausch durch die Schwaden der beiden Entspannungsstufen (117 °C, 100 °C) aufgeheizt (Abb. 6.28). Die Gesamtverweildauer > 100 °C beträgt 500 sec mit 6–6,5 % Verdampfung. Durch die hohe Dampftemperatur (< 150 °C) entwickelt sich ein schnelles Fouling in der Heißhaltestrecke, so dass alle 8 Stunden mit Lauge und Zusatzstoffen (z. B. Peroxid) gereinigt werden muss. Daraus ergibt sich der Bedarf einer zweiten Heißhaltestrecke. Bei überhitzten Würzen werden Furfural, Furfurylalkohol, N-Heterocyclen und Pyrrolizine übermäßig gebildet. Die kontinuierliche Kochung macht das Betreiben von drei Whirlpools (Befüllen, Rast, Entleeren und Kühlen) zur Heißtrubabscheidung erforderlich.

Abb. 6.28: Hochtemperaturwürzekochung [6.31]

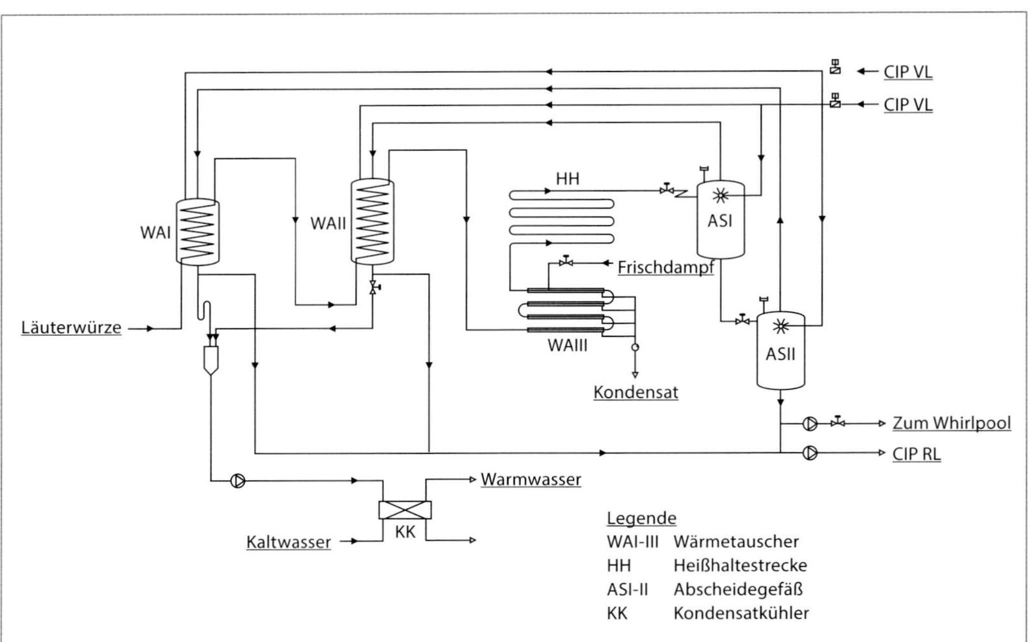

6.4.5 DÜNNFILMVERDAMPFER (MERLIN®)

Ein gänzlich neuer Weg wurde mit der Anwendung des Dünnfilmverdampfers (1998) beschritten [6.45, 6.46]. Das Kochen der Würze und die Verdampfung erfolgen in dünner Schicht beim Überlaufen eines mit Dampf beheizten Konus (bis drei Zonen). Die Heißhaltung erfolgt im Whirlpool (Abb. 6.29).

Hauptbestandteil ist ein Gefäß mit konischem Heizboden, welches zum Kochen und Ausdampfen der Würze dient. Der Whirlpool (WP), daneben oder darunter angeordnet, fungiert als Würzesammelgefäß. Die dort nach dem Abläutern gesammelte Würze wird mit Hilfe einer Umwälzpumpe über die im Merlin angeordnete Heizfläche geführt. Hierbei strömt die Würze in einer dünnen Schicht über die Wärmetauscherfläche und läuft in eine Sammelrinne. Von dort fließt die Würze mit Kochtemperatur zu zwei Anstichen im Whirlpool. Der obere Teilstrom tritt zentral in der Mitte des Gefäßes zur Homogenisierung ein. Der untere strömt tangential ein, sodass durch die Rotation schon während der Kochphase eine Heißtrubentfernung erfolgt. Damit kann die eigentliche Whirlpool-Rast auf ca. 10 min reduziert werden. Während der Kochdauer wird die Würze mit einem Dampfdruck von z. B. 2,2 bar (123–128 °C) vier- bis sechsmal über die Heizfläche gepumpt. Über die Pumpenleistung kann der Durchfluss bzw. die Schichtdicke und damit die thermische Belastung beeinflusst werden. Bedingt durch die Verdampfung und die größer werdende Fläche wird der Film nach unten dünner, darf aber nicht abreißen. Die Hopfengabe

erfolgt in das Würzesammelgefäß (= späterer WP). Nach der Whirlpool-Rast wird die Würze erneut über die Heizfläche geführt, was zur Folge hat, dass das während der Rast und Kühlzeit nachgebildete DMS entfernt wird (= Strippen). Die Gesamtverdampfung beläuft sich auf 4 %.
Das System ermöglicht eine schonende Kochung (Dampftemperatur 120-130 °C) unter weitgehender Erhaltung schaumpositiver Eiweiße (Schaum, chemisch-physikalische Stabilität). Dies ist nicht zuletzt die Folge einer sehr kurzen Kochzeit von 35 bis 40 min. Der DMS-P-Spaltung muss durch eine höhere Heizmitteltemperatur keine Rechnung getragen werden (s. Stripping). Garantiewerte bei der Abnahme für DMS-P/DMS während der Kochung entfallen somit.
Ein Sieden an der Filmoberfläche (konvektives Sieden) ist anzustreben. Hierbei wird die Wärme von der heißen Wand durch den Flüssigkeitsfilm an die Oberfläche transportiert. Blasensieden sollte nur maximal am Kegelende auftreten. Denn hier herrschen andere Bedingungen für den Wärme- und Stoffübergang. Die Neigung zum Blasensieden nimmt bis zum zehnten Sud zu und führt verstärkt zu Ablagerungen, die z.T. wieder abplatzen [6.47].

Abb. 6.29: Dünnfilmverdampfer [6.45]

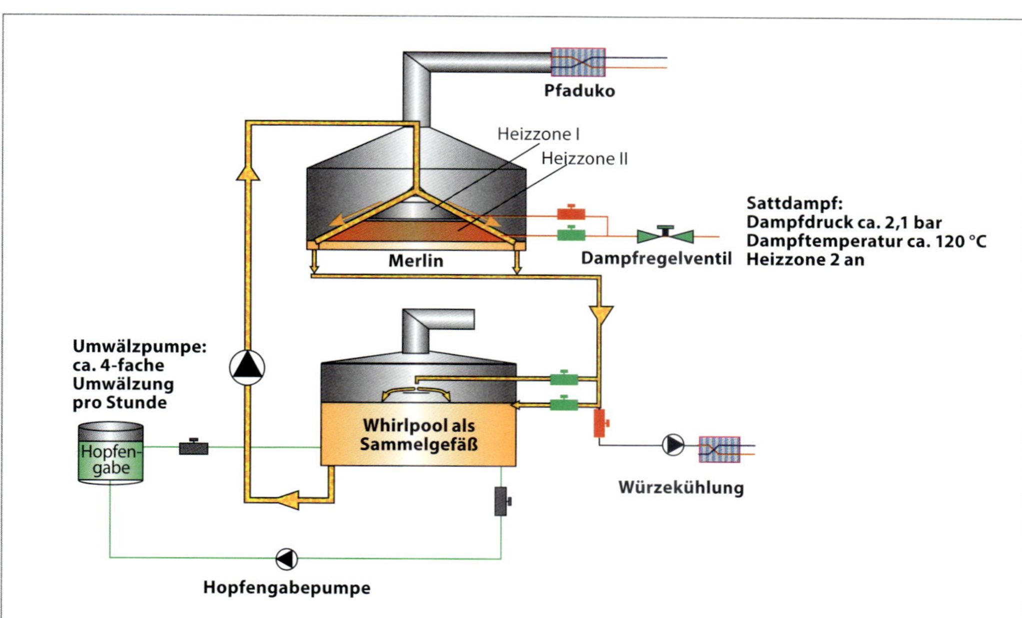

Der Heizboden des Dünnfilmverdampfers besteht aus Templates (Pkt. 2.3). Hierbei handelt es sich um zwei Edelstahlbleche unterschiedlicher Dicke, die durch ein Laserschweißverfahren miteinander verbunden werden. Nach dem Schweißen wird Druck zwischen den Blechen aufgebracht. Dadurch verformt sich das untere, dünnere Blech und es bilden sich Taschen aus, in denen der Dampf kondensieren kann. Zur Energieeinsparung und zum zügigen Aufheizen ist die Kombination mit einem Energiespeicher anzuraten. Mittlerweile wird das beschriebene System aufgrund zu hoher Fertigungskosten nicht mehr produziert.

6.4.6 EXTERNE HOPFENISOMERISIERUNG

Die Einflussgrößen für die Isomerisierung der α-Säuren sind Zeit, Temperatur, pH-Wert, Art und Frische des Hopfenprodukts, Höhe der Hopfengabe, Stammwürze, Würzezusammensetzung und das Kochsystem. Bei der Berechnung der Isomerisierungsausbeute, pauschal als Isomerisierungsrate bezeichnet, wird die wiedergefundene Menge an Iso-α-Säuren in der Anstellwürze auf die der Würze zugegebene

α-Säure-Menge (= 100 %) bezogen. Unter optimalen Bedingungen der Würzekochung liegt die Rate bei 50–60 %. Wichtig ist, dass die Bitterstoffe vorher bestmöglich in der Würze verteilt und damit gut emulgiert bzw. gelöst werden. Die Bestimmung der korrekten Isomerisierungsrate ist nur in Modelllösungen (Pufferlösung) möglich [6.48]. In der Würze ergeben sich zusätzliche Verluste durch Hopfentreber und Trubanfall.
Zur externen Hopfenisomerisierung wird der Hopfen mit einem Würzeteilstrom (bitterstofffreie Würze) bei Temperaturen von 120–140 °C in einem Extraktionsbehälter in Kontakt gebracht. Die höhere Reaktionstemperatur, höhere spezifische Oberfläche des Hopfens und das größere Konzentrationsgefälle führen in 15–20 min zu einer Isomerisierungsrate von ca. 92 %, was eine Hopfeneinsparung von ca. 15–30 % ermöglicht [6.49]. Die so behandelte Würze kann nach der Heißtrubentfernung zudosiert werden.
Mit dem Aufkommen von Craft-Bieren ist das Interesse an der Herstellung von hopfenbetonten Bieren geweckt worden. Durch späte Aromahopfengaben oder durch das Vorlegen von Pellets im Whirlpool sollen freiwerdende Hopfenöle ein deutliches Hopfenaroma generieren. Problematisch ist die Nachisomerisierung im Whirlpool, eine unzureichende Trubabscheidung und die daraus resultierenden Würzeverluste. Abhilfe schafft hier z. B die HopBack Technik, bei der ein Teilstrom der heißen Würze nach dem Whirlpool durch einen Hopfenbehälter mit Sieb bzw. Filterkorb (HopBack® für Doldenhopfen oder Pellets) auf dem Weg zur Würzekühlung geführt wird [6.50]. Für ein ausgewogenes Hopfenaroma im Bier kann das geschilderte Verfahren des „Late Hopping“ mit einer angepassten Kalthopfung („Dry Hopping“) kombiniert werden (Pkt. 11.4).

Abb. 6.30: Late Hopping, Beispiel HopBack Pellet® [6.51]

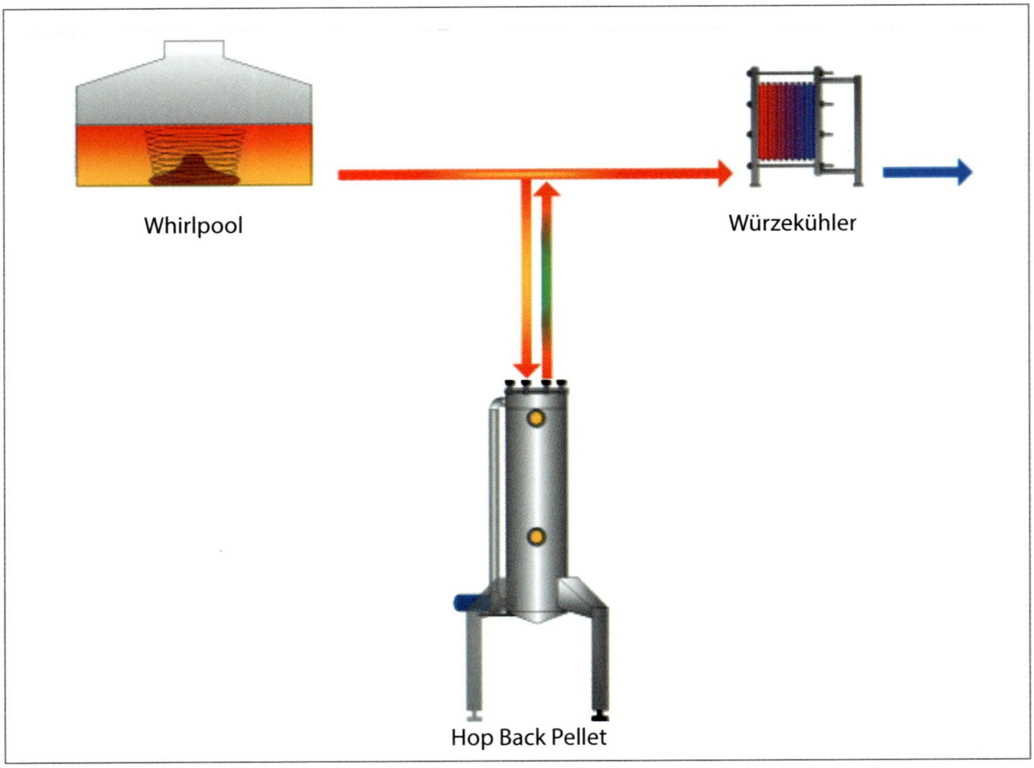

6.5 BEURTEILUNG VON WÜRZEKOCHSYSTEMEN

Für die Beurteilung eines Kochsystems werden die drei Parameter DMS, TBZ und noch koagulierbarer Stickstoff KN herangezogen. Tab. 6.1 zeigt die Anforderungen nach DIN 8777.

Tab. 6.1: Grenzwerte nach DIN 8777 (2018-05)

Parameter	Grenzwert
Noch koagul. Stickstoff (Kühlmitte)	1,5–3,0 mg/100 ml
Δ TBZ (Pfanne Voll bis Kochende) Δ TBZ (Kochende bis Kühlmitte)	≤ 22 ≤ 15
DMS frei (Kühlmitte)	< 100 ppb

Demnach darf das freie DMS 100 µg/l in der Kühlmitte-Würze nicht überschreiten. Der noch koagulierbare Stickstoff soll im Bereich von 1,5-3,0 mg/100 ml liegen. Die TBZ-Zunahme von Pfanne-Voll-Würze (TBZ < 30) bis Kochende soll ≤ 22 bzw. ≤ 15 von Kochende bis zur Kühlmitte sein. Ziel der Kochung ist, zwischen diesen drei Parametern ein ausgewogenes Verhältnis zu finden, sodass trotz intensiver Ausdampfung (DMS) die Würzeinhaltsstoffe geschont werden (KN, TBZ). Die Abnahme des DMS (DMS-P-Spaltung und DMS-Ausdampfung) kann summarisch als Reaktion erster Ordnung berechnet werden [6.52, 6.53]:

$$C_t = C_0 \cdot e^{-k \cdot t} \quad \text{(Gl. 6.13)}$$

C_t = Konzentration bei Kochende
C_0 = Konzentration bei Kochbeginn
t = Kochdauer
k = Geschwindigkeitskonstante

Im ersten Schritt wird die Geschwindigkeitskonstante k bei bekannter Konzentration zu Kochbeginn bzw. Kochende und Kochzeit ermittelt.

$$\frac{\ln \frac{C_t}{C_0}}{t} = -k \quad \text{(Gl. 6.14)}$$

Mit der Geschwindigkeitskonstanten k können dann spezifische Kennlinien bei unterschiedlichen Eingangswerten C_0 (Kochbeginn) über der Kochzeit t aufgestellt werden, indem C_t jeweils errechnet wird (Abb. 6.31). Diese gelten für die gegebenen Kocheinstellungen (z. B. Dampfdruck, Verdampfungsziffer).

Abb. 6.31: Kennlinien Summe DMS (Kochsystem Brauerei 1) [6.53]

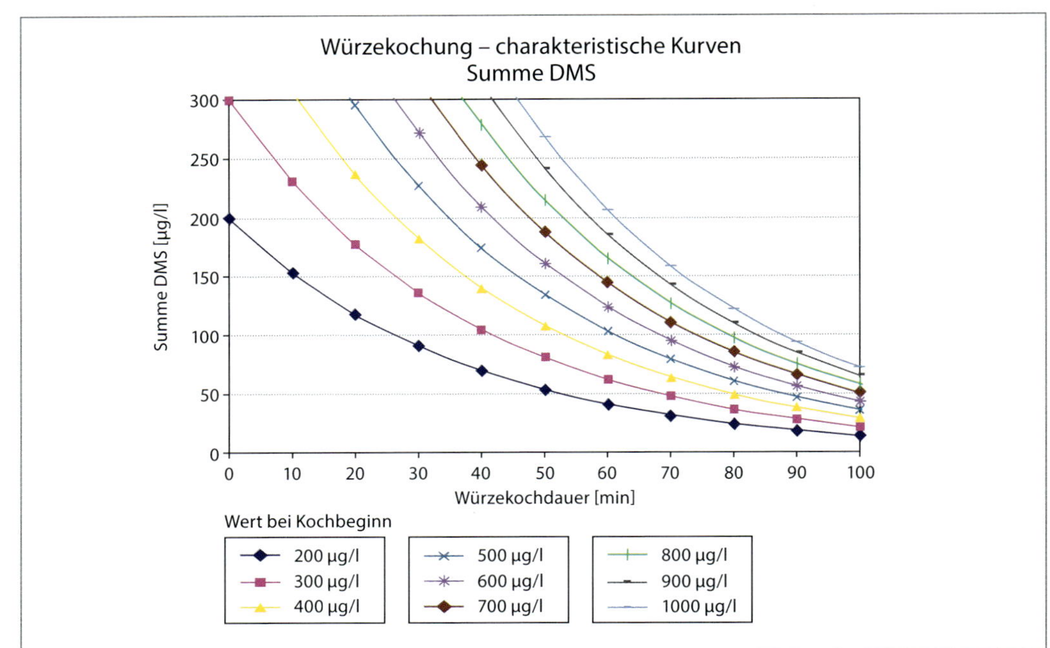

Außerdem kann die Halbwertszeit berechnet werden.

$$H = \frac{\ln\left(\frac{1}{2}\right)}{-k} \qquad \text{(Gl. 6.15)}$$

Dieses Vorgehen gilt auch für die Eiweißausfällung. Da die TBZ während der Kochung nicht ab- sondern zunimmt, wird mit einer Verdopplungszeit t_{VD} gerechnet:

$$t_{VD} = \frac{\ln 2}{k} \qquad \text{(Gl. 6.16)}$$

Je niedriger die Halbwertszeit für die Summe DMS ausfällt, desto schneller erfolgt der Abbau des DMS-P und desto effektiver ist die Ausdampfung. Je niedriger die Halbwertszeit für den koagulierbaren Stickstoff liegt, desto schneller erfolgt die Ausfällung und desto weniger schonend ist das Kochsystem. Bei der TBZ ist eine hohe Verdopplungszeit (geringe Zunahme der TBZ) günstig. Zur Einordnung dient folgende Klassifizierung [6.54].

Tab. 6.2: Halbwerts- bzw. Verdopplungszeiten [6.54]

	Σ DMS	**TBZ**	**noch koag. N**
gut	< 24,3	> 131,3	> 64,9
ø	24,3 bis 34,3	81,4 bis 131,3	42,6 bis 64,9
schlecht	> 34,3	< 81,4	< 42,6

Mit Gleichung 6.13 kann auch zum Vergleich verschiedener Kochsysteme bei vorher ermitteltem k die Zunahme der TBZ auf gleiche Ausgangsbedingungen umgerechnet werden (Vorgabe: TBZ 20 bei Kochbeginn, Kochzeit 60 min).

6.6 MASSNAHMEN ZUR WÄRMERÜCKGEWINNUNG

6.6.1 ENERGIESPEICHER

Klassische Läuterwürzeerhitzung (geschlossenes System)

Ein Pfannendunstkondensator (liegender Rohrbündelapparat) kondensiert die Brüden des vorhergehenden Sudes. Folge ist eine starke Reduzierung der Sudhausemission. Im Gegenstrom wird Heißwasser erzeugt, das in den Energiespeicher fließt und dann zum Aufheizen der Läuterwürze auf ca. 95 °C dient. Zusätzlich kann das Heißwasser in einem zweiten Plattenwärmetauscher (Booster, dampfbeheizt) auf 101 °C aufgeheizt werden. Dieses Wasser erhitzt dann die Würze auf nahezu Kochtemperatur und läuft danach mit ca. 77 °C in den Energiespeicher zurück (Abb. 6.32). Wird der Energiespeicher richtig betrieben, sind die Energiemengen bei ca. 4,0 bis 4,5 % Verdampfung ausgeglichen (abhängig von den Systemverlusten). Das klassische Energiespeichersystem als geschlossenes System mit Kreislaufführung des Energiespeicherwassers ermöglicht somit eine effektive Wärmerückgewinnung aus den Kochbrüden. Problematisch ist die Unterbringung des insgesamt erzeugten Warmwassers bei einer Gesamtverdampfung > 4,5 %, da bei der Würzekühlung ebenfalls ein Überschuss entsteht. Deshalb wurden weitere Lösungen erarbeitet.

Abb. 6.32: Energiespeicher mit Zusatzaufheizung [6.49]

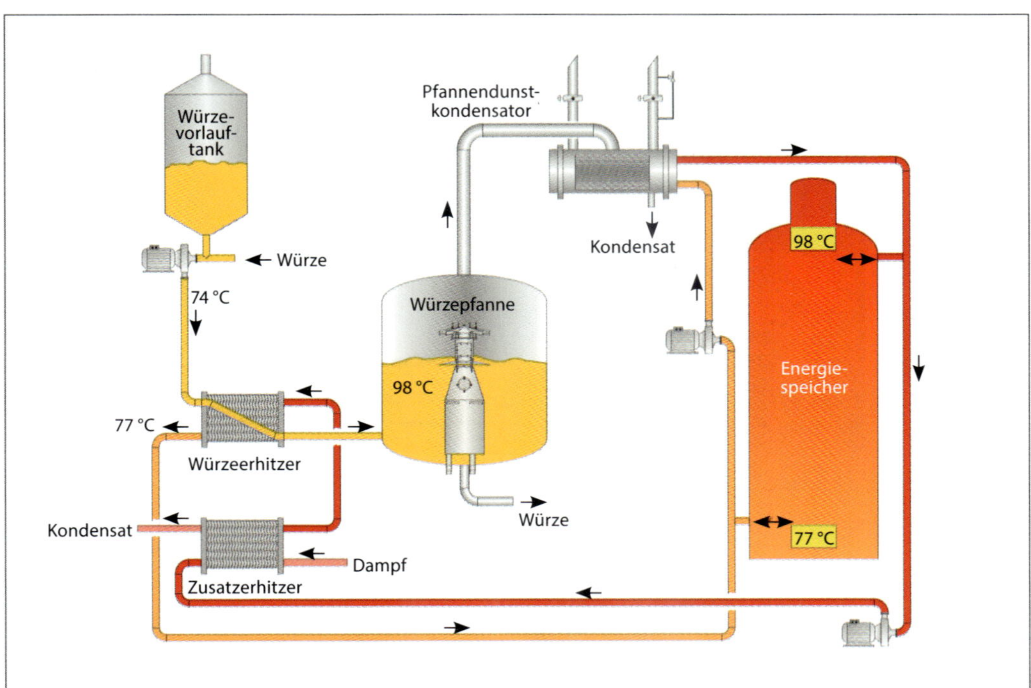

Maischeerwärmung und Läuterwürzeerhitzung (geschlossenes System)

Das System EquiTherm® fungiert als Energieschaukel [6.31]. Ein Teil der Energie aus der Heißwürze wird von der ersten Stufe des Plattenkühlers in den Energiespeichertank (95–96 °C) abgeführt. Die Warmwassermenge der zweiten Stufe des Würzekühlers wird bei vorhandenem Überschuss reduziert, ansonsten durch Anhebung der Eiswassertemperatur konstant gehalten. Das mittels Pfaduko erzeugte Warmwasser wird ebenfalls dem Speicher zugeführt (Abb. 6.33). Das Heißwasser wird dann mit der erforderlichen Temperatur (70–96 °C) von oben nach unten durch die Templateheizflächen des Maischgefäßes geleitet und ersetzt den Primärenergieeinsatz an der Maischbottichpfanne bei Infusion. Die Läuterwürze wird von 76 °C auf ca. 93 °C über einen Wärmetauscher mit dem Heißwasser von 96 °C erhitzt. Insgesamt führen die geschilderten Maßnahmen dazu, dass der thermische Energiebedarf zur Würzeherstellung im Sudhaus auf < 4,0 kWh/hl Kaltwürze reduziert werden kann.

Abb. 6.33: System EquiTherm® [6.31]

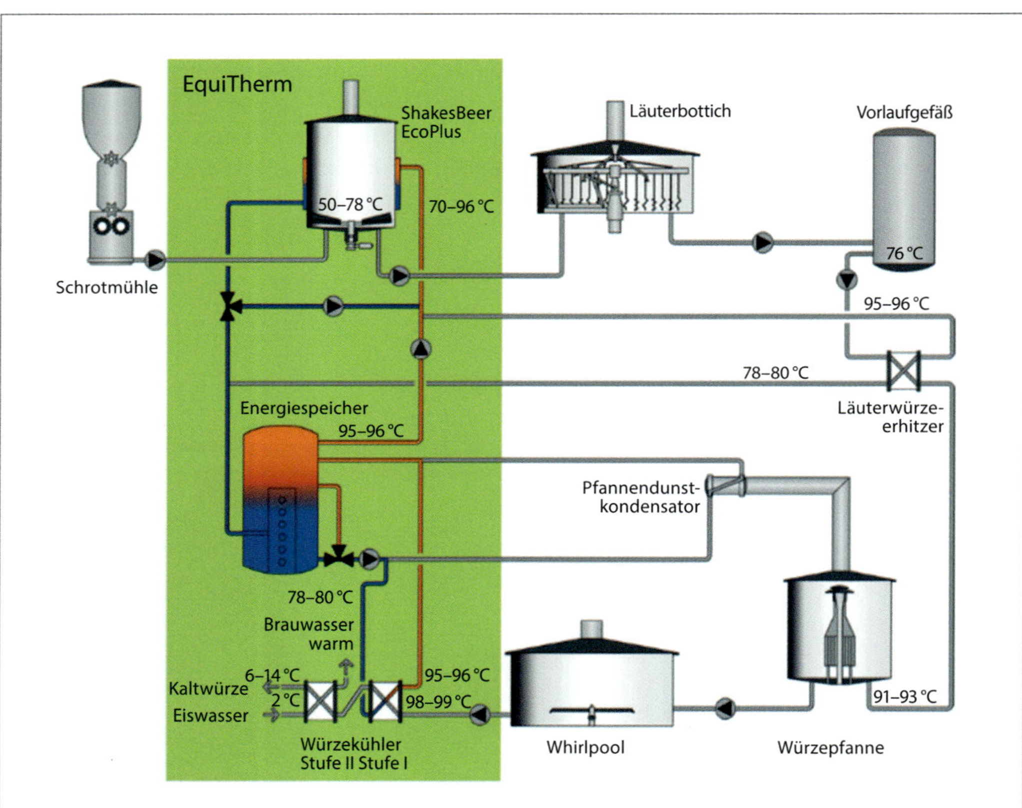

Maischeerwärmung und Läuterwürzeerhitzung (offenes System)

Das Energiespeichersystem 2.0® [6.55] beinhaltet zwei Brauwassertanks als Leerlaufspeicher mit zwei Temperaturniveaus von 94 bzw. 80 °C. Zur Reduzierung der erzeugten heißen Brauwassermenge wird der Würzekühler auf eine Wasseraustrittstemperatur von 94 °C ausgelegt. Das über den Würzekühler und Pfaduko (falls vorhanden) gewonnene Heißwasser von 94 °C wird über den Brauwasserheißtank dem Würzeerhitzer und/oder dem Maischgefäß, falls eine zusätzliche Wärmesenke genutzt werden soll, zugeführt und so auf 80 °C abgekühlt (Abb. 6.34). Dieses Wasser kann für alle Verbraucher im Sudhaus genutzt werden. Durch Mischwassereinsatz am Würzekühler und Zuspeisung von Kaltwasser am Pfaduko wird das Wassermanagement noch zusätzlich optimiert.

Abb. 6.34: Energiespeicher 2.0 - Wassermanagement [6.49]

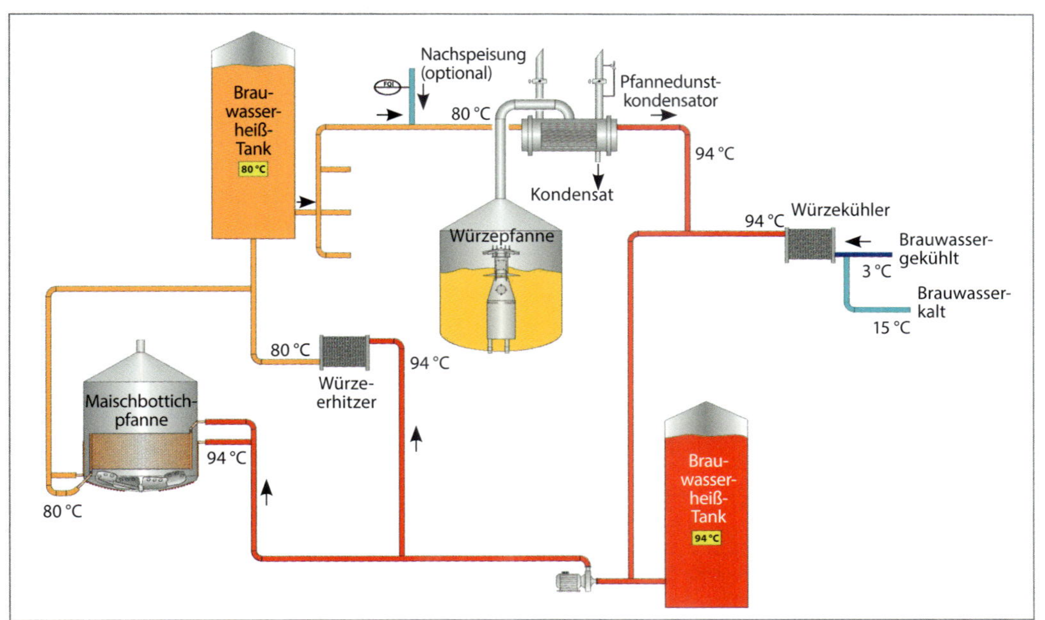

6.6.2 WÜRZEKOCHUNG UND BRÜDENVERDICHTUNG

Zur Verringerung des Energieeinsatzes wird eine Kombination Kocher (AK oder IK) mit Brüdenverdichter gewählt, mit der die in den Brüden enthaltene Energie wiedergewonnen wird. Bei der Brüdenverdichtung BV wird der beim Kochen entstehende Wasserdampf auf ein höheres Energieniveau gebracht, indem eine Wärmepumpe (Schraubenverdichter, Rootsgebläse, Turbo), die von einem Motor angetrieben wird, den Schwaden komprimiert (400 mbar). Der überhitzte Dampf wird über Einspritzung von Kondensat auf Sattdampfzustand gebracht. Aufgrund des niedrigen Heizdampfdrucks sind große Wärmetauscherflächen und eine entsprechende Würzepumpe zur Zirkulation erforderlich. Eine derartige Kombination AK/BV kann im Dauerbetrieb drei Würzepfannen bedienen und so rund um die Uhr kochen. Allerdings wird ein zweiter AK benötigt, der die Würze aufheizt und so lange kocht, bis das System luftfrei ist.

Bei der thermischen Brüdenverdichtung wird Frischdampf von 8 barÜ in einem Dampfstrahlverdichter als Treibdampf zur Darstellung des höheren Energiepotentials genutzt. Auch hier werden aufgrund des niedrigen Heizdampfdrucks große Wärmetauscherflächen und Umwälzleistungen benötigt. Allerdings liegen die Investitionskosten im Vergleich zur mechanischen Brüdenverdichtung deutlich niedriger.

Das in beiden Fällen entstehende Brüdenkondensat kann noch zur Erwärmung von Betriebswasser von 15 auf 80 °C dienen. Danach kann das Brüdenkondensat als Hauptgeruchsträger von Aromastoffen als Spritzwasser eingesetzt werden oder es wird nach Zusatz von Additiven dem Abwasser zugeführt.

6.7 KORREKTUR DER WÜRZEAROMASTOFFE

Die Verkürzung der Kochzeiten auf unter 60 min, bringt naturgemäß eine Anhebung des koagulierbaren Stickstoffs auf 25–30 mg/l, jedoch als Folge überhöhte Werte an DMS-Precursor bei Kochende. Dieser zerfällt während der Heißwürzerast im Whirlpool weiter zu DMS (Abb. 6.35). Zur Entfernung des freien DMS und anderer unerwünschter Aromastoffe wurden im Lauf der Jahre zahlreiche Konzepte entwickelt.

Abb. 6.35: DMS-P-/DMS-Verlauf bis Ende Kühlen

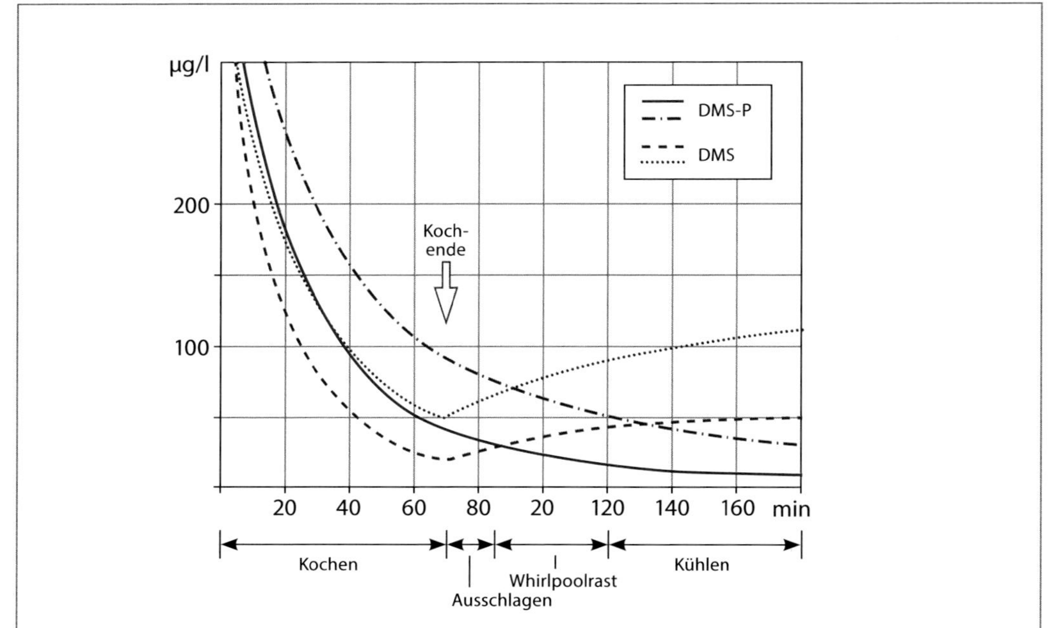

6.7.1 VERDAMPFUNG IM VAKUUM

6.7.1.1 Entspannungskühler

Der erste Lösungsansatz wurde 1975 von Kühtreiber [6.56] mit einem Entspannungskühler (Hydrozyklon) zwischen Pfanne und Whirlpool vorgestellt. Unter Einfluss des Vakuums, das eine Abkühlung der Würze auf 70 °C bewirkte, wurden 5–6 % Wasser verdampft und damit gleichzeitig Aromastoffe ausgetrieben. Der Nachteil lag darin, dass die Würze im Hydrozyklon mechanisch zu stark belastet wurde, infolgedessen funktionierte der Whirlpool nicht mehr und es wurde auf einen Heißwürzefilter umgestellt.

6.7.1.2 Vakuumnachverdampfung

Bei der Vakuumverdampfung wird Würze nach der Heißtrubentfernung durch einen Behälter gepumpt, in dem ein Unterdruck von ca. 0,6 bar besteht [6.42]. Dies bewirkt eine Verdampfung von 2,5 % und eine Abkühlung der Würze um 12 °C. Ein eingebauter Schirm forciert die Ausdampfung durch Schaffung einer größeren Oberfläche. Die flüchtigen Aromastoffe werden in einem Kondensator niedergeschlagen und die Würze dem Kühlsystem zugeführt (Abb. 6.36).

Abb. 6.36: Vakuumnachverdampfung [6.42]

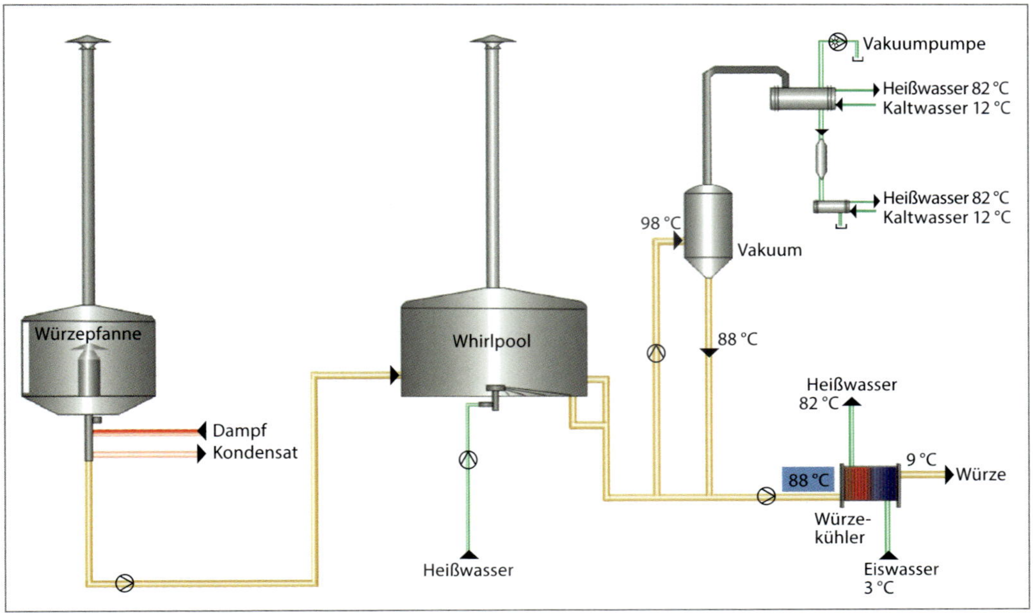

6.7.1.3 Schonkochverfahren

Ein weiteres System sieht vor, die Würze bei ca. 98 °C unter Rühren 60 min zu halten (reine Heisshaltephase). Je nach Pfannenbauart müssen Abstrahlverluste ausgeglichen werden. Nach dem Whirlpool folgt die Verdampfung im Expansionsbehälter auf ca. 6 % (Verdampfungsphase) (Abb. 6.37).

Bei der Entspannungsverdampfung ist generell eine weniger effiziente Aromastoffabreicherung zu verzeichnen als bei der atmosphärischen Kochung [6.2]. Zusätzlich sind für das Aufbringen des Vakuums Energie- und Wasserverbräuche zu veranschlagen.

Abb. 6.37: Schonkochverfahren [6.21]

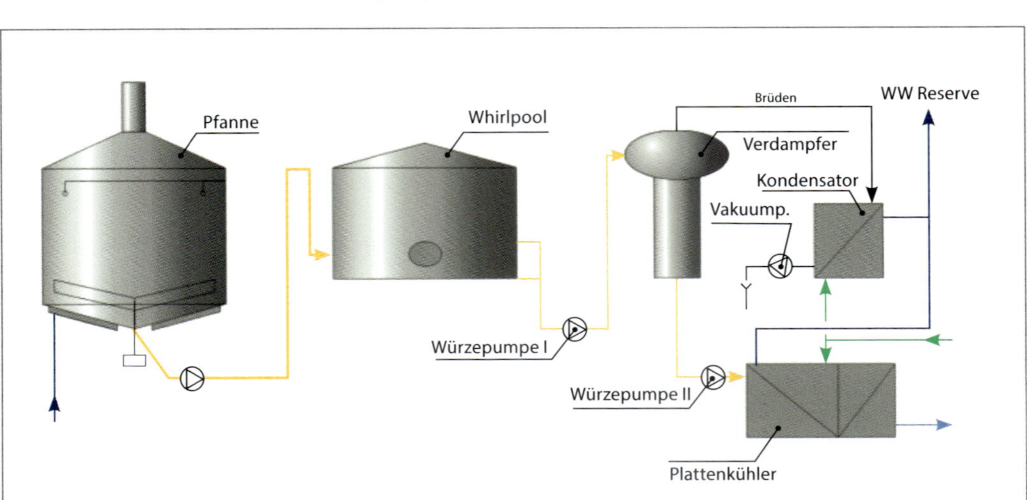

6.7.2 VOLATILE STRIPPING MITTELS GAS

Per verfahrenstechnischer Definition zählt das Stripping zu den Desorptionsmethoden. In diesem Fall werden die flüchtigen Aromastoffe im inerten Gasstrom im Gegenstrom ausgetrieben.

6.7.2.1 Stripping mittels Dampf

In der ersten Phase wird die Würze ohne Verdampfung bei gängiger Kochzeit (50 min) auf dem Siedepunkt gehalten [6.20]. Nur jeweils ca. 5 min wird intensiv vor- und nachgekocht. Nach der Heißtrubentfernung erfolgt über die Oberfläche einer z.B. mit Raschig-Ringen gepackten Säule eine feine Verteilung der noch einmal erhitzten Würze. Die flüchtigen Aromastoffe werden durch den im Gegenstrom geführten Dampf entfernt (Abb. 6.38). In einer Weiterentwicklung des Konzepts wird die Würze für die notwendigen Reaktionsabläufe bei ca. 100 °C unter Rühren bei minimaler Verdampfung < 1 % heißgehalten. Nach der Heißtrubentfernung werden die flüchtigen Aromastoffe mit 0,5 % Dampf im Gegenstrom reduziert. Die Gesamtverdampfung beläuft sich auf < 1,5 % (System MEURASTREAM® mit ECOSTRIPPER®).

Abb. 6.38: Stripping-Kolonne [6.20]

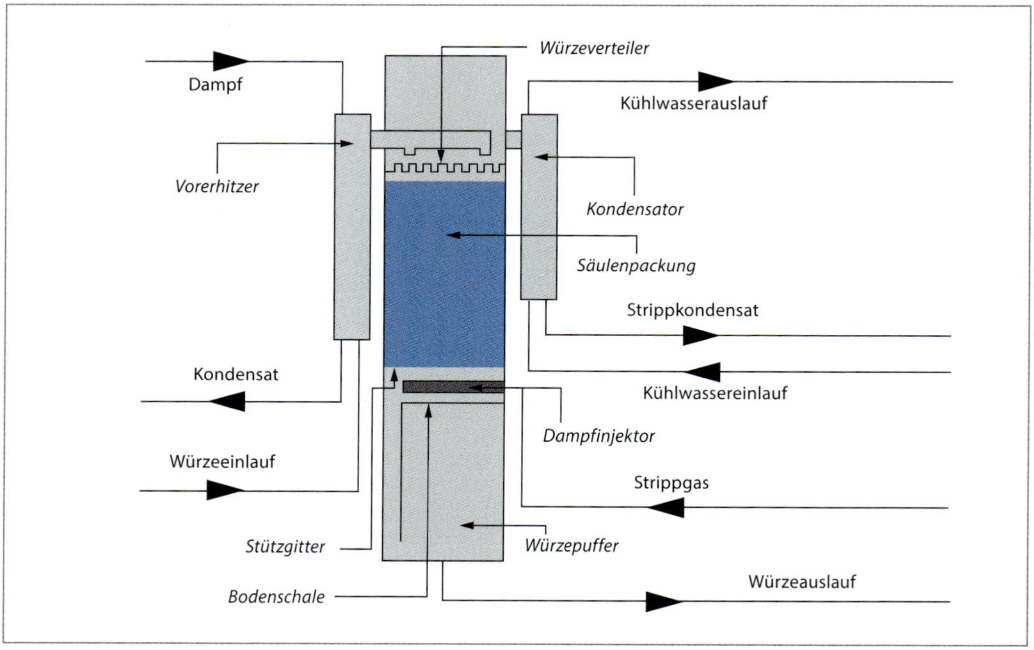

6.7.2.2 Stripping System Boreas®

Bei einem anderen Konzept [6.57] wird für das Stripping keine zusätzliche thermische Energie aufgebracht. Eine große Reaktionsoberfläche wird mit einer temperaturgesteuerten Strippgaseindüsung kombiniert. Hauptbestandteil ist ein oben und unten konisches Gefäß mit oben eingebauter Dralleinlaufdüse, die einen gleichmäßigen turbulenten Rieselfilm (< 1 mm) erzeugt. Die Würze wird dadurch in Rotation versetzt und benetzt die Behälterinnenwand. Das nicht heiße Strippgas (CO_2, Sterilluft, N_2) wird in Abhängigkeit von der Temperaturdifferenz zwischen Würzeein- und -auslauf von unten in den Gasraum eingeleitet. Es verdrängt die mit Wasserdampf und flüchtigen Aromastoffen wie DMS gesättigte Gasphase über den Einlauf oben und hält dadurch das treibende Gefälle von Wasserdampf- und DMS-Konzentration zwischen Würzefilm und Gasraum aufrecht (= Partialdruckverschiebung). Infolgedessen gehen permanent Wasserdampf und flüchtige Substanzen wie DMS in die Gasphase über und werden kontinuierlich mit dem Strippgas aus dem Behälter befördert (Abb. 6.39). O_2 als Strippgas zieht keinen Negativeffekt nach sich, da sich über der Würze infolge des austretenden Wasserdampfs eine Phasengrenzschicht (Wasserdampfbarriere) ausbildet und diese aufgrund der Partialdruckdifferenz nicht überwunden werden kann.

Abb. 6.39: Strippingsystem Boreas® [6.31]

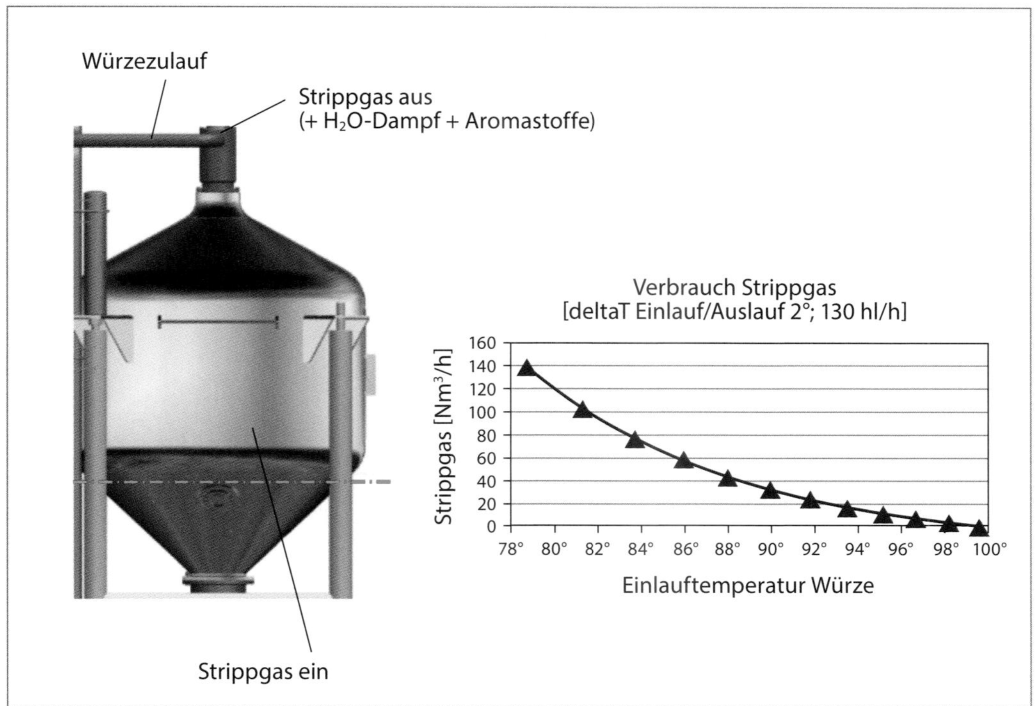

6.7.3 DÜNNFILMVERDAMPFUNG

Unmittelbar vor der Würzekühlung wird die Würze erneut über den beheizten Konus geführt (Pkt. 6.4.5) und somit das freie DMS und weitere Aromastoffe in Form einer Nachverdampfung (1-1,5 %) entfernt.

6.7.4 SCHAFFUNG GROSSER OBERFLÄCHEN

Unter Ausnutzung einer großen Oberfläche und der Eigenenergie der heißen Würze wird eine atmosphärische Nachverdampfung vollzogen. Der Übergang an der Phasengrenzfläche kann über die pro Zeiteinheit verdunstete Masse $\dot{m}_i$ eines Aromastoffs i mit folgender Gleichung [6.58] beschrieben werden:

$$\dot{m}_i = x_i \cdot \gamma_i \cdot \frac{P_i^S}{R_i \cdot T_V} \cdot ß_i \cdot A \cdot M_i \qquad \text{(Gl. 6.17)}$$

A = Oberfläche der Phasengrenzfläche
T = Temperatur des Gases
R = allgemeine Gaskonstante
M = Molekulargewicht des Aromastoffs
p^s = Sättigungsdruck des Aromastoffs
x = Konzentration des Aromastoffs
γ = Aktivitätskoeffizient
β = Stoffübergangskoeffizient

Daraus wird deutlich, dass mit einer Vergrößerung der Oberfläche A eine Beschleunigung der Ausdampfung möglich ist. Das gleiche gilt bei gesteigerter Geschwindigkeit v des geführten Gases über die Oberfläche (β(v)). Die Höhe der Gesamtverdampfung bleibt dabei unverändert [6.59]. Grundvoraussetzung ist, dass zur Aufrechterhaltung eines treibenden Gefälles die herrschende Dampfatmosphäre ungesättigt bleiben muss.

Das Nachverdampfungssystem Diamond by Ziemann® wird in den Prozessablauf zwischen Whirlpool und Würzekühler integriert und dort kontinuierlich betrieben. Die zentrale Einheit des Systems ist ein Gefäß, das aus zwei Konushälften besteht (Abb. 6.40) [6.60].

Abb. 6.40: Nachverdampfungssystem Diamond by Ziemann® [6.42]

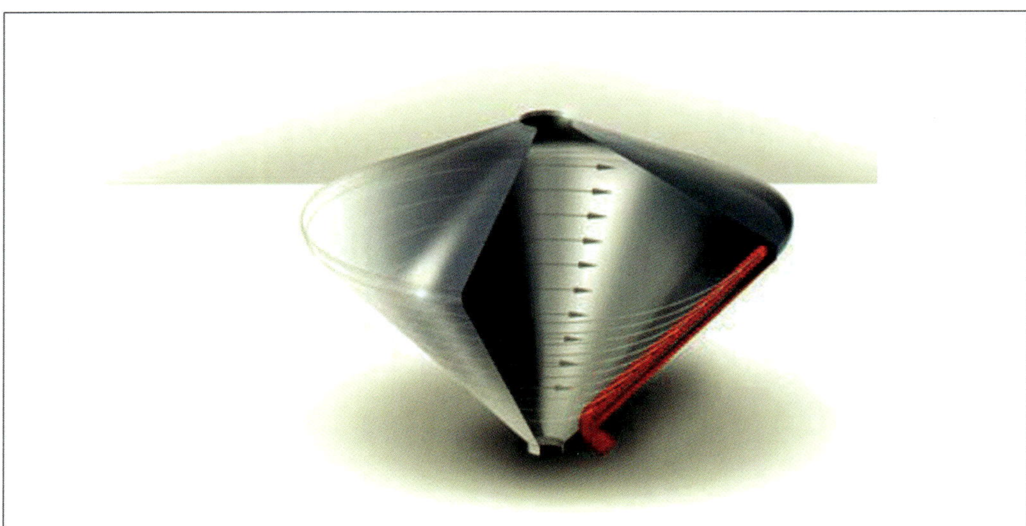

Der obere Konus fungiert als Dunstabzug. Aus dem unteren Konus fließt die Würze ab. Die Würze strömt über eine Düse am äußeren, oberen Rand der zweiten Konushälfte ein und fließt in einer Spiralströmung, welche die Verweilzeit verlängert, nach unten. Unterstützend wirken ein größerer Konusdurchmesser und eine geringe Neigung. Als glatter Film an einer senkrechten Wand müsste für das gleiche Ausdampfergebnis das Gefäß größer dimensioniert werden.

6.7.5 UNTERDRÜCKUNG DER NACHBILDUNG VON AROMASTOFFEN

Eine Würzevorkühlung direkt nach dem Ausschlagen soll die thermische Belastung verringern. Hierzu wird die Würze über einen strömungsoptimierten Plattenkühler geführt und tritt mit 89 °C in den Whirlpool ein. Diese Temperaturabsenkung schränkt die thermisch abhängige Aromastoffnachbildung und Spaltung des DMS-Precursors ein [6.61].

Damit stehen für die Würzekochung vier Varianten zur Verfügung:

- nur Kochen ohne Nachverdampfen,
- kürzer Kochen mit z. B. 2,5 % Nachverdampfen,
- Kombination Heißhalten, Kochen, Nachverdampfen,
- Reines Heißhalten knapp unter Siedepunkt, ca. 6 % Nachverdampfen.

6.8 DAS SUDHAUSKONZEPT OMNIUM®

Das neuartige Verfahren der Maischefiltration NESSIE by Ziemann® (Pkt. 5.5.2.2) eröffnet neue technologische Wege, die sich im Sudhauskonzept OMNIUM® by Ziemann niederschlagen [6.62, 6.63]. Das klassische Sudhaus wird modifiziert und neben der Integration von Drehscheibenfiltern zur Maischetrennung um folgende Bausteine erweitert (Abb. 6.41):

Abb. 6.41: Schema Sudhauskonzept Omnium® by Ziemann [6.42]

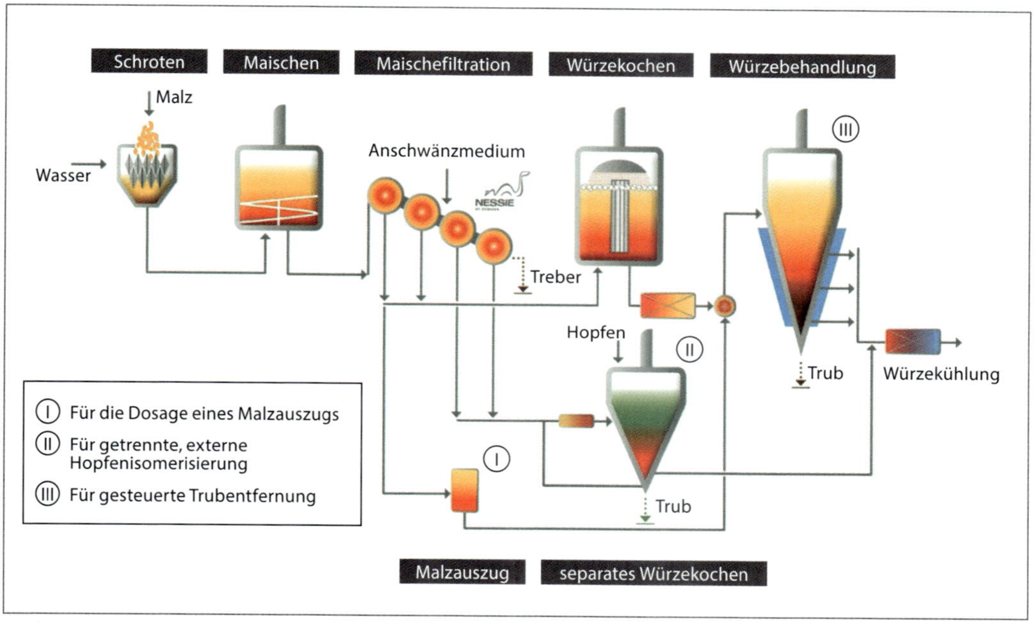

- Dosage eines Malzauszuges nach dem Kochen für garantiert niedrige Jodwerte in der Anstellwürze.

Der Malzauszug wird aus der ablaufenden Würze vom Rad 1 des NESSIE-Systems bei 72 °C entnommen, im Puffergefäß zwischengelagert und nach dem Kochen der Würze bei ca. 80 bis 85 °C zudosiert. Dadurch werden die beim Kochen aus dem Aufschluss der Stärkepartikel entstandenen Dextrine vollständig verzuckert. Infolgedessen können die mit einem hohen Jodwert verbundenen Risiken (mikrobiologische Instabilität, Trübungen, Filtrationsprobleme und geschmackliche Einbußen) [6.64] verhindert werden. Die noch bestehende Temperatur von 80 bis 85 °C bewirkt dann in der restlichen Zeit eine Inaktivierung der im Malzauszug vorhandenen Amylasen.

- Getrennte, externe Hopfenisomerisierung und Dosage nach der Trubentfernung zur Steigerung der Hopfenausbeute.

Die externe Hopfenisomerisierung ermöglicht es, optimale Bedingungen für das jeweilige Hopfenprodukt zu schaffen. Das Isomerisierungsfluid entspricht im Fall des NESSIE-Systems dem sonst üblichen Glattwasser. Dieses wirkt sich durch einen höheren pH-Wert im Bereich 5,7–6,1, je nach Qualität des Anschwänzfluids, und einer niedrigen Stammwürze um 1,0 °P positiv auf die Isomerisierung und die damit verbundene Ausbeute aus. Gleichzeitig können Temperatur und Zeit aufgrund der Separierung auf die Hopfenisomerisierung und die Verhinderung von Abbaureaktionen von iso-α-Säuren spezifisch angepasst werden [6.65]. Im Anschluss ist das isomerisierte Hopfenfluid sowohl im Heiß- als auch im Kaltbereich mikrobiologisch unbedenklich einsetzbar.

- Gesteuerte Trubentfernung im Setzbottich zum Erhalt von physiologisch bedeutenden Inhaltsstoffen.

Der Rohstoff Malz bringt zwar genügend Zink und Fettsäuren in den Maischprozess ein, doch wird ein großer Teil von den Trebern des Läuterbottichs oder später vom Trub adsorbiert und ist somit für die Hefe nicht mehr verfügbar. Mit der neuen Trenntechnik NESSIE bleibt das beim Maischen herausgelöste Zink weitgehend erhalten, da es nicht durch die Treberschichten zurückgehalten wird. Das gleiche gilt für die langkettigen, ungesättigten Fettsäuren. Darüber hinaus ermöglicht die gezielte Trubeinstellung nach dem Whirlpool, eine gewünschte Menge an Zink und Fettsäuren für den Hefestoffwechsel zu erhalten. Eine herkömmliche Heißtrub- und eventuelle Kühltrubentfernung adsorbiert einen Großteil der nach dem Kochprozess vorhandenen Fettsäuren, welche dann für einen optimalen Gärverlauf nicht mehr verfügbar sind [6.66]. Das gleiche gilt für das Spurenelement Zink. Dies führte zu dem Denkansatz, einen gewissen Trubanteil, der sich im Setzbottich angesammelt hat, in der Würze zu belassen (s.u.).

Die Abmaischzeit entspricht der Läuterzeit. Die Belegungszeit im Sudhaus insgesamt fällt im Vergleich zum Läuterbottichbetrieb um ca. 30 % niedriger aus.

Abb. 6.42: Prozesszeiten im Vergleich [6.67]

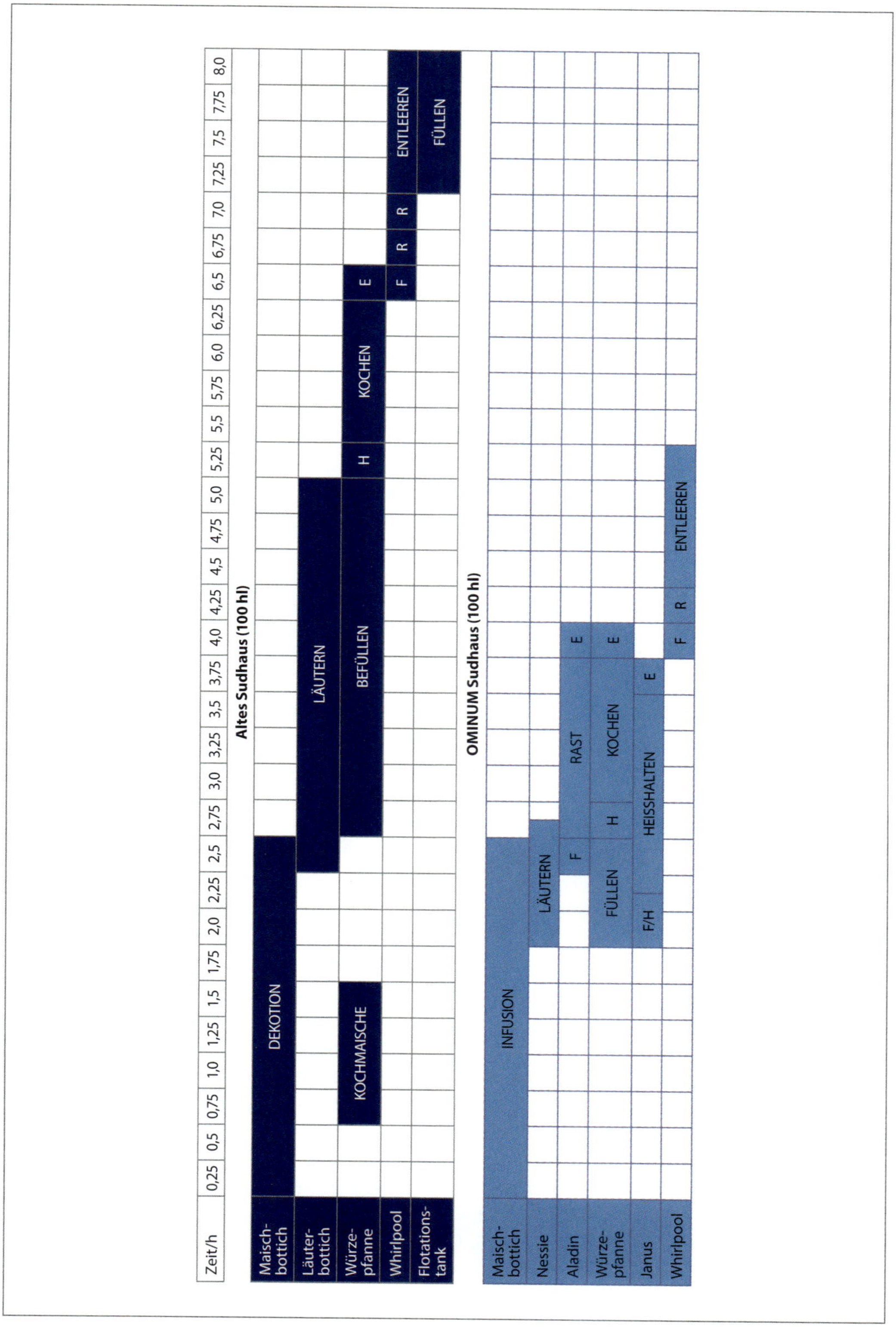

Zeit/h	0,25	0,5	0,75	1,0	1,25	1,5	1,75	2,0	2,25	2,5	2,75	3,0	3,25	3,5	3,75	4,0	4,25	4,5	4,75	5,0	5,25	5,5	5,75	6,0	6,25	6,5	6,75	7,0	7,25	7,5	7,75	8,0
Altes Sudhaus (100 hl)																																
Maisch-bottich	DEKOTION																															
Läuter-bottich										LÄUTERN																						
Würze-pfanne			KOCHMAISCHE								BEFÜLLEN										H	KOCHEN				E						
Whirlpool																										F	R	R	ENTLEEREN			
Flotations-tank																													FÜLLEN			
OMINUM Sudhaus (100 hl)																																
Maisch-bottich	INFUSION																															
Nessie								LÄUTERN																								
Aladin										F	RAST					E																
Würze-pfanne								FÜLLEN			H	KOCHEN				E																
Janus								F/H		HEISSHALTEN					E																	
Whirlpool																F	R	ENTLEEREN														

Die beschriebene Arbeitsweise mit dem System OMNIUM schlägt sich in einer Optimierung der folgenden Würzedaten nieder: Die Farben der Würzen bei Kühlmitte der NESSIE-Sude sind im Vergleich zu den Läuterbottichwürzen um ca. 2 EBC Einheiten heller. Die thermische Belastung bei den NESSIE-Suden, ausgedrückt durch die Thiobarbitursäurezahl (TBZ), fällt deutlich niedriger aus. Sowohl in der Zunahme von Pfanne-Voll-Würze bis zur Kühlmitte, als auch in den Absolutwerten der Kühlmitte liegt die TBZ um 10–15 Punkte unterhalb der Werte von vergleichbaren Läuterbottich-Suden. Dies bedeutet, dass die thermische Belastung bedingt durch die kurze Trennzeit und die niedrige Temperatur von 80 bis 85 °C während der Trubentfernung im Setzbottich weiter gesenkt werden konnte. Auch ein niedriger Furfuralgehalt in den Würzen bestätigt dies und lässt einen positiven Effekt auf die Geschmackstabilität erwarten [6.62, 6.67].

Der Gehalt an Gerbstoffen ist um ca. 40 % reduziert. Der Siliziumgehalt der NESSIE-Würzen ist ebenfalls verringert. Der Grund hierfür liegt in der geringeren Kontaktzeit bei der Maischetrennung und damit in einer geringeren Auslaugung aus den Spelzen. Die Verweilzeit eines Maischepartikels im Trennsystem beträgt 3 bis 5 min. Dies wirkt sich positiv auf die Farbe aus. Der Jodwert wird durch die Dosage des Malzauszuges nach dem Kochen sehr niedrig gehalten.

Eine gute Nährstoffversorgung der Hefe ist aus technologischer Sicht der Schlüssel für eine optimale Gärung. Dies wird beim Sudhauskonzept OMNIUM, bedingt durch die neue Trenntechnik des NESSIE-Systems, mit höheren Gehalten an langkettigen, gesättigten und ungesättigten Fettsäuren und Zink in der Anstellwürze umgesetzt. Langkettige ungesättigte Fettsäuren fördern als Lipide in der Hefezellmembran die Aufnahme und den Transport von Nährstoffen wie α-Aminostickstoff (FAN) und Phosphat. Bei Unterbilanzierung macht die Hefevermehrung eine umso stärkere Synthese dieser Fettsäuren in Gegenwart von Sauerstoff erforderlich. Das Spurenelement Zink erreicht ein höheres Niveau, welches sonst im Rahmen des Reinheitsgebotes im Sudhaus nicht zu realisieren ist. Zink ist für den Hefestoffwechsel ein essentielles Spurenelement. Es fördert die Zellvermehrung und die Eiweißsynthese und ist maßgeblich an der Geschwindigkeit des Zuckerabbaus beteiligt. Aus den angeführten Gründen wird seit jeher generell vom brautechnologischen Kenntnisstand für eine zügige Hauptgärung, gute Hefevermehrung und einen vollständigen Diacetylabbau eine Mindestkonzentration an Zink von 0,15 mg/l in der Ausschlagwürze angestrebt und durch das neue Konzept immer erreicht.

Der oben dargelegte Effekt der optimierten Nährstoffversorgung zeigt sich beim OMNIUM-System in einer schnelleren Hefevermehrung [6.68]. Die Population ist sehr vital und bringt eine geringe Anzahl an toten Hefezellen hervor. Aufgrund der schon im Gärmedium vorliegenden Fettsäuren, kann sowohl die Anstellrate als auch die Belüftung reduziert werden (Belüftung eingestellt auf 1 ppm O_2 bezogen auf den gesamten Gärtank). Das Ziel der drei- bis fünffachen Vermehrungsrate wird bei den Omnium-Würzen (im Gegensatz zum Läuterbottichbetrieb) erreicht. Der positive physiologische Effekt führt innerhalb von 5 Gärtagen zu einem zügigen Extraktabbau. Die Vergärung der Würzen aus dem Läuterbottichbetrieb verlief mit 8 Tagen eher schleppend. Schon an anderer Stelle wird in der Literatur auf die Möglichkeit der Gärzeitverkürzung von trüben, nährstoffreichen Würzen hingewiesen [6.66].

Erfahrungsgemäß generiert das Omnium-System helle Bierfarben, was die Werte aus zahlreichen Versuchen belegen. Bemerkenswert ist zudem die Ausbeutesteigerung der Bitterstoffe um ca. 10 % bis hin zum fertigen Bier im Vergleich zum Läuterbottichbetrieb der Brauerei. Dieses Phänomen bedarf noch einer weiteren Untersuchung. Der niedrige Gehalt an Fettsäuren (C_6-$C_{18:1,2,3}$) im Bier ist auf das Nährstoffangebot der Omnium-Würzen zurückzuführen, welches eine nur geringe Fettsäuresynthese erfordert. Die langkettigen gesättigten und ungesättigten Fettsäuren (C_{16}-$C_{18:1,2,3}$) werden aus dem Substrat vollständig aufgenommen und verstoffwechselt. Infolge der geringeren hefeeigenen Synthese werden weniger mittelkettige Fettsäuren (C_6-C_{12}) als Nebenprodukte ins Bier abgegeben als beim Vergleich [6.68]. Die vitale Hefe und die damit einhergehende gute Gäraktivität verhindert außerdem später mögliche Autolysevorgänge. Somit kommt die den mittel- und langkettigen Fettsäuren nachgesagte schaumschädigende Wirkung [6.69, 6.70] nicht zum Tragen. Daraus resultieren offensichtlich die ausgezeichneten Schaumwerte der Omnium-Biere (SKZ > 120).

Wie bereits dargelegt, besitzt die Zusammensetzung der Omnium-Würzen einen deutlichen Einfluss auf den Hefestoffwechsel und damit auch einen Einfluss auf die gebildeten Hefemetaboliten, sprich Gärungsnebenprodukte. Die hohe Hefevitalität bewirkt einen weitgehenden Abbau des Diacetyls. Ester und höhere Alkohole prägen bekanntlich das Aromaprofil des gewünschten Biertyps. Das hohe Nährstoffangebot (Fettsäuren, Zink) der Omnium-Würzen erlaubt niedrige Hefeanstell- und Belüftungsraten. Mit dieser Anpassungsmöglichkeit der Parameter wird das Zellwachstum reguliert („gebremst"), sodass genügend Ester gebildet werden können. Eine Einstellung ist je nach Biertyp individuell möglich. Die höheren Alkohole liegen im üblichen Bereich. Die geringfügigen Unterschiede zum Vergleichsbier liegen im normalen Bereich und sind für die Qualität unerheblich [6.68].
Bedingt durch den niedrigen Gerbstoffgehalt der „Nessie"-Würzen und Biere ergibt sich bei den daraus resultierenden Bieren ohne zusätzliche Stabilisierungsmaßnahmen eine sehr gute kolloidale Stabilität. Da die Eiweißfraktion überwiegt, ist die kolloidale Lösung stabil. Dies könnte auch eine Erklärung für die extrem gute Schaumhaltbarkeit dieser Biere sein.
Die hohe chemisch-physikalische Stabilität der „Nessie"-Biere wird durch die bereits dargelegte optimiert verlaufende Haupt- und Nachgärung unterstützt: Ein weiterer positiver Effekt liegt in der Dosage des Malzextrakts nach dem Kochen der Würze bei ca. 80–85 °C. Dadurch werden die beim Kochen aus dem Aufschluss der Stärkepartikel entstandenen Dextrine vollständig verzuckert. Infolgedessen können die mit einem hohen Jodwert verbundenen Risiken wie Trübungen im fertigen Bier und Filtrationsprobleme verhindert werden. Die chemisch-physikalische Stabilität der Omniumbiere ist mit >> 20 Warmtagen sehr gut, was eine Anpassung (Verringerung) der Stabilisierungsmaßnahmen ermöglicht.
Zur vollständigen Diskussion der Geschmacksstabilität der Omnium-Biere werden zunächst die technologischen Grundlagen kurz dargelegt.

Stand des Wissens:
Dass sich das Bier nach der Abfüllung verändert, weiß man schon seit ca. 70 Jahren. Lüers schreibt von einer Abnahme der Vollmundigkeit, Verstärkung der Bittere und einem Auftreten von neuen Geschmackseindrücken [6.26]. Das Aromaprofil verändert sich während der Bieralterung. Hopfenblume, Esternoten nehmen ab. Dafür entstehen andere Eindrücke wie eine Beerennote, Pappdeckelgeschmack bis hin zu brot-, caramelartigen Flavoureindrücken.
Es rücken als erstes die Würzearomastoffe in den Fokus der Betrachtung. Einen Großteil der Aromastoffe bringt schon das Malz (je nach Lösungsgrad u. Abdarrtemperatur) in den Maischprozess mit. Neben den hochmolekularen Melanoidinen werden vielfältige Zwischenprodukte eingebracht, welche beim Maischen und Würzekochen weiterreagieren. Es konnten in Malz und Würze heterocyclische Verbindungen wie Furane, Pyrazine, Pyrrole, gamma-Pyrone, Thiazole sowie Carbonylverbindungen nachgewiesen werden [6.1, 6.71].

Als relevante Reaktionsmechanismen sind zu nennen:

1) Die Maillardreaktion, eine nichtenzymatische Bräunungsreaktion zwischen Aminoverbindungen und reduzierenden Zuckern. Sie kommt beim thermischen Prozess des Darrens, Würzekochens und Heißhaltens zum Tragen.
2) Der Streckerabbau von Aminosäuren läuft im Rahmen der Maillardreaktion ab, also auch unter thermischem Einfluss.
3) Beim Abbau der längerkettigen ungesättigten Fettsäuren (Lipidabbau) unterscheidet man einmal die enzymatische Oxidation mittels Lipoxygenasen LOX1,2 (z. B. $C_{18:2}$ in t-2-Nonenal) bei der Keimung und beim Maischen und zum anderen den thermisch-oxidativen Abbau dieser Fettsäuren beim Darren und Würzekochen.

Diese geschilderten Reaktionen betreffen die Mälzerei und den Heißbereich der Brauerei. Des Weiteren sind noch die Möglichkeit des oxidativen Abbaus von Isohumulonen und metallkatalysierte Radikalreaktionen zu erwähnen.
Die typischen Maillardprodukte bewirken die gewünschte Farbe- und Aromagebung der Würze. Als Maß für die hierbei ablaufende thermische Belastung kann die Thiobarbitursäurezahl TBZ in der Würze herangezogen werden. Sie umfasst eine Fülle an Primär- und Sekundärprodukten der Maillardreaktion und hat eine hohe Korrelation zu N-Heterocyclen und zur Farbebildung in Malz und Würze. Allerdings entstehen auch mehr oder weniger flüchtige Verbindungen, die, sofern sie im Brauprozess erhalten bleiben, die Geschmackstabilität der resultierenden Biere verschlechtern können. Hierzu zählen 2-Methylbutanal, 3-Methylbutanal, Phenylethanal, Benzaldehyd. Sie entstehen durch den Streckerabbau von Aminosäuren (2. Bildungsweg der Maillardreaktion).

Endprodukte des Lipidabbaus sind Alkanale, Alkenale und Alkadienale wie Hexanal, (E)-2- Nonenal, und Nonadienale, um nur einige Verbindungen zu nennen. Der erste Schritt des Lipidabbaus (Lipidperoxidation) besteht in einem enzymatischen Freisetzen der Fettsäuren aus den Glyceriden beim Mälzen und Maischen. Diese gehen beim Maischen in Lösung und können nun bis zum Heißhalten der Würze weiterreagieren. So führt der Abbau von ungesättigten Fettsäuren (C_{14}-C_{18}), sei er enzymatisch oder autoxidativ, zu reaktiven Intermediärprodukten, den Hydroperoxiden und Hydroxy-Fettsäuren [6.72, 6.73], die weiter zu gesättigten oder ungesättigten Carbonylverbindungen umgewandelt werden.

All diese während der Maillardreaktion oder über den Lipidabbau entstandenen Carbonylverbindungen vermögen die Geschmackstabilität des Biers negativ zu beeinflussen, sofern sie den gesamten Bierherstellungsprozess überstehen. Bei der Würzekochung werden die freien Fettsäuren um 70–80 % reduziert. Je nach Siedepunkt oder azeotropem Verhalten wird ein Teil der daraus entstandenen Aromakomponenten bis zu 90 % ausgedampft. Hexanal, ein Folgeprodukt des enzymatischen Lipidabbaus, 1-Hexanol und 1-Pentanol werden fast vollständig entfernt [6.74]. 2-Furfural, ein direktes Produkt aus der Maillardreaktion und Indikator für die thermische Belastung, steigt dagegen, bedingt durch die thermische Belastung, konstant an.

Während der Gärung reduziert die Hefe die Aldehyde zu den korrespondierenden höheren Alkoholen weitgehend. Dazu sollten Hefevitalität und Reduktionskraft (s. Hefeherführung) optimal sein. Aufgrund dieser Tatsache und aufgrund der teilweisen Entfernung durch eine Ausdampfung beim Kochen muss der Fokus auf die nachfolgenden Schritte der Reifung, Filtration und Abfüllung gerichtet werden. Hier kann durch eine massive O_2-Aufnahme eine Oxidation der höheren Alkohole zu Carbonylen eintreten. Es können auch noch ungesättigte Fettsäuren, falls noch vorhanden, durch Autoxidation im Bier unter Sauerstoff- und Temperatureinfluss zu Alterungskomponenten reagieren. Der Sauerstoffeinfluss kann im Kaltbereich als dominierender Faktor betrachtet werden. Als Konsequenz besteht die Gefahr, dass jegliche zuvor getroffenen technologischen Maßnahmen zum Erhalt der geschmacklichen Haltbarkeit des Bieres durch unerwünschte Sauerstoffaufnahme zunichtegemacht werden.
Lange Zeit galt das (E)-2-Nonenal als Leitkomponente der Bieralterung. Es scheint zu Beginn der Bieralterung am Alterungsgeschmack beteiligt zu sein [6.75]. Eine stete Zunahme konnte jedoch nicht nachgewiesen werden. Bis heute ist es nicht gelungen, eine Character-Impact-Compound für das Alterungsaroma zu finden. Als relevante Aromastoffe werden folgende Substanzen (Tab. 6.3) betrachtet.

Tab. 6.3: Geschmackstabilität – relevante Aromastoffe für u. g. helles Bier, Erfahrungswerte (frisch/alt µg/l)

Sauerstoffindikatoren	Wärmeindikatoren	Alterungskomponenten
2-Methylbutanal	2-Furfural	2-Methylbutanal
3- Methylbutanal	Nicotinsäureethylester	3-Methylbutanal
Benzaldehyd	γ-Nonalacton	2-Furfural
2-Phenylethanal		5-Methylfurfural
		Benzaldehyd
		2-Phenylethanal
		Bernsteinsäurediethylester
		Nicotinsäureethylester
		Phenylessigsäureethylester
		2-Acetylfuran
		2-Propionylfuran
		γ-Nonalacton
Σ 20–50/30–70	Σ 10–50/50–120	Σ 50–100/150–200

Die Omnium-Biere wurden nach DLG im frischen und gealterten Zustand verkostet und schnitten überdurchschnittlich gut ab. Sie lagen auch in der Summe der oben aufgeführten Indikatoren unterhalb des genannten Bereichs (frisch/alt) [6.76].

Am Beispiel des Sudhauskonzepts OMNIUM ist deutlich geworden, dass neue technologische Wege eingeschlagen werden können. Zwangsläufig ergeben sich aus den vielfältigen gewonnenen Ergebnissen unerwartete Fragen zu bereits bestehender Lehrmeinung, die z. B. den Wirkungsbereich der Enzyme und die Bedeutung der langkettigen, ungesättigten Fettsäuren und Gerbstoffe auf den gesamten Brauprozess betreffen. Durch den Einfluss auf die stoffliche Zusammensetzung der Würze sind neue Stellschrauben verfügbar, die sich im ganzen Kaltbereich, von der Gärung angefangen über die Stabilisierung bis zum fertigen Produkt auswirken werden. Ein Teilaspekt könnte die systembedingte Verringerung oder sogar der Verzicht auf Stabilisierungsmaßnahmen sein. Zusätzlich wird der technologische Spielraum dadurch vergrößert, dass Schrotzusammensetzung (Mühlentyp), Malzqualität (Jahrgangsschwankungen) und Art des Rohstoffs (Rohfrucht) vom Trennsystem entkoppelt sind. Sogar spezielle Getreidearten wie Buchweizen, Roggen und Hafer können verarbeitet werden, was in Zukunft bei sich ändernden Umweltbedingungen eine Rolle spielen kann.

LITERATUR

[6.1] Schwill, A.: Dissertation, TU-München, 1983

[6.2] Hertel, M.: Dissertation, TU-München, 2007

[6.3] Gmehling, J., Kolbe, B.: Thermodynamik, VCH-Verlag, Weinheim, 1992

[6.4] Mersmann, A., Kind, M., Stichlmair, J.: Thermische Verfahrenstechnik, Springer Verlag, Berlin, 2005

[6.5] Sattler, K.: Thermische Trennverfahren, VCH-Verlag, Weinheim, 1995

[6.6] Scheuren, H., Heinemann, S., Hertel, M., Voigt, J., Dauth, H., Sommer, K.: Brauwelt, Nr. 14, 2008, S. 380–384

[6.7] Scheuren, H., Dillenburger, M., Tippmann, J., Methner, F.-J., Sommer, K.: Brauwelt, Nr. 33, 2014, 995–996

[6.8] Hertel, M., Dauth, H., Scheuren, H., Sommer, K.: Brauwelt, Nr. 29/30, 2007, S. 810–814

[6.9] Dillenburger, M., Hertel, K., Scheuren, H.: Chem. Ing. Tech., No. 12, 2016, S. 1940–1945

[6.10] Stippler, K., Felgentraeger, J.: Brauwelt, Nr. 35, 1999, S. 1556–1558

[6.11] Buckee, G. K., Malcolm, P. T., Peppard, T. L.: J. Inst. Brew., May-June, 1982, S. 175–181

[6.12] Hackensellner, Th.: Brauwelt, Nr. 1/2, 2001, S. 17-29

[6.13] Wagner, W.: Wärmeübertragung: Grundlagen, Verlag Vogel, Würzburg, 1981

[6.14] Brauer, H.: Wärmeübergang bei der Filmkondensation reiner Dämpfe, Forschung Ingenieurwesen 24, 1958, S. 105–117

[6.15] Kessler, H.-G.: Lebensmittelverfahrenstechnik, Verlag A. Kessler, Weihenstephan, 1996

[6.16] Delgado, A., Nirschl, H., Denk, V.: Brauwelt, Nr. 7/8, 1997, S. 232–236

[6.17] Dialer, K.: Dissertation, ETH Zürich, 1983

[6.18] Maule, D. R., Clark, B. E.: EBC-Proc., 1985, S. 379–386

[6.19] Reed, R. J. R., Jordan, G.: EBC-Proc., 1991, S. 673–680

[6.20] Seldeslachts, D., Van den Eynde, E., Degelin, L.: EBC-Proc., 1997, S. 323–332

[6.21] Binkert, J., Haertl, D.: Brauwelt, Nr. 37, 2001, 1494–1503

[6.22] Schwill-Miedaner, A.: Brauwelt International, 2003/I, S. 42–48

[6.23] Kolbach, P., Wilharm, G.: Wo.Br., 1934, S. 57

[6.24] Dannenberg, F.: Dissertation, TU-München, 1986

[6.25] Anglemier, A. F., Montgomery, M. W.: Amino Acids, Peptides and Proteins, Principles of Food Science, New York, 1976

[6.26] Lüers, H.: Die wissenschaftlichen Grundlagen von Mälzerei und Brauerei, Verlag Hans Carl, Nürnberg, 1950

[6.27] Biermann, U.: Dissertation, TU-München, 1984

[6.28] De Clerck, J.: Brewers Digest 62, 1967, S. 96

[6.29] Zürcher, Ch., Gruss, R., Kleber, K.: EBC-Proc., 1979, S. 175–188

[6.30] Narziß, L.: Die Bierbrauerei Band 2: Die Technologie der Würzebereitung, 2009, Abb. 5.2, S. 508, Copyright Wiley-VCH Verlag GmbH & Co. KGaA, reproduced with permission

[6.31] Krones AG

[6.32] Hackensellner, Th.: Brauwelt, Nr. 46/47, 1998, S. 2282–2288

[6.33] Stippler, K., Wasmuht, K., Gattermeyer, P.: Brauwelt, Nr. 31/32, 1997, S. 1265–1267

[6.34] Feyerabend, H.: Diplomarbeit, TU-München, 1997

[6.35] Baars, A., Walk, U., Werner, F., Delgado, A.: Der Weihenstephaner, Nr. 1, 2000, S. 16–19

[6.36] Baars, A., Herbster, T., Schmidt, T., Delgado, A.: Brauwelt, Nr. 38, 2004, S. 1164–1166

[6.37] Stippler, K., Wasmuht., Gattermeyer, P.: Brauwelt, Nr. 35/36, 1997, S. 1386–1397

[6.38] Binkert, J., Bühler, Th.: Brauwelt, Nr. 3, 2006, S. 57–60

[6.39] Wasmuht, K., Stippler, K., Weinzierl, M., Gattermeyer, P.: Brauwelt, Nr. 30, 2003, S. 948–952

[6.40] Wasmuht, K., Becher, T.: Brauwelt, Nr. 23, 2013, S. 678–680

[6.41] Wasmuht, K., Becher, T.: Brauwelt, Nr. 36, 2014, S. 1092–1094

[6.42] ZIEMANN HOLVRIEKA GmbH

[6.43] Bühler, Th., Michel, R., Kantelberg, B., Baumgärtner, Y.: Brauwelt, Nr. 38, 2003, S. 1173–1178

[6.44] Schneider, F. P.: Dissertation, TU-München, 1990

[6.45] Weinzierl, M., Stippler, K., Wasmuht, K., Miedaner, H., Englmann, J.: Brauwelt, Nr. 5, 1999, S. 185–188

[6.46] Weinzierl, M., Stippler, K., Wasmuht, K., Felgentraeger, J., Miedaner, H., Englmann, J.: Brauwelt, Nr. 13/14, 1999, S. 600–606

[6.47] Weinzierl, M.: Dissertation, TU-München, 2005

[6.48] Biendl, M., et al.: Hopfen – Vom Anbau bis zum Bier, Fachverlag Hans Carl GmbH, Nürnberg, 2012

[6.49] GEA Brewery Systems GmbH

[6.50] Banke, F.: Brauindustrie, Nr. 11, 2018, S. 14–17

[6.51] BrauKon, Banke process solutions

[6.52] Haslbeck, K., Englmann, J., Jacob, F.: Brauindustrie, Nr. 5, 2016, S. 20–24

[6.53] Haslbeck, K., Englmann, J., Jacob, F.: Brauindustrie, Nr. 4, 2017, S. 40–43

[6.54] BLQ.: Forschungszentrum Weihenstephan für Brau- und Lebensmittelqualität, TU München, Evaluierung von Würzekochsystemen, Stand 2019

[6.55] Michel, R.: 103. Internationale Brau- und Maschinentechnische Arbeitstagung der VLB in Soest, Vortrag „Energiespeicher 2.0", 08. März 2016

[6.56] Kühtreiber, F.: Brauwelt, Nr. 15, 1975, S. 438–439

[6.57] Feilner, R., Mayr, S., Pahl, R.: Brauwelt, Nr. 44, 2010, S. 1398–1400

[6.58] Hertel, M., Dillenburger, M., Scheuren, H.: Brauindustrie, Nr. 10, 2008, S. 36–40

[6.59] Feilner, R., Bockisch, C.: Brauwelt, Nr. 25/26, 2011, S. 806–809

[6.60] Wasmuht, K., Becher, T.: Brauwelt, Nr. 27/28, 2013, 812–814

[6.61] Kantelberg, B., Hackensellner, Th.: Brauwelt, Nr. 34/35, 2001, S. 1290–1303

[6.62] Schwill-Miedaner, A., Miedaner, H., et. al.: Brauwelt, Nr. 18-19, 2017, S. 545–548

[6.63] Schwill-Miedaner et. al., A.: Brauwelt Nr. 34, 2017, S. 974–977

[6.64] Zeuschner, P., Pahl, R.: Brauwelt, Nr. 10, 2017, S. 262–264

[6.65] Bastgen, N., Wasmuht, K.: Brauwelt, Nr. 14, 2017, S. 400–403

[6.66] Kühbeck, F.: Dissertation, TU München, 2007

[6.67] Schwill-Miedaner, A., Miedaner, H.: Brauwelt, Nr. 45, 2018, S. 1321–1324

[6.68] Schwill-Miedaner, A., Miedaner, H.: Brauwelt, Nr. 51-52, 2018, S. 1557–1559

[6.69] Narziß, L.: Abriß der Bierbrauerei, F. Enke Verlag, Stuttgart, 1995

[6.70] Wasmuht, I., Voigt, J., Krottenthaler, M.: Brauwelt, Nr. 6, 2019, S. 1556–1560

[6.71] Tressl, R.: Brauwelt 116, 1976, S. 1252–1259

[6.72] Möller-Hergt, G.: Dissertation, TU Berlin, 1999

[6.73] Meyna, S.: Dissertation, TU Berlin, 2005

[6.74] Gastl, M.: Dissertation, TU München, 2006

[6.75] Lustig S.: Dissertation, TU München, 1994

[6.76] Wasmuht, I.: Dissertation in Vorbereitung, Hochschule Geisenheim University und TU Berlin, 2021

7 HEISSTRUBENTFERNUNG

Der Heißtrub, der während der Würzekochung bei der Koagulation von hochmolekularem Stickstoff in einer Menge von 400–800 mg/l (bei Einsatz von Weizenmalz bis 1200 mg/l) und in einer Partikelgröße von 30 bis 80 µm anfällt, muss im Hinblick auf die nachfolgenden Prozessschritte (Gärung, Filtration) möglichst vollständig ausgeschieden werden. Als mechanische Trennverfahren stehen die Sedimentation, Zentrifugation und Filtration zur Verfügung. Die Sedimentation zählt zu den ältesten Trennverfahren. Die Abtrennung mittels Kühlschiff war optimal, der Platzbedarf jedoch groß und das mikrobiologische Risiko (bei T ≤ 60 °C) erheblich.

7.1 WHIRLPOOL

Vor ca. 55 Jahren hielt der Whirlpool Einzug in die Brauerei und ist heute wohl bei der Heißwürzebehandlung das verbreitetste System.
Der Verfahrensablauf beginnt damit, dass der Whirlpool tangential (z.B. 23°) über einen Einlass, der mit der Wandung bündig abschließt, im unteren Drittel der Würzehöhe befüllt wird. Durch den ausgeübten Drehimpuls wird der Behälterinhalt in Rotation versetzt und die Sedimentation der Flocken beginnt. Die Trennung des Heißtrubs spielt sich in der Bodengrenzschicht ab. Dort ist das Gleichgewicht zwischen Druck- und Zentrifugalkräften, die durch Rotation der Würze entstehen, gestört (Bremsen durch Wand- u. Bodenreibung), sodass ein Sog in Bodennähe den Heißtrub zum Zentrum befördert (Teetasseneffekt). Der Trub sammelt sich als Kegel in einem Abstand von ca. 30 cm vom Behälterrand an. Wichtig ist das Sedimentieren (erste Phase) in die Bodengrenzschicht mit ausreichender Geschwindigkeit (Abb. 7.1) [7.1–7.6]. Beanspruchte, kleine Flocken sinken langsamer (s. Stokes'sches Widerstandsgesetz). Die Standzeit beläuft sich üblicherweise auf 20–30 min. Der Würzeabzug (zweite Phase) beginnt in einer Höhe von 1/2–2/3 des Füllstands, wird bei Erreichen desselben auf den zweiten (100 mm über Boden) und schließlich auf den tiefsten Auslass umgestellt. Als Restgehalt an Heißtrub werden maximal 70 mg/l toleriert [7.7].

Abb. 7.1: Whirlpoolphasen [7.5]

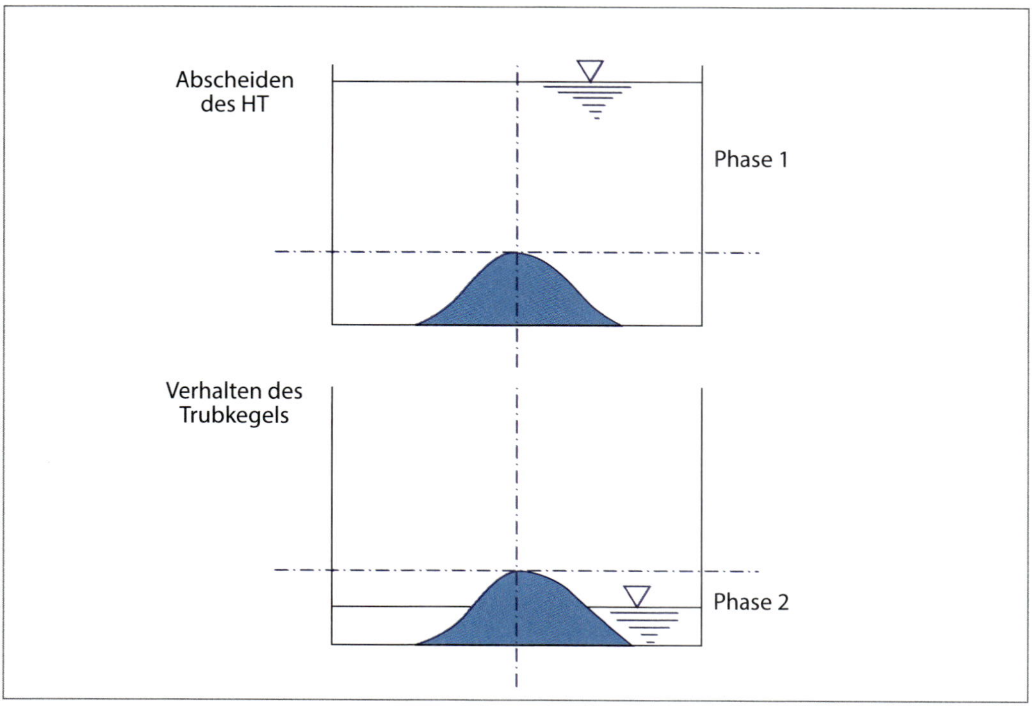

Der Kegel bleibt kompakt, wenn die Sickergeschwindigkeit im Trubhaufen gleich der Sinkgeschwindigkeit im Würzespiegel ist (Abb. 7.2). Der Trub zerläuft, wenn der Würzespiegel schneller absinkt. Sedimentation und Kegelausbildung sind also zwei unabhängige Vorgänge. Die Heißtrubabtrennung kann trotz guten Kegels schlecht sein. Das Zerlaufen des Kegels gegen Ende des Ablassens hat zur Folge, dass Heißtrub mitgerissen wird und viel Würze im Trub zurückbleibt. Dies hat wiederum nichts mit der vorangegangenen Sedimentation zu tun, sondern mit der Konsistenz des Haufwerks.

Abb. 7.2: Mechanik Trubkegel [7.6]

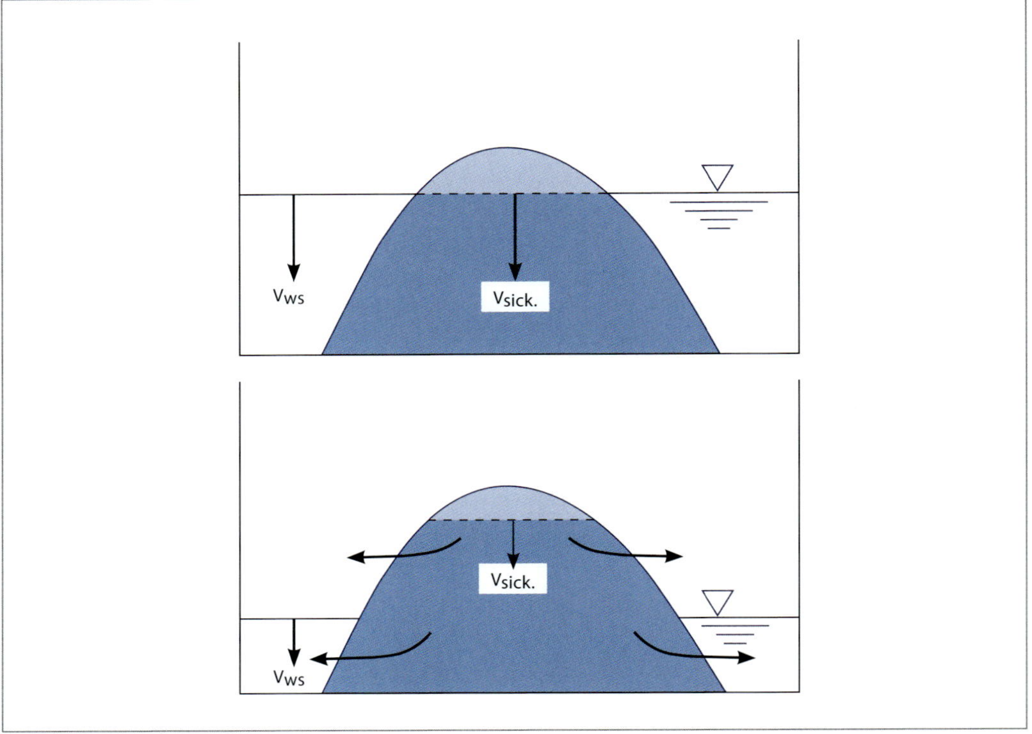

Die einwandfreie Funktion des Whirlpools ist von den unten aufgeführten Faktoren abhängig. Grundvoraussetzung ist, dass die Würze whirlpoolfähig ist (scherspannungsarme Würzebehandlung). Die Kontrolle der Ausschlagwürze erfolgt mittels wärmeisolierten Imhofftrichters. Der Heißtrub muss sich in 5–6 min vollständig abgesetzt haben. Mechanische Belastungen der Würze über Krümmer, T-Stücke, Pumpen (müssen im Bereich des optimalen Wirkungsgrades laufen) sollten minimiert werden (τ_{max} = 50 Pa). Günstige Ausgangsbedingungen sind gegeben, wenn die Einlaufgeschwindigkeit mit 3,5 m/s nicht überschritten wird. Andernfalls können sich Sekundärströmungen (Toruswirbel) einstellen, die der Sedimentation entgegenwirken. Abhilfe schafft der Einbau konzentrischer Ringe in Bodennähe (Zerschneiden der Toruswirbel) als letzte Konsequenz (Abb. 7.3).

Abb. 7.3: Störende Sekundärströmungen (Toruswirbel) [7.6]

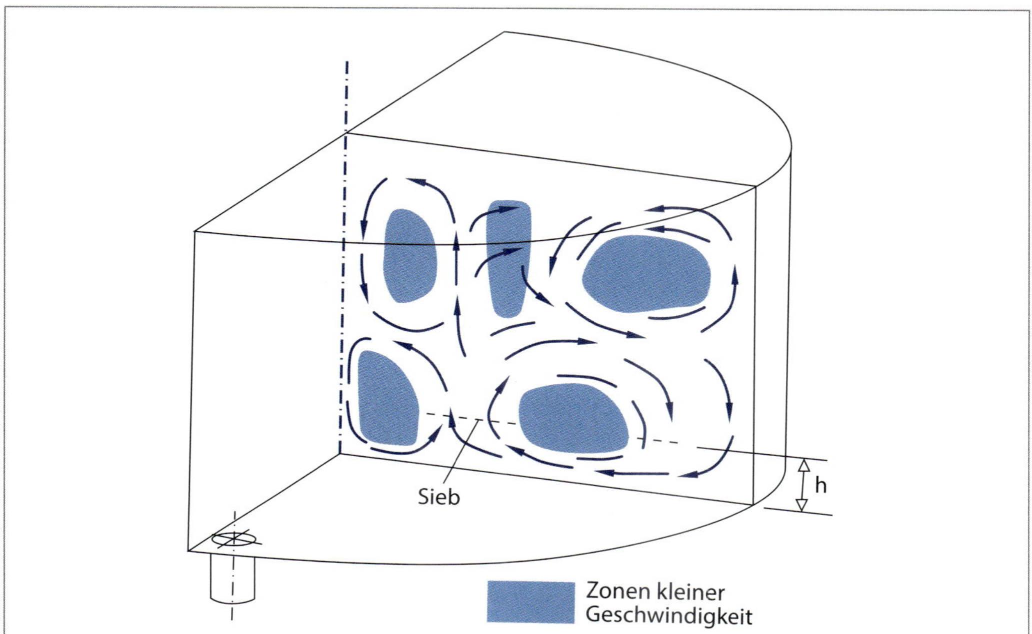

Da die Einlaufgeschwindigkeit maximal bei 3,5 m/s liegen soll, muss der Volumenstrom der Ausschlagpumpe zur Erzeugung des Drehmoments erhöht werden. Abb. 7.4 zeigt den Zusammenhang zwischen Förderstrom $\dot{V}$ zum Inhalt des Whirlpools V_B in Abhängigkeit zum Höhe/Durchmesser-Verhältnis H/D.

Abb. 7.4: Zusammenhang $\dot{V}$ / V_B und H/D [7.6]

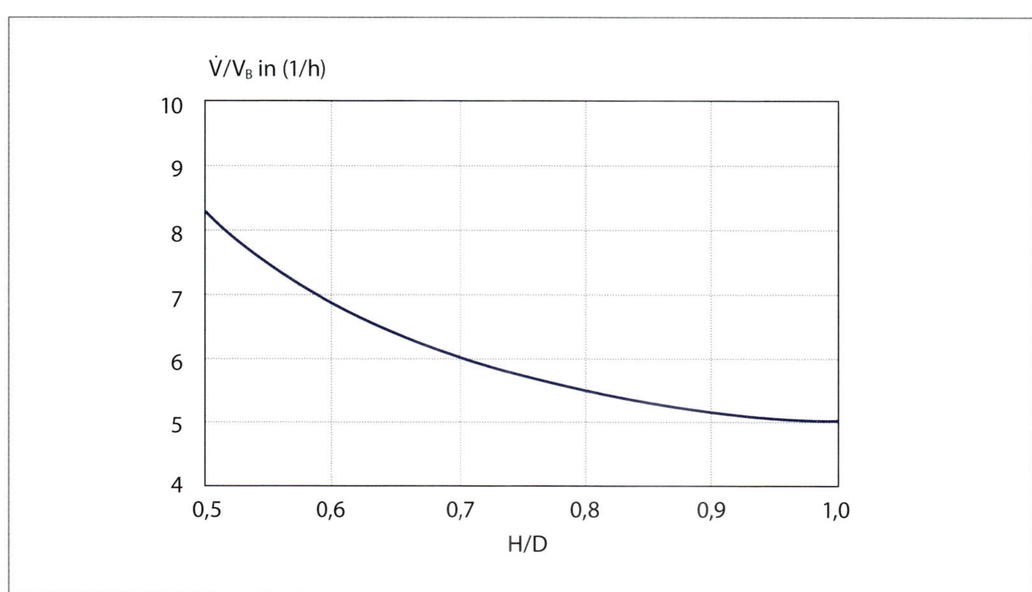

Das H/D-Verhältnis (H = Würzestand) des isolierten Edelstahlbehälters beträgt normalerweise 0,7–0,8 (H:D 1:1,4 bzw. 1:1,25) [7.6], wobei auch ein H:D von 1:2–1:3 gängig ist. Der Whirlpoolboden, häufig mit Rinne und einem Gefälle von 1 bis 2 % zum Auslauf, sollte möglichst eben sein. Einbauten (Rohre, Leitern), welche die Rotationsströmung behindern, sind zu vermeiden. Zu große Mengen an Hopfenpulver können sich störend auswirken. Bei Einhaltung dieser Kriterien ist der Whirlpool beherrschbar.
Bei einem weiteren Sedimentationsverfahren wird vorgeschlagen, die Würze nach dem Ausschlagen in ein zylindrokonisches Gefäß zu überführen und nach einer Rast die geklärte Würze von oben abzuziehen. Der sedimentierte Trub gelangt in einen separaten Trubtank, der unter CO_2-Atmosphäre steht (Abb. 7.5) [7.8].

Abb. 7.5: Sedimentationstank und Trubtank, System Clarisaver® [7.8]

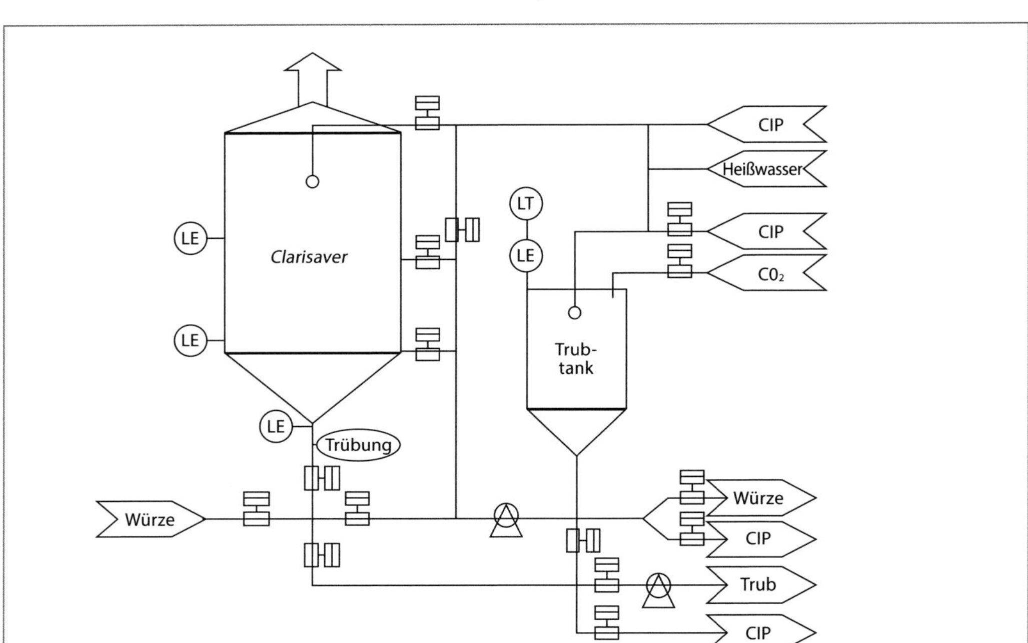

7.2 ALTERNATIVE TRENNAPPARATE

Als weitere Trennapparate kommen der Tellerseparator oder der Heißwürzefilter mit Kieselgur in Betracht. Im Gegensatz zum Whirlpool sind eine sichere Abscheidung und kaum Würzeverluste ohne Trubrückführung gewährleistet.

Tellerzentrifugen, auch Separatoren genannt, werden im Brauprozess vielseitig eingesetzt. Sie können zur Separation von Heiß- und Kühltrub (700 hl/h) dienen. Beim Schlauchen kann für eine definierte Reifung die angestrebte Hefezellzahl eingestellt werden (1500 hl/h). Vor der Filtration ist es möglich, die Feststofffracht mit dem Ziel, den Kieselgurverbrauch zu reduzieren bzw. die Filterstandzeit zu verlängern, zu vermindern (1200 hl/h). Bei einigen Systemen der kieselgurfreien Filtration wird ebenfalls ein Separator vorgeschaltet. Zur Bierrückgewinnung aus Gelägerhefe kommt die Zentrifuge auch zur Anwendung (20 hl/h). Craft Brauereien verzichten häufig auf eine klassische Filtration. Das Unfiltrat wird mit Klär- und Stabilisierungsmitteln behandelt und vor dem Drucktank zentrifugiert.

Das Prinzip der Abtrennung entspricht wie beim Dekanter der Sedimentation über Dichteunterschied zwischen Feststoff und Flüssigkeit, wobei die Absetzgeschwindigkeit durch die Zentrifugalkraft erhöht ist. Die Zentrifugalbeschleunigungen können das 10000-20000-fache der Erdbeschleunigung betragen. Die hohe äquivalente Klärfläche Σ_T wird durch die hohe Drehzahl und das Tellerpaket (Anzahl z und Winkel φ der Teller) erzeugt.

$$\Sigma_T = \frac{2 \cdot \pi}{3\,g} \cdot \omega^2 \cdot \tan\varphi \cdot z \cdot (r_1^3 - r_2^3) \tag{7.1}$$

$$w_{fz} = x^2 \cdot C \cdot g \cdot \frac{(\rho_S - \rho_f)}{18 \cdot \eta} \tag{7.2}$$

Demnach kann die Sinkgeschwindigkeit w_{fz} im Zentrifugalfeld durch größere Partikeldurchmesser (x), eine größere Dichtedifferenz ($\Delta\rho$) oder durch eine geringere dynamische Viskosität (η) erhöht werden. Die Suspension (bei gedrosseltem Zulauf Feststoffgehalt bis $\leq$ 10 Vol.-%) tritt über das Einlaufrohr in die Maschine ein, wird durch hydrohermetischen Zulauf [7.9] scherkraftarm auf Trommelumfangsgeschwindigkeit beschleunigt und wandert unter dem Tellerpaket in Richtung Trommelwand. Dort setzt sich bereits ein Teil der Feststoffe im doppelkonischen Bereich der Trommel ab und sammelt sich im Feststoffraum.

Abb. 7.6: Prinzipskizze Tellerseparator [7.10]

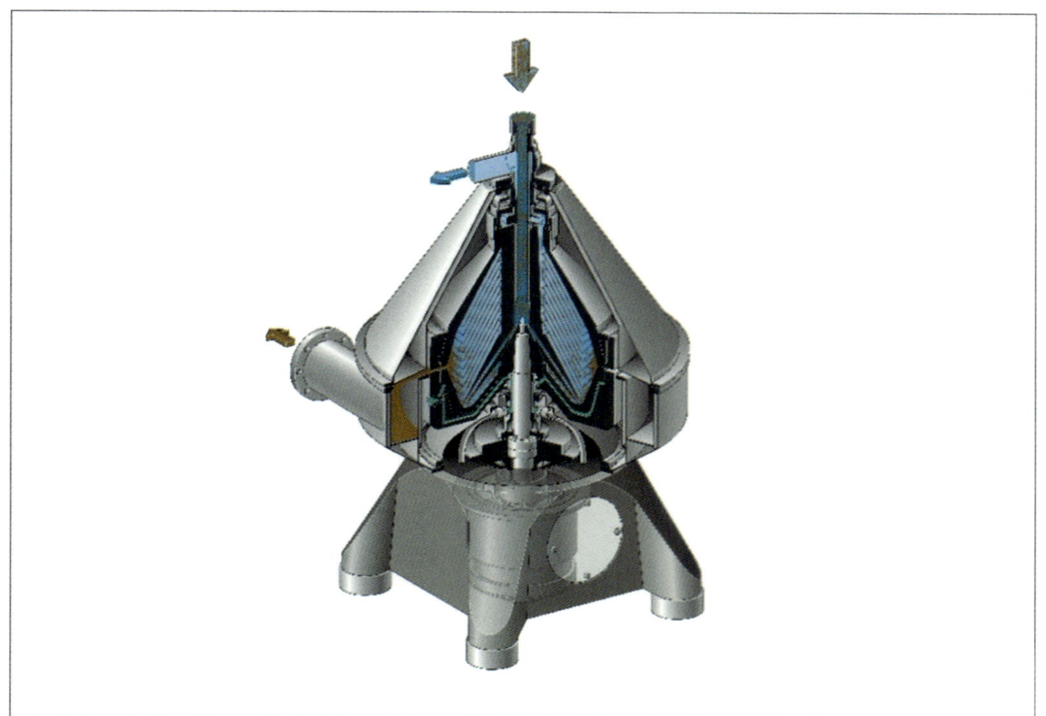

Die restliche Suspension wird durch das Tellerpaket nach innen geleitet. Zwischen den einzelnen Tellern erfolgt die Abtrennung der feinen Partikel (x ≥ 0,5 µm), welche sich an der Unterseite des darüber liegenden Tellers absetzen und in den Feststoffraum gleiten.

Abb. 7.7: Sedimentation der Feststoffe im Tellerspalt [7.9]

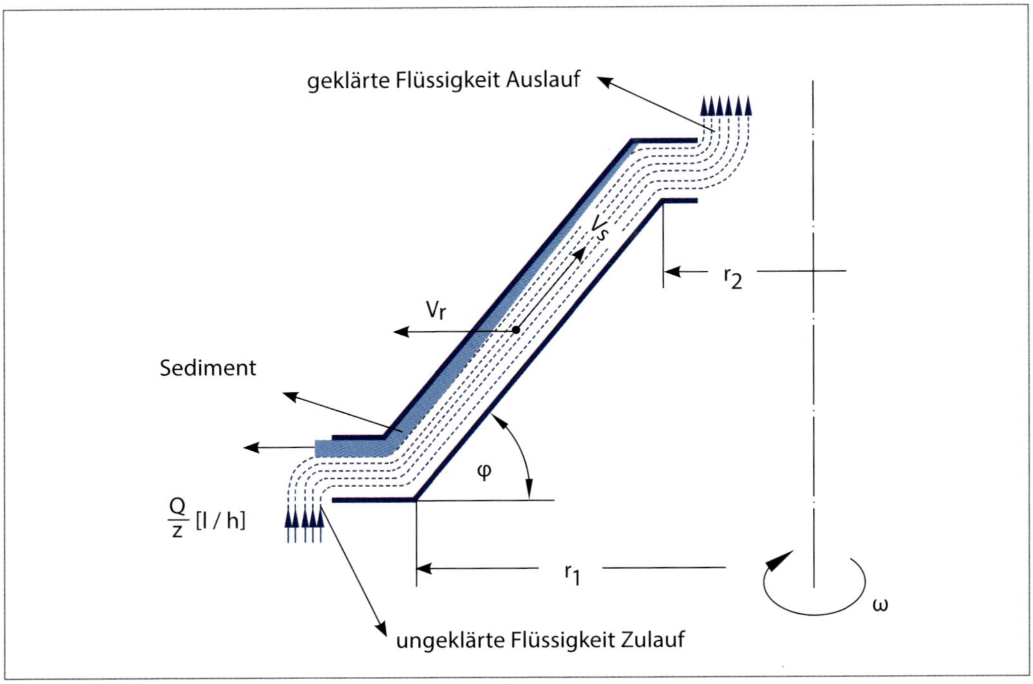

Die verbleibende leichtere, geklärte Flüssigkeit läuft an der Oberseite der Teller in Richtung Drehachse zum Greifer (Schälscheibe) und wird unter Druck abgeführt. Die abgeschleuderten Feststoffe werden periodisch bei voller Drehzahl ausgetragen. Sollen mehr kleine Feststoffpartikel abgetrennt werden, muss die Durchsatzleistung gesenkt werden.

LITERATUR

[7.1] Michel, R.: Dissertation, TU-München, 1989

[7.2] Denk, V.: Brauwelt, Nr. 16, 1989, S. 642-650

[7.3] Denk, V.: Brauwelt, Nr. 20, 1989, S. 877-884

[7.4] Denk, V., Müller, H.: Brauwelt, Nr. 15/16, 1990, S. 568-576

[7.5] Denk, V.: EBC-Symp., Monograph XVIII, 1991, S. 155-163

[7.6] Denk, V.: Brauwelt, Nr. 33/34, 1997, S. 1311-1321

[7.7] Brautechnische Analysenmethoden, Bd. II, Selbstverlag der MEBAK, Freising, 2002

[7.8] Meura S. A.

[7.9] Ullmann, D., Quiter, K.: Chem. Ing. Tech., No. 11, 2007, S. 1759-1764

[7.10] GEA Brewery Systems GmbH

8 WÜRZEKÜHLUNG

Nach der Heißtrubentfernung erfolgt die Abkühlung der Würze auf Anstelltemperatur durch Wärmetauscher unter Gewinnung von Heißwasser (ca. 80–85 °C bzw. ÷ 95 °C s. 6.6.1). Definierte Verweilzeiten und Kühlgeschwindigkeiten sind erforderlich, da die Zeit Ende Ausschlagen – Ende Würzekühlen 100 min (bei 14 Suden/Tag ≤ 70 min) nicht überschreiten soll. Der Plattenapparat ist der gebräuchlichste Wärmeüberträger in der Brauerei. Er verfügt über große Austauschflächen auf kleinem Raum. Die dünnwandigen Platten mit Dichtungen weisen eine strukturierte Oberfläche auf. Sie werden in einem Gestell mit Zugstangen in Form von Plattenpaketen untergebracht. Die Medien strömen durch die in den Ecken befindlichen, ausgestanzten Bohrungen. Der warme und der kalte Strom fließen in benachbarten schmalen Kammern zwischen den Platten (Abb. 8.1). Häufig kommt der einstufige Plattenkühler zum Einsatz. Auch mehrstufige (zwei-/dreistufige) Ausführungen sind gängig. Beim einstufigen Verfahren wird für Anstelltemperaturen der Untergärung meistens vorgekühltes Brauwasser mit 2–5 °C verwendet.

Abb. 8.1: Plattenwärmetauscher [8.1]

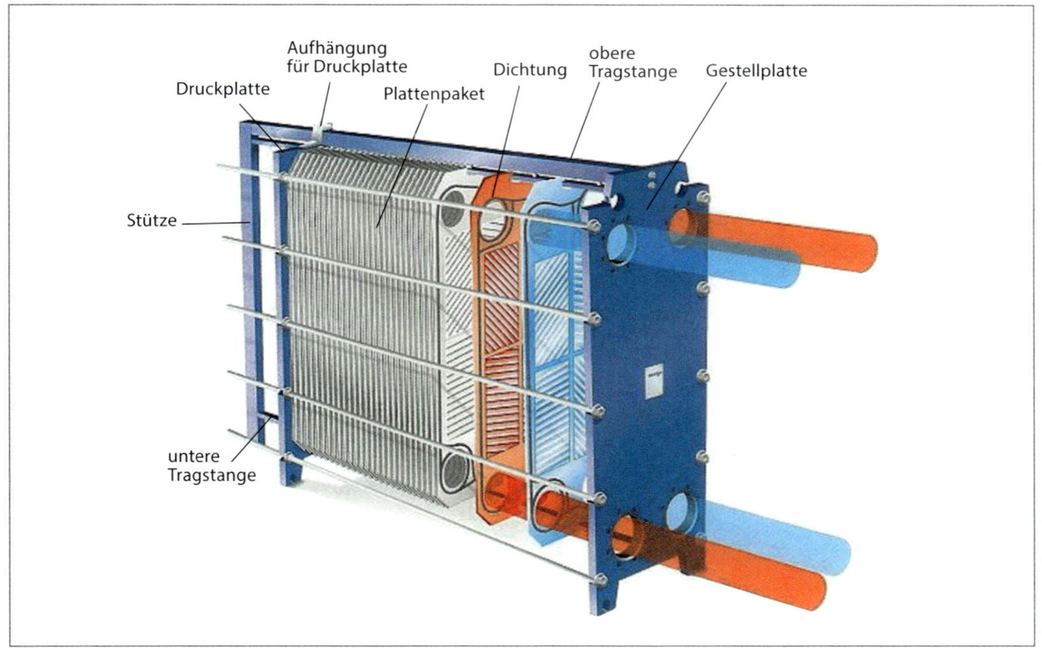

Zwei Massenströme verschiedener Temperatur, die durch eine Wand getrennt sind, tauschen durch diese Wärme aus. Das Kühlmedium (z. B. Brauwasser) entzieht der Würze eine definierte Wärmemenge. Die Würzetemperatur sinkt ab, die des Kühlmediums steigt. Dabei können die Ströme im Gleich- oder Gegenstrom geführt werden. Die Temperaturen ändern sich längs des Strömungswegs (Abb. 8.2, 8.3). Ihr Verlauf ist außer vom Gleich- oder Gegenstrom vom Verhältnis der beiden Massenströme und deren spezifischen Wärmen abhängig [8.2–8.4].

Bei Gleichstrombetrieb fließen die beiden Medien im Wärmetauscher parallel und in gleicher Richtung. Die treibende Temperaturdifferenz ist am Eintritt am größten und nimmt dann allmählich ab. Bei langer Kontaktzeit, kleinen Stoffströmen oder großen Wärmeübertragungsflächen nähern sich die Temperaturen des warmen und kalten Stroms am Austritt an (Abb. 8.2). Die Gleichstromführung hat aufgrund der großen Temperaturdifferenz am Eingang den Vorteil, dass in kurzer Zeit eine große Wärmemenge übertragen werden kann (günstig, wenn Produkte fixiert werden müssen).

Abb. 8.2: Temperaturverlauf bei Gleichstromführung [8.4]

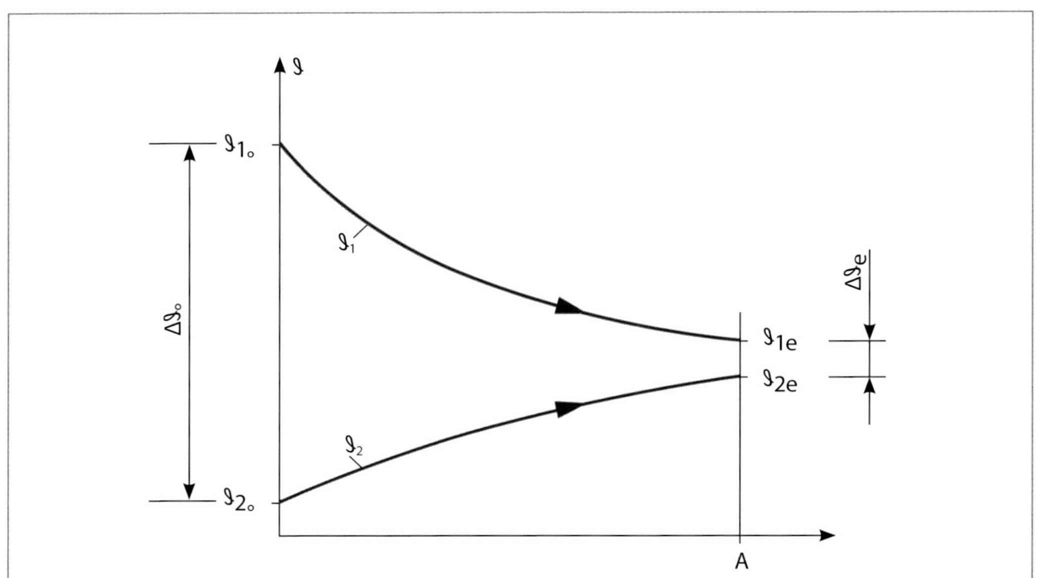

Bei Gegenstrombetrieb fließen die Medien in entgegengesetzter Richtung. Der warme Stoffstrom trifft beim Eintritt auf einen bereits vorgewärmten kalten Strom (Abb. 8.3). Im Gegensatz zum Gleichstrom besteht hier eine nahezu gleich große Temperaturdifferenz über die gesamte Länge. Die Austrittstemperatur des warmen Stromes ϑ_{1e} kann unter der des kalten Stromes ϑ_{2e} liegen. Bei Mittelwertbildung der Temperaturdifferenz fällt der Wert des Gegenstrombetriebs höher aus als der des Gleichstroms. Es kann also mehr Wärme ausgetauscht werden, weshalb das Gegenstromprinzip in der Praxis häufig anzutreffen ist.

Abb. [8.3]: Temperaturverlauf für Gegenstromführung [8.4]

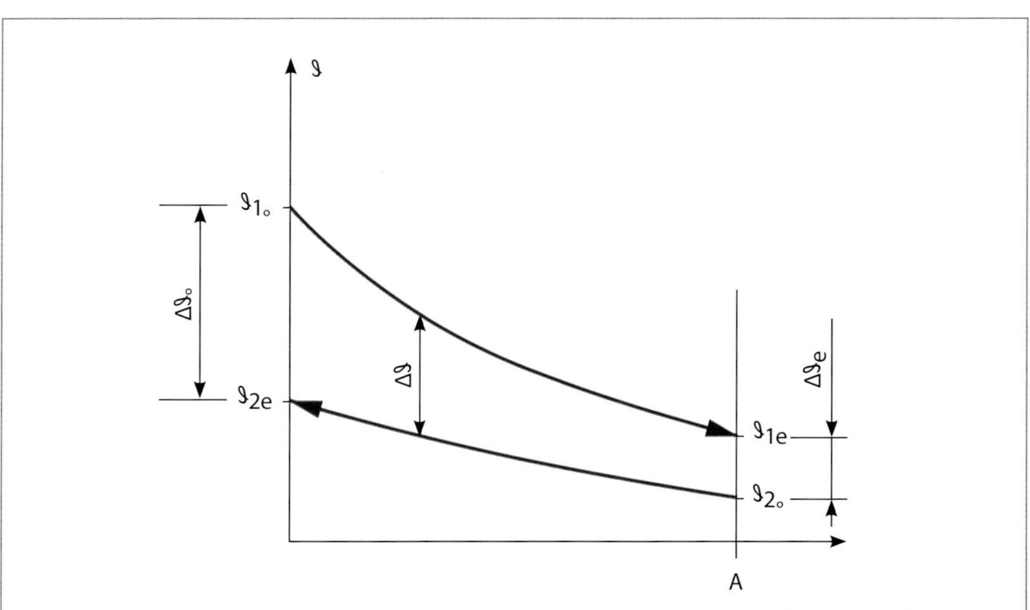

Für die Wärmeströme gilt (Punkt 2.2.1):

$$\dot{Q} = \dot{m}_1 \cdot c_1 (\vartheta_{10} - \vartheta_{1e}) = \dot{m}_2 \cdot c_2 (\vartheta_{2e} - \vartheta_{20}) = A \cdot k \cdot \Delta \vartheta_m \quad (8.1)$$

Die mittlere Temperaturdifferenz zwischen den Medien lautet in beiden Fällen:

$$\Delta \vartheta_m = \frac{\Delta \vartheta_{groß} - \Delta \vartheta_{klein}}{\ln \frac{\Delta \vartheta_{groß}}{\Delta \vartheta_{klein}}} \quad (8.2)$$

Die Wärmedurchgangszahl k gibt die Wärmemenge an, die pro m^2 Übertragungsfläche und pro °C Temperaturdifferenz übertragen wird. Je höher der k-Wert liegt, desto effektiver, kleiner und preiswerter fällt der Wärmeüberträger aus. Der k-Wert hängt ab von:

- Zulässigen Druckverlusten (hohe Turbulenz; mechanische Belastung !),
- Viskosität,
- Fließgeschwindigkeit (möglichst hoch),
- Werkstoff der Übertragungsfläche (s. Wärmeleitung),
- Plattenstärke (gering, 0,5–0,6 mm),
- Plattenprägung (hohe Turbulenz),
- Belagbildung (gering halten).

LITERATUR

[8.1] Online: http://www.wasserundwaerme.de

[8.2] Baehr, H. D., Stephan, K.: Wärme- u. Stoffübertragung, Springer Verlag, Heidelberg, 2010

[8.3] Christen, D.: Praxiswissen der chemischen Verfahrenstechnik, Springer Verlag, Heidelberg, 2010

[8.4] Lehrstuhl für Verfahrenstechnik disperser Systeme: Vorlesungsskript Verfahrenstechnik thermischer Prozesse, Weihenstephan, 2001

9 BELÜFTUNG

Die Würzebelüftung umfasst die Dispersion eines Gases in einer Flüssigkeit und den Stoffübergang an der Grenzfläche zwischen den beiden Phasen. Sauerstoff wird aus einer Gasblase über die Grenzfläche Gas/Flüssigkeit in der wässrigen Phase gelöst und von der Hefezelle aufgenommen. Der Stoffübergang bzw. die Widerstände, die das O_2-Molekül zu überwinden hat, sind in Abb. 9.1 anhand des Konzentrationsverlaufs vom Gas zur Flüssigkeit bzw. zur Hefezelle dargestellt. Der Transport des O_2-Moleküls erfolgt im Gas- und Flüssigkeitsfilm durch Diffusion, im Innern der Gasphase und der Flüssigkeitsphase durch Konvektion (Zweifilmtheorie, Pkt. 2.2.2).

Abb. 9.1: Stoffübertragung von Gas zur Flüssigkeit bzw. Hefezelle (GB = Gasblase, GF = Gasfilm, FF = Flüssigkeitsfilm) [9.1]

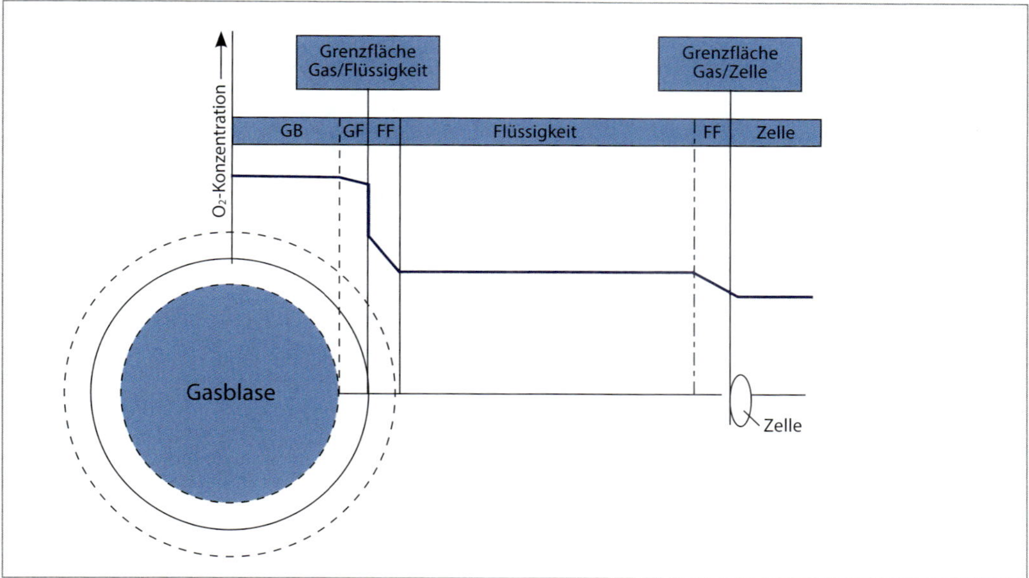

Um die für die Hefevermehrung erforderliche Sauerstoffmenge von 8 bis 10 mg/l O_2 zu erzielen, sind 3–10 l/hl Luft notwendig. Vielfach wird zur Förderung der SO_2-bildung (> 10 mg SO_2/l nach LMIV keine Kennzeichnungspflicht, aber zu deklarieren auf Basis der LMBasisV zum Schutz gesundheitlich empfindlicher Verbrauchergruppen) eine Verminderung der Belüftung vorgeschlagen. Dies zieht jedoch eine geringere Hefevermehrung und damit eine erhöhte Esterbildung (Acetyl-CoA) nach sich (Bierqualität!). Die Belüftung erfolgt am Auslauf des Plattenkühlers, indem sich die von oben eintretende Würze intensiv mit der von unten einströmenden sterilen Luft vermischt. Die Sättigungswerte von Sauerstoff in Würze sind druck- und temperaturabhängig. Entscheidend für die Lösungsgeschwindigkeit ist neben der niedrigen Temperatur der Würze eine möglichst kleine Blasengröße. Zu den apparativen Möglichkeiten zählt die Belüftungskerze. Die Keramikkerze ist als schlechteste Lösung anzusehen, da sie Luftblasen schwankender Größe erzeugt (0,1–5 mm). Eine Verbesserung stellt das Venturirohr dar (Abb. 9.2). Durch die Querschnittsverengung in der Leitung entsteht im engen Bereich eine erhöhte Fließgeschwindigkeit. Der daraus resultierende Unterdruck saugt Luft in die Leitung ein. Die erzeugten Blasen sind feiner als die mit der Kerze hergestellten (100–500 µm) [9.2]. Dahinter ist öfters eine Mischvorrichtung (Mischpumpe) installiert.

Abb. 9.2: Belüftungsvorrichtungen [9.3]

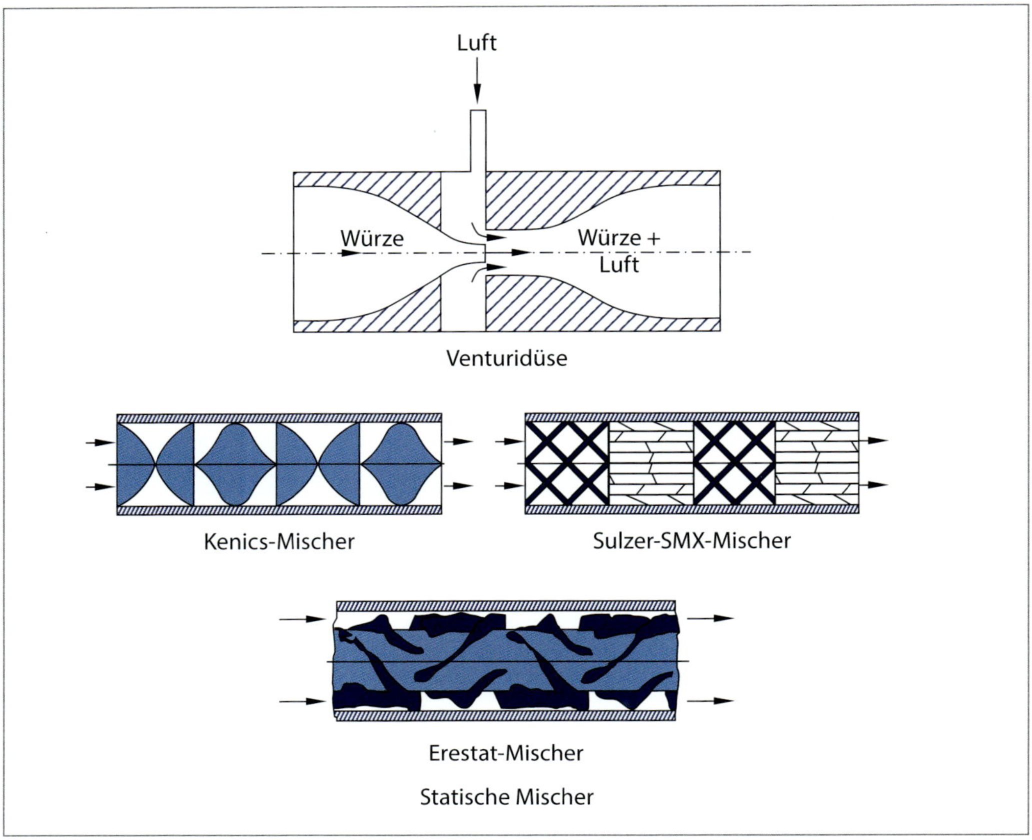

Luft
Würze
Würze +
Luft
Venturidüse
Kenics-Mischer
Sulzer-SMX-Mischer
Erestat-Mischer
Statische Mischer

Eine weitere Optimierung erbrachte die Zwei-Stoff-Düse (Abb. 9.3). Die Luft wird durch feine Düsen in der Wandung eingeleitet. Dadurch wird die Bildung feinster Bläschen erreicht. Die zwei Phasen werden durch eine Verengung geführt. In der Erweiterung tritt eine intensive Mischung ein. Die Blasengröße beträgt 100–200 µm.

Abb. 9.3: Zweistoffdüse [9.4]

Luft
Würze
Hefe
CIP

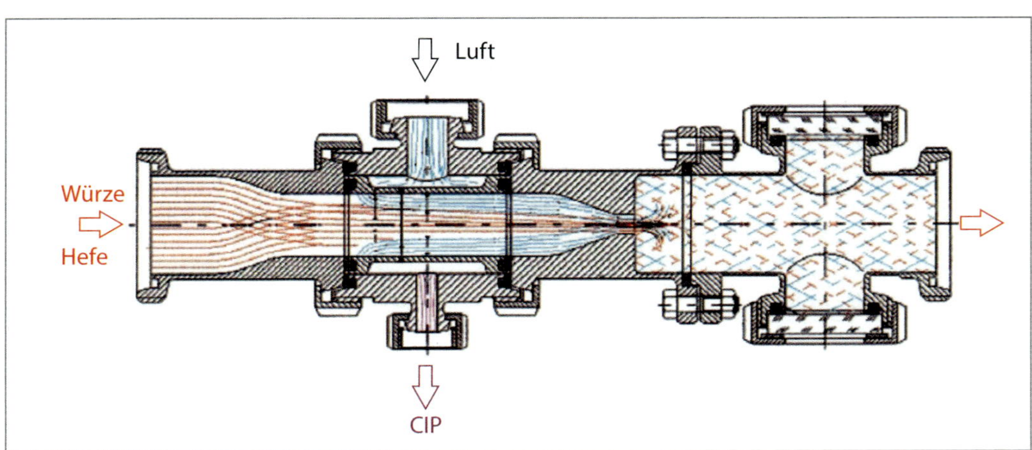

Der statische Mischer besteht aus Aufprall- und Umlenkelementen. Bei zwei Ausführungen (Abb. 9.2) sind die Mischelemente jeweils um 90° versetzt in der Leitung angeordnet, sodass erst eine Mischung in horizontaler und anschließend im nächsten Element in vertikaler Richtung erfolgt. Die ständige Richtungsänderung erzeugt hohe Turbulenzen.
Zu erwähnen ist noch der Zentrifugalmischer. Die Luft wird hier durch einen Dispergierrotor in die Würze eingeschlagen und fein verteilt.

LITERATUR

[9.1] Schwister, K.: Taschenbuch der Verfahrenstechnik, Carl Hanser Verlag, München, 2010

[9.2] Solfrank, B., Sommer, K.: Mschr. f. Brauwiss., Nr. 9, 1989, S. 364–368

[9.3] Stieß, M.: Mechanische Verfahrenstechnik – Partikeltechnologie 1, Springer Verlag, Berlin, 2009

[9.4] Fa. Esau & Hueber GmbH

10 KÜHLTRUBENTFERNUNG

Der Kühltrub entsteht beim Abkühlen der Würze ab 70 °C abwärts (vermehrt zwischen 20 und 0 °C) und geht bei Erwärmung wieder in Lösung. Es können Mengen von 150 bis 300 mg/l in einer Partikelgröße von 0,5 bis 20 µm anfallen. Im Hinblick auf den Hefestoffwechsel (ungesättigte Fettsäuren) wird ein restlicher Verbleib an Kühltrub von ca. 40 % postuliert. Bei geringer Hefeführung (max. drei) ist die Kühltrubentfernung nicht zwingend. Vielfach wird bei der Vergärung von feststoffarmen Läuterwürzen heute auf die Kühltrubentfernung verzichtet. Als apparative Möglichkeiten bieten sich die Zentrifuge (bei 6 °C Trenneffekt 45–60 %), der Kaltwürzefilter (Trenneffekt steuerbar) sowie die häufig praktizierte Flotation an.

Flotationsverfahren werden als Sortierverfahren in der Aufbereitungsindustrie schon seit langer Zeit in großem Umfang eingesetzt. Die Flotation stellt das wichtigste Verfahren zur Fein- und Feinstkornabtrennung dar und ist dementsprechend weitgehend erforscht [10.1].

Zu Beginn der Flotation wird über die erwähnten Belüftungsvorrichtungen (Kap. 9) ein Luftüberschuss von 20 bis 60 l/hl dosiert, was zu einer ca. 60%igen Entfernung des Kühltrubs in stehenden oder liegenden Tanks (Steigraum 30–50 %) innerhalb von 6–8 h (Zweistoff-Düse in 2–4 h) führt. Es sollte kein Heißtrub mehr vorhanden sein. Ein zweiter Sud kann durch den bereits geklärten Sud gelassen werden. Die fein verteilten Luftblasen entbinden sich in der Würze und reißen die Kühltrubpartikeln mit nach oben. Eine kompakte Schaumdecke entsteht. In der untersten Schicht über der Würze bildet sich reiner Kugelschaum aus. Die Entwässerung schreitet hier schnell voran. Ab einer bestimmten Höhe werden die Blasenwände dünner. Die Blasen schließen sich zusammen und es entsteht Polyederschaum, der sehr langsam entwässert. Je nach Menge der zugeführten Luft erhöht sich dadurch der Schwand [10.2]. Die Hefen (6–10 µm) sind von diesem Vorgang normalerweise nicht betroffen. Die Abscheidung hängt von der Trefferwahrscheinlichkeit und der Haftwahrscheinlichkeit ab. Das heißt, eine Partikel kann nur dann abgeschieden werden, wenn sie die Luftblase trifft und daran hängen bleibt.

Abb. 10.1: Strömungsprofil um eine Luftblase [10.3]

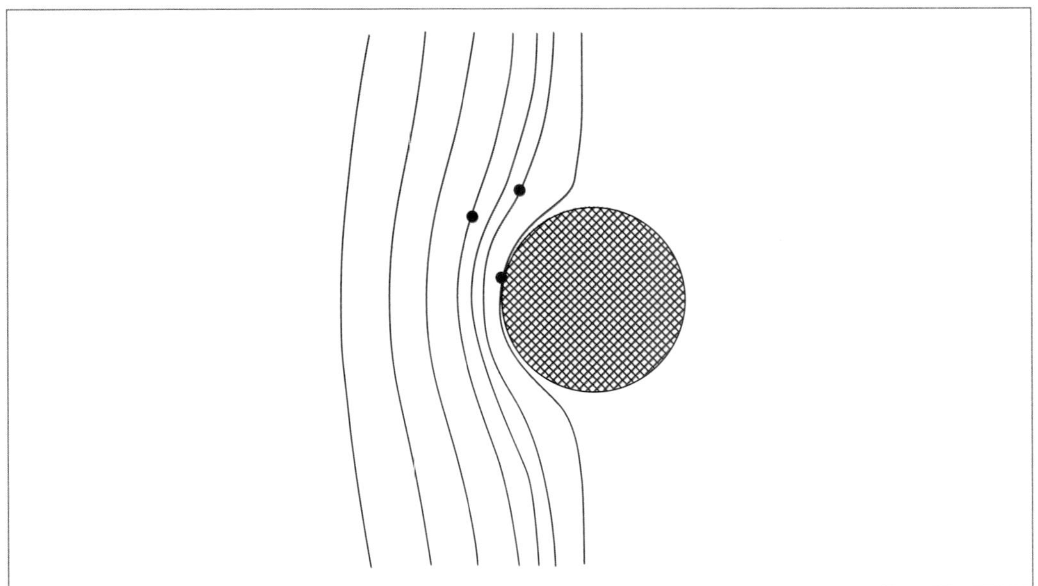

Die Partikeln folgen den Stromlinien (Abb. 10.1). Folgt eine Partikel einer Stromlinie, die nahe genug an der Luftblase entlangläuft, trifft die Partikel die Blase. Wenn die Haftkräfte zwischen Blase und Partikel ausreichen, bleibt der Feststoff haften und wird abgeschieden.

LITERATUR

[10.1] Schubert, H.: Handbuch der mechanischen Verfahrenstechnik, Wiley-VCH, Weinheim, 2003

[10.2] Reuschl, W.: Brauwelt, Nr. 39, 2001, S. 1699–1702

[10.3] Solfrank, B., Sommer, K.: Mschr. f. Brauwiss., Nr. 9, 1989, S. 364–368

11 GÄRUNG UND REIFUNG

11.1 ALLGEMEIN

Hauptziel bei diesem Prozess ist die Gewinnung von Äthanol und CO_2 aus der Vergärung der in der Würze enthaltenen Zucker. Es werden Nebenprodukte gebildet, die zum Teil erwünscht (höhere aliphatische Alkohole, Ester) sind und die z.T. im Rahmen der Reifung auch wieder abgebaut (Diacetyl, Acetaldehyd, Schwefelwasserstoff) werden müssen.
Hefephysiologisch kann die Gärung in drei Abschnitte eingeteilt werden:

- aerobe Startphase mit Hefevermehrung und pH-Sturz,
- anaerobe Hauptgärphase mit Umwandlung des Extrakts in Äthanol u. CO_2,
- Bruchbildungsphase mit Verringerung der Gärgeschwindigkeit und Hefesedimentation mit anschließender Hefeernte (bei ZKG-Betrieb ist es üblich, die Hefe in mehreren einzelnen Abschnitten abzuziehen, um Exkretionsvorgängen vorzubeugen).

Die für den Hefestoffwechsel notwendigen Bausteine müssen in der Würze vorhanden sein (Abb. 11.1):

- Aminosäuren für den Aufbau neuer Zellsubstanzen (bei Mangel auch Eigensynthese aus intermediär anfallenden Ketosäuren; es entstehen höhere Alkohole als Nebenprodukte),
- Phosphate,
- Langkettige Fettsäuren (möglichst ungesättigt) zum Aufbau von Zellmembranen,
- Zucker zum Aufbau von Reservekohlenhydraten,
- Spurenelemente,
- O_2 für die Atmung.

Ein Mangel der aufgeführten Faktoren kann zu Gärstörungen führen. Über Pyruvat und aktiven Acetaldehyd entsteht bei der Valinbiosynthese die Acetohydroxisäure 2-Acetolactat, die außerhalb der Hefezelle durch oxidative Decarboxylierung in das Diketon Diacetyl umgewandelt wird. Dieses wird anschließend von der Hefe über Acetoin zu 2,3-Butandiol enzymatisch reduziert.
Analog wird aus 2-Aceto-Hydroxy-Butyrat durch oxidative Decarboxylierung 2,3-Pentandion gebildet, welches zu 2,3-Pentandiol reduziert wird.
2-Acetolactat gilt als alleinige Vorstufe des Diacetyls. Die oxidative Decarboxylierung zu Diacetyl wird als begrenzender Faktor bei der Reifung des Bieres angesehen, da die Reduktionsgeschwindigkeit von Diacetyl zu Acetoin um ein Vielfaches (ca. 10-fach) höher ist. Die Umwandlungsrate der 2-Acetohydroxisäuren zu den korrespondierenden Diketonen ist, neben der Temperatur, von der Substratkonzentration abhängig und nimmt mit zunehmender Reifungsdauer ab. Die Anwendung von Druck beeinflusst den Zerfall des 2-Acetolactats nicht.

Abb. 11.1: Hefestoffwechsel [11.1]

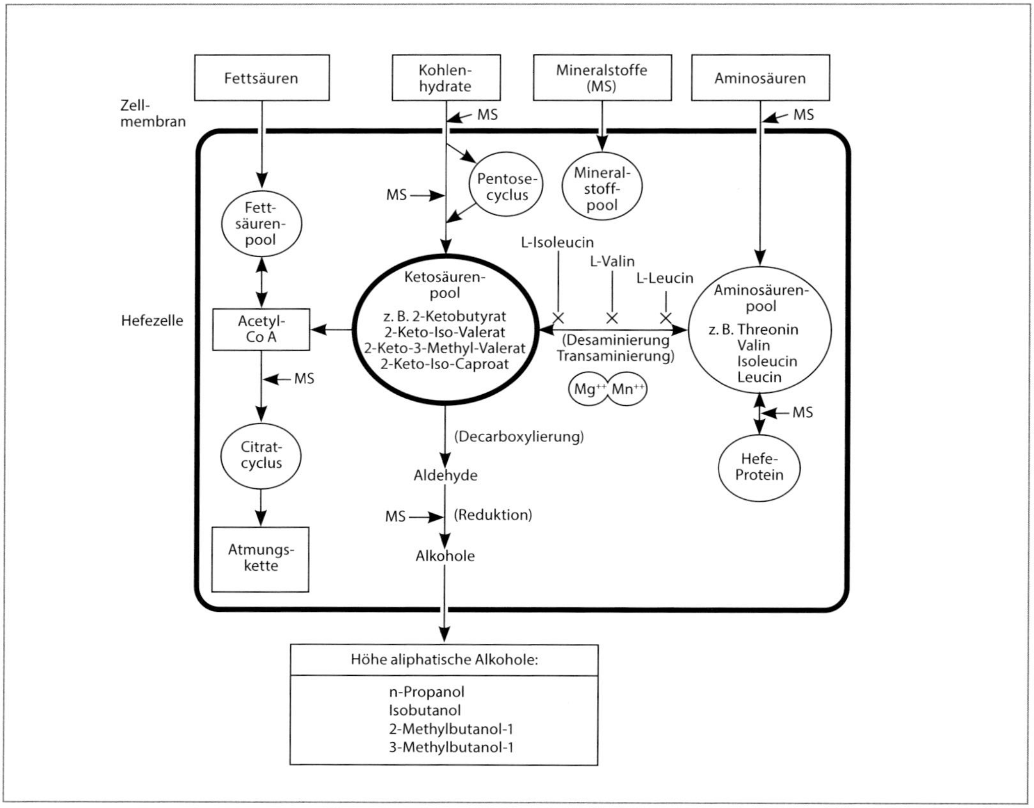

Fettsäuren
Kohlenhydrate
Mineralstoffe (MS)
Aminosäuren
Zellmembran
MS
Pentosecyclus
Mineralstoffpool
Fettsäurenpool
MS
L-Isoleucin
L-Valin
L-Leucin
Ketosäurenpool
z. B. 2-Ketobutyrat
2-Keto-Iso-Valerat
2-Keto-3-Methyl-Valerat
2-Keto-Iso-Caproat
Aminosäurenpool
z. B. Threonin
Valin
Isoleucin
Leucin
Hefezelle
Acetyl-Co A
(Desaminierung Transaminierung)
Mg++ Mn++
MS
MS
(Decarboxylierung)
Citratcyclus
Hefe-Protein
Aldehyde
MS
(Reduktion)
Atmungskette
Alkohole

Höhe aliphatische Alkohole:
n-Propanol
Isobutanol
2-Methylbutanol-1
3-Methylbutanol-1

Abb. 11.2: Bildungsschema von Diacetyl durch Hefen und Bakterien [11.2]

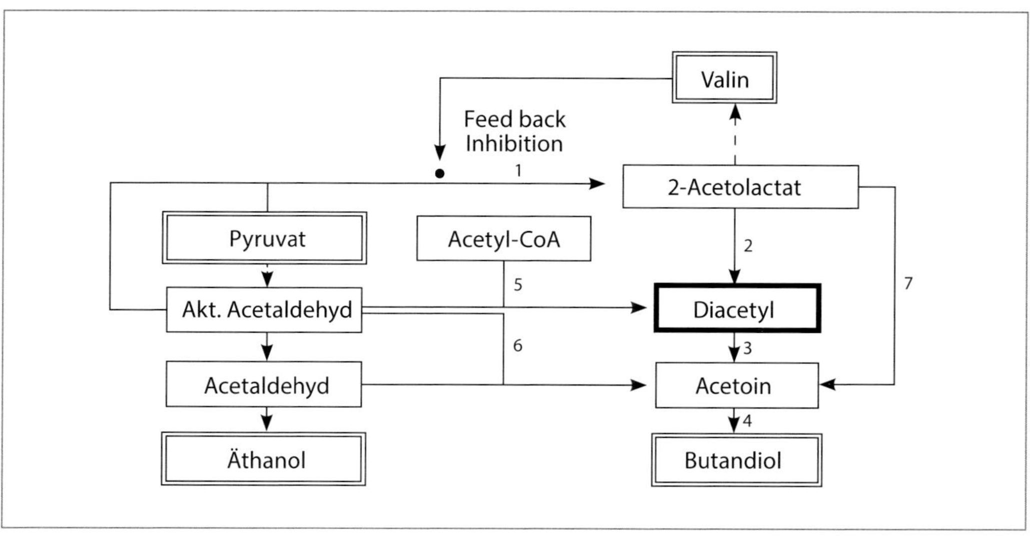

Zu den Einflussfaktoren der Gärung zählen
- Würzezusammensetzung,
- Belüftungsrate,
- Hefezellzahl,
- Hefestamm,
- Anstelltechnologie, Hefeführung, Hefebehandlung,
- Temperatur,
- Druck,
- Bewegung des Mediums,
- Behältergeometrie.

Die Gär- und Reifungsverfahren können in drei Gruppen eingeteilt werden:
- kalte Gärung – kalte Reifung,
- kalte Gärung – warme Reifung,
- warme Gärung – warme Reifung.

Bei der kalten Gärung mit gezielter Reifung (Abb. 11.3) wird bei 6–7 °C angestellt. Die Temperatur steigt auf 8–9 °C an und wird bis nahe Endvergärungsgrad gehalten. Beim Schlauchen in den ZKL bei gleicher Temperatur (bei liegenden Tanks sollte die alte Hefe mittels Separator abgetrennt werden) werden dem Jungbier 10 % Kräusen zugesetzt. Nach Unterschreiten des Geschmackschwellenwerts für Diacetyl (≤ 0,10 mg/l) wird auf -1 °C abgekühlt und diese Temperatur 1 Woche gehalten, was insgesamt zu einer Produktionszeit von 20–30 Tagen führt.

Abb. 11.3: Kalte Gärung mit gezielter Reifung [11.2]

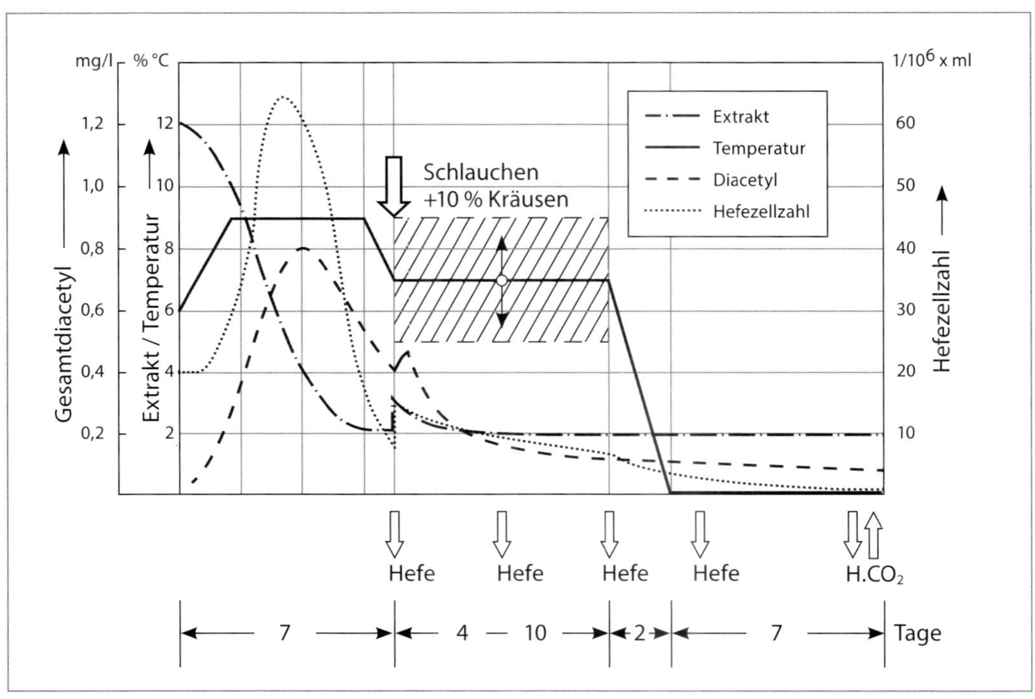

Bei beschleunigten Gär- und Reifungsverfahren laufen die Prozesse durch die Anwendung von höheren Temperaturen schneller ab. Die drucklose Warmgärung (Abb. 11.4) verläuft bei einer Temperatur von max. 14 °C bis zum Abschluss der Reifung. Die Extraktabnahme ist schneller und das Diacetylmaximum fällt höher aus (Abb. 11.5), wird aber auch schneller abgebaut. Das Abziehen der im Tankkonus anfallenden Hefe (bei Endvergärung, Ende Reifung) ist für die Qualität mitentscheidend (Pfeile im Diagramm, Abb. 11.4). Es schließt sich eine Kaltlagerphase von 4 bis 7 Tagen an. Damit beträgt die gesamte Produktionszeit 14 bis 17 Tage.

Abb. 11.4: Drucklose Warmgärung [11.2]

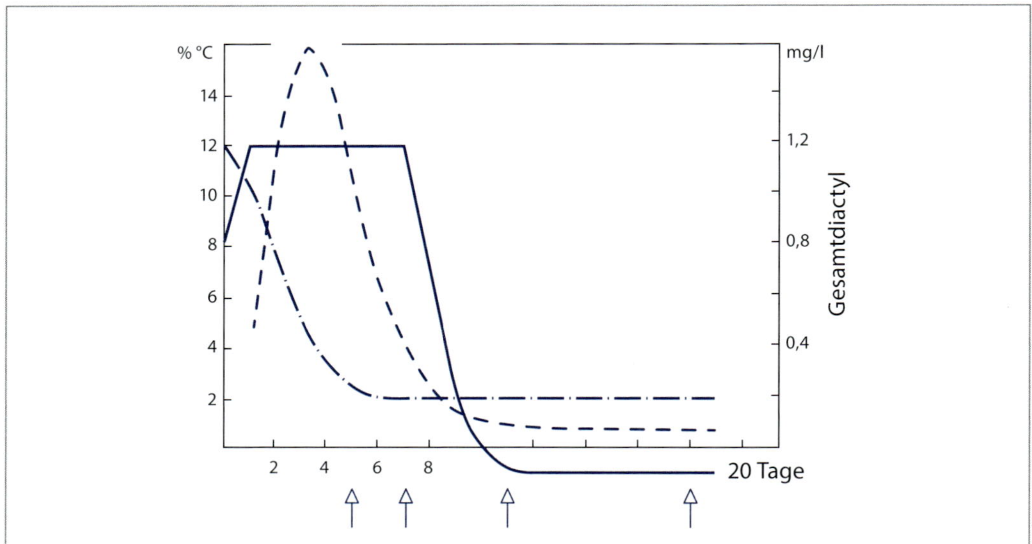

Abb. 11.5: Acetolactatabbau in Abhängigkeit von Gärtemperatur und Druck [11.2]

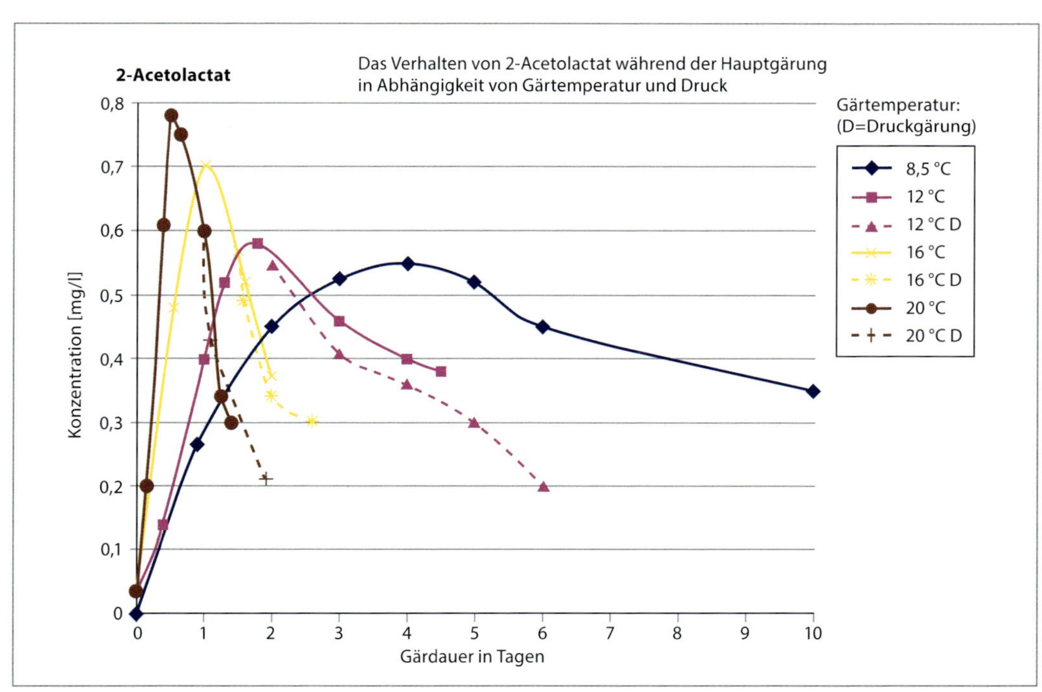

Bei Druckgärverfahren mit Temperaturen von bis zu 18 °C wird ein Gegendruck aufgebaut, um Nachteile wie höhere Gärungsnebenprodukte, Bitterstoffverluste und Schaumverschlechterung in gewissem Maße abzufangen (Temperatur:10 bzw. Flüssigkeitssäule:20). Bei einem Vergärungsgrad von 50 % wird der Enddruck eingestellt (Abb. 11.6). Nach der Entspannung auf Spundungsdruck und Abkühlung am Ende der Reifung wird 4 bis 7 Tage kaltgelagert, was zu einer Produktionszeit von 14 bis 17 Tagen führt. Zu den Nachteilen zählen, dass die Hefevermehrung und Gärintensität nachlassen, sodass die Anzahl der Hefeführungen auf maximal 3–4 begrenzt ist.
Bei höheren Gär- und Reifungstemperaturen kann zur Entlastung der Kühlflächen und zur schnelleren Abkühlung nach der Reifung ein externer Kühler eingesetzt werden.

Abb. 11.6: Druckgärung [11.2]

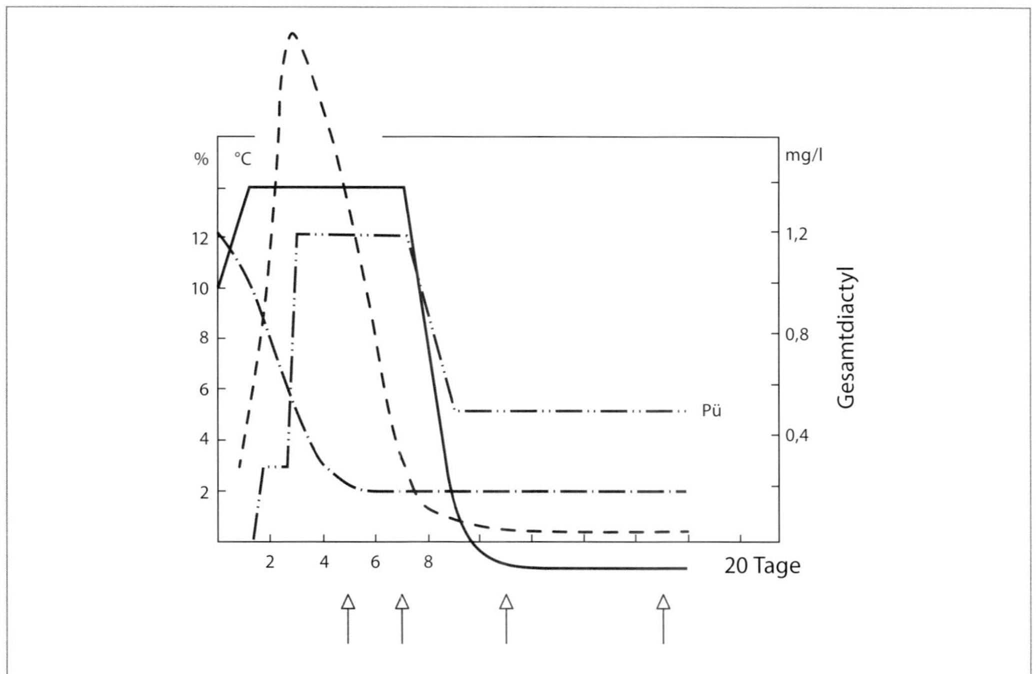

Die Anwendung eines an die jeweilige Gärtemperatur angepassten Gegendrucks unterdrückt zwar die Bildung von höheren Alkoholen in einem gewissen Umfang, jedoch werden die günstigen Werte der kalten Gärführung nicht erreicht (Abb. 11.7).

Abb. 11.7: Isoamylalkohole bei der Hauptgärung [11.2]

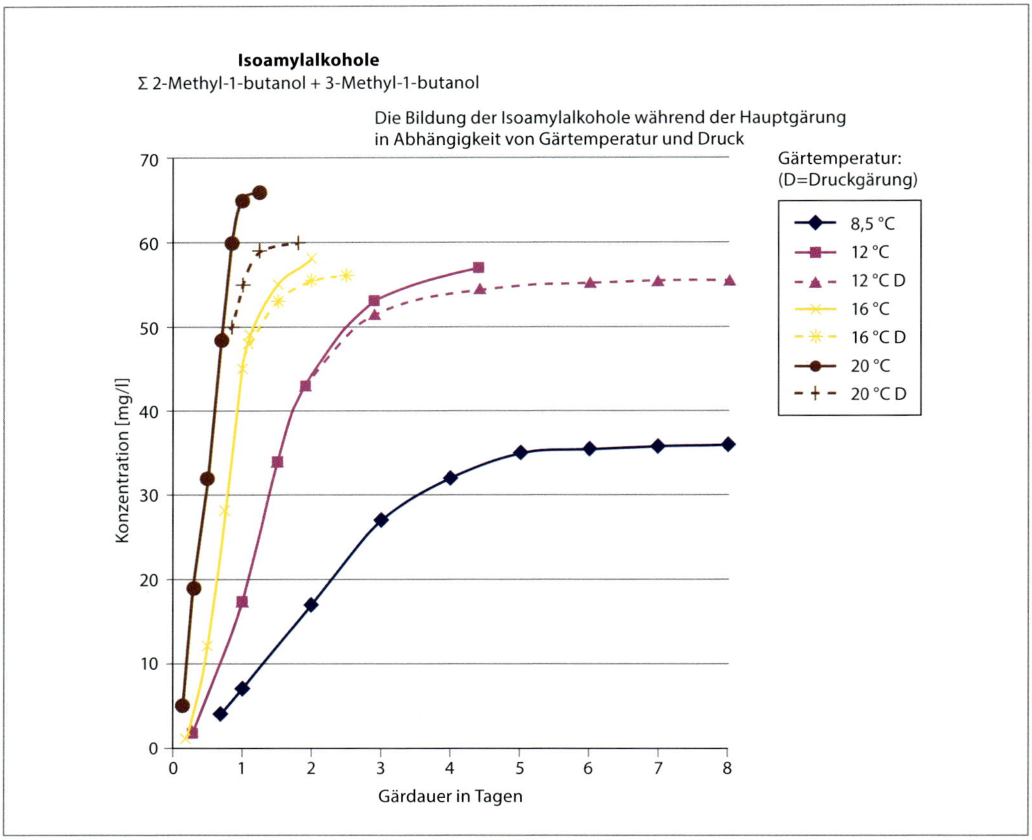

Die Ester, am Beispiel der Essigsäureethylester dargelegt (Abb. 11.8), reagieren auf Temperaturerhöhungen ähnlich wie die höheren Alkohole.

Abb. 11.8: Essigsäureethylester bei der Hauptgärung [11.2]

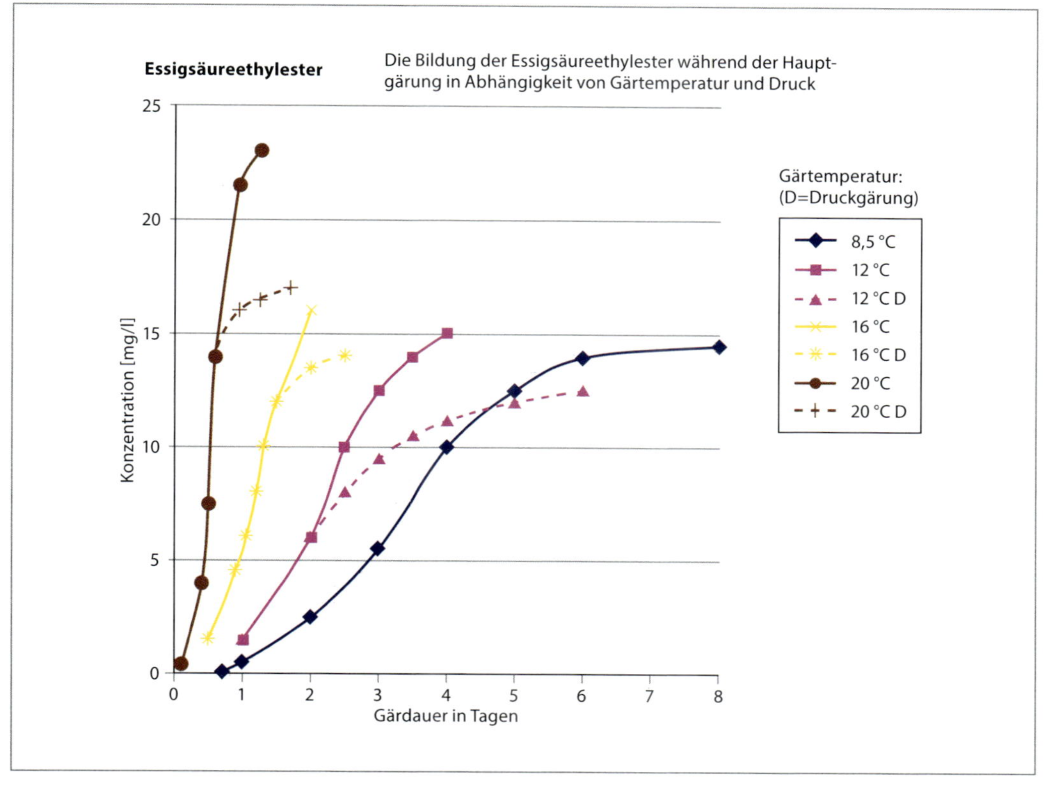

Während bei der konventionellen Gärführung lediglich Extraktabnahme und Gärtemperatur dokumentiert werden, erhöht sich der Kontrollaufwand bei beschleunigten Verfahren aus Gründen der Produktsicherheit und Qualitätskonstanz beträchtlich (Kap.14).

11.2 KONTINUIERLICHE VERFAHREN

Der Reiz des kontinuierlichen Verfahrens liegt darin, die herkömmliche Gär- und Reifungszeit von mindestens 20 Tagen auf 36–48 h zu reduzieren. Die ersten Patentschriften sind schon Ende des 19. Jahrhunderts zu finden. Bis auf das Verfahren von Coutts und mit Einschränkung das Bio-Brew-Verfahren war den Systemen kein Erfolg beschieden. Die Bierqualitäten waren unbefriedigend bis mangelhaft, zumal der Reifungsschritt zu wenig Beachtung fand. Der Mechanismus des Diacetylabbaus wurde erst in den 1960er-Jahren [11.3] erschöpfend geklärt.

Bei der Abgrenzung des Chargenbetriebs vom kontinuierlichen Verfahren sind folgende Aspekte anzuführen. Eine laufende Produktkontrolle ist erforderlich (24-h-Kontrolle). Die Einfahrzeit, bis das System stabil ist, nimmt unter Umständen Wochen in Anspruch. Dafür soll das System dann im Dauerbetrieb ca. ein Jahr laufen. Die Gefahr besteht darin, dass sich über diese lange Zeit mikrobiologische Kontaminationen einnisten können. Auch kann die Kulturhefe ihre Gäreigenschaften durch Mutation verändern. Die Auswahl von Hefestämmen ist eingeschränkt. Das System ist insofern unflexibel, als nur eine Biersorte gefahren werden kann.

Oberstes Gebot für das Kontiverfahren muss die Erhaltung der Qualität des Endprodukts sein. Außerdem muss mit der Umstellung ein wirtschaftlicher Vorteil verbunden sein, d. h. die Investitionskosten müssen geringer ausfallen. Ähnliches gilt für die Personal- und Produktionskosten (schneller Durchfluss, kurze Produktionszeiten, lange Reinigungsintervalle usw.). Die Kontigärung erfordert eine hohe

Hefekonzentration (schnelle Vergärung) mit einer Kontrolle des Hefewachstums und der Vermehrung. Die Aufrechterhaltung des Gärgradienten bedeutet, dass keine Würze durchschlagen darf. Der Hefeaustrag muss ausgeglichen werden. Die Würze muss belüftet werden, nicht das Bier. Eine konstante Produktqualität bei variabler Durchflussleistung muss gegeben sein.
Beim *Zulaufverfahren* (Rührfermenter) wird ein Teil der Hefe, die in Schwebe ist, mit ausgetragen (Abb. 11.9). Diese muss z.T. wieder rückgeführt oder ersetzt werden. Beim *Durchlaufverfahren* dagegen, wird die Hefe durch Bindung an einen Träger unbeweglich gemacht (immobilisiert). Ein vollständiger Substratumsatz ist in einem Rührreaktor allein nicht möglich. Deshalb setzt man für die kontinuierliche Gärung eine Rührkesselkaskade ein. Beim Rohrreaktor dagegen liegt im Austritt aufgrund der Kolbenströmung kein unverbrauchtes Substrat vor.

Abb. 11.9: Kontigärung-Prinzip

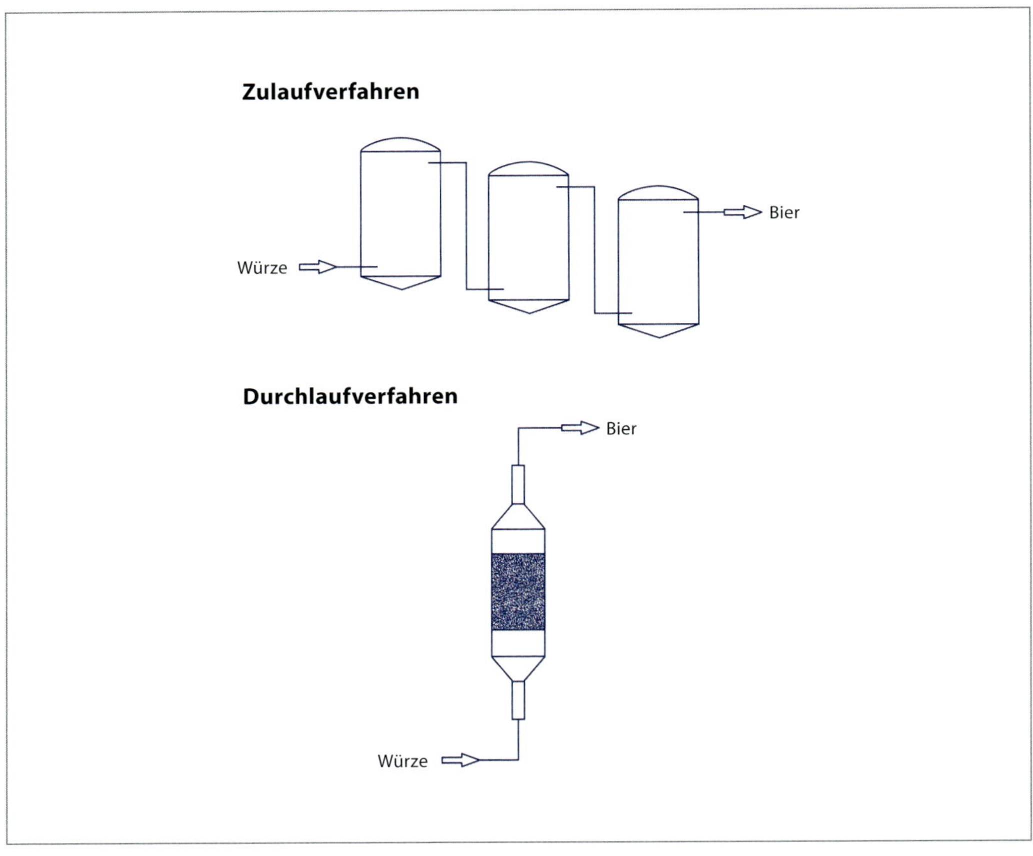

Abb. 11.10: Coutts-Verfahren

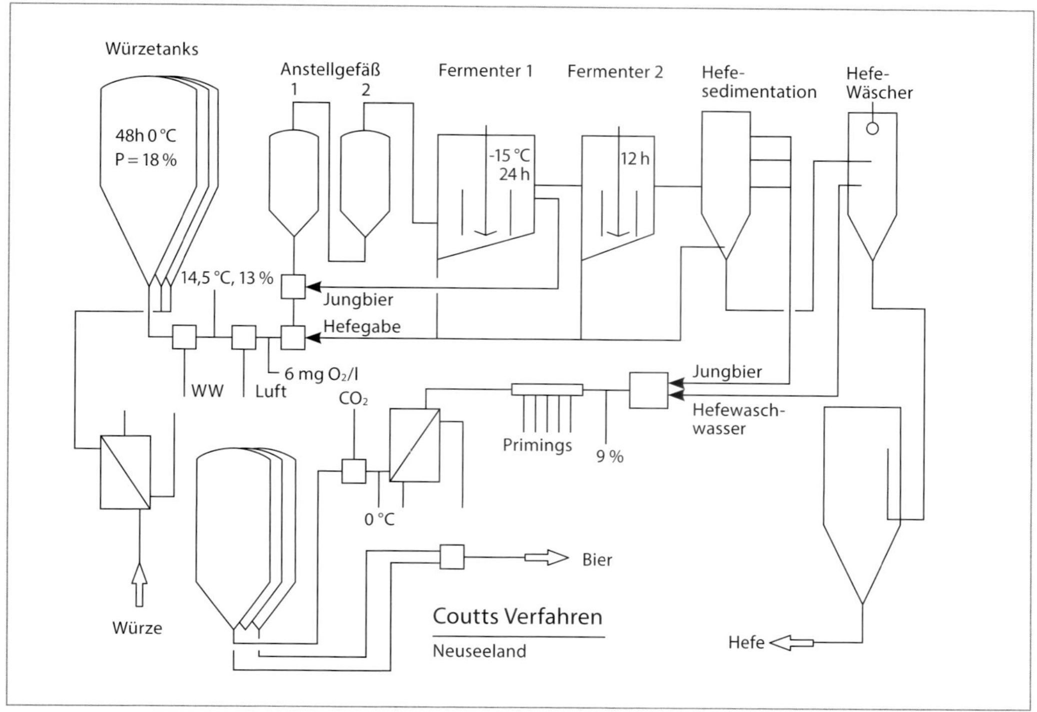

11.2.1 COUTTS-VERFAHREN (ZULAUFVERFAHREN)

Beim Coutts-Verfahren, welches 20–30 Jahre in Neuseeland praktiziert wurde, werden geschlossene Rührreaktoren (Rührkesselkaskade) verwendet (Abb. 11.10).

Die Ausschlagwürze wird zunächst auf 0 °C abgekühlt (Absetzen von Heiß- und Kühltrub). Mittels Warmwasser erfolgt eine Verdünnung von 18 auf 13 % Stammwürze. Die Temperatur wird auf 14,5 °C angehoben. Die Belüftung fällt mit 6 mg O_2/l sehr moderat aus. Mit der Hefe wird zur pH-Absenkung Jungbier dazugegeben [11.4]. Nach der Angärung gelangt die Würze in den Hauptfermenter (15 °C, 24 h), danach in den Reifungsfermenter (Diacetylreduktion) und dann zur Hefesedimentation. Das Hefewaschwasser wird mit dem Jungbier verschnitten. Die Hefe wird den Fermentern wieder zugeführt, da der Hefeaustrag bei Zulaufverfahren wieder ausgeglichen werden muss. Dann wird das Bier auf den gewünschten Stammwürzegehalt eingestellt und mit Primings (Karamell, Hopfenöle) versetzt. Darauf erfolgt die Abkühlung des Bieres auf 0 °C. Nach der Karbonisierung wird es in den Endlagerbehälter gedrückt.

Basierend auf dem geschilderten Verfahren wird bis heute Bier kontinuierlich hergestellt. Die Gärung ist auf zwei Rührkesselfermenter unterteilt. Die Reifung erfolgt nach der Hefesedimentation in einem Warmtank [11.5].

Abb. 11.11: APV-Verfahren

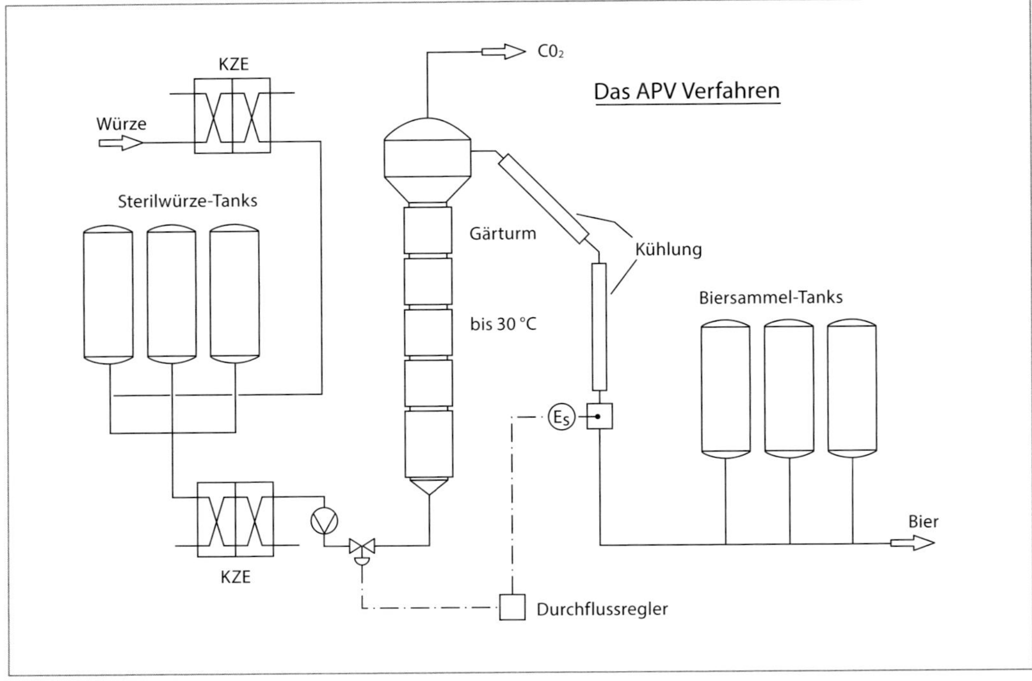

11.2.2 APV-GÄRTURM (DURCHLAUFVERFAHREN)

Der Gärturm (stehender Rohrreaktor) besteht aus einer Röhre mit Lochblechen [11.6], die ein Zurücksinken der Hefe verhindern sollen und den Aufbau eines Hefeblocks im unteren Turmbereich ermöglichen (Abb. 11.11). Die Hefe sollte ein starkes Flockungsvermögen besitzen. Daraus ergibt sich eine eingeschränkte Wahl des Hefestamms. Außerdem sollen die Lochbleche eine CO_2-Abfuhr ohne Kanalbildung zulassen. Die Würze wird nach dem Sterilisieren und der Belüftung von unten in das System gedrückt und auf dem Weg nach oben vergoren (29 °C, 8 h). Im oberen Teil vergrößert sich der Durchmesser des Turms, die Fließgeschwindigkeit des Jungbiers nimmt ab, die Hefe kann sedimentieren. Allerdings ist aufgrund des geringen Dichteunterschieds eine Durchsatzsteigerung eingeschränkt. Das Bier, das am oberen Ende austritt, wird sofort abgekühlt und gelangt ohne Reifungsschritt in den Sammeltank.

Die daraus resultierende Bierqualität war so schlecht, dass nur geringe Anteile mit verschnitten werden konnten. Nach einjährigem Betrieb traten in 75 % der Fälle Probleme auf (auch in Kombination). Sie äußerten sich im Verlust des Flockungsvermögens, in reduzierter Vermehrung (62 %), reduziertem Gärvermögen (44 %), fehlender Maltotriosevergärung (46 %) sowie erhöhter Diacetyl- und H_2S-Bildung. Innerhalb eines halbjährigen Betriebs starben 30 % der Hefezellen ab, was naturgemäß mit starken Exkretionsvorgängen verbunden ist (s. Bierqualität).

11.2.3 BIO-BREW-VERFAHREN (DURCHLAUFVERFAHREN)

Berdelle-Hilge entwickelte 1966 die Idee zu diesem Verfahren [11.7]. Narziß und Hellich griffen den Gedanken 1971 auf und untersuchten das System [11.8]. Die Bierqualität war einwandfrei.

Die vom Kühltrub befreite Würze kommt aus dem Stapeltank in den Bio-Reaktor, einen Festbettreaktor (Rahmenfilter, in dem die Hefe zusammen mit Kieselgur zur Lockerung des Kuchens eingelagert wird) und verlässt diesen endvergoren (Gärungstemperatur 8–15 °C). Dabei drückt eine Pumpe die Würze langsam durch den Gärfilter (Abb. 11.12). Die Hefe muss also nicht wie beim APV-Turm durch Sedimentation zu einem Pfropfen zusammengehalten werden, sondern wird durch eine Filterstützschicht am Austreten aus dem Reaktor gehindert. Das bei der Gärung entstehende CO_2 muss nach dem Filter vor dem Wärmetauscher entfernt werden (s. Schaumbildung). Zur Reifung wird das Jungbier auf 20 °C erwärmt, zusätzlich werden 10–15 % Kräusen gegeben. Die Reifung läuft bei 20 °C in 36–48 h ab, Kaltlagerung (-1 °C, 5 d) und Stabilisierung schließen sich an, sodass die Produktion in sieben Tagen abgeschlossen ist. Eine Zeit lang wurde eine Pilotanlage mit 30 hl/d betrieben, die aufgrund des Steuerungsaufwandes jedoch wieder aufgegeben wurde.

Abb. 11.12: Gärfilter [11.8]

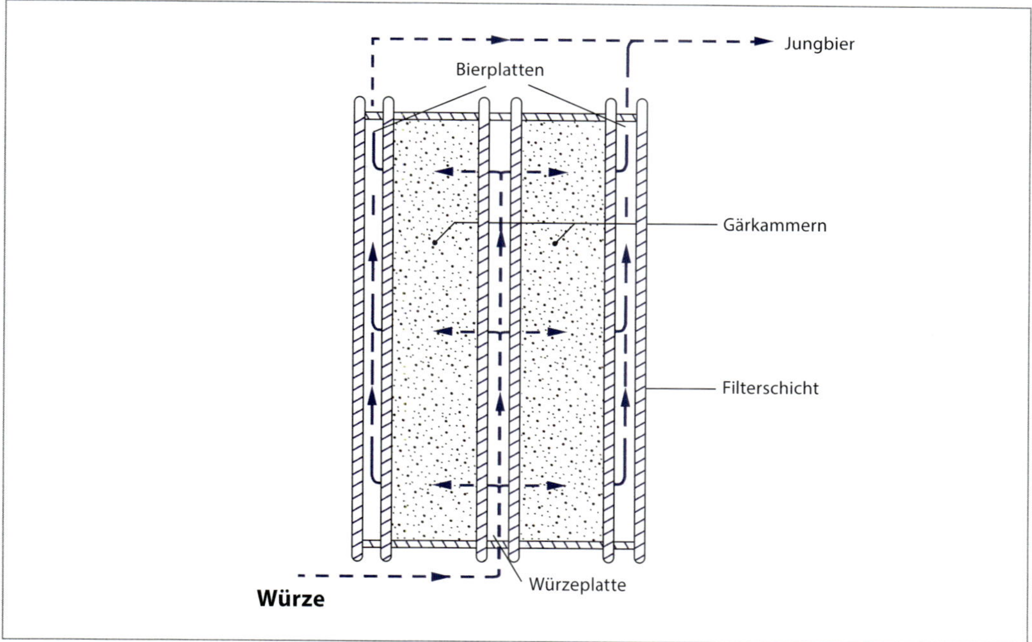

Abb. 11.13: Schema kontinuierliches Verfahren – Vorschlag aus heutiger Sicht [11.9]

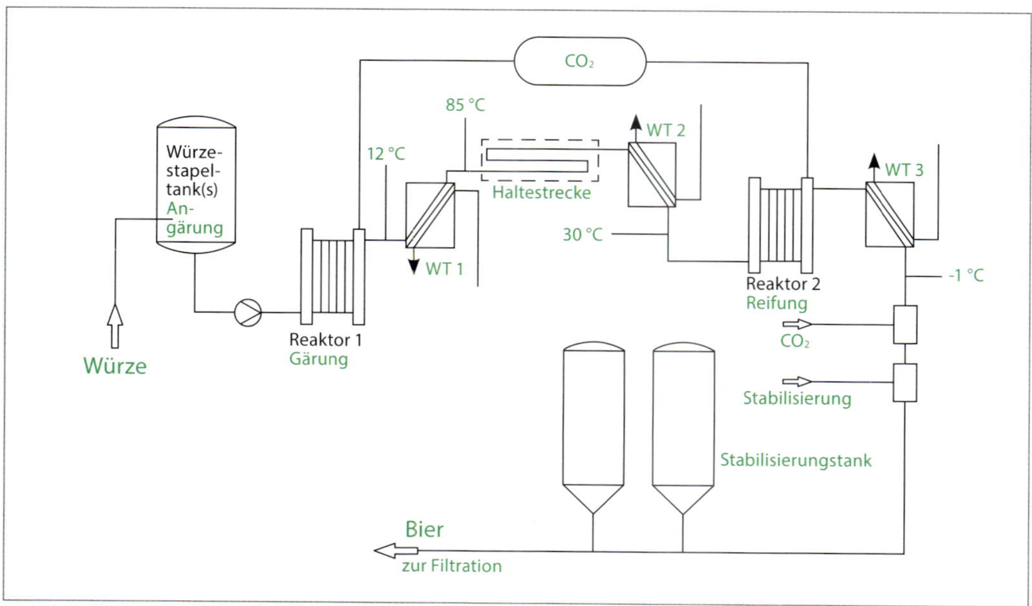

11.2.4 OPTIMIERTES BIO-BREW-VERFAHREN

Die abgekühlte belüftete Würze gelangt über das Stapelgefäß in den Reaktor 1, wo sie ca. 2 h verweilt (Abb. 11.13). Es handelt sich um einen Festbettreaktor in Form eines Gärfilters mit aus- und einlaufseitiger Filterschicht (Vermeiden von Totwasserzonen), zwischen dessen Schichten sich eine Hefe-Kieselgur-Mischung mit einer Hefezellzahl von 4 Mrd. Zellen/cm^2 befindet. Auslaufseitig ist der Reaktor gekühlt. Die Einführung einer Angärstufe (Flotation) verbesserte die physiologischen Verhältnisse, was zur Stabilisierung der Gärungsparameter beitrug (pH, Diacetyl) [11.9]. Nach der Vergärung wird die Würze über einen Wärmetauscher auf 85 °C erhitzt und 10 min gehalten. Das vorhandene Acetolactat, ein Intermediärstoffwechselprodukt der Valinbiosynthese, wird mittels nichtenzymatischer Decarboxylierung durch die hohe Reaktionstemperatur beschleunigt zu Diacetyl abgebaut. Ein zweiter Wärmetauscher kühlt das Jungbier auf 30 °C ab. Die Hefe des zweiten Festbettreaktors bewirkt dann die Reduktion des Diacetyls. Dieser zweite Teil, der Reifungsschritt, wird bereits großtechnisch praktiziert. Nach Abkühlung auf -1 °C im dritten Wärmetauscher wird das Bier karbonisiert und stabilisiert.
Geht man vom qualitativen Aspekt aus, so lassen sich mit diesem Verfahren anfänglich durchaus akzeptable Biere herstellen. Die kontinuierliche Gärung im Reaktor 1 verschlechterte sich mit zunehmender Standzeit, da die Hefevitalität aufgrund der anaeroben Verhältnisse nachließ. Dies schlug sich auf die sensorischen Eigenschaften und den Bierschaum negativ nieder. Die augenblickliche Problematik ist in der Kosten-Nutzen-Rechnung begründet, denn die Anlage müsste vier Wochen durchgefahren werden, um Wirtschaftlichkeit zu erzielen. Dem steht zum einen ein Verblocken der Reaktoren nach ein bis zwei Wochen entgegen, zum anderen bringt das konventionelle Verfahren qualitativ hochwertiges Bier unter vergleichbaren Kosten hervor.

11.2.5 IMMOBILISIERUNG

Die Immobilisierungstechnik verfolgt zwei Ziele. Zum einen wird ein Zellaustrag verhindert, indem eine Fixierung durchgeführt wird, zum anderen soll im Fall des Festbettbetriebs die Durchlässigkeit erhalten bleiben.
Geeignete Trägermaterialien müssen bestimmte Eigenschaften wie biologisch inert, mechanisch stabil, sterilisierbar und regenerierbar und eine große spezifische Oberfläche haben [11.10]. Die Bindung zwischen einer Zelle und der Oberfläche des Trägermaterials beruht auf Van-der-Waals-Kräften, hydrophoben Wechselwirkungen, der Bildung von Wasserstoffbrücken sowie ionischen Wechselwirkungen. Als grundlegende Prinzipien unterscheidet man die Oberflächenimmobilisierung, die Immobilisierung in porösen Matrices und die Einschlussimmobilisierung. Bei der Oberflächenimmobilisierung handelt es sich um eine Adsorption von Zellen an natürliche (z. B. Holzspäne) [11.11, 11.12] oder synthetische Oberflächen. Dies ermöglicht einen hohen Stoffaustausch, bedingt aber auch einen regelmäßigen Austrag von Organismen durch Ablösung einzelner Zellen oder durch Abscheren ganzer Aggregate. Die begrenzte Oberfläche bestimmt die zur Verfügung stehende Biomassekonzentration. Durch den Einsatz makroporöser Carrier (Siran, Siliconcarbid, keramische Kugeln) kann infolgedessen eine höhere Leistung erzielt werden. Die Hefen werden außerhalb der Poren und in den Poren gebunden. Die Zellen in den Poren sind vor Scherbelastungen geschützt. Bei porösen Trägern muss zusätzlich die Diffusion innerhalb des Carriers beachtet werden. Ein konvektiver Massentransport findet nicht statt. Je kürzer die Diffusionswege ausfallen, umso geringer wird der Einfluss der Porendiffusion. Bei der Gärung scheint dieser Faktor jedoch von untergeordneter Bedeutung zu sein [11.9]. Zur Herstellung von Siran wird Glasmehl mit Salz gemischt und gebrannt [11.13]. Danach wird das lösliche Salz ausgewaschen. Das Sirankorn hat einen Durchmesser von 1 bis 2 mm mit Poren von 60 bis 300 µm. Zwischen den Hefezellen, die ausgewaschen werden und denen, die weiterwachsen, besteht ein Gleichgewicht. Der Träger kann nach dem Auswaschen und einer Neutralisation wieder beladen werden (Abb. 11.14).
Die Einschlussimmobilisierung erfolgt z. B. durch Einbettung in eine Gelmatrix. Alginat ist nicht teuer, nicht toxisch, einfach zu handhaben, hat eine hohe Kapazität an Biomasse sowie eine niedrige Fluidisierungsgeschwindigkeit. Im Labor wird es häufig verwendet. Der Industriemaßstab stellt aber höhere

Anforderungen an Aseptik und Kapazität [11.14]. Ca-Alginatperlen umschließen die Hefezellen. Daraus resultiert eine Einschränkung der Substratverfügbarkeit, denn die Nährstoffe müssen durch die Matrix hindurch diffundieren (Diffusionslimitierung). Zudem stellt sich ein Sauerstoffgradient ein. Infolgedessen herrschen im Matrixinnern anaerobe Verhältnisse, sodass das Wachstum der Hefezellen gebremst und der Zellstoffwechsel beeinträchtigt wird [11.15].
Carageenan scheint hier geeigneter zu sein. Auch bei Pectat wird die Hefe in einem Gel immobilisiert. Insgesamt besteht bei den Gelen das Problem des Massentransfers durch Aufquellen und Verstopfen des Reaktors. Hinzu kommen Hitzelabilität, schlechte Regenerationseigenschaften und schlechte mechanische Festigkeit gegenüber der entstehenden CO_2.
Diethylaminoethyl-Cellulose (DEAE) hat eine ähnliche Problematik, eignet sich aber zur Herstellung alkoholarmer Biere. Der Festbettreaktor ist mit DEAE-Cellulose-Granulat gefüllt. Darauf wird die Hefe angeschwemmt, was wiederum höhere Auswaschraten nach sich zieht.

Abb. 11.14: Sirankorn, Hefezellen auf Siran immobilisiert [11.13]

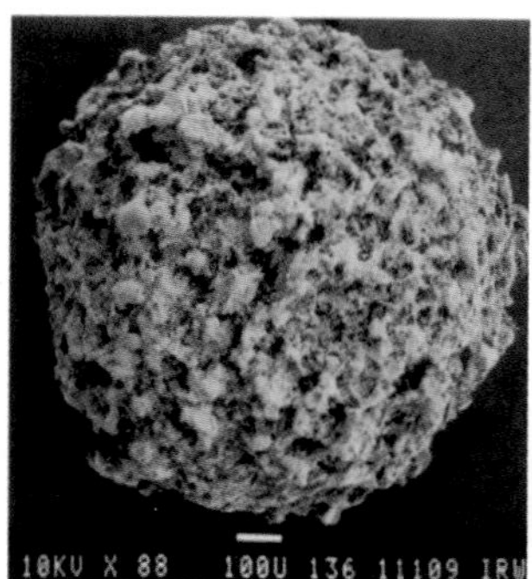

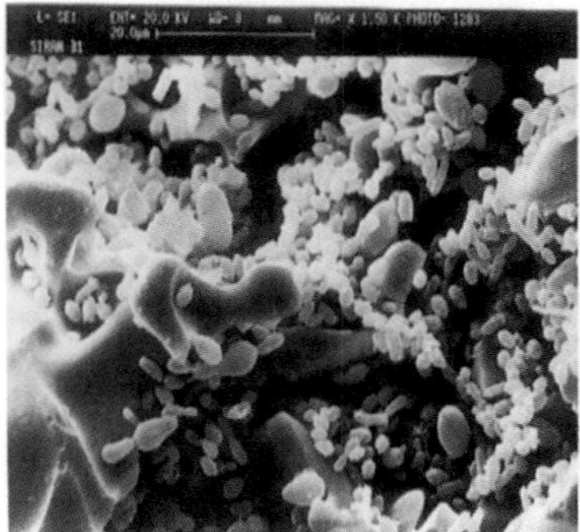

11.2.6 REAKTORTYPEN

Nicht jedes Trägermaterial ist für jeden Reaktor geeignet. Beim Festbettreaktor befindet sich die immobilisierte Hefe auf oder in einem Trägermaterial, das im Reaktor nicht bewegt wird (Abb. 11.15). Der Füllgrad des Reaktors mit dem Träger liegt bei ca. 100 %. Beim Festbettreaktor herrscht Pfropfenströmung. Es findet keine Vermischung statt. Temperaturgefälle und Verstopfung entstehen. Bei gleicher Strömungsrichtung „verhungern“ die hinteren Zellen. Der Vorteil liegt in kurzen Anfahrzeiten und hohen Durchsätzen.
Der Kreislaufreaktor ist ein modifizierter Festbettreaktor, in dem die Flüssigkeit mehrmals die Trägerschicht durchläuft, z. B. Schleifenreaktor mit festen Membranmodulen aus gesintertem Siliziumcarbid, in dem die Hefe zurückgehalten wird. Stoff- und Wärmeaustausch sind dadurch verbessert. Außerhalb des Reaktors kann ein Wärmetauscher oder eine Entgasung angeschlossen sein [11.16, 11.17].
Beim Fließbettreaktor (Wirbelbett) verteilt sich das Trägermaterial (50 %) auf das gesamte Reaktorvolumen und zirkuliert in der Flüssigkeit, was einen stark angeregten Hefestoffwechsel bewirkt. Es bestehen hohe Fließgeschwindigkeiten, die zu einer mechanischen Belastung der Träger führen können. Eine Steigerung der Fließgeschwindigkeit erhöht den externen Massentransfer, vermindert also die externen Diffusionswiderstände [11.18]. Im Wirbelbett sind wahrscheinlich längere physiologisch stabile Gärungen möglich, da die Hefezellen ständig zwischen nährstoffreichen und inhibierenden Zonen im Reaktor wechseln (ständige Vermehrung). Zwischen Anström- und Austragegeschwindigkeit muss ein Kompromiss gefunden werden. Zusätzlich wird ein Austrag durch eine Beruhigungsstrecke (erweiterter Kopfraum) verhindert. Die für ein Schweben der Träger notwendige Strömungsgeschwindigkeit (Pkt. 3.1) lautet:

$$w_f^2 = \frac{4 \cdot \Delta\rho \cdot g \cdot x}{3 \cdot \rho_f \cdot c_W(\mathrm{Re})} \quad (11.1)$$

$\Delta\rho$ = Dichteunterschied zwischen Fluid und Träger
g = Erdbeschleunigung
ρ_f = Dichte des Fluids
c_W = Widerstandsbeiwert der Partikel

Je geringer die Dichte des Trägers ist, umso kleiner fällt die realisierbare Strömungsgeschwindigkeit aus. Folge davon sind ungünstigere Massentransferbedingungen.

Abb. 11.15: Reaktortypen [11.16]

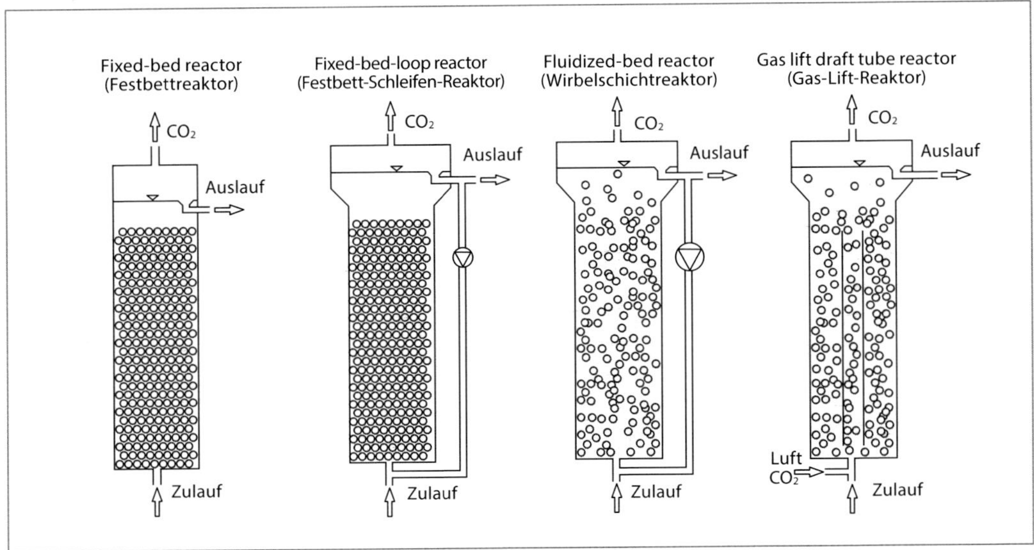

Abschließend ist festzuhalten, dass kontinuierliche Verfahren heute für die Herstellung alkoholarmer Biere (Reduzierung der Würzecarbonyle über Gärfilter) und für eine forcierte Reifung genutzt werden. Die Hauptgärung wird nach wie vor großtechnisch konventionell betrieben.

11.3 REGELUNG UND OPTIMIERUNG VON GÄRUNG UND REIFUNG

Die Gärung und Reifung in zylindrokonischen Tanks ist seit Beginn der 1970er-Jahre Stand der Technik. Zur Sicherung konstanter Qualität sind die Kenntnis der Strömungsverhältnisse und eine Regelung des Prozesses von entscheidender Bedeutung. Die ersten Untersuchungen zu Bewegungsvorgängen in ZKGs führten zu den Theorien von Ladenburg und Delente [11.19], wonach es sich um eine geordnete, stationäre Strömung handelt (Abb. 11.16). Demnach bilden die im Konus entstehenden CO_2-Blasen einen aufsteigenden Blasenkanal, der einen langgestreckten torusförmigen Wirbel initiiert. Die Vorstellungen basierten auf der Arbeit mit ebenen Modellen. Das Verhältnis Höhe: Durchmesser wurde hierbei vernachlässigt. Weiterführende Untersuchungen mittels Lichtschnittverfahren zeigten, dass eine schwingende Blasensäule vorliegt, in deren Nähe eine erzwungene Aufwärtsbewegung der Flüssigkeit erfolgt. Im übrigen Tankbereich herrschen völlig ungeordnete Strömungen (instationär), d. h. die Lage und die Größe der auftretenden Wirbel verändern sich ständig. Daraus folgt eine intensive Vermischung des Tankinhalts und eine gleichmäßige Temperaturverteilung während der Hauptgärung.

Abb. 11.16: Strömungsformen im ZKG [11.19]

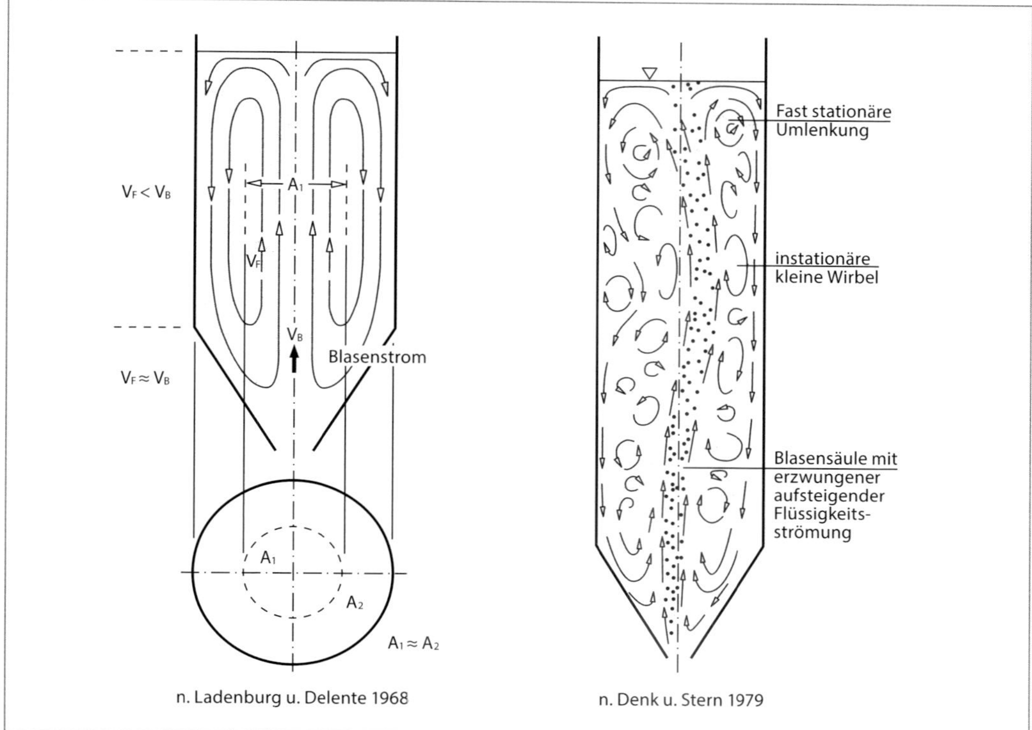

Ein Lösungsansatz zur Gärzeitverkürzung und optimierten Partikelernte kombiniert eine Umwälzvorrichtung im Tank (drei zentrale Zu- und Abläufe) zur Konvektionsunterstützung mit einem Verdrängungselement, welches eine Hefeernte ohne Durchbruch ermöglicht. Eine Zirkulation über oberen Anstich und zentrale Lanze zum Ende der Gärung stellt sicher, dass im Tankkonus eine Sedimentation stattfindet, während oben noch umgewälzt wird. (Abb. 11.17) [11.20].

Abb. 11.17: Prinzip Rohr-in-Rohr-Einheit und Verdrängungselement [11.21]

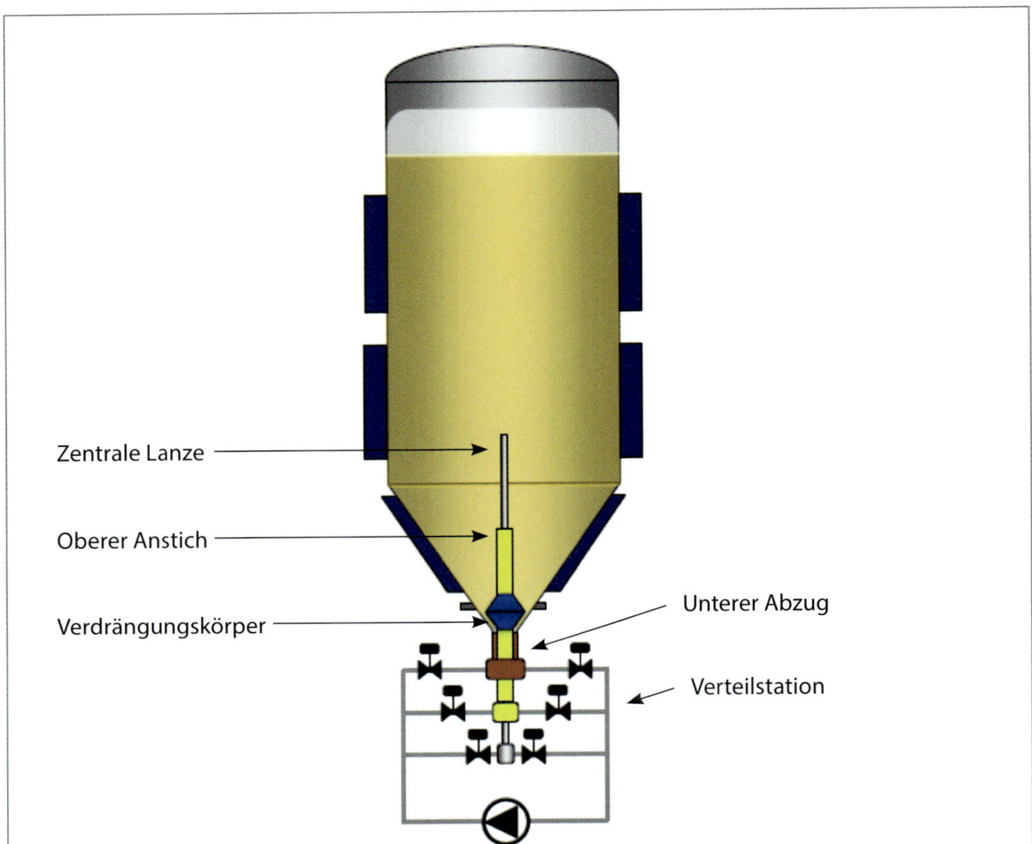

Die häufigste heute verwendete Bauart des ZKG hat einen Konusinnenwinkel von 70°, ein H/D-Verhältnis (H = Flüssigkeitsstand) von 2:1 bis 4:1 und ein Volumen von 300–12000 hl. Es gelten als maximale tolerable Flüssigkeitshöhe 15 bis 18 m. Denn der Betriebsdruck, der sich aus CO_2-Spundungsdruck und dem hydrostatischen Druck der Flüssigkeit zusammensetzt, lastet auf der Hefezelle und übt in der Gär- und Reifungsphase einen Einfluss auf den Hefestoffwechsel aus. Im Hinblick auf die Austauschbarkeit werden für zylindrokonische Lagertanks ZKL die gleichen geometrischen Abmessungen gewählt. Bei der Hauptgärung ist es wichtig, diese einzuhalten, da schlankere, höhere Behälter zu einer höheren Blasensäule führen. Dies zieht eine starke Bewegung und Hefevermehrung und damit eine geringere Esterbildung nach sich. Gegen Ende der Hauptgärung kommt die Blasensäule zum Erliegen, die Strömungen im Tank sind nur noch durch Wärmekonvektion bestimmt. Ungünstig ist, wenn die Kräusen nicht beim Schlauchen zudosiert, sondern nachher beigedrückt werden [11.22, 11.23]. Auch das Befüllen mit zu geringer Pumpleistung und damit zu niedrigen Einströmgeschwindigkeiten kann zu Unterschichtungen führen.

Abb. 11.18: Tankaufbau [11.24]

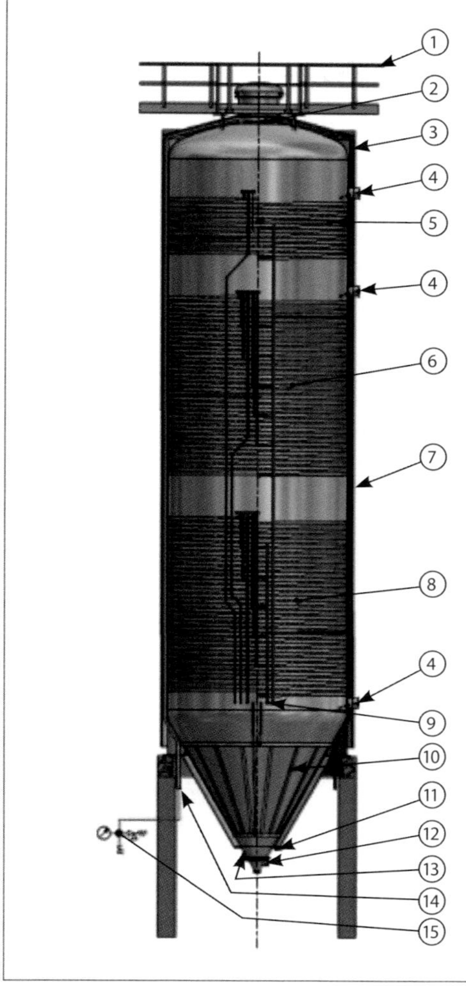

1. Laufsteganlage für Armaturendom
2. Armaturendom mit CO_2-Anschluss, Vakuumventil, Sicherheitsventil, Vollmeldesonde und reinigungseinrichtung
3. Kabelrohre und Entwässerungsleitung für den Armaturendom (innerhalb der Isolierung verlegt)
4. Thermometeranschluss / PT100
5. Kühlzone für den Lagerungsbereich (optional)
6. Obere Kühlzone für Gärung und Abkühlung
7. Tankisolierung
8. Untere Kühlzone für Gärung und Abkühlung
9. Anschlüsse für das Kühlsystem
10. Konuskühlzone
11. Probenahmeanschluss
12. Mannlochverschluss DN450 mit Befüll- und Entleerungsarmatur
13. Anschluss für Inhaltsmessung bzw. Leermeldesonde
14. CO_2- / Reinigungsleitung (innerhalb der Isolierung verlegt)
15. Druckregelung

Die erforderliche Kälteenergie wird durch die Konuskühlung, zwei Kühlzonen im Gärbereich und eventuell (optional) durch eine Kühlzone im oberen Lagerbereich des Tanks (Abb.11.18) erbracht. Während der Reifungsphase wird keine vollständige Homogenisierung mehr erreicht. Eine ausreichende Kühlzonenauslegung in der Zarge ist nun unabdingbar. Ziele wie Produkthomogenität und Flexibilität (Volumen, Sortenvielfalt) machen die Unterteilung in mehrere Kühlzonen sinnvoll, zumal es sich heute hierbei mittlerweile um einen untergeordneten Kostenfaktor handelt. Damit werden ungekühlte Bereiche vermieden.

Die Konuskühlung wird nach der Reifung zusätzlich eingefahren, um für die Lagerung eine Kühlrate von 4 bis 5 °C/24 h zu erreichen. Bei 12 °C Reifungstemperatur kann früher runtergekühlt werden, da in der Kühlzeit noch Diacetyl abgebaut wird. Die Probe zur Diacetylbestimmung sollte oberhalb vom Konus (erster PT-100-Fühler) gezogen werden. Aufgrund der möglichen Schwankungen müssen zwei aufeinanderfolgende Proben im Abstand von 12 h ≤ 0,10 mg/l Diacetyl aufweisen (s. Kap. 14).

Bei der Kaltlagerung ist eine ausreichende Ausstattung mit Kühlflächen (Zarge und Konus) Grundvoraussetzung. Die sich ergebenden Temperaturprofile werden allein durch Wärmekonvektion bestimmt. Die Tankgeometrie spielt nur noch eine untergeordnete Rolle. Bei vollständig mit Kühlzonen bedeckter Zarge und Konuskühlung ergeben sich Temperaturunterschiede bis zu 1,5 °C. Unzureichende Kühlzonenausstattung führt zu wesentlich größeren Unterschieden. Die von der Temperaturregelung des Tanks angezeigten Temperaturen geben hierzu keinen Hinweis. Generell sollten zwei Temperaturfühler (oberhalb vom Konus und oben in der Flüssigkeit) eingebaut sein.

11.4 KALTHOPFUNG

In den letzten Jahren ist die Kalthopfung (Dry Hopping) nicht nur für Craft-Brauer wieder zum Thema geworden. Naturhopfen oder Pellets können im Lagertank (selten am Ende der Hauptgärung im Gärtank) vorgelegt werden und verleihen dem Bier durch die gelösten Hopfenöle eine typische Hopfennote [11.25]. Diese statische Extraktion der Hopfenkomponenten ist unvollständig. Außerdem zieht die Vorgehensweise, früher als Hopfenstopfen bezeichnet, einen erhöhten Feststoffanteil im Bier nach sich, was den Einsatz einer Zentrifuge vor der Filtration erfordert. Auch erhöhen sich die Bierverluste. Aufgrund dieser Nachteile wurden optimierte Systeme zur Kalthopfung (HopGunPro®, Hopstar®) [11.26, 11.27] entwickelt. Zur effektiveren Auslaugung wird ein Teilstrom des Lagertankbiers durch einen externen Edelstahlbehälter mit Siebboden, in dem der Hopfen vorgelegt und mittels Rührwerk dispergiert wurde, gepumpt und in den ZKT rückgeführt. Der Einsatz einer Strahldüse sorgt im ZKT für eine Durchmischung des mit Hopfenaroma angereicherten Biers (Abb. 11.19). Die Parameter Kontaktzeit zur Extraktion und Zahl der Durchläufe prägen das Aromaprofil. Die Feststoffabtrennung geschieht durch Sedimentation und zusätzlichen Feinfilter. Das Fernhalten von Sauerstoff durch Vorspannen mit CO_2 ist essentiell. Im Vergleich zum statischen Prozess können 30–50 % Hopfen eingespart werden.

Abb. 11.19: HOPSTAR® Dry [11.27]

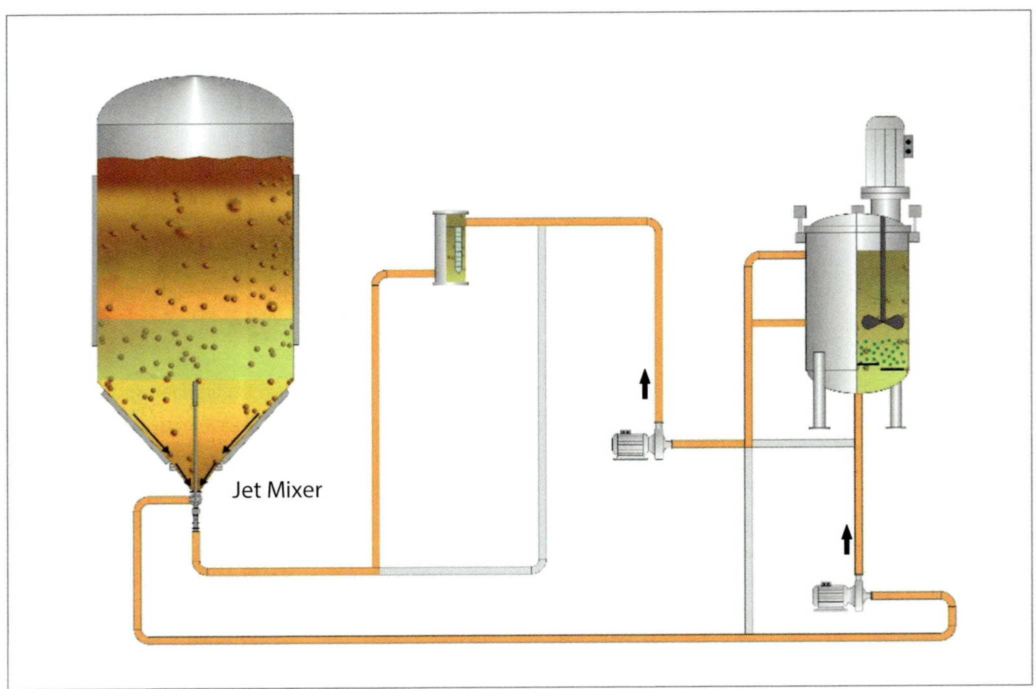

LITERATUR

[11.1] Mändl, B., Geiger, E., Piendl, A.: EBC-Proc., 1975, S. 539–563

[11.2] Miedaner, H.: Habilitationsschrift, TU-München, 1980

[11.3] Inoue, T., Masuyama, K., Yamamoto, Y., Okada, K.: ASBC-Proc., Congr., 1968, S. 158–165

[11.4] Davies, A. W.: J. Inst. Brew., New Zealand Section, 1990, S. 159–165

[11.5] Campbell, Sarah L.: DB Breweries Ltd, NZ Institute of Chemistry, 2002

[11.6] Klopper, W. J., Roberts, R. H., Royston, M. G, Ault, R. G.: EBC-Proc., 1965, S. 238–259

[11.7] Berdelle-Hilge, Ph., Hellich, P.: Schweizer Brauerei Rdsch., 86, 1975, 38–40

[11.8] Hellich, P.: EBC-Proc., 1975, S. 511–523

[11.9] Dembowski, K.: Dissertation, TU-München, 1992

[11.10] Hiersig, H.: Lexikon Produktionstechnik, Verfahrenstechnik, Springer Verlag, Berlin, 1995

[11.11] Kronlöf, J., Virkajärvi, I.: EBC-Proc., 1999, S. 761–770

[11.12] Pajunen, E., Tapani, K., Berg, H., Ranta, B., Bergin, J., Lommi, H., Viljava, T.: EBC-Proc., 2001, S. 465–476

[11.13] Kunze, W.: Technology brewing and malting, Verlag der VLB, Berlin, 1999

[11.14] Virkajärvi, I.: Brauwelt, Nr. 19/20, 2001, S. 721–728

[11.15] Masschelein, C. A., Carlier, A., Ramos-Jeunehomme, C., Abe, I.: EBC-Proc., 1985, S. 339–346

[11.16] Wackerbauer, K., Fitzner, M., Günter, J.: Brauwelt, Nr. 45, 1996, S. 2140–2150

[11.17] Wackerbauer, K., Fitzner, M., Lopsien, M.: Brauwelt, Nr. 46/47, 1996, S. 2250–2256

[11.18] Geyer, St.: Diplomarbeit, TU-München, 1985

[11.19] Denk, V., Stern, R.: Brauwiss., Nr. 9, 1979, S. 253–262

[11.20] Müller-Auffermann, K.: Brauwelt, Nr. 41, 2017, S. 1208–1209

[11.21] Krones AG

[11.22] Denk, V., Enders, Th., Hege, U., Peters, U., Schuch, Ch.: Brauwelt, Nr. 36, 1995, S. 1788–1807

[11.23] Schuch, Ch., Denk, V.: Mschr. f. Brauwiss., Nr.3/4, 1996, S. 98–103

[11.24] Kurzweil, M.: Brauindustrie, Nr. 4, 2011, S. 30–34

[11.25] Mitter, W., Cocuzza, S.: Brauindustrie, Nr. 4, 2012, S. 10–12

[11.26] BrauKon, Banke process solutions

[11.27] GEA Brewery Systems GmbH

12 FILTRATION

12.1 PRINZIP

Bei der Filtration durchströmt eine Suspension, bestehend aus einer diskontinuierlichen Phase (dispergierte Stoffe) und einer kontinuierlichen Phase ein poröses Filtermittel. Dabei werden Feststoffteilchen auf dem Filtermittel abgelagert und die filtrierte Flüssigkeit (Filtrat) verlässt das Filtermittel klar (Abb. 12.1). Als äußeres treibendes Gefälle zur Überwindung des Strömungswiderstands wirkt hierbei eine angelegte Druckdifferenz [12.1].

Abb. 12.1: Prinzip der Filtration

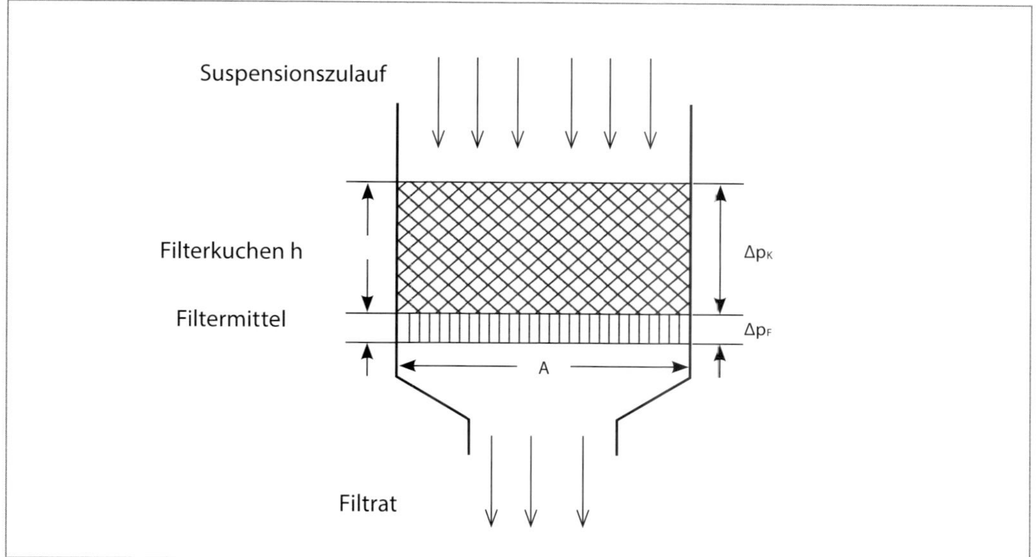

12.2 FILTRATIONSARTEN

Bei den Filtrationsarten unterscheidet man zwischen Oberflächen-, Kuchen- und Tiefenfiltration, wobei es sich um vereinfachte, idealisierte Modelle handelt [12.1, 12.2, 12.3]. Die Querstromfiltration stellt eine Sonderform der *Oberflächenfiltration* dar und wird unter Pkt. 12.5.3 behandelt. Tatsächlich treten fast immer alle Filtrationsarten parallel auf, wobei eine Filtrationsart deutlich dominiert, nach welcher der Filtrationsvorgang dann bezeichnet wird.

Bei der Oberflächenfiltration erfolgt ein Abtrennen von Feststoffpartikeln auf der Oberfläche des Filtermediums. Wenn die Poren des Filtermediums verlegt werden, steigt der Druck an und der Volumenstrom geht zurück. Bei höheren Feststoffgehalten kann die Oberflächenfiltration in eine Kuchenfiltration übergehen (Abb. 12.2).

Eine *Kuchenfiltration* liegt dann vor, wenn der Feststoff auf der Oberfläche der vorhandenen Schicht einen wachsenden Filterkuchen bildet. Die Schicht besteht zu Beginn allein aus dem Filtermittel (z. B. Filtertuch). Die Poren des Filtermittels sind dabei oft größer als die feinsten suspendierten Partikeln, sodass bei Beginn der Filtration ein Teil durchschlagen kann. Das Filtrat wird erst klarer, wenn größere Teilchen Brücken bilden (Kreislaufführung). Ist der Filterkuchen kompressibel, wird das freie Volumen im Kuchen mit zunehmendem Druck kleiner, d. h. die Trennwirkung größer (bis zur Verblockung). Der Gesamtwiderstand wächst mit der Kuchenhöhe, die Filtermenge nimmt mit der Zeit ab. Hier treten dann auch Oberflächen- und Tiefenfiltration gleichzeitig auf.

Tiefenfiltration findet in einer meist relativ dicken Filtermittelschicht aus größeren Körnern oder auch Fasern statt. Die Feststoffpartikeln sind viel kleiner als die Poren des Filtermittels. Demzufolge dringt der Feststoff ins Innere der Schicht und in die Hohlräume ein (Schichtenfiltration). Die Abtrennung erfolgt z. T. durch Siebwirkung, z. T. durch adsorptive Kräfte.

Abb. 12.2: Filtrationsarten: a) Kuchen- b) Tiefenfiltration [12.1]

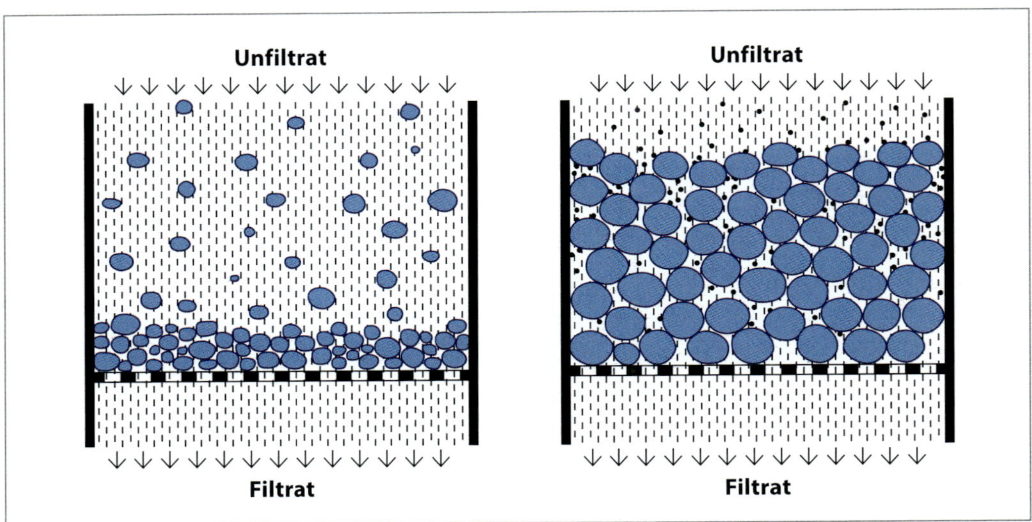

Ist der Sättigungszustand der Schicht erreicht, kann es zu einem Durchbruch der Partikeln kommen. Die Tiefenfiltration kommt vorwiegend bei Suspensionen mit niedriger Feststoffkonzentration (< 0,01 Vol.-%) zum Einsatz.

Die Trennwirkung von Filtern kann durch folgende Begriffe beschrieben werden:

Trenngrad: Abtrennung der Partikeln (%) als Funktion der Partikelgröße in einem definierten Bereich.
Trenngrenze: unterer Wert der Partikelgröße (µm), die vom Filter abgetrennt wird.
Die Filtrationsparameter sind umfangreich [12.3] und umfassen die betrieblichen Bedingungen (z. B. Druck, Temperatur), das Filtermedium (Eigenschaften der Poren), die Grenzflächenwirkungen (Zetapotential, Oberflächenspannungen usw.), die abzutrennenden Feststoffe (Partikeleigenschaften) und die Suspensionsbeschaffenheit. Die aufgeführten Faktoren beeinflussen sich gegenseitig und verdeutlichen die Komplexität des Filtriervorgangs.

12.3 THEORETISCHE MODELLBEZIEHUNGEN

Den theoretischen Betrachtungen liegt als Arbeitshypothese das Poiseuille'sche Gesetz für die laminare Strömung durch Kapillaren mit kreisförmigem Querschnitt zugrunde.

$$\frac{dV}{dt} = \frac{r^4 \cdot \pi \cdot \Delta p}{8 \cdot \eta \cdot l} \qquad (12.1)$$

1856 stellte Darcy die Grundgleichung der Filtration auf (laminares Durchströmen einer porösen Schicht). Nach Darcy ist der Filtrationsvolumenstrom dem Druckverlust Δp durch die Filterschicht der Dicke h proportional, unter der Voraussetzung der Inkompressibilität, ε = konst. [12.3].

$$\frac{dV}{dt} = \frac{A \cdot \Delta p \cdot k}{\eta \cdot h} \quad (12.2)$$

A = Filterfläche
ε = Porosität
η = dynamische Viskosität
k = Permeabilität
h = Filterschichtdicke
Δp = Druckdifferenz

Je höher also die angewendete Druckdifferenz Δp ist und je niedriger die Viskosität η, desto höher wird der Volumenstrom. Der Wert k stellt die Permeabilität dar und ist experimentell zu bestimmen [12.3]. Den Zusammenhang zwischen den Parametern Permeabilität k, Porosität ε und spezifische Oberfläche S_V ermittelt Kozeny folgendermaßen:

$$k = \frac{\varepsilon^3}{K(1-\varepsilon)^2 \cdot S_V^2} \quad (12.3)$$

$$\text{mit} \quad \varepsilon = \frac{V_H}{V_{ges}} \quad (12.4)$$

Die Kozeny-Konstante K nimmt für ein Festbett einen Wert von ca. 5 ein. Voraussetzung ist eine laminare Durchströmung.

12.4 KUCHENFILTRATION

In Gleichung 12.2 wird statt der Konstanten k/h reziprok ein Widerstandswert R eingesetzt. R setzt sich zusammen aus dem Widerstandsteil des Kuchens R_K und dem Widerstand des Filtermittels ß. Durch die zulaufende Suspension verändert sich der Kuchenwiderstand ständig, während der Widerstand des Filtermittels (Stützschicht) konstant bleibt und relativ gering ausfällt.

$$R = R_K + \beta \quad (12.5)$$

$$\frac{dV}{dt} = \frac{A \cdot \Delta p}{\eta \cdot R} = \frac{A \cdot \Delta p}{\eta (R_K + \beta)} \quad (12.6)$$

Der Kuchenwiderstand kann auf die trockene Masse des Filterkuchens cV/A (kg/m²) bezogen werden.

$$R_K = \alpha \cdot c \cdot V / A \quad (12.7)$$

c = Feststoffgehalt der Suspension
α = Filterkuchenwiderstand
V = Filtratvolumen

Es ergibt sich die *Differentialgleichung* der Kuchenfiltration mit:

$$\frac{dV}{dt} = \frac{A \cdot \Delta p}{\eta \left(\alpha \frac{c \cdot V}{A} + \beta \right)} \quad (12.8)$$

Die spezifischen Parameter α und β müssen experimentell bestimmt werden.

Zum Betreiben einer Kuchenfiltration gibt es prinzipiell drei verschiedene Möglichkeiten:

- Variabler Druck bei konstantem Durchfluss,
- Variabler Durchfluss bei konstantem Druck,
- Variabler Durchfluss und variabler Druck.

12.4.1 KONSTANTER VOLUMENSTROM (dV/dt = konst.)

Das Filtratvolumen V weist Proportionalität zur Filtrationszeit t auf. Wenn ein maximaler Druckverlust erreicht ist, wird die Filtration beendet.

$$V = \left(\frac{A \cdot \Delta p_{max}}{\eta \frac{dV}{dt}} - \beta \right) \cdot \frac{A}{\alpha \cdot c} \tag{12.9}$$

$$t = \frac{V}{\frac{dV}{dt}} = \left(\frac{A \cdot \Delta p_{max}}{\eta \frac{dV}{dt}} - \beta \right) \cdot \frac{A}{\frac{dV}{dt} \alpha \cdot c} \tag{12.10}$$

Die Druckdifferenz Δp wird im Versuch während der Filtrationszeit bzw. in Abhängigkeit des Filtratvolumens aufgenommen (Abb. 12.3).

$$\Delta p = \frac{\eta \cdot \alpha \cdot c \cdot \frac{dV}{dt}}{A^2} \cdot V + \frac{\eta \cdot \frac{dV}{dt} \cdot \beta}{A} \tag{12.11}$$

Abb. 12.3: Ermittlung von α und β bei dV/dt = konst. [12.3]

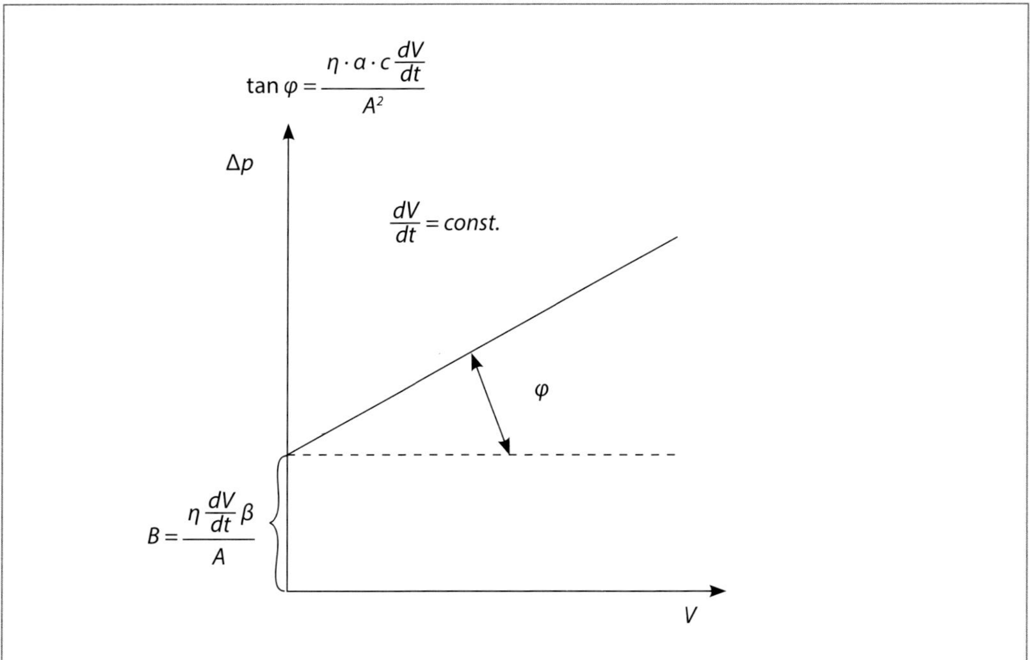

α und β können aus dem erstellten Diagramm über die Steigung tan φ und den Ordinatenabschnitt B ermittelt werden.

12.4.2 KONSTANTER DRUCK (Δp = konst., $V^2 \sim t$)

Wird die Druckdifferenz konstant gehalten, sinkt der Filtratvolumenstrom mit der Filtrationszeit. Aus der Differentialgleichung der Kuchenfiltration (Gl. 12.8) kann die Filtrationszeit nach Integration für ein bestimmtes Filtratvolumen ermittelt werden.

$$t = \frac{\eta(cV^2 a + 2AV\beta)}{2A^2 \Delta p} \qquad (12.12)$$

Das Filtratvolumen für eine bestimmte Filtrationszeit errechnet sich aus:

$$V = \frac{\sqrt{\eta^2 \cdot \beta^2 \cdot A^2 + 2 \cdot \eta \cdot A^2 \cdot a \cdot c \cdot \Delta p \cdot t} - \eta \cdot \beta \cdot A}{\eta \cdot a \cdot c} \qquad (12.13)$$

$$\text{Mit } \frac{t}{V} = \frac{\eta a c}{2A^2 \Delta p} V + \frac{\eta \beta}{A \Delta p} \qquad (12.14)$$

können a und β aus dem erstellten Diagramm über Steigung und Ordinatenabschnitt wiederum bestimmt werden (Abb. 12.4).

Abb. 12.4: Ermittlung von a und β bei Δp = konst. [12.3]

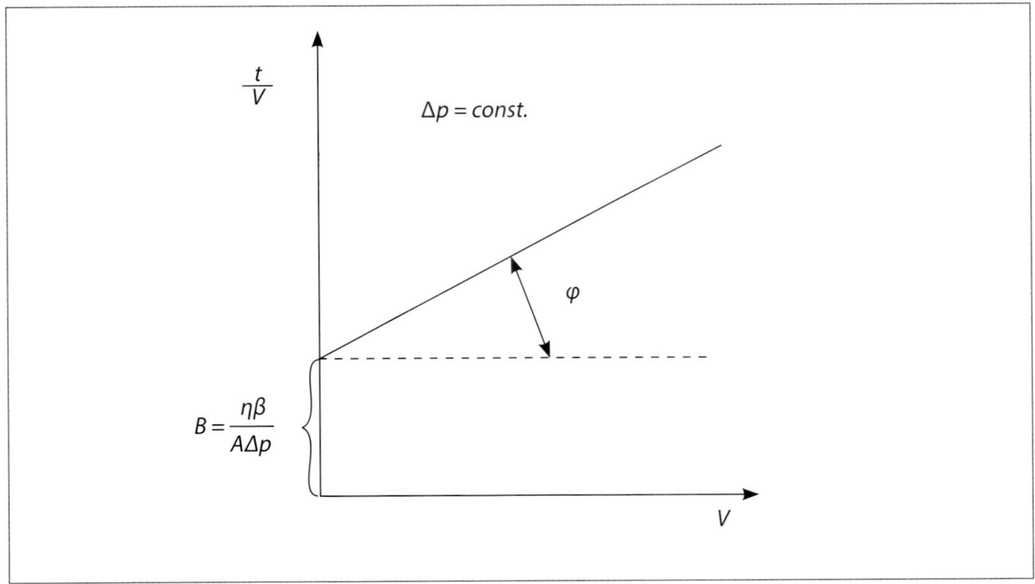

12.4.3 FILTRATION MIT VERÄNDERLICHEM DRUCK UND VERÄNDERLICHER LEISTUNG

Dieses in der Brauerei angewendete Verfahren arbeitet mit konstantem Durchfluss und steigendem Differenzdruck. Erst am Ende eines Filtrationszyklus bleibt der Differenzdruck konstant (Δp_{max}) und die Leistung sinkt. Dieses Verhalten hängt mit der Kennlinie der verwendeten Kreiselpumpe zusammen [12.4]. Zum Erreichen hoher Filtratmengen sollte der Druckanstieg in Abhängigkeit des Volumenstroms möglichst horizontal unterhalb der Druckgrenze verlaufen.

12.5 FILTRATION IN DER PRAXIS

Das Filtrieren des Bieres ist ein Trennvorgang, bei dem die im Bier noch enthaltenen Hefezellen und andere Trübungsstoffe wie Eiweiß- und Gerbstoffverbindungen entfernt werden. Das Bier soll durch diese Maßnahme auf lange Sicht haltbar gemacht werden. Außerdem strebt man eine möglichst lange Filterstandzeit an.

Die Trübungsbildner können in drei wesentliche Größenbereiche eingeteilt werden (Abb. 12.5). Zu den groben Dispersionen (> 0,1 µm) zählen Eiweiß, Hefen und Bakterien, zu den Kolloiden (0,001–0,1 µm) Eiweißgerbstoffverbindungen, Gummistoffe und Hopfenharze sowie zu molekulardispersen Verbindungen (< 0,001 µm) einzelne Moleküle. Die nominale kleinste Porenweite beträgt bei der Bierfiltration 0,45 µm. Doch können durch Adsorption z. T. auch Bakterien und gröbere Kolloide zurückgehalten werden. Geringere Porengrößen führen zur Verringerung der Vollmundigkeit, Schaumeinbuße, Verblockung und damit verschlechterter Filterleistung.

Abb. 12.5: Größenbereiche der Filtration [12.10]

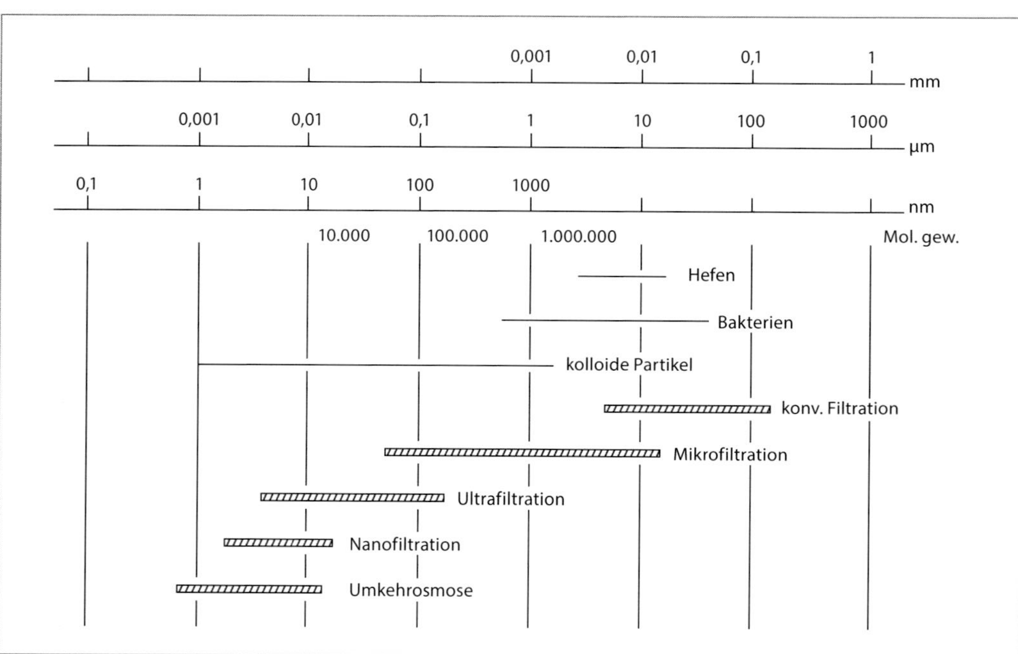

Filterhilfsmittel

Als Filterhilfsmittel kommen nach wie vor hauptsächlich Kieselgur, Perlite (Würze) oder alternativ Cellulose-, Kartoffelstärke- oder Kunststofffasern zum Einsatz. Die pulverförmigen Substanzen werden an einem Filtermittel angeschwemmt und ermöglichen durch ihre Form und Gestalt überhaupt erst die Filtration. Die Kieselgur (fossile Diatomeenablagerung = Sedimente von Kieselpanzern einzelliger Kieselalgen; Vorkommen z. B. in USA, Mexiko, China, Australien) besteht zu ca. 90 % aus SiO_2 und zu 4 % aus Al_2O_3. Im ersten Schritt wird die abgebaute Gur grob zerkleinert, vorgetrocknet, vermahlen und gesichtet. Aus der Rohgur müssen organische Bestandteile verglüht werden, bzw. lösliche Eisenverbindungen in unlösliche oxidiert werden. Je nach thermischer Behandlung können drei Gruppen von Guren unterschieden werden:

Feine Gur: 300–400 °C

Mittlere Gur: 600–800 °C

Grobe Gur (weiß): 1000–1200 °C (Abb. 12.6)

Nach der thermischen Behandlung im Drehrohrofen werden die Guren für die einzelnen Qualitäten vermahlen und gesichtet. Die Partikelgrößen liegen bei Grobgur zwischen 3 und 100 μm, bei der mittleren Gur zwischen 3 und 60 μm und bei der Feingur bei 1 und 30 μm [12.4]. Zur Charakterisierung der verschiedenen Kieselgurtypen wird die Permeabilität (Wasserwert) herangezogen, die zwischen ca. 50 mdarcy (feine Gur) und > 500 mdarcy (flusskalzinierte Gur) liegen kann [12.5].
Die Kieselgurfiltration kam nach dem Zweiten Weltkrieg auf und wird noch heute weltweit zu ca. 90 % angewendet. Das Verfahren hat sich über viele Jahre wirtschaftlich und technologisch bewährt [12.6]. Als Vorteile sind Flexibilität bzw. Anpassung an die Filtrierbarkeit mittels Menge und Feinheit zu nennen. Allerdings ergaben sich für die Kieselgur Angriffspunkte bzgl. der Entsorgung, Arbeitssicherheit und Schwermetalleintrag, die einer weiteren Beleuchtung bedürfen. Seit Juni 2005 dürfen Reststoffe mit restorganischem Anteil ≥ 5 % nicht mehr unbehandelt deponiert werden. Eine Ausbringung auf landwirtschaftliche Flächen unterliegt Vorgaben der Düngemittelverordnung. Sie erlaubt unter Einhaltung von Kennzeichnungspflichten die Verwendung von Kieselgur als Ausgangsstoff zur Herstellung von Düngemitteln oder Bodenhilfsstoffen. Damit ist die Möglichkeit der landwirtschaftlichen Verwertung gegeben. Es ist geplant, noch 2020 weitere Versorgungswege für Kieselgurschlämme vorzustellen [12.46].
Da auch bei der Entsorgung Kosten entstehen, hat man Methoden zur Regenerierung der Gur entwickelt. Die gebrauchte Gur wird gepresst und getrocknet, bei 750 °C gebrannt und kann zu 50 % zugesetzt werden [12.7]. Das Verfahren hat sich auf breiter Ebene nicht durchsetzen können.
Außerdem liegt das Risiko einer gesundheitlichen Gefährdung beim Einatmen von kristallinem lungengängigen Feinstaub vor. Bei der Erhitzung auf 600–1000 °C (Calcination) geht die amorphe Struktur der Kieselgur in eine kristalline Form (ca. 40 Mass.-% Cristobalit, Tridymit und Quarz) über [12.8]. Das Versintern bewirkt einen Porenverschluss der Kieselgurpanzer und führt zu hoher Permeabilität. Ein Glühen der Gur unter Einsatz von Flussmitteln (Alkaliionen) bei bis zu 1200 °C führt zu einer gesteigerten Durchlässigkeit des Kuchens, zieht aber einen noch höheren kristallinen Anteil (bis ca. 70 %) nach sich. Arbeitsplatzgrenzwerte und Arbeitsschutzmaßnahmen gewährleisten jedoch die notwendige Arbeitssicherheit. Einen Lösungsansatz bietet der Einsatz von alternativen Fließmitteln (z. B. Kaliumcarbonat), mittels derer die Cristobalitbildung bei hohen Temperaturen reduziert abläuft [12.8, 12.9]. Mittlerweile ist auf dem Markt eine grobe Gur mit niedrigem Cristobalitanteil (lungengängige Fraktion < 1 %) verfügbar. Darüber hinaus kann bei Filtern neuerer Bauart ohne die grobe Gur vorangeschwemmt werden. Grenzwertempfehlungen für Kationengehalte können durch gute Kieselgurqualitäten und/oder Kationen-Monitoring seitens des Herstellers eingehalten werden.
Die Entwicklungsarbeiten der letzten Jahre haben außerdem dazu geführt, dass der Kieselgurverbrauch von 150–180 g/hl auf bis zu 60–100 g/hl reduziert werden konnte. Insgesamt sind die oben aufgeführten Probleme mittlerweile beherrschbar.
Perlite (Minerale vulkanischen Ursprungs) bestehen aus Aluminiumsilikat. Sie werden bei 800 °C erhitzt, blähen aufgrund des Wassergehalts auf und platzen (Abb. 12.7). Die glasartigen Strukturen werden vermahlen.

Abb. 12.6: REM-Aufnahme von Grobgur [12.10]

Abb.12.7: REM-Aufnahme von Perlite [12.10]

Alternative Filterhilfsmittel

Die möglichen Schwachpunkte der Kieselgur (Entsorgung, Arbeitssicherheit, Schwermetalleintrag) führten zu einer Suche nach alternativen Filterhilfsmitteln und verbesserten Trenntechniken mittels Membran (Pkt.12.5.3).

Cellulose ist der Hauptbestandteil pflanzlicher Zellwände und besteht als Polysaccharid unverzweigt aus (β-1,4-glycosidisch-verknüpften) β-D-Glucose- bzw. Cellobioseeinheiten. Sie findet ihren Einsatz als ergänzendes Filterhilfsmittel bei der Kieselgurfiltration zur mechanischen Stabilisierung des Kuchens und ist Hauptbestandteil der Filterschichten für die Fein- und Sterilfiltration. Bei alleiniger Verwendung zur Hauptfiltration ist zu beachten, dass Cellulose nicht wie Kieselgur definiert sedimentiert. Außerdem neigt der Anteil der fibrillierten Fasern zum Verklumpen und Entmischen. Der Druckverlauf ist anfangs linear und geht dann aufgrund der kompressiblen Eigenschaften der Cellulose in einen überproportionalen Anstieg über [12.11]. Vorausgesetzt einer guten Vorklärung mittels Separator, sind vergleichbare Filtrationsergebnisse zur Kieselgur möglich. Die Regeneration (8 bis 16 Zyklen) der im Vergleich zur Kieselgur teureren Cellulose wird bei 50 °C mit Lauge durchgeführt. Bessere Filtrationsergebnisse werden beim Einsatz einer Mischung aus Cellulose und Perliten unterschiedlicher Feinheit erreicht [12.12]. Perlite wirken hier als Füllstoff zum Verdichten des Faserkuchens. Erste und zweite Voranschwemmung variieren in der Mischungszusammensetzung. Die laufende Dosage besteht nur noch aus Perliten. Die Mischprodukte können bei allen gängigen Filteranlagen eingesetzt werden.

Abb. 12.8: REM-Aufnahme von Cellulose [12.12]

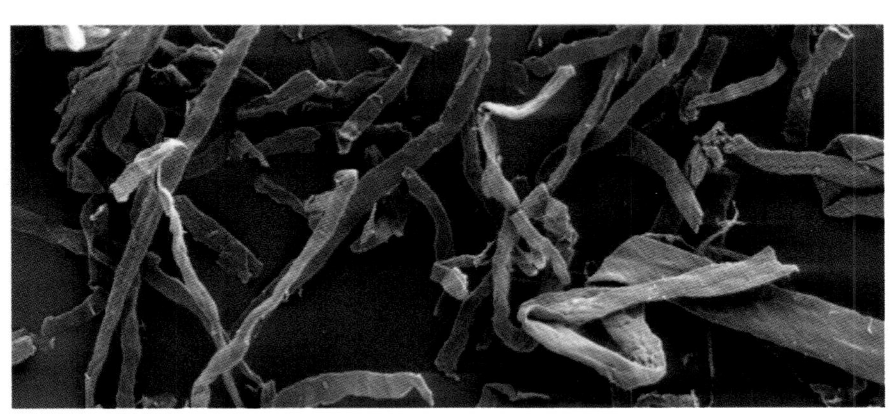

Ein weiteres Filterhilfsmittel besteht zu 70 % aus Polystyrol, zu 30 % aus PVPP und kann ebenfalls bei bestehenden Filterlinien (Kesselfilter) zur Anwendung kommen. Das Filtrationsverhalten ist ähnlich wie bei Kieselgur. Filtration und Stabilisierung verlaufen in einem Schritt. Nach Abschluss der Filtration wird das Filterhilfsmittel in mehreren Schritten regeneriert [12.13]. Aufgrund des zeit- und personalintensiven Aufwands hat sich das Verfahren nicht durchsetzen können.

Alginit (unreifer Ölschiefer) enhält bis zu 19 % organische Bestandteile sowie einen hohen Ton- und Karbonatgehalt. Eine Kalzinierung bei 1000 °C mit anschließendem sauren Waschen und einer Neutralisation muss aus diesem Grund vorausgehen. Neben der Adsorption von Polyphenolen und β-Glucanen werden auch die Bitterstoffe bei alleinigem Einsatz um ca. 30 % reduziert [12.14]. Der Zusatz von 50 % Perlit führt zu besserem Filtrationsverhalten. Da Alginit und Perlit als Bodenverbesserer gelten, wird eine landwirtschaftliche Verwertung angestrebt.

Viskosefasern bestehen aus regenerierter Cellulose. Die Fasern bilden je nach Typ (Form, Länge, Titer), im Gegensatz zu Kieselgur oder Perliten, einen mehr oder weniger kompressiblen Filterkuchen. Durch die Kompression wird die Porosität des Filterkuchens definiert. Sie kann zur Beeinflussung von Trübung und Durchflussrate geregelt werden. Die kontrollierte Kompression des Filterkuchens wird durch Zirkulation des Filtrats zum Unfiltrat über die Differenzdruckmessung (2,2–2,4 bar) eingestellt [12.15]. Die Bieranalysen zeigen keinen Unterschied zur Kieselgurfiltration. Fehlende Eisen- und Kupferaufnahme verbessern die Geschmackstabilität der Biere. Die Versuche wurden an einer Kerzenfilteranlage durchgeführt. Eine Regeneration der Viskosemischung ist aufgrund der unterschiedlichen Faserlängen für

Voranschwemmung und Dosage nicht sinnvoll. Allerdings ist sie vollständig biologisch abbaubar. Bei geringerer Zirkulationsleistung der Filteranlage (Pumpe) kann die benötigte Kompression über den Einsatz einer Fasermischung mit 55–60 % Perliteanteil bei gleicher Bierqualität im Vergleich zur Kieselgurfiltration erreicht werden [12.45].

12.5.1 VORFILTRATION

Bei der Lagerung des Bieres sollte gegen Ende eine Tiefkühlphase von -2–0 °C eingehalten werden. Um ein erneutes Lösen der Kältetrübung zu vermeiden, darf auf dem Weg vom Lagerkeller zur Filtration keine Erwärmung erfolgen bzw. wird ein Tiefkühler vor den Filter geschaltet. Die in der Brauerei durchgeführte kuchenbildende Filtration dient zur Vorklärung des Bieres.

Theorie der Anschwemmfiltration

Die Voranschwemmung ist erforderlich, weil die Partikeln der Filterhilfsmittel für die laufende Dosierung zu klein sind, sodass sie vom Filtermittel (Siebe, Gewebe, Schichten) allein nicht zurückgehalten werden. Sie beläuft sich im Mittel auf 700–1000g/m² und wird mit Wasser, z.T. auch mit Bier getätigt. Der erste Teil der Voranschwemmung besteht z.B. zu 300g/m² aus Grobgur unter Zusatz von 30–50 g/m² faseriger Cellulose. Für die Brückenbildung ist eine anfängliche Kreislaufführung durchzuführen. Der zweite Teil der Grundanschwemmung besteht aus 100–150 g/m² Feingur [12.7]. Danach wird das Gemisch der laufenden Dosierung aufgetragen. Der Anschwemmvorgang, die Voranschwemmung, entspricht einer Kuchenfiltration. Der erzeugte Filterkuchen stellt das eigentliche Filtermittel für die nachfolgende Filtration dar, bei der die Tiefenfiltration mit zum Tragen kommt. Während der Filtration wird die laufende Dosierung eines Gemisches aus Grob- und Feingur (z.T. mit Kieselgel) zugegeben. Dies dient dazu, die Durchlässigkeit (Permeabilität) der Anschwemmung bei konstantem Volumenstrom zu erhalten. Für die optimale Wirkung des Kieselgels ist der Porenradius sowie das Porenvolumen maßgebend. Durch die vorgenommene Stabilisierung reduziert sich die Kieselgurdosage. Druckstöße sind zu vermeiden, da sie die gebildeten Brücken der Voranschwemmung zerstören würden. Der gleichmäßige Volumenstrom bewirkt ein stetiges Ansteigen der Druckdifferenz (max. 0,2–0,3 bar/h) bis auf Δp_{max} von 2,5 bar (bei untergärigen Bieren). Inklusive der Filtervorbereitung läuft der Prozessschritt folgendermaßen ab: Der Filter wird mit Wasser gefüllt und entlüftet. Dann wird die Voranschwemmung getätigt und ein Gegendruck aufgebaut. Nach dem Umstellen auf Bier gelangt der Vorlauf (ab z.B. 6 % Stammwürze) in den Vorlauftank. Die Filtration läuft, bis der Enddruck erreicht ist. Anschließend wird der Filter mit CO_2 bzw. Wasser leer gedrückt. Durch Einsatz von entgastem Wasser und CO_2 bei der Voranschwemmung sowie Entlüftung der Kieselgursuspension durch Begasen mit CO_2 kann eine Sauerstoffaufnahme weitgehend vermieden werden, sodass im Drucktank 0,05 mg/l O_2 möglich sind.

12.5.2 FILTERBAUARTEN

Bis heute kommen bei der Anschwemmfiltration Rahmenfilter, Horizontalfilter oder Kerzenfilter zum Einsatz.

Abb. 12.9: Anschwemmschichtenfilter-Prinzip [12.10]

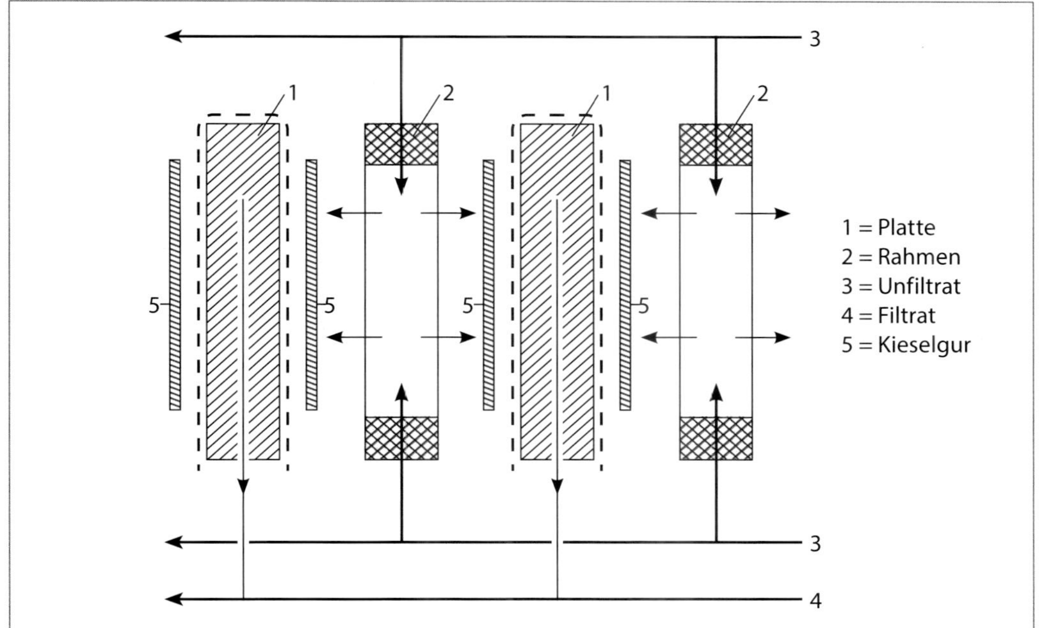

12.5.2.1 Kieselgurschichtenfilter

Der Filter (Abb. 12.9) besteht aus Rahmen und Platten mit übergehängter Stützschicht (Synthetikfasern), an der die Anschwemmung aufgebracht wird. Je nach Größe sind Filtrationsleistungen bis 500 hl/h möglich. Der Rahmenfilter erfuhr durch die Einführung der Hochleistungsfilterkammern zum einen eine wirtschaftliche Weiterentwicklung (reduzierte Vor- und Nachläufe, Energie- u. Zeitgewinn), zum anderen durch die tangentiale Strömungstechnik eine technologische Verbesserung [12.16]. Ein- und Auslauf sind tangential versetzt. An der Kopfplatte befindet sich der Auslauf. Der Einlauf erfolgt vom hinteren Ende des Filters. Durch Vorschalten einer Zentrifuge kann der gesamte Kieselgurverbrauch von 150–200 g/hl auf 70–80 g/hl reduziert werden.

12.5.2.2 Horizontalfilter (Drahtgewebefilter)

In einem zylindrischen, stehenden Druckbehälter mit konischem oder bombiertem Boden (Kesselfilter) befindet sich eine drehbare, perforierte Hohlwelle (Abb. 12.10). Darauf sind viele runde, horizontal übereinanderliegende Filterelemente aus Chromnickelstahl angeordnet. Eine Scheibe besteht aus einem Bodenblech, einem darüber liegenden Drainagegewebe und dem darauf befindlichen Filtermedium (feines Edelstahlgewebe). Wird eine Edelstahlmembran (35 µm) eingesetzt, kann auf die grobe Anschwemmung als Stützschicht verzichtet werden. Bei neueren Bauarten wird jedes einzelne Filterelement ausgehend von der Hohlwelle von innen nach außen angeströmt (Z-Variante). Daraus resultieren höhere Strömungsgeschwindigkeiten und Filterleistungen. Das Filtrat gelangt über die Filterelemente in die zentrale Hohlwelle. Restfilterelemente ermöglichen ein Leerdrücken des Filters mit CO_2 [12.17, 12.18].

Abb. 12.10: Zentrifugalhochleistungsfilter, Z-Variante [12.18]

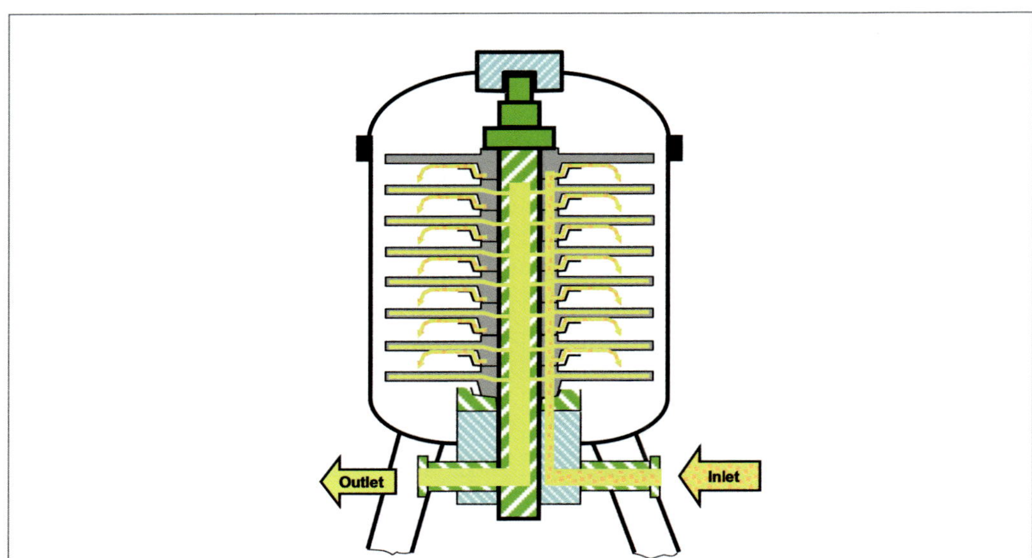

Die Austragung des Filters erfolgt durch Drehen des Filterpakets, wodurch der Filterkuchen durch die Zentrifugalkraft an die Wandung geschleudert wird, nach unten rutscht und über einen Austragstutzen am Behälter abgeführt wird. Vor und nach dem Filter steht ein Puffertank, wodurch Druckstöße verhindert werden sollen.

12.5.2.3 Kerzenfilter

12.5.2.3.1 Spaltfilter

Der zylindrokonische Kessel ist durch eine Trennplatte (Kopfplatte) in Filtrat- und Unfiltratraum unterteilt. Der Spaltfilter weist als Filterelemente Dreikantstäbe auf, die unterhalb des Deckels im Filterkerzenboden (Kopfplatte) aufgehängt sind. Auf den Dreikantstäben sind Edelstahlscheiben auf der einen Seite glatt, auf der anderen Seite mit Nocken aufgebracht. Daraus ergeben sich Spalte, welche die angeschwemmte Kieselgur zurückhalten und das Filtrat hindurchlassen. Das Filtrat läuft über die Kopfplatte ab.

12.5.2.3.2 Kerzenfilter mit Drahtspirale

Bei diesem System bestehen die in der Kopfplatte fixierten Filterelemente aus Lochblechrohren, die mit Profildraht umwickelt sind. Durch entsprechend gestaltete Strömungsverteiler werden die Filterhilfsmittel auf die Filterfläche transportiert. Das unfiltrierte Bier tritt am unteren Ende des Behälterkonus ein und durchströmt die Filterkerzen.

12.5.2.3.3 Kerzenfilter System Twin-Flow®

In diesem Fall beinhaltet der gesamte Kessel das Unfiltrat (Abb. 12.11). Kernstück ist der Register-Filtrat-Ablauf, der die Kopfplatte ersetzt. Die Filterelemente sind mit der Registerverrohrung verbunden, über die das Filtrat abläuft. Das Unfiltrat durchströmt den gesamten Kessel und wird in einer Bypassströmung (3–15 % des Unfiltrateinlaufs) am Behälterkopf abgeführt und dem Filtereinlauf wieder zugespeist. Die bestehenden Teilströme Filtrat und Unfiltratbypass lassen sich unabhängig voneinander einstellen. Am Register wird ein Bypassvolumenstrom vorbeigeleitet, der die Strömung durch die Filterelemente überlagert. Dies wirkt einer Sedimentation des Filterhilfsmittels entgegen. Somit erreicht man durch den Bypass eine gleichmäßige Anschwemmung sowie eine homogene Strömung im Filter und die Filterflächen werden optimal angeströmt. Die erste Voranschwemmung kann mit mittlerer Gur erfolgen. Die Filterelemente haben ein Innenrohr, welches das Volumen in der Kerze reduziert und die Kerze stabilisiert. Dadurch wird der Fluss in dem so erzeugten Ringkanal höher, was speziell beim Anschwemmen durchgerutschte Gur aus der Kerze ausspült. Beim Reinigen (rückwärts) wird ebenfalls ein höherer Fluss erreicht, wodurch die Kerzenspalte besser gereinigt werden. Die Mischphase wird durch den Bypass verringert. Beim Ausschieben nach dem Anschwemmen muss nun nicht mehr das Wasser im Kessel durch die Kerzen hindurch ausgeschoben werden, sondern über den Bypass auf den Gully. Die Filterelemente haben konstruktionsbedingt eine höhere Eigensteifigkeit und es sind längere Bauweisen möglich [12.19, 12.20].

Abb. 12.11: Bauarten von Kerzenfiltern [12.19]

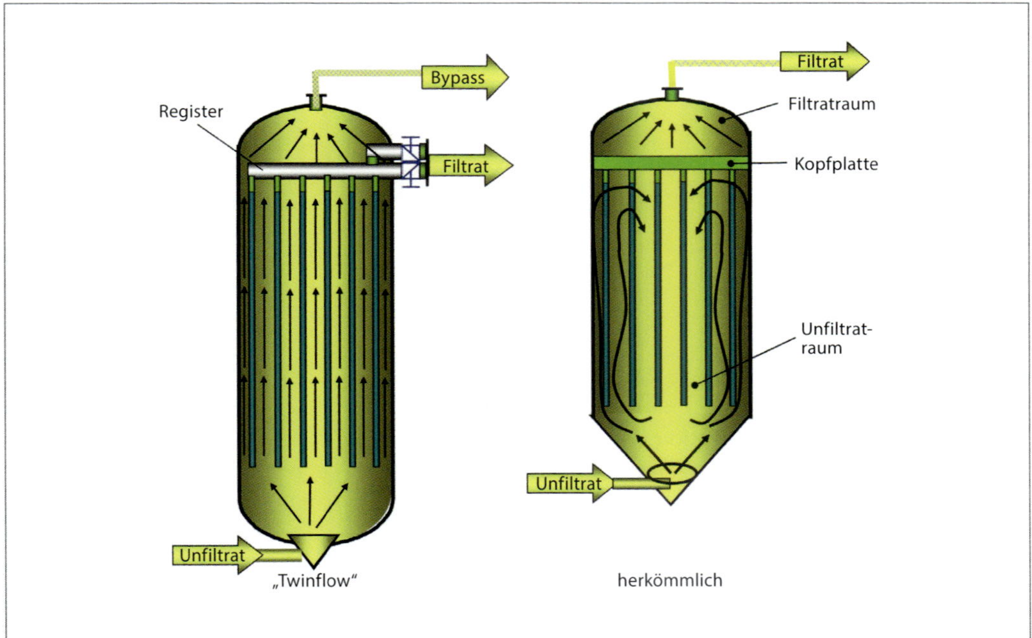

Zur Aufrechterhaltung eines gleichbleibenden Druckniveaus (Betriebsdruck max. 7–9 bar) benötigen alle Kesselfilter eine Druckerhöhungspumpe. Beim Horizontalfilter liegt der Filterkuchen stabil auf den Filterelementen, beim Kerzenfilter muss der Filterkuchen durch die laufende Pumpe stabilisiert werden. Der mittlere stündliche Differenzdruckanstieg beträgt 0,5 bar. Die Filterleistung beläuft sich bis auf 600 hl/h. Zwischen Druckregler und Filter ist oft ein Tiefkühler geschaltet, der das Bier bei ungenügender Lagertemperatur auf -1 °C kühlt und diese Temperatur auch während der Filtration hält. Zur Entlastung des Filters kann eine Zentrifuge vorgeschaltet werden, die den Kieselgurverbrauch verringert und die Filterstandzeit verlängert.

Abb. 12.12: Prinzip statische/dynamische Filtration [12.21]

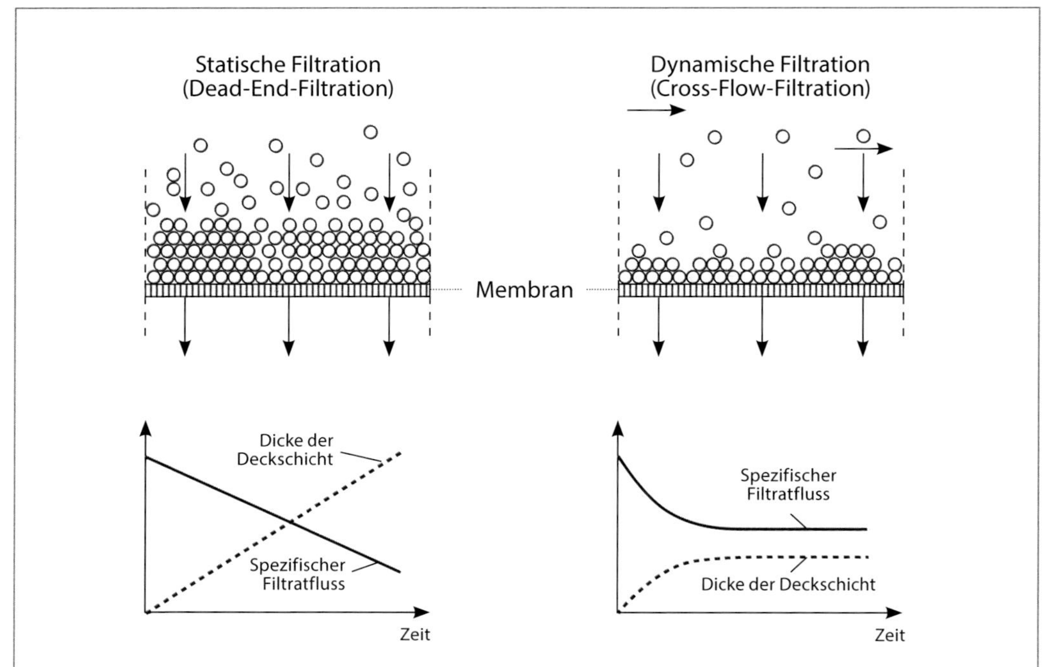

Statische und dynamische Filtration
Bei der statischen Filtration haben Filtrat und Suspension dieselbe Fließrichtung, während sie bei der dynamischen Filtration orthogonal zueinander fließen (Abb. 12.12). Dadurch nimmt die Filterkuchenhöhe bei der statischen Filtration mit steigendem Filtratvolumen zu, während die Feststoffe bei der dynamischen Filtration teilweise wieder in die Suspension zurückgefördert werden. Prinzipiell wird ein Schergefälle in der strömenden Suspension an der Membranoberfläche erzeugt, was im Idealfall die Bildung einer Deckschicht unterdrückt. Bei der dynamischen Filtration kommen Membranen als Filtermittel zur Anwendung.

12.5.3 MEMBRANFILTRATION

12.5.3.1 Cross-Flow-Filtration

Die Cross-Flow-Filtration umfasst Trennverfahren mit Mikro-, Ultra- und Nanomembranen [12.22]. Die Mikrofiltration arbeitet im Bereich von 0,1–20 µm, während die Trenngrenze der Ultramembran bei >2 bis 2000 kD und die der Nanomembran bei 0,2 bis ≤ 2 kD liegt.
Die Cross-Flow-Filtration (Querstromfiltration) wird auch als tangentiale oder Überströmungsfiltration bezeichnet. Die von einer Pumpe geförderte Suspension überströmt quer die Membranelemente. Diese Strömungsführung in Kombination mit der Fließgeschwindigkeit erzeugt Scher- und Auftriebskräfte an der Membranoberfläche, wodurch Stoffe, welche die Membran nicht durchdringen, von der Membran in die Kernströmung zurückgeführt werden, sodass sich nur eine begrenzte Schicht ausbilden kann. Die durch die ständige Suspensionsumwälzung erzeugte Querströmung zieht einen beträchtlichen Energieeintrag nach sich, welcher wieder herausgekühlt werden muss. Bei der Überströmung der Membran fällt der Druck vom Einlauf bis zum Auslauf des Filters linear ab (Strömungsdruckverlust) und damit auch der transmembrane Druck. Es ändern sich die Bedingungen über die Modullänge. Zu den Einflussgrössen zählen die geometrischen Abmessungen des Strömungskanals, die Strömungs-

geschwindigkeit (je größer desto stärker der Druckabfall) und die Fließeigenschaften des Konzentrats (Retentats). Die Modullänge muss so ausgelegt sein, dass keine Rückströmung auftritt. Der Druck auf der Filtratseite ist nahezu konstant. Zur Aufrechterhaltung der Filtration über die gesamte Länge des Membranmoduls muss $p_F < p_2$ am Modulausgang sein [12.23].

Abb.12.13: Schema zur Crossflow-Mikrofiltration [12.3]

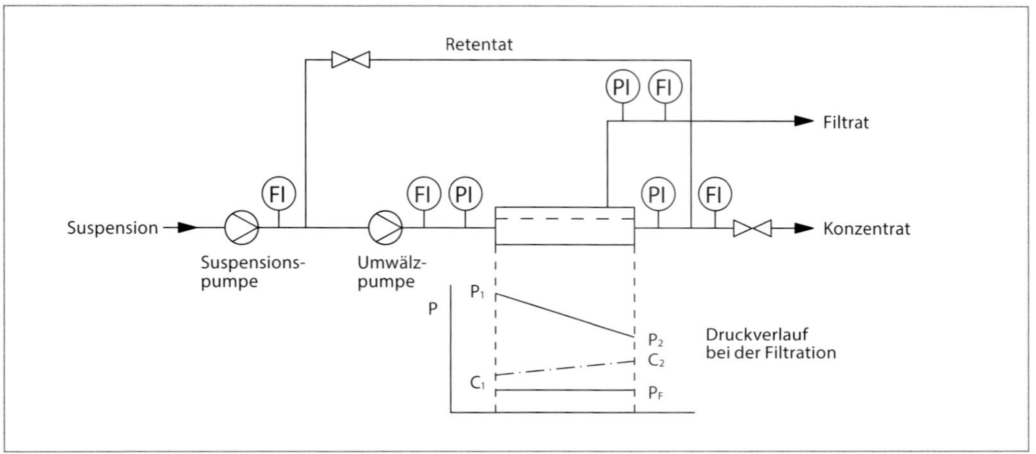

Die mittlere transmembrane Druckdifferenz (treibendes Druckgefälle) lautet:

$$\Delta p_{tM} = \frac{p_1 + p_2}{2} - p_F \qquad (12.15)$$

p_1= Druck, Filtereinlauf
p_2= Druck, Filterauslauf
p_F= Druck, Filtratseite

Die klassische Cross-Flow-Filtration arbeitet nach dem Feed-and-Bleed-Konzept. Die Anlage besteht aus dem Unfiltrattank, der Speisepumpe (Feedpumpe), den Filtermodulen, ein oder mehreren Umwälzpumpen und einem Kühler (Abb. 12.14). Zu Beginn wird das Unfiltrat umgewälzt, bis die vorgegebene Retentatkonzentration erreicht ist. Permeat (Filtrat) läuft ab. Ein Teil des Retentats (Konzentrat) wird in den Unfiltrattank zurückgeführt, während die Speisepumpe wieder Unfiltrat in die Filtereinheit fördert. Aufgrund der intensiven Umwälzung muss das Bier gekühlt werden. Die Überströmgeschwindigkeit liegt bei 0,8-2 m/s. Der anfängliche Transmembrandruck von 0,2 bar steigt während der Filtration bis auf 1,2–2,1 bar an. Das gleiche gilt für die Feststoffkonzentration (ca. 11–13 %) und die Viskosität [12.24].

Abb. 12.14: Crossflowanlage, Prinzip ‚Feed and Bleed' [12.25]

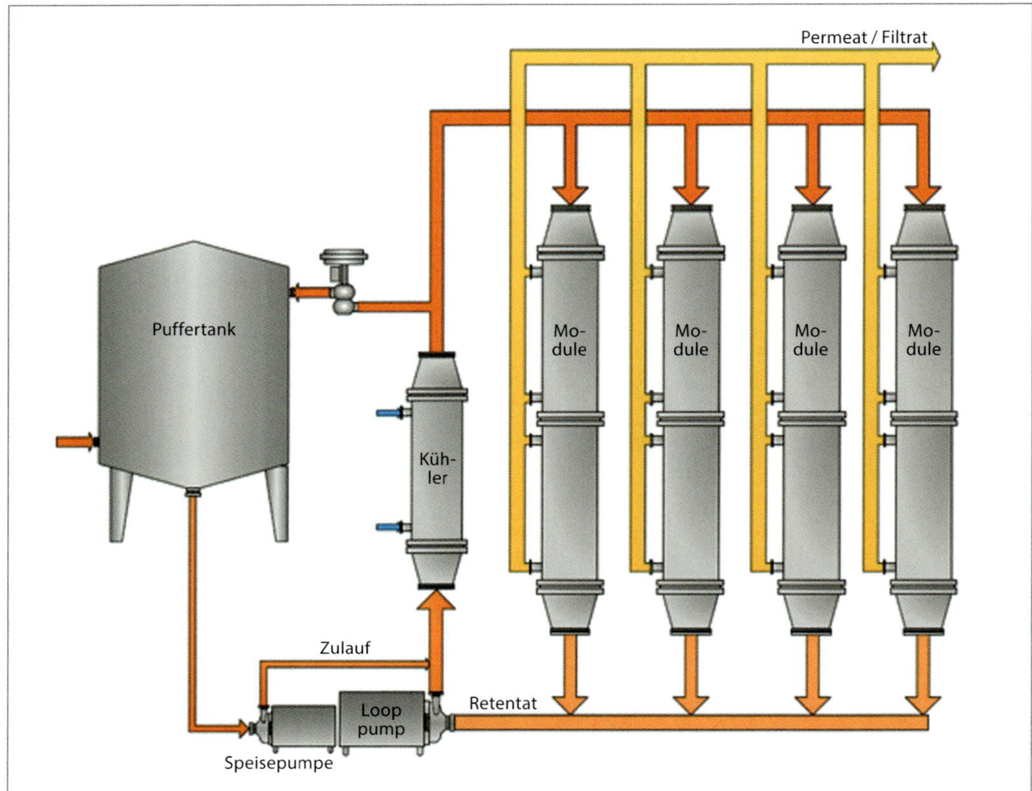

Aufgrund der Kosten wird mittlerweile z. T. mit einer Dead-End-Filtration ohne Retentatrückführung gearbeitet.
Die Feststoffkonzentration steigt im Verhältnis von Produktzulauf und Filtratfluss über die Länge des Membranmoduls (bei hoher Überströmgeschwindigkeit weniger) an.
Man unterscheidet einen membran- und einen deckschichtkontrollierten Bereich. Bei kleiner Druckdifferenz steigt der Filtratvolumenstrom linear an. Es bildet sich in diesem Fall keine Deckschicht aus, da der Rücktransport der Partikel den konvektiven Transport zur Membran übersteigt. Der Filtratstrom wird nur durch den Membranwiderstand bestimmt. Ab einem bestimmten Filtratstrom (limitierender Flux) bildet sich eine Deckschicht aus, die sich erhöht bzw. kompaktiert und einen Widerstand erzeugt. In diesem Bereich bewirkt eine Differenzdruckerhöhung keine weitere Steigerung des Filtratstroms (Abb.12.15) [12.26].

Abb. 12.15: Filtrationsphasen bei der Querstromfiltration [12.26]

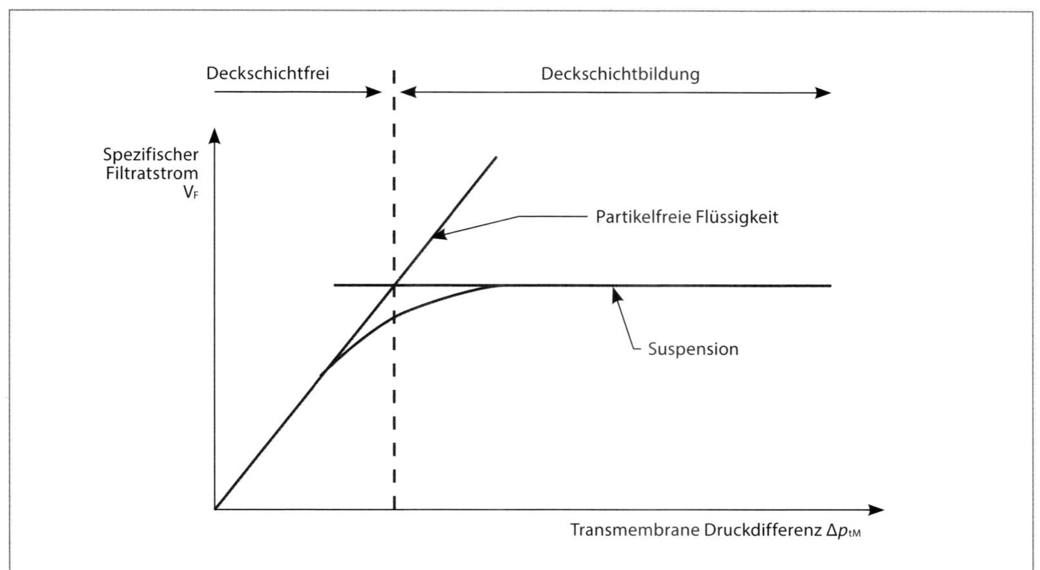

Der limitierende Flux wird durch das dynamische Gleichgewicht von konvektivem Transport von Partikeln an die Membran und Rücktransportmechanismen in die Kernströmung bestimmt. Die Überströmgeschwindigkeit hat einen großen Einfluss (Abb.12.16).

Abb. 12.16: Kritischer Filtratvolumenstrom in Abhängigkeit von der Partikelgröße [12.26]

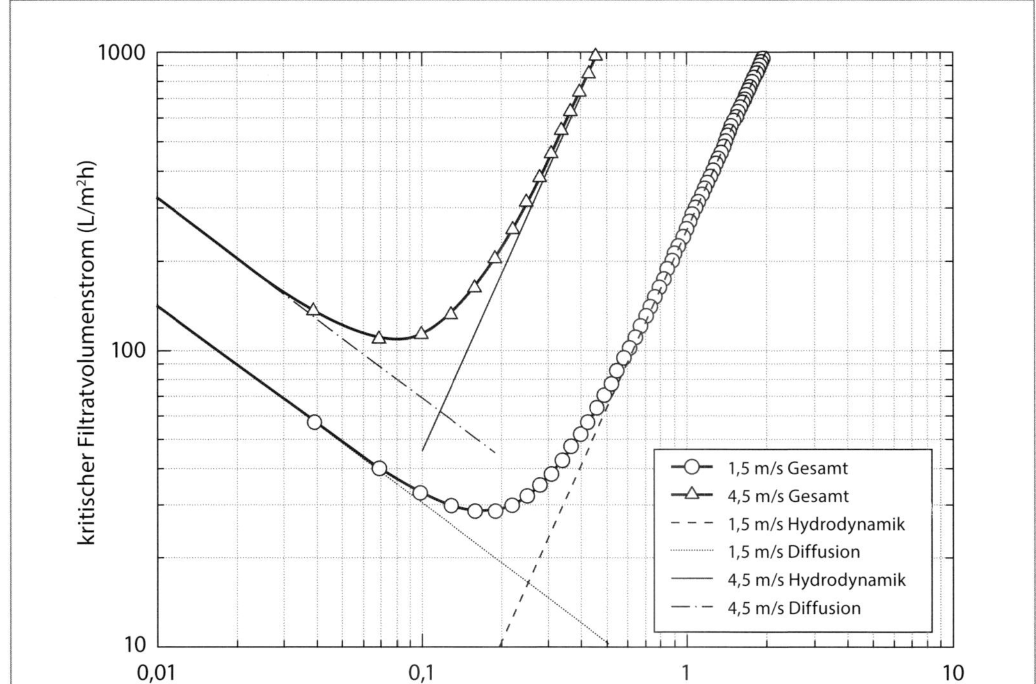

Zur Deckschichtvermeidung muss der Filtratvolumenstrom unterhalb des Minimums der Kurven liegen. Die Höhe der Überströmgeschwindigkeit wird in der Praxis durch die Kostenrechnung festgelegt (hohe Druckdifferenz, hoher Energiebedarf).

Modelle zum Stofftransport bei der Mikrofiltration
Die Modelle gehen von stationären Betriebsbedingungen aus. Es existiert bis heute kein universelles Modell, welches alle Vorgänge berücksichtigt. Es wird zwischen Diffusions- und hydrodynamischen Ansätzen unterschieden, die mittlerweile kombiniert betrachtet werden [12.27].

Diffusiver Rücktransport
Die Membran hält einige konvektiv herantransportierte Partikel aufgrund ihres Rückhaltevermögens zurück, sie konzentrieren sich in der Konzentrationsgrenzschicht (Konzentrationspolarisation) und es bildet sich eine dünne Deckschicht aus. Ein Teil der Komponenten wird durch diffusive Effekte in die Kernströmung rücktransportiert (Abb. 12.17). Der Konzentrationsgradient dient hierbei als Triebkraft. Es kann ein quasistationärer Zustand erreicht werden, wenn Ablagerung und Mitreißen der Partikel im Gleichgewicht stehen. Bei Partikelgrößen dp > 0,1 µm wird das Modell auf eine scherinduzierte hydrodynamische Diffusion erweitert, bei welchem der Einfluss der Wandschubspannung und die Partikelgröße berücksichtigt werden. Im Gegensatz zur klassischen Diffusion steigen nach dieser Modellvorstellung der Rücktransport und damit der Filtratstrom mit steigender Partikelgröße [12.28].

Abb. 12.17: Konzentrationspolarisation an einer Membran: A Konzentrationsprofil; B Druckprofil; C Strömungsprofil; DS Deckschicht; G Grenzschicht; KS Kernströmung; y Abstand zur Membran; v Membranüberströmung; p Druck; c Konzentration; δ Konzentrationsgrenzschichtdicke; δDS Deckschichtdicke [12.29]

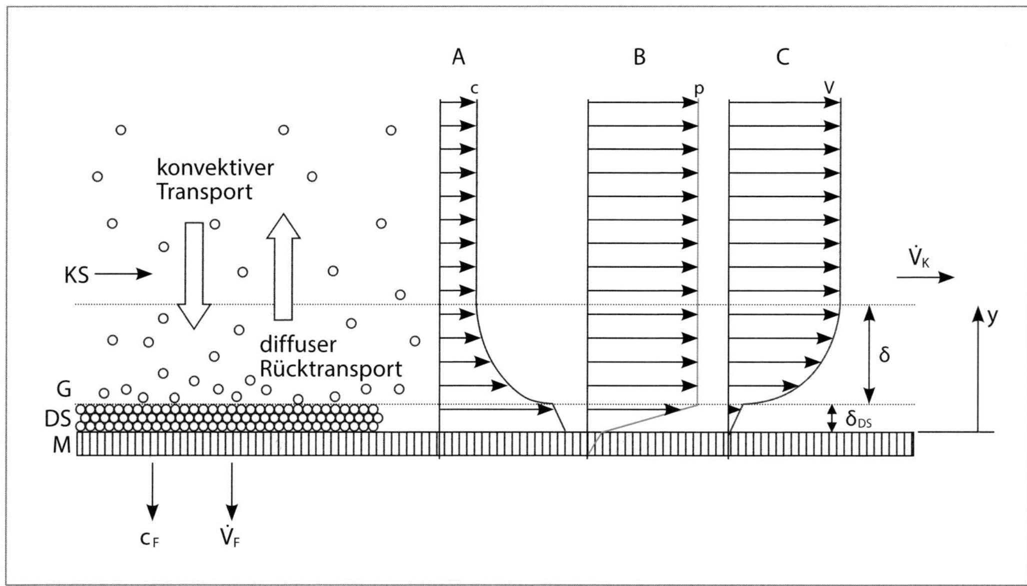

Hydrodynamischer Rücktransport

Hydrodynamische Effekte entstehen durch den Geschwindigkeitsgradienten an der Membran und die dadurch auf die Partikel wirkenden Kräfte bei Partikelgrößen > 0,1 µm. Altmann [12.30] berücksichtigt sowohl hydrodynamische (Schleppkraft, Liftkraft) als auch diffusive und Partikelwirkungskräfte (Abb.12.18).

Abb. 12.18: Kraftwirkungen an einer Einzelpartikel an der Membranoberfläche (Ablagerungsmodell) [12.31]

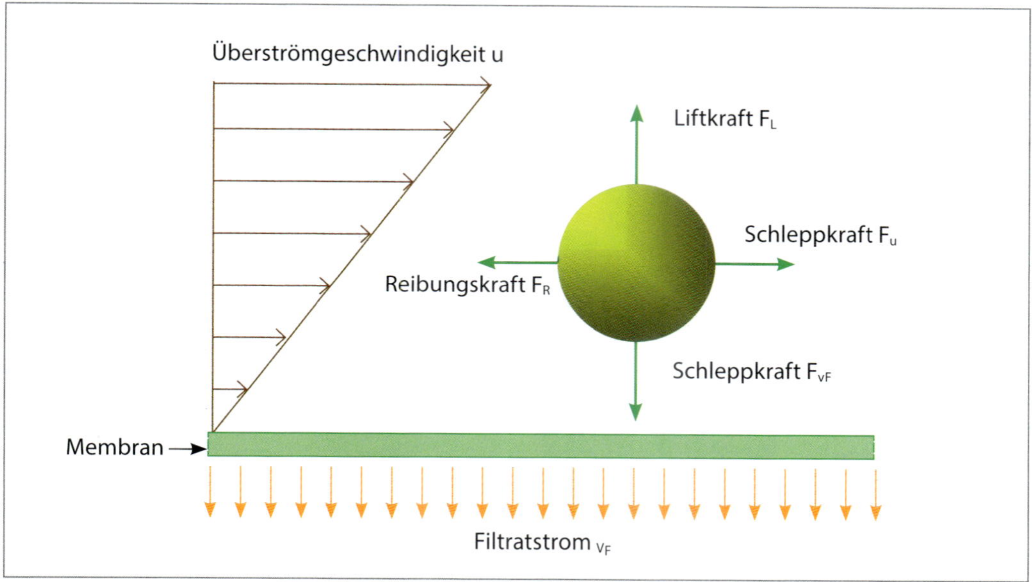

Die Abhängigkeit der hydrodynamischen Kräfte von der Partikelgröße d_P kann wie folgt beschrieben werden:

- Liftkraft (hydrodynamischer Auftrieb) $F_L \sim d_P^3$
- Schleppkraft der Querströmung $F_u \sim d_P^2$
- Schleppkraft des Filtratstroms $F_{vF} \sim d_P$

Es ergeben sich Bereiche der Partikelgröße, in denen bestimmte Kräfte dominieren (Abb. 12.19). An dem Beispiel ist ersichtlich, dass bei Partikeln mit $d_p > 10$ µm die Liftkraft größer ist als die Schleppkraft und sie demzufolge an der Membran nicht abgelagert werden können. Kleinere Partikeln tragen durch die klassierende Ablagerung dagegen zum Deckschichtaufbau bei [12.1, 12.32]. Weiter stromab in Längsrichtung befindet sich immer feineres Korn.

Abb. 12.19: Wirkende Kräfte an einer Partikel an der Deckschicht bei einer Querstromgeschwindigkeit von 4,5 m/s [12.26]

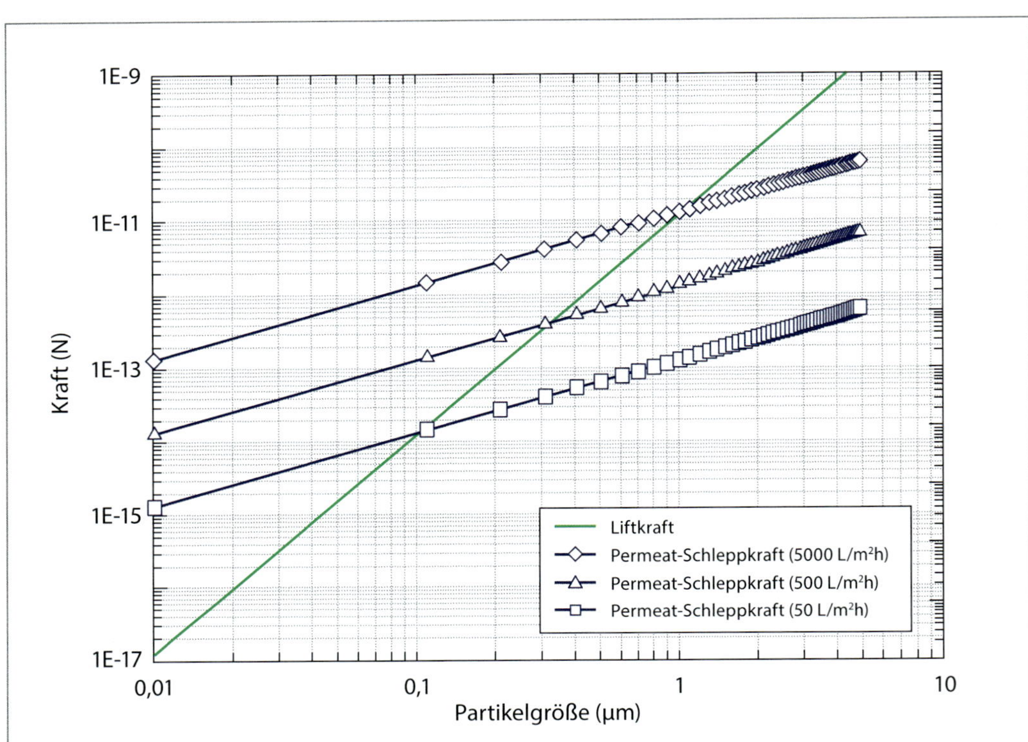

Die Cross-Flow-Filtration hat sich für die Rückgewinnung von Hefebier in der Brauerei erfolgreich etablieren können. Seit einigen Jahren wird versucht, auch die Anschwemmfiltration durch die dynamische Membranfiltration zu ersetzen, um auf Filterhilfsmittel verzichten zu können. Derartigen Anlagen wird teilweise zur Entlastung eine Zentrifuge vorgeschaltet. So können im Vorfeld 99,5 % der Hefen von den Membranen ferngehalten werden. Außerdem ist eine eiweißseitige Stabilisierung im Lagertank vorzuschalten, um einer Verstopfung der Membranen entgegenzuwirken. Diese Partikeln können ebenfalls mit einer Zentrifuge entfernt werden.

Die Porenmembranen bestehen aus Polymeren (z. B. PTFE, PES, PP, PE, PVDF) oder keramischen Werkstoffen (Aluminium- und Zirkoniumoxid) [12.28] und sind in Modulen in einem Druckgehäuse verbaut. Bei den Modulbauklassen wird zwischen Flach- (Platten-, Kissen-, Wickelmodul) und Schlauchmembranen (Rohr-, Kapillar-, Hohlfasermodul) unterschieden. Zur Charakterisierung von Membranen werden geometrische Größen, Porosität, Trenngrenze, Beständigkeit (mechanisch, thermisch, chemisch), Oberflächeneigenschaften (Benetzungsverhalten, Zetapotential, Adsorption) betrachtet. Für die Trenngrenze von Mikrofiltrationsmembranen werden nominale Porenweiten angegeben. Die Rückhalterate kann sich aufgrund von Porenverengungen (Ablagerung) verändern. Im Idealfall findet an der Membran eine Oberflächenfiltration statt. In der Realität kommt es jedoch durch Wechselwirkungen zwischen der Suspension und der Membran zum Verstopfen der Membran. Dies wird durch elektrostatische und Van-der-Waals-Kräfte, Klemmkorn, innere Belegung der Membran und gelartige Moleküle verursacht [12.33]. Eine einheitliche Definition des Membranfouling existiert nicht. Es liegt hierbei eine reversible oder irreversible Verschmutzung der Membranoberfläche vor, die den Filtratfluss vermindert. Eine periodische Filtratrückspülung trägt zur Auflockerung der Deckschicht und / oder eine chemische Reinigung zur Verhinderung des Membranfouling bei. Polymermembranen weisen gute Fluxraten auf,

jedoch ist ihre Lebensdauer durch die Anzahl der CIP-Zyklen begrenzt. Höhere Temperaturen und Konzentration der Reinigungsmedien können die Membranstruktur verändern, was zu Verblockung, Verkeimung und Membranbrüchen führen kann. Die Wahl geeigneter Reinigungsmittel ist maßgebend. Die Membranen müssen mit einer Haltbarkeit von 1 bis 3 Jahren ähnlich wie das Filterhilfsmittel als Verbrauchsmaterial angesetzt werden.
Keramikmembranen sind mechanisch, chemisch und thermisch sehr stabil und können sterilisiert werden. Allerdings ist die Membranflächendichte geringer als bei Kunststoffmembranen. Zur Erhöhung der spezifischen Membranfläche wird aktuell die Entwicklung von neuen geometrischen Strukturen (z. B. Multikanalwaben mit seitlichen Schlitzen zur Permeatabführung) vorangetrieben. Verschiedene Hersteller gehen von den herkömmlichen, kreisrunden Querschnitten auf z. B. sternförmige Strömungskanäle oder andere Formen über, um eine Oberflächenvergrößerung der Membranmodule zu erreichen. Weiter wird versucht, die Fertigungskosten durch eine Reduzierung der Zwischenschichten zu senken [12.34].
Der Vorteil heutiger Cross-Flow-Anlagen liegt im quasikontinuierlichen Betrieb, dem höheren Automationsgrad und dem reduzierten Systemvolumen (keine Vor- und Nachläufe, reduziertes Drucktankvolumen) und einer guten Bierqualität (kein Ioneneintrag) [12.35].

System BMF®

Beim BMF-Verfahren werden Polyethersulfon-Hohlfasermembranen mit 0,5 µm Porengröße und einem Durchmesser von 1,5 mm eingesetzt (Abb. 12.20). Ein Modul mit einer Länge von 1500 mm besteht aus 4000 Membranen. Die Filtration mit einer Überströmgeschwindigkeit von 1,5 bis 1,8 m/s wird über den Transmembrandruck gesteuert, indem bei einer Druckdifferenz von 1,2 bar die Filtration gestoppt und mit kalter Lauge rückgespült wird. Mit dem Einsatz eines chlorfreien Oxidationsmittels bei 70 °C haben die Membrane eine Lebensdauer von zwei bis vier Jahren. Das eiweißseitig stabilisierte Unfiltrat (ca. 5 Mio Hefezellen/ml) muss nicht zentrifugiert werden. In einer Weiterentwicklung (BMF+Flux) ist eine Rückführung des Bierretentats in den Unfiltrattank („Feed and Bleed") nicht mehr erforderlich. Das Retentat wird im Filter aufkonzentriert. Voraussetzung ist, dass bei der Filtration der „kritische Konzentrationsfaktor" nicht überschritten wird. Andernfalls wird mit entgastem Wasser rückgespült [12.36, 12.37].

Abb. 12.20: Membranmodul mit Hohlfasern [12.37]

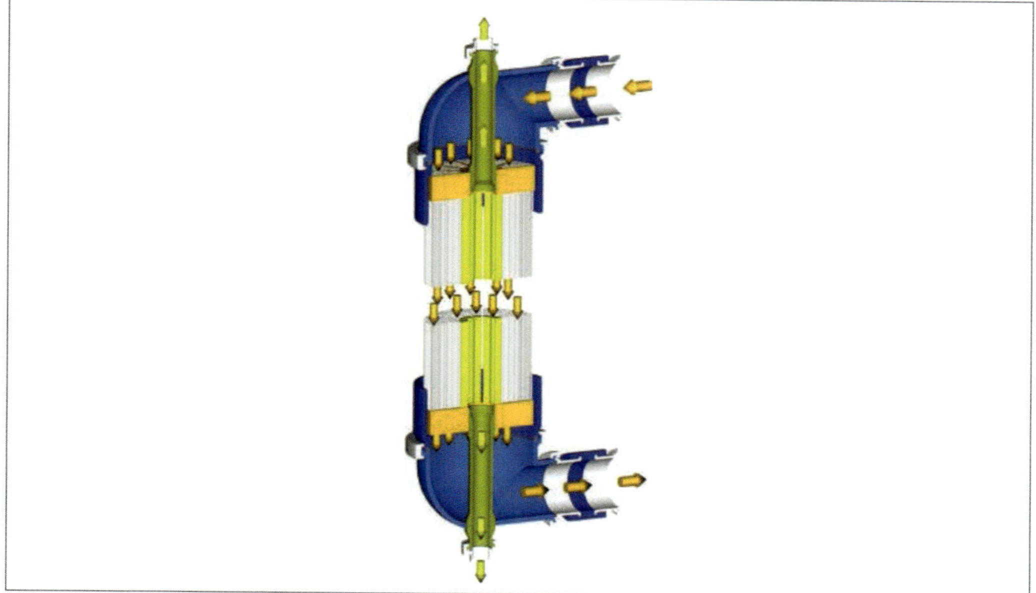

System PROFI®

Bei diesem System werden Hohlfasermembranen aus PES mit einer Porenweite von 0,65 µm und einem Durchmesser von 1,5 mm eingesetzt. Die Modullänge beträgt 1000 mm [12.24] (Abb. 12.21). Das System besteht aus folgenden Anlagenteilen:

- Zentrifuge für die Abscheidung von 99 % der Partikel > 1 µm,
- Kühler (optional) und Puffertank,
- Membranblöcke für die Feinfiltration,
- Membranreinigungseinheit.

Die Überströmgeschwindigkeit beträgt 1,0–1,5 m/sec. Es wird eine Dead-End-Filtration mit interner Zirkulation (Semi Cross Flow) ohne Retentatrückführung (kein Retentat-Kreislauftank) durchgeführt. Das System arbeitet mit konstantem Fluss, bis die maximale Druckdifferenz von 1,8 bar bei einem Filterblock erreicht ist. Dann wird der Block geleert und gereinigt. Die Reinigung der einzelnen Blöcke erfolgt nach Erreichen des maximalen transmembranen Drucks in Flussrichtung zum Drucktank, indem zunächst CO_2 beaufschlagt wird. Während der Leerung startet der nächste Block mit der Filtration.

Abb. 12.21: Schema - System PROFI® [12.38]

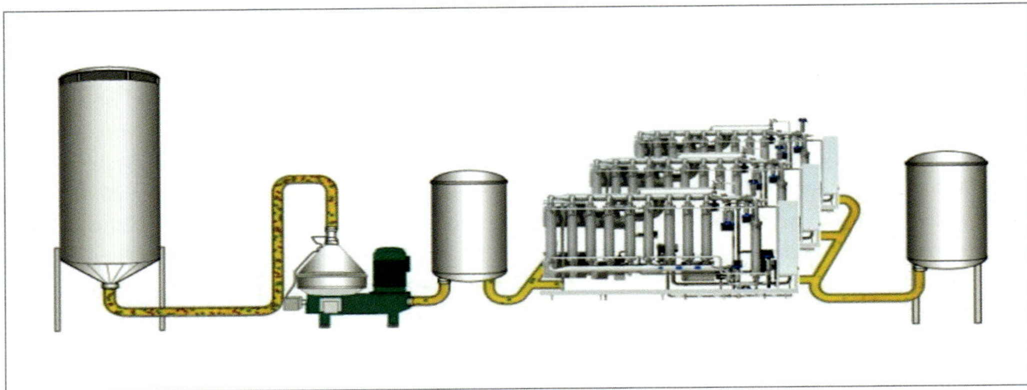

System Phoebus®

Die Membranfilteranlage ist aus mehreren Filtereinheiten aufgebaut. Je Filtereinheit werden zwei Membranpakete betrieben. Drei bis zwölf Module bilden ein Membranpaket. Die Membranmodule, bestehend aus PES-Hohlfasermembranen mit 0,45 µm, sind in Reihe geschaltet (geringerer Leistungsbedarf) und werden nacheinander mit Unfiltrat durchströmt. Sie können von oben oder unten angesteuert werden. Die Flussrichtung kann während der Filtration gewechselt werden. Regelgröße ist der Transmembrandruck je Modulposition in der jeweiligen Filtereinheit. Während der Filtration verläuft die Rückspülung von der Filtrat- zur Unfiltratseite mit entgastem Wasser. Es können einzelne Module separat rückgespült werden. Bei der Reinigung wird auch von der Unfiltrat- zur Filtratseite gespült.

Abb. 12.22: Phoebus® Cross-Flow-Filtration [12.39]

System Clearamic

Bei der Clearamic Bierfiltration bestehen die Keramikmembranen aus gesintertem Aluminiumoxid mit einem Grundkörper (Stützkörper) von 5–10 µm Porenweite, welchem Partikel (0,01–1,4 µm) aufgesintert sind, die je nach Anwendungsfall, die äußere Porenfeinheit (Membranlayer) bestimmen (Abb. 12.23) [12.40]. Die Keramikelemente sind mechanisch, chemisch und thermisch sehr stabil, sodass Lauge und Peroxid bei hohen Temperaturen eingesetzt werden können. Sie haben eine Lebensdauer von mindestens 10 Jahren. Membranbrüche treten nicht auf. Im Vergleich zu Polymermembranen ist die Membranflächendichte und damit die Durchflussrate geringer, was eine Vergrößerung der Membranfläche (Kanaldurchmesser 1,5 mm, Porenweite 0,5–0,8 µm) und eine Rückkühlung im Filtrationskreis erfordert. Die Elementlänge ist auf 1200 mm begrenzt, um Rückströmung zu verhindern. Eine Überströmgeschwindigkeit von ca. 2 m/s und/oder ein periodisches Rückpulsen des Filtrats gewährleisten die Filtration bis zu 12 Stunden. Eine Kaltlagerung < 0 °C und eine vorhergehende Stabilisierung sowie eine Vorklärung mittels Zentrifuge minimieren den Konzentrationsanstieg. In dem Fall kann der Unfiltrattank entfallen. Das gering anfallende Retentat kann dem nächstem Filtratzyklus zugeschnitten oder aufbereitet werden, falls eine Heferückbiergewinnung vorhanden ist.

Abb. 12.23: Retentat- und Filtratfluss in einem Keramikelement [12.40]

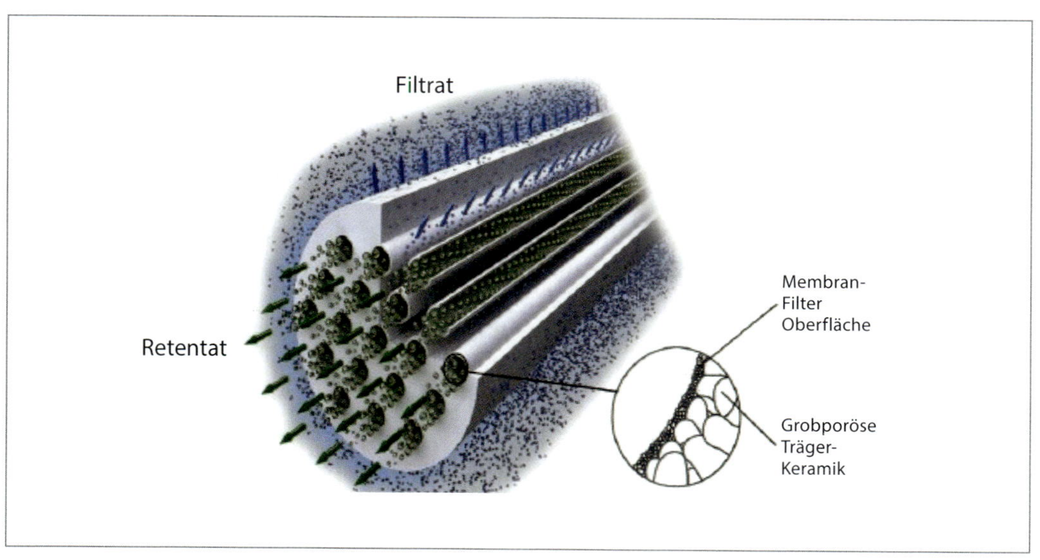

Abb. 12.24: Dynamische Mikrofiltration – Varianten [12.2]

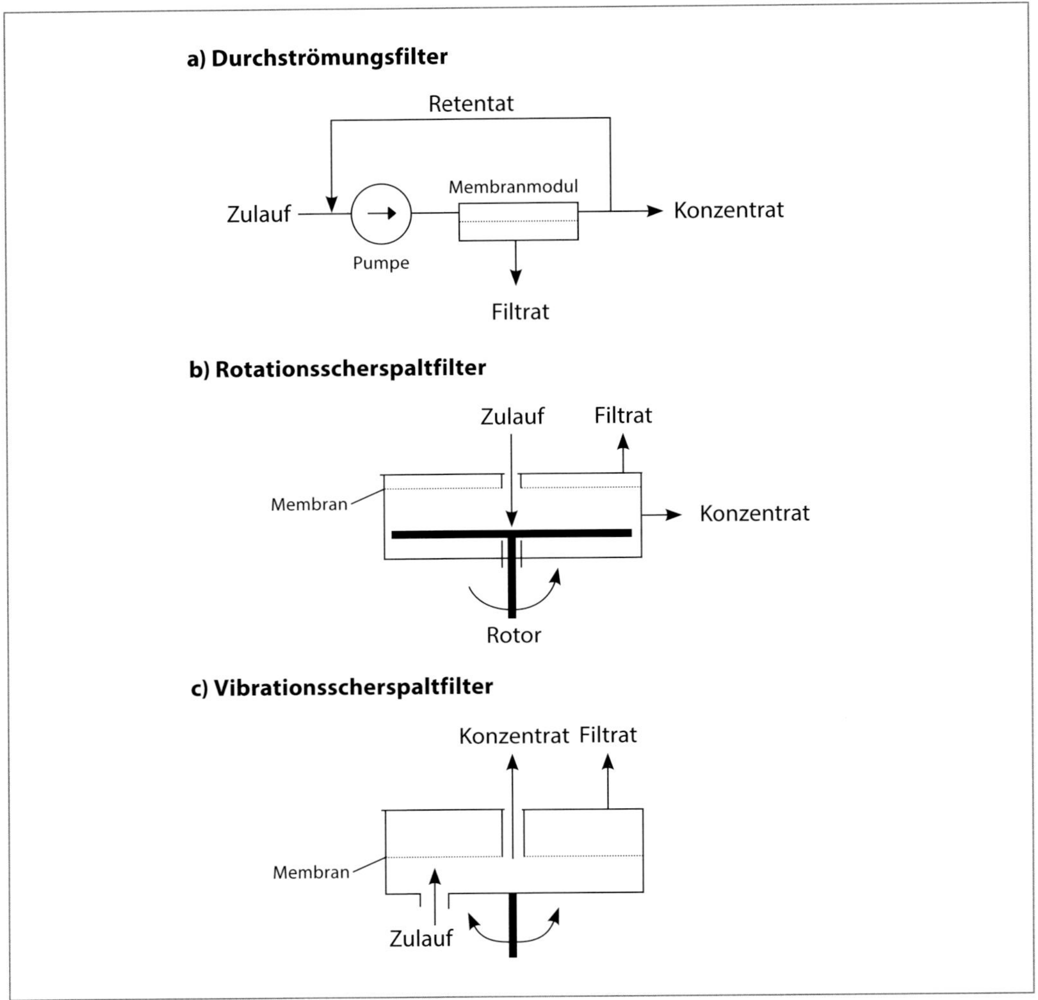

12.5.3.2 Scherspaltfilter

Eine andere Möglichkeit, Scherkräfte an der Membranoberfläche zu erzeugen, ist die Rotation von Scheiben in geringem Abstand zur Membran (Drehströmung). Die Wandschubspannung wird über die Rotordrehzahl gesteuert. Alternativ dazu können die Rotoren mit einer Membran ausgestattet werden. Im Gegensatz zur Cross-Flow-Filtration sind Schergefälle und Filtrationsdruck voneinander entkoppelt [12.33, 12.41]. Somit können höhere Überströmungsgeschwindigkeiten erzielt werden. Der konstruktive Aufwand ist allerdings deutlich höher als beim Durchströmungsfilter.

12.5.3.3 Filter mit oszillierenden Membranen (VMF-Verfahren)

Bei diesem System wird die Energie über die Membranen an deren Oberfläche in die Suspension eingebracht. Die Membranen (Pkt. 5.5.2) werden über eine vertikale Achse in eine oszillierende Bewegung versetzt. Charakteristisch für das Filtrationsverhalten ist ein zeitlich konstanter Filtratvolumenstrom bzw. transmembraner Druck im Gegensatz zum Scherspaltfilter [12.41].

12.5.4 NACHFILTRATION

Die Nachfiltration kann in drei Stufen unterteilt werden: In der Partikelfiltration (Trapfiltration) werden Kieselgurpartikel und andere Filtrationsadditive von 5–10 µm zurückgehalten. Die Feinfiltration mit ca. 1,5 µm hält die restlichen Hefen und Kolloide zurück. Die Membranfiltration mit 0,65–0,45 µm fängt als Endstufe eventuell vorhandene Mikroorganismen ab. Die hier beschriebenen Systeme basieren auf dem Prinzip der statischen Filtration. Partikel- und Feinfiltration erfolgen vorwiegend im Innern der Schicht. Die Partikelabscheidung hängt von der Porenstruktur, den Oberflächeneigenschaften des Filtermediums und der Filtrationsgeschwindigkeit ab. Druckschwankungen sind zu vermeiden. Die Anlagerung im Innern muss so stabil sein, dass die Strömungskräfte keine Ablösung hervorrufen. Die Haftkräfte sollen erst bei der Regeneration überwunden werden.

Der Schichtenfilter besteht nur aus Platten, zwischen denen die Schichten zur Nachklärung eingelegt sind. Die Schichten setzen sich aus Cellulosefasern und z. T. aus Kieselgur, Perliten, Kunststofffasern und Polymerharzen zusammen, die die Nassfestigkeit erhöhen. Die Feststoffabtrennung geschieht größtenteils über eine Tiefenfiltration (mechanisch, teils adsorptiv je nach elektrischer Ladung). Größere Partikel werden auf der Oberfläche der Schicht zurückgehalten. Das Bier tritt an einer Platte ein, durchdringt die Filterschicht, wird an der gegenüberliegenden Platte gesammelt und über einen Kanal aus dem Filter abgeführt. Das Überschreiten einer bestimmten Druckdifferenz zwischen Ein- und Auslauf ist zu vermeiden, um ein Durchtreten der Partikeln zu verhindern. Alternativ zum Schichtenfilter können Tiefenfiltermodule oder Tiefenfilterkerzen aus Polypropylen eingesetzt werden.

Abb. 12.25: Tiefenfiltermodul Becodisc R+ [12.42]

Rückspülbare Tiefenfiltermodule erhöhen die Filterstandzeit. Bei einer Bauart (Abb. 12.25) ist vernetzte Cellulose mit einem dazwischenliegendem mehrlagigen Polyestergewebe endverpresst, was zu mindestens 20 Zyklen führt. Die Rückspülung erfolgt mit Kalt- und Heißwasser bei einem maximalen Differenzdruck von 0,5 bar und 10–85 °C entgegen der Filtrationsrichtung, also zur offenporigeren Einlaufseite [12.42].

Abb. 12.26: Tiefenfiltermodul im Modulgehäuse, Filtrodisc™ [12.43]

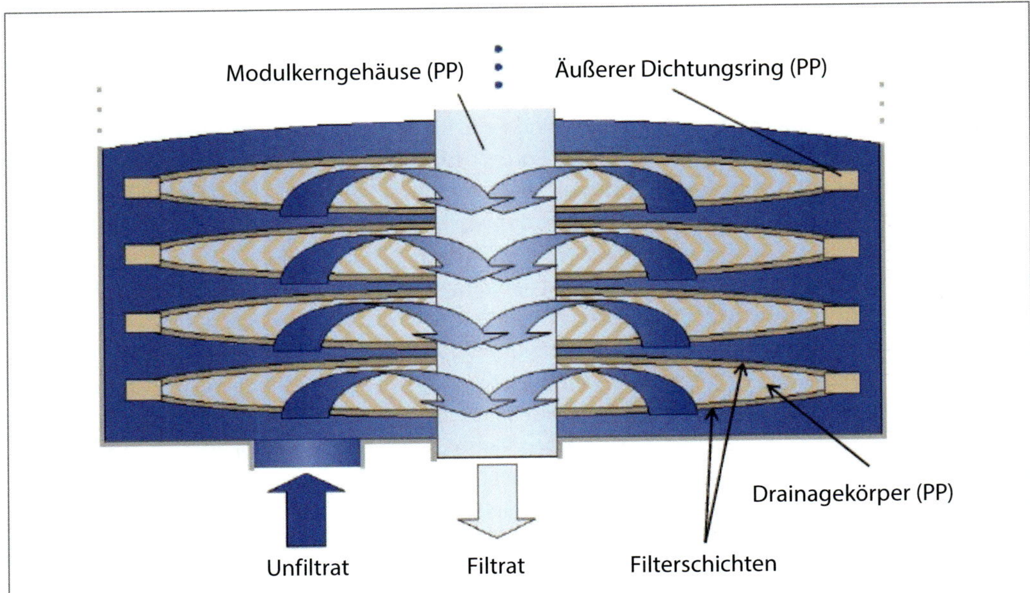

Abb. 12.26 zeigt eine weitere Ausführung eines rückspülbaren Tiefenfiltermoduls im abgedichteten Gehäuse. Der Raum zwischen Gehäuse und Modul wird mit Unfiltrat gefüllt, die innere Kernhülse ist mit der Filtratseite verbunden.
Tiefenfilterkerzen dienen ebenfalls zur Partikel- und Feinfiltration. Sie sind plissiert oder gewickelt ausgeführt. Bei Letzteren werden die Vliese aus hydrophobem Polypropylen von grob nach fein auf den Innenstützkörper aufgebracht. Zur Regeneration werden sie rückwärts freigespült.

Die in der Brauereipraxis übliche Filterstraße sieht folgende Verfahrensschritte vor:

- Lagertank (Bier evtl. mit Kieselsol vorstabilisiert),
- Druckregler,
- Tiefkühler,
- Kieselgeldosage,
- Puffertank,
- Kieselgurdosiergefäß,
- Kieselgurfilter,
- PVPP-Filter,
- Nachfilter,
- Drucktank,
- KZE (alternativ Kaltsterilfiltration),
- Puffertank.

Bei der Kaltsterilfiltration (statische Filtration) sorgt die Tiefenfilterkerze mit ca. 1,5 µm als Vorfilter für die Rückhaltung von membranverblockenden Substanzen in der Tiefe. Die nachgeschaltete plissierte Membranfilterkerze aus PES, PVDF oder Nylon 66 mit 0,45–0,65 µm hält dann die Mikroorganismen durch Siebeffekt (Oberflächenfiltration) zur mikrobiologischen Stabilisierung zurück (Abb. 12.27).

Abb. 12.27: Membranfilterelemente LifeTec [12.42]

Als Alternative zur Kurzzeiterhitzung hat sich die Biersterilfiltration in Form der Clustertechnologie (Ersatz der großen Filtergehäuse) etablieren können. In einer Weiterentwicklung werden die Membranfilterkerzen zu kleineren Einheiten (7 Kerzen in einem Cluster) zusammengefasst. Bei der Filtration sind alle Cluster zugeschaltet, wobei jede Einheit individuell zu- oder abschaltbar ist. Bei der Reinigung, der Regeneration und der Integritätsprüfung werden die Cluster einzeln und nacheinander angesteuert [12.44]. Bis zu 25 % der Cluster können ohne Leistungseinbußen bei negativ ausfallendem Integritätstest abgeschaltet werden. Als Membranmaterial kommen die Polymere Nylon 66 oder PES zum Einsatz. Für die Membranreinigung ist eine Kombination aus alkalischer Reinigung und enzymatischer Regeneration günstig. Aufgrund der Stabilität der Membrankerze gegen Druckstöße kann der Puffertank zwischen Filter und Füller entfallen. Aus der Einzelclusterbauweise resultieren niedrige Wasserverbräuche und geringe Bierverluste. Vorgeschaltete Cross-Flow-Systeme zur Hauptfiltration liefern eine ausreichende Vorklärung für die geschilderte Sterilfitration. Im Fall einer Kieselgurfiltration muss eine Feinfiltration vorausgehen, welche mit einem Vorfiltrationsmodul, ebenfalls in Clusterbauweise, getätigt werden kann.

Abb. 12.28: Kaltsterilfitration, CFS Neo 14, 400 hl/h [12.44]

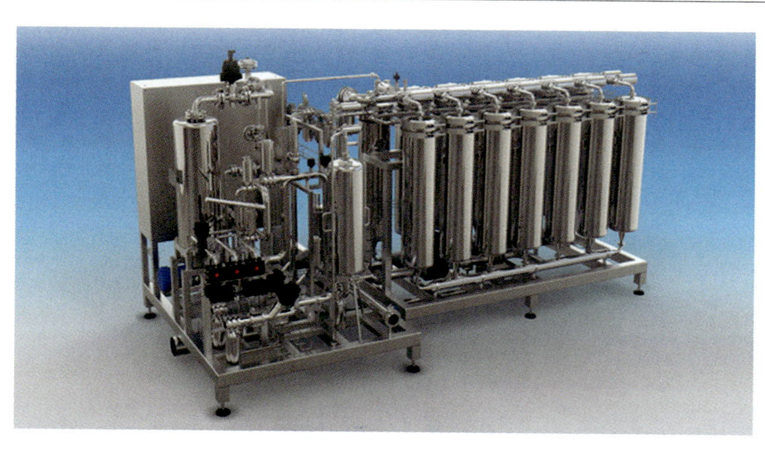

LITERATUR

[12.1] Stieß, M.: Mechanische Verfahrenstechnik 2, Springer Verlag, Berlin, 1994

[12.2] Luckert, K.: Handbuch der mechanischen Fest-Flüssig-Trennung, Vulkan Verlag, Essen, 2004

[12.3] Gasper, H., Oechsle, D., Pongratz, E.: Handbuch der industriellen Fest-Flüssig-Filtration, Wiley-VCH, Weinheim, 2000

[12.4] Kiefer, J.: Brauwelt, Nr. 40, 1990, S. 1730–1749

[12.5] Brautechnische Analysenmethoden, Bd. IV, Selbstverlag der MEBAK, Freising, 1998

[12.6] Hahn, A.: Brauindustrie, Nr. 10, 2007, S. 48–51

[12.7] Narziß, L.: Abriß der Bierbrauerei, F. Enke Verlag, Stuttgart, 1995

[12.8] Schleicher, Th., Ruß, W.: Brauindustrie, Nr. 4, 2008, S. 30–33

[12.9] Schleicher, Th., Smejkal, Q., Martin, A., Ruß, W.: Der Weihenstephaner, Nr. 3, 2009, S. 109–110

[12.10] Kunze, W.: Technology brewing and malting, Verlag der VLB, Berlin, 1999

[12.11] Braun, F.: Brauindustrie, Nr. 4, 2010, S. 34–37

[12.12] Müller, V.: Brauwelt, Nr. 14, 2017, S. 396–399

[12.13] Kreß, J., Boehm, M., Fratianni, A., Dück, S.: Brauindustrie, Nr. 4, 2011, S. 38–42

[12.14] Hippmann, S., Eßlinger, H.M., Bertau, M.: Brauwelt, Nr. 37–38, 2017, S. 1114–1117

[12.15] Zacharias, J., Schneid, R., Scholz, R.: Brauwelt, Nr. 35, 2017, S. 1012–1015

[12.16] Oliver-Daumen, B.: Brauwelt, Nr. 6/7, 1999, S. 246–249

[12.17] Kolczyk, M., Oechsle, D.: Brauwelt, Nr. 8, 1999, S. 294–298

[12.18] Gehring, B., Oechsle, D., Kottke, V.: Brauwelt, Nr. 21/22, 1996, S. 986–994

[12.19] Hahn, A., Banke, F., Flossmann, R., Kain, J., Königer, J: Brauwelt, Nr. 24, 2001, S. 892–897

[12.20] Kain, J., Flossmann, R., Hahn, A.: Brauwelt, Nr. 46/47, 2002, S. 1750–1758

[12.21] Antranikian, G.: Angewandte Mikrobiologie, Springer-Verlag, Berlin, 2006

[12.22] Irmler, H. W.: Dynamische Filtration mit keramischen Membranen, Vulkan-Verlag, Essen, 2001

[12.23] Ripperger, S.: Filtrieren und Separieren, Nr. 1, 2017, S. 11–15

[12.24] EBC Manual of Good Practice: Beer Filtration and Stabilisation, Fachverlag Hans Carl GmbH, Nürnberg, 2019

[12.25] Förster, F.: Brauwelt, Nr. 33, 2019, S. 941–944

[12.26] Ripperger, S., Grein, T.: Chem. Ing. Tech., No. 11, 2007, S. 1765–1776

[12.27] Ripperger, S.: Filtrieren und Separieren, Nr. 2, 2017, S. 79–85

[12.28] Melin, Th., Rautenbach, R.: Membranverfahren, Springer Verlag, Berlin, 2007

[12.29] Völkner, C.: Diplomarbeit, Hochschule Anhalt, FB Angewandte Biowissenschaften, 2010

[12.30] Altmann, J.: Dissertation, TU Dresden, 2000

[12.31] Nguyen, M.T.: Dissertation, TU Dresden, 2004

[12.32] Raasch, J.: Abschlußbericht SFB 62 Universität Karlsruhe, 1987

[12.33] Lotz, M.: Dissertation, TU-München, 1997

[12.34] Herdegen, V., Werner, A., Milew, K., Haseneder, R., Aubel, T.: Chem. Ing. Tech., No. 12, 2018, S. 1964–1971

[12.35] Filtrations-Special: Brauwelt, Nr. 28–29, 2019, S. 806–809

[12.36] Liebl, K., Brunacker, J., Folz, R., Meijer, D.: Brauwelt, Nr. 45, 2015, S. 1336–1339

[12.37] Mol, M.: Brauindustrie, Nr. 10, 2016, S. 56–57

[12.38] Pall GmbH

[12.39] Krones AG

[12.40] Herberg, W.-D.: Brauindustrie, Nr. 11, 2015, S. 58–60

[12.41] Schneider, J.: Dissertation, TU-München, 2001

[12.42] Filtrations-Special: Brauwelt, Nr. 28-29, 2019, S. 810–811

[12.43] Filtrox AG

[12.44] Gaub, R., Gerber, T.: Brauwelt, Nr. 45, 2018, S. 1325–1330

[12.45] Schneid, R., Zacharias, J., Kurth, O.: Brauwelt, Nr. 1–2, 2020, S. 15–17

[12.46] Galaske, C., Scholten, N.: Brauwelt, Nr. 45, 2019, S. 1288–1292

13 STABILISIERUNG

Stand des Wissens

Mit der Einführung des Mindesthaltbarkeitsdatums MHD 1989 rückte neben der Geschmackstabilität auch die chemisch-physikalische Stabilität in den Fokus der Qualitätssicherung. Polyphenole und Proteine gelten als Hauptverursacher kolloidaler Trübungen, gefolgt von Polysacchariden und anorganischen Substanzen mit sekundärer Bedeutung. Die Zusammensetzung kolloidaler Trübungen variiert mit einem Proteinanteil von 40–77 % und einem Polyphenolanteil von 15–75 % stark [13.1], gefolgt von geringen Anteilen an Polysacchariden und Kationen. Somit besteht die kolloidale Trübung aus zwei Teilen: einer komplexen Polypeptidfraktion mit MG 30000 bis > 100000 und polymerisierten Polyphenolen, die im Gegensatz zu den einfachen, niedermolekularen Gerbstoffen aufgrund ihres höheren Molekulargewichts gerbend, eiweißfällend wirken. Phenolische Substanzen können in monomere (MG < 1000) und polymere (MG > 1000) Polyphenole unterteilt werden. Die für den Brauprozess von größter Bedeutung geltenden flavonoiden Polyphenole leiten sich vom Flavan ab (Abb. 13.1). Zu ihnen gehören Flavone, Flavonole, Flavanone, Isoflavone, Flavanonole, Chalkone, Flavanole, Flavan-3,4-diole, Anthocyanidine und Proanthocyanidine [13.2]. Die Polyphenole werden zu 70–80 % mit dem Malz und zu 20–30 % mit dem Hopfen in den Brauprozess eingebracht. Sie liegen im Gerstenkorn mit 0,3–0,4 % der Gerstentrockensubstanz vor und lassen sich in den Spelzen, im Mehlkörper, in der Aleuron- und in der reserveeiweißführenden Schicht nachweisen. Mit zunehmender Auflösung werden vermehrt Polyphenole freigesetzt. Die Polyphenole des Hopfens machen 4–14 % der Hopfentrockensubstanz aus. Sie kommen vorwiegend in den Deck- und Vorblättern sowie im Lupulin vor [13.3].

Abb. 13.1: Flavan-Grundkörper

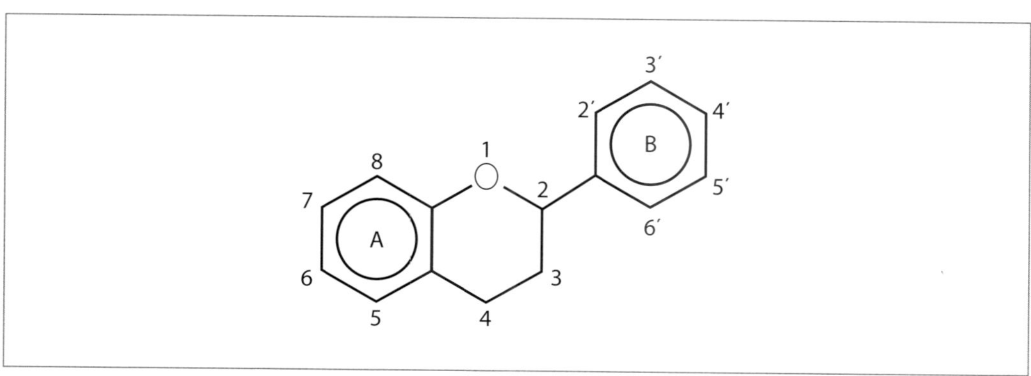

Bei der Würze- und Bierbereitung werden phenolische Verbindungen in der Routineanalytik „global" über die Analyse der Gesamtpolyphenole, Anthocyanogene und Tannoide erfasst [13.4]. Das gesamte Spektrum der Polyphenole lässt sich hingegen selektiv mittels HPLC ermitteln.

Beim Maischen laufen vier z. T. konträre Vorgänge ab:
Freisetzen, enzymkatalysierte Oxidation, Polymerisation und Ausfällung.

Beim Abläutern mittels Läuterbottich soll das Auswaschen der Treber bei 75–78 °C mit geringen Wassermengen erfolgen, da andernfalls vermehrt Gerbstoffe, Spelzenbitterstoffe, Farbstoffe und Silikate aus den Spelzen freigesetzt werden. Die Polyphenole der Spelzen sind am stärksten polymerisiert und führen zu dunklen Würzefarben [13.5], was zu einer Minderung der Bierqualität führen kann. Dieser Effekt kommt beim Maischefilterbetrieb trotz Pulverschrot aufgrund der kurzen Kontaktzeit nicht zum Tragen [13.3]. Beim neuen Läutersystem Nessie beläuft sich die Kontaktzeit zwischen Schrot und Wasser nur auf einen Bruchteil verglichen zu den herkömmlichen beiden Trennapparaten, da die Verweilzeit eines Maischepartikels drei bis fünf Minuten beträgt [13.6]. Dies erklärt die hellen Farben und niedrigen Gerbstoffwerte der Würzen und Biere (Pkt. 6.8).

Beim Würzekochen werden Eiweißstoffe in Form von „Bruch" ausgeschieden. Dieser Koagulationsvorgang verläuft in zwei Stufen, der Denaturierung (chemisch) und der eigentlichen Koagulation (kolloidchemisch) am isoelektrischen Punkt. Bei der Denaturierung werden unter der Hitzeeinwirkung die Wasserstoffbrücken aufgefaltet und die Proteine verlieren ihr Hydratationswasser. Die denaturierten, nun instabilen Proteine fallen am isoelektrischen Punkt aus. Entgegen lang herrschender Ansicht haben die Polyphenole keinen direkten Einfluss auf die Eiweißausfällung beim Würzekochen [13.7]. Die fällende Wirkung kommt erst unterhalb von 80 °C zum Tragen, da die Eiweiß-Flavonoid-Bindungskräfte auf H-Brücken basieren, die in der Hitze nicht stabil sind.

Je nach Struktur und Molekülgröße beeinflussen die phenolischen Verbindungen die Bierqualität, wie Farbe, Geschmack, Geschmackstabilität, Schaum und besonders die chemisch-physikalische Haltbarkeit. Während oxidierte, höhermolekulare Verbindungen einen breiten, harten Biergeschmack hervorrufen und die Entstehung eines Alterungsgeschmacks fördern können, besitzen niedermolekulare Polyphenole reduzierende und damit positive Eigenschaften [13.3].
Wie oben bereits erwähnt, setzt die eiweißfällende Wirkung der Polyphenole unterhalb von 80 °C ein, was zur z. T. angestrebten Ausfällung des Kühltrubs führt. Dagegen ist dieser Vorgang im Rahmen der chemisch-physikalischen Stabilität in Form von Kälte- und späterer Dauertrübung des fertigen Bieres unerwünscht. Das Bier soll möglichst lang eine dem Biertyp entsprechende Glanzfeinheit behalten.

Tab. 13.1: Einteilung flavanoider Bier- und Würzepolyphenole [13.8, 13.9]

Hauptklasse	Molekülgröße	Alternativer Trivialname	Struktur/ Charakteristika
Freie Polyphenole	Monomer Oligomer	Einfache Polyphenole, einfache Flavanole, Oxidierbare Polyphenole, Tanninogene, Tannin	Schwache Gerbkraft, ansteigend mit zunehmendem Molekulargewicht
Freie Polyphenole	Polymer	Tannine, Tannoide, oxidierte Polyphenole	Zwischenprodukt zu größeren Molekulargewichten, starke Gerbkraft
Gebundene Polyphenole	Komplex	Lösliche Verbindungen von Polypeptiden und Polyphenolen	Hohes Molekulargewicht, keine Gerbkraft, beginnende Trübung

Flavanole neigen zur Kondensation bzw. Polymerisation und zählen zu den Hauptverursachern für die Biertrübung (Tab. 13.1). Als relevante Vertreter der Flavan-3-ole im Bier sind die Monomere Catechin und Epicatechin sowie die Dimere Procyanidin B_3 und Prodelphinidin B_3 zu nennen (Abb. 13.2) [13.10-13.12]. Eiweißseitig nehmen prolinreiche Proteine eine Schlüsselstellung ein.

Abb. 13.2: Strukturen monomerer und dimerer Flavanole [13.13]

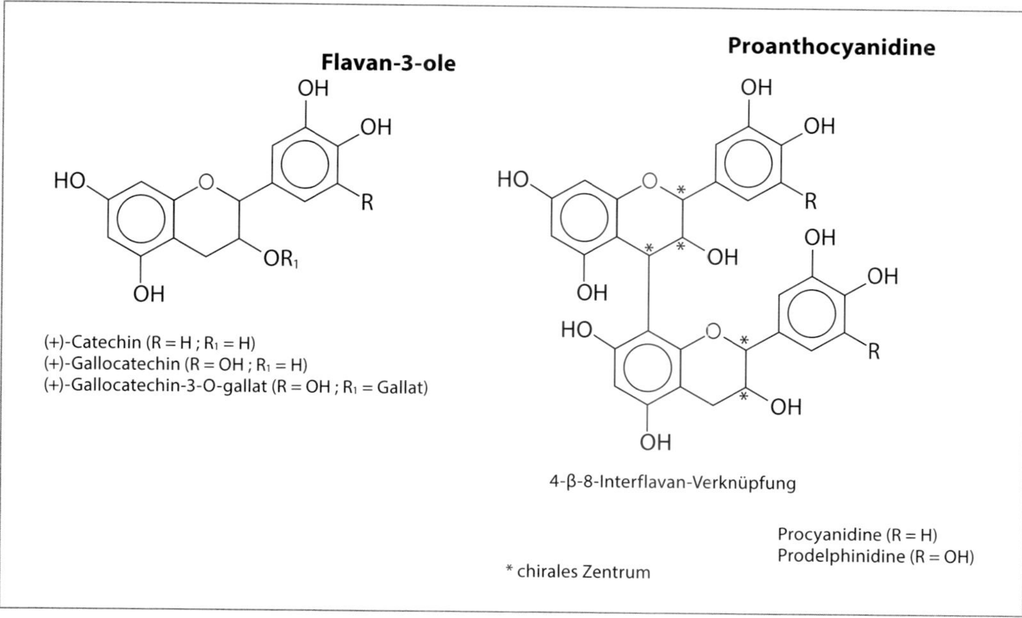

Kälte- und Dauertrübung stimmen in ihrer Zusammensetzung überein, wobei letztere höhermolekulare Eiweißgerbstoffkomplexe aufweist. Der Mechanismus der Kälte- und späteren Dauertrübung läuft folgendermaßen ab: anfänglich sind die Eiweiße hydratisiert und dadurch im Bier kolloidal verteilt. Durch Entzug des Hydratationswassers werden sie denaturiert und sie fallen mit den Polyphenolen aus. Generell geschieht die Hydratation durch Hitzeeinwirkung (Würzekochung, Pasteurisation bei ungenügender vorhergehender Stabilisierung) oder unterhalb von 80 °C durch wasserentziehende Substanzen, wie vor allem den Polyphenolen [13.14]. Eine Folge der Verringerung der kolloidalen Stabilität sind eine Abnahme der Vollmundigkeit, Schaumhaltbarkeit und Geschmacksverschlechterung.

Bereits frühere Arbeiten weisen auf den Einfluss der Trübungsentstehung im Bier durch Gersten- bzw. Malzgerbstoffe hin. Ein aus entspelztem Malz gebrautes Bier erwies sich nach Hartong [13.15] als stabiler. In den 80iger Jahren konnte unter Verwendung einer speziell gezüchteten proanthocyanidinfreien Gerste (Sorte Galant, Züchtung v. Carlsberg Institut Kopenhagen) eine bessere kolloidale Stabilität erzielt werden, wobei allerdings damals andere Nachteile wie z. B. eine Verlangsamung der Abläuterung und der Filtration aufgrund höherer ß-Glucangehalte auftraten [13.16–13.18].

Das Bestreben, immer längere Haltbarkeitszeiten zu garantieren, führt zur Notwendigkeit, die Bierstabilität durch technologische Maßnahmen zu steigern. Die Stabilisierung wird durch eine Eiweiß- und/oder Gerbstoffreduzierung vollzogen. Je nach Anforderung wird Kieselgel zur Adsorption von trübungsbildendem Eiweiß bereits beim Schlauchen zudosiert. Die Zugabe der Restmenge erfolgt bei der anschließenden Kieselgurfiltration. Bentonit kommt in der Brauerei nicht mehr zur Anwendung, da es nicht nur trübungsrelevante, sondern auch schaumpositive Proteine entfernt und zu geringeren Bitterstoffgehalten, helleren Bierfarben und verringerter Vollmundigkeit führt [13.9]. Während die eiweißseitige Stabilisierung nur im Einwegverfahren existiert, kann die gerbstoffseitige Stabilisierung mittels regenerativer PVPP durchgeführt werden.

System Innopro Ecostab®

Das Prinzip entspricht der Anschwemmung in einem Kerzenfilter. Nach einer Voranschwemmung wird eine definierte Menge an PVPP dem Bierstrom zudosiert. Neu ist, dass die Filterelemente von innen nach außen durchströmt werden [13.19]. Das PVPP lagert sich innen an den Siebflächen als Kuchen mit maximaler Schichtdicke von 30 mm an. Zur Regeneration werden heiße Natronlauge und heißes angesäuertes Wasser eingesetzt. Ein rotierender Sprühkopf je Filterelement verhindert ein Verblocken. Bei einer Anlagengröße von 150–600 hl/h mit kontinuierlichem Betrieb befinden sich zwei Stabilisiermodule in Produktion und ein drittes in Regeneration oder Standby.

Üblicherweise wird nach dem PVPP-Stabilisierungsfilter ein Schichtenfilter oder ein Kerzenfilter (Trap-Filter) aufgestellt, um eventuell vorhandene kleinste PVPP-Partikeln aus dem Bier zu entfernen.

System CBS® (Continuous Beer Stabilisation)

Das PVPP ist in Edelstahlkassetten fixiert, die zu 20 bis 30 an der Zahl in einem Gehäuse übereinandergestapelt sind. Verluste und Partikelabrasion sind somit minimiert. Das Bier durchströmt von oben nach unten das Modul. Optional kann ein Teilstrom des unbehandelten Biers zur Vermeidung einer Überstabilisierung dem stabilisierten Bier zugeschnitten werden. Während sich zwei Module im Stabilisiermodus befinden, wird das dritte Modul regeneriert. Nach ca. 1000 Regenerationszyklen wird das PVPP der Kassetten ausgetauscht [13.20].

System CSS® (Controlled Stabilization System)

Bei dieser Verfahrensweise wird komplett auf PVPP zur Reduzierung der Polyphenole im Bier verzichtet. In den Modulen befindet sich das Polysaccharid Agarose als Trägermaterial, auf welches PVP (Polyvinylpyrrolidon) unlöslich eingebunden ist. Das kugelförmige Adsorbens hat einen Durchmesser von 100–300 µm. Es bleibt über Jahre in der Anlage und ist dort verlustfrei regenerierbar [13.20]. Die Adsorberlinien werden alternierend zwischen Stabilisierung und Regenerierung betrieben. Zur Einstellung des angestrebten Stabilisierungsgrads durchströmt eine definierte Biermenge den Adsorber, während das restliche Bier über den Bypass fließt. Danach werden die Bierströme zusammengeführt.

LITERATUR

[13.1] Wainwright, T.: Brewers Digest, May, 1974, 38-48

[13.2] Belitz, H. D., Grosch, W., Schieberle, P.: Lehrbuch der Lebensmittelchemie, 6. Auflage, Springer Verlag Berlin Heidelberg, 2008

[13.3] Narziß, L.: Die Technologie der Würzebereitung, Ferdinand Enke Verlag, Stuttgart, 1992

[13.4] Mitteleuropäische Brautechnische Analysenkommission (MEBAK): Brautechnische Analysenmethoden Würze Bier Biermischgetränke, Selbstverlag der MEBAK, Freising-Weihenstephan, 2012

[13.5] Narziß, L., Bellmer, H.-G.: Brauwissenschaft Nr. 5, 1976, S. 144–152

[13.6] Becher, T., Ziller, K., Wasmuht, K., Gehrig, K.: Brauwelt, Nr. 6, 2017, S. 139–142

[13.7] Biermann, U.: Dissertation, TU-München, 1984

[13.8] Kusche, M.: Dissertation, TU München, 2005

[13.9] Pöschl, M. R.: Dissertation, TU München, 2009

[13.10] Bellmer, H.-G., Galensa, R., Gromus, J.: Brauwelt Nr. 28/29, 1995, S. 1372–1379

[13.11] Bellmer, H.-G., Galensa, R., Gromus, J.: Brauwelt Nr. 30, 1995, S. 1477–1496

[13.12] McMurrough, I., Madigan, D., Kelly, R. J.: Journal of the ASBC, Vol. 54 (3), 1996, S. 141–148

[13.13] Rechner, A.: Dissertation, Justus-Liebig-Universität Giessen, 2000

[13.14] Weinfurtner, F.: Die Technologie der Gärung, 3. Auflage, Ferdinand Enke Verlag Stuttgart, 1963

[13.15] Hartong, B. D.: Brauwelt 97, 1957, S. 698

[13.16] Pfenninger, H., Anderegg, P., Hug, H., Ullmann, F.: Schweiz. Brauerei- Rundschau Nr. 7/8, 1986, S. 141–148

[13.17] Schur, F.: Schweiz. Brauerei- Rundschau Nr. 7/8, 1986, S. 149–153

[13.18] Erdal, K.: J. of the Inst. of Brew., Vol. 92, 1986, S. 220–224

[13.19] Zeller, A.: Brauwelt, Nr. 37–38, 2018, S. 1074–1076

[13.20] EBC Manual of Good Practice: Beer Filtration and Stabilisation, Fachverlag Hans Carl GmbH, Nürnberg, 2019

14 PROBENNAHME

14.1 DIE BEDEUTUNG DER PROBENNAHME IM BRAUPROZESS

Die Bierbereitung stellt einen äußerst komplexen Prozess mit einer Vielzahl von Einzelschritten dar. Neben dem Endprodukt fallen dabei eine Reihe von wichtigen Eingangs- und Zwischenprodukten an. Im Rahmen der Qualitätssicherung müssen die Teilprozesse bzw. die Zwischen-, End- und Nebenprodukte einer eingehenden Kontrolle unterzogen werden. Diese Forderung ist nicht neu, aber sie hat aufgrund der technisch-technologischen Veränderungen der letzten 30–35 Jahre eine neue Wertstellung erhalten. So ziehen Innovationen im Bereich der Würzebereitung einen erhöhten Kontrollaufwand nach sich. Der heutige Stand der Automation verlangt zudem nicht nur qualitativ hochwertige Rohstoffe, sondern auch Produktkonstanz und Homogenität. Im Zuge der Qualitätskontrolle kommt der Probennahme eine nicht unerhebliche Bedeutung zu, da die korrekte Probennahme die Grundvoraussetzung für exakte und repräsentative Analysenergebnisse der zu beurteilenden Charge bildet. Unabdingbar ist, dass die entsprechenden Voraussetzungen erfüllt sind. Hierzu zählt die Beschreibung

- des Produktionsprozesses,
- der Probennahmestelle (Abb. 14.1),
- des Probennahmezeitpunkts,
- der Art der Probennahme,
- der notwendigen zu ziehenden Menge,
- des Modus der Probenverarbeitung sowie
- der Dokumentation der Ergebnisse.

Darüber hinaus müssen die technologischen Zusammenhänge bekannt sein, bzw. soll den verschiedenen Proben und den damit verbundenen Analysen bezüglich ihrer Aussagekraft ein Stellenwert zugeordnet werden.

Grundsätzlich muss bei der heutigen Qualitätssicherung zwischen Eingangs-, Inprozess- und Ausgangskontrolle unterschieden werden. Die Eingangskontrolle betrifft aus technologischer Sicht die Rohstoffe Malz, Hopfen und Wasser. Die Zwischenproduktkontrolle wird im Folgenden schrittweise erläutert.

Abb. 14.1: Mögliche Probennahmestellen bei der Würzebereitung

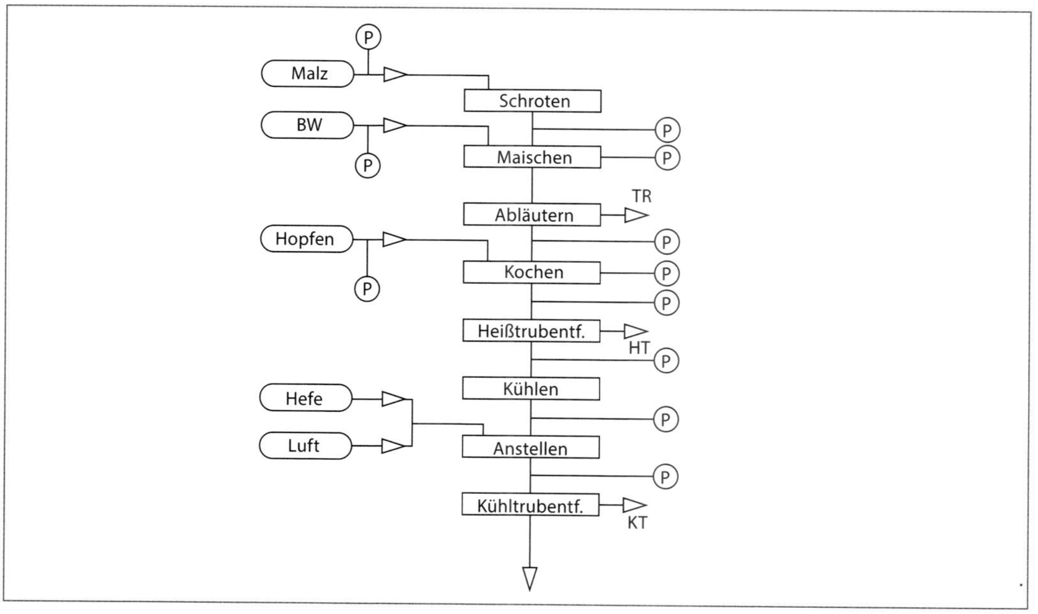

14.2 PROBENNAHME UND PROBENTEILUNG

Das Labor wird mit Proben unterschiedlichster Eigenschaften konfrontiert. So steht auf der einen Seite die Untersuchung von Schüttgütern wie Malz, Schrot und Treber an, auf der anderen Seite spielen trübe Flüssigkeiten wie trubhaltige Würzen und Hefebiere eine große Rolle.
Im Vergleich zur Ausgangsprobe wird für die Analyse eine sehr viel kleinere Menge verwendet. Die wichtigste Forderung besteht darin, aus der Charge (Grundgesamtheit) eine repräsentative Probe zu entnehmen [14.1–14.3]. Zur Minimierung von Fehlern müssen Probennahme- und Verarbeitungspläne existieren. Man unterscheidet zwischen Proben- und Messfehler. σ_{ges} stellt ein Maß für die Genauigkeit der Abschnitte dar:

$$\sigma_{ges} = \sqrt{\sigma_P^2 + \sigma_M^2} \tag{14.1}$$

σ_P = Streuung bei der Probennahme und Probenvorbehandlung
σ_M = Streuung bei der Analyse

Mehrere Fragen müssen beleuchtet werden:

1. Ist die Grundgesamtheit gut oder schlecht gemischt?

Bei vollständiger Homogenität der Charge ist eine am beliebigen Ort und in beliebiger Größe gezogene Probe repräsentativ.

2. Wie groß muss die Probe sein?

Der Umfang der zu ziehenden Probe hängt von der Größe der zu beurteilenden Charge und den vorliegenden Inhomogenitäten ab.
Inhomogenität (zeitlich/örtliche Schwankungen) liegt vor, wenn die zu untersuchende Eigenschaft an verschiedenen Orten verschiedene Werte aufweist. Somit erhält man eine Varianz σ^2, auch wenn ideal genau gemessen werden könnte. Infolgedessen ist der Analytiker nicht in der Lage zu unterscheiden, ob die unterschiedlichen Messwerte aus dem Messvorgang (σ^2_M), der Probennahme (σ^2_P) oder aus einer Inhomogenität (σ^2_{syst}) resultieren [14.4].

$$\sigma_{ges} = \sqrt{\sigma_P^2 + \sigma_{Syst}^2 + \sigma_M^2} \tag{14.2}$$

Ist für die Fragestellung nur die Aussage über den Gesamtinhalt von Bedeutung, nicht die örtliche Verteilung, da erwartet wird, dass die Charge im weiteren Prozess hinreichend homogenisiert wird, und fordert die Messmethode eine kleinere Messprobe, dann müssen zahlreiche Einzelproben entnommen werden. Sie werden zur Sammelprobe vereinigt und auf Laborprobengröße zur Analyse heruntergeteilt.
Ist die Homogenität (Mischgüte) selbst ein Qualitätsmerkmal, so sind zahlreiche Proben zu ziehen und einzeln zu analysieren. Bei zu großen Proben wird eine Vergleichmäßigung vorgetäuscht.

3. An welcher Stelle muss die Probe gezogen werden?

1. Bei Inhomogenität (örtlich oder zeitlich) ist die Probe über den gesamten Querschnitt des Gutstroms zu ziehen.
2. Bei örtlichen oder zeitlichen Schwankungen muss der Probennahmeabstand (örtlich oder zeitlich) kleiner sein als die Schwankungsintervalle (viele Proben).
3. Bei entmischtem Schüttgut empfiehlt sich die Probennahme mittels Zufallszahlenprinzip.

Zusammenfassend lassen sich drei Forderungen aufstellen:

- Probe aus fließendem Gut ziehen,
- den gesamten Querschnitt erfassen,
- häufig viele kleinere Proben sind besser als eine größere.

Probenteilung

Die große Probe oder Sammelprobe muss so auf Laborprobengröße geteilt werden, dass sich die zu untersuchende Eigenschaft repräsentativ in den Teilgrößen wiederfinden lässt. Denn nur eine repräsentative Probe liefert ein aussagefähiges Analysenergebnis.

Für die Probenteilung stehen mehrere Methoden zur Verfügung:

Kegeln und Vierteln

Die Methode des Kegelns und Viertelns kommt noch bei großen Haufwerken zum Einsatz, ist jedoch mit einem beträchtlichen Fehler behaftet. Hierbei schüttet man das Gut zu einem Kegel auf. Der nachfließende Gutstrom muss auf der Kegelspitze auftreffen und nach allen Seiten gleichmäßig ablaufen. Der aufgeschüttete Kegel wird mittels Teilungskreuz geviertelt. Zwei gegenüberliegende Viertel werden vereinigt, die beiden anderen werden verworfen. Dieser Vorgang wird wiederholt, bis die benötigte Teilmenge erreicht ist.

Riffelteiler

Der Riffelteiler besteht aus mehreren Zellen, die in entgegengesetzter Richtung auslaufen und das zu teilende Gut in zwei Ströme lenken. Das Gut muss gleichmäßig über die gesamte Zellenbreite aufgegeben werden. Mit jedem Teilvorgang halbiert sich die Aufgabemenge.

Drehprobenteiler

Das Gut wird über eine Vibrationsrinne zugeführt. Die Befüllung der Gläser erfolgt bei jeder Umdrehung mit einer kleinen Teilmenge. In einem Arbeitsgang erfolgt die Teilung in 6, 8 oder 10 Teilmengen. Der Rotationsprobenteiler zeichnet sich durch eine hohe Teilgenauigkeit aus. Abb. 14.2 gibt Aufschluss über die Genauigkeit der verschiedenen Probenteilersysteme.

Abb. 14.2: Genauigkeit verschiedener Probenteilersysteme, quantitative Abweichung vom Mittelwert MW ± % [14.5]

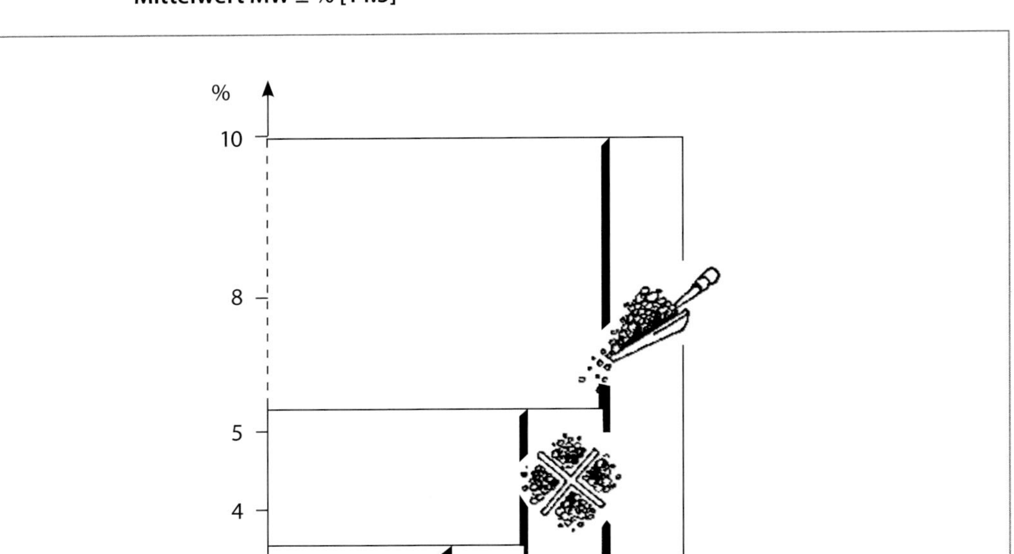

Als Probennahmegeräte kommen für Schüttgüter manuell die Schaufel, der Probenstecher oder kontinuierlich der Fallrohr- oder der Schneckenprobennehmer in Betracht. Der Probenstecher verfügt über hohle Doppelrohre, die in das Gut gestochen werden und nach Drehen der Rohre ein bestimmtes Volumen zur Probennahme öffnen. Der Fallrohrprobennehmer eignet sich für vertikale Rohrsysteme, Silo- und Bunkerausläufe.

Für flüssige Proben kommen Becher, Probenschöpfer, Stechheber oder Sammelgefäße (Tropfapparate) zum Einsatz.

Tab. 14.1: **Probennahme während der Würzebereitung**

Prozess	Probenort	Zeitpunkt	Menge	Probenbehandlung	Relevanz
Schroten	Probennehmer/ Mühle	Anfang/Mitte/ Ende	100–200 g	-	Sortierung/ Spelzenvol.
Maischen	Maischbottich	Einmaischen/ 72 °C	100 ml	-	pH-Wert/Jodnormalität
Abläutern	n. Läuterpumpe, Treberschacht	Kontinuierlich Beim Austrebern	1–2 kg	Trocknen	Trübung/O_2 Extrakt
Kochen	Würzepfanne	Ausschlagen	nach Bedarf	Unfiltr./filtr.	Ausbeute Qualität
Heißtrubentfernung	Nach Whirlpool (vor Pumpe)	Kühlen Anf./Mitte/Ende	1 l	Unfiltr.	Feststoffe
Kühlen	Vor Plattenkühler	Kühlmitte	nach Bedarf	Unfiltr.	Qualität
Anstellen	Anstelltank	Nach 6–12 Std.	100 ml	Unfiltr.	Hefezellzahl
Kühltrubentfernung	Anstelltank	Beim Umpumpen	1 l	Unfiltr.	Kühltrub

14.3 EINGANGSKONTROLLE AM BEISPIEL MALZ

Mit der Kontrolle des Malzes ist die Beurteilung der Wirtschaftlichkeit und der Verarbeitbarkeit verbunden. Ziel ist, von Anfang an Qualität zu erzeugen, was naturgemäß einen erheblichen analytischen Aufwand nach sich zieht. Hierbei ist zwischen der Malzanlieferung und der Malzeinlagerung zu unterscheiden.

Bei der Malzanlieferung muss innerhalb kürzester Zeit über Annahme oder Ablehnung entschieden werden. Es werden deshalb mittels Probenstecher an mehreren Stellen des LKW Proben entnommen oder es befinden sich automatische Probennehmer am LKW. Diese Proben werden einem Screeningtest (z. B. Friabilimeter) unterzogen.

Bei der Malzeinlagerung in den Silo besteht dann eine weitere Möglichkeit der Probennahme über einen Probennehmer im Fallrohr (Abb. 14.3) auf dem Weg zum Silo. Um einen repräsentativen Querschnitt der Malzcharge zu erhalten, sollten in genau festgelegten Zeitabständen während des gesamten Zulaufs Proben entnommen und zu einer Sammelprobe vereint werden. Die so gezogene Probe dient dann zur eigentlichen Eingangskontrolle und darüber hinaus als Rückstellprobe, die luftdicht verschlossen werden muss.

Abb. 14.3: Fallrohrprobennehmer

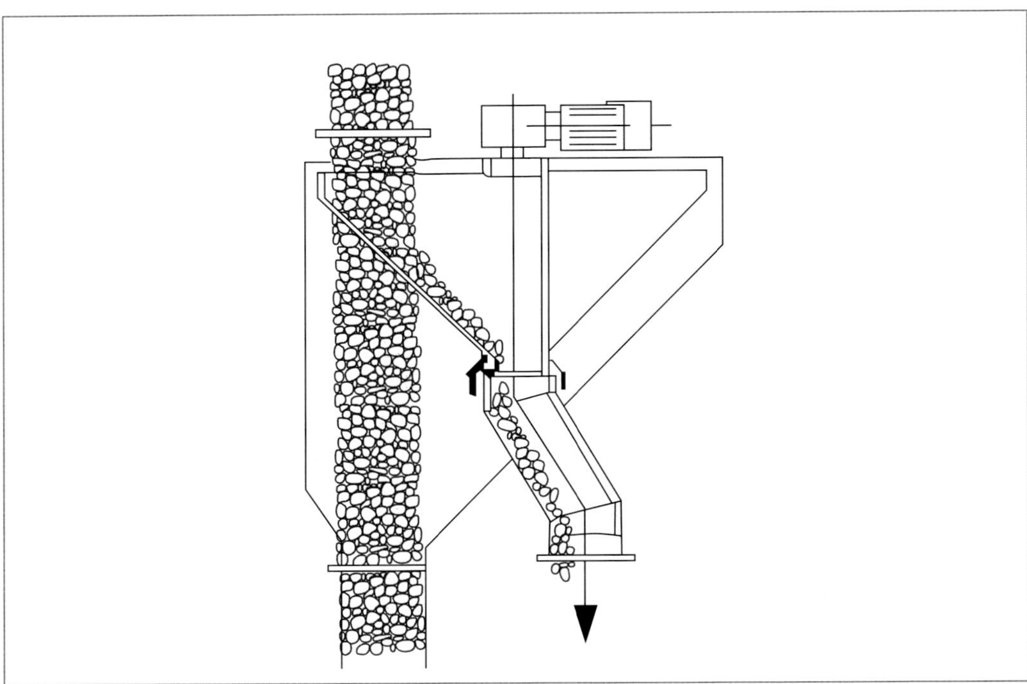

Auch bei Sudhauskontrollen empfiehlt es sich, die Probe in einem vorgesehenen Probennehmer im Fallrohr vor der Mühle während des gesamten Zulaufs in den Silo zu ziehen und nicht zu irgendeinem Zeitpunkt willkürlich zu entnehmen, da hier die Gefahr besteht, eine Momentanaufnahme nur eines Siloabschnitts zu erhalten. Bei 10 t Schüttung sammeln sich im Probennehmer 1–2 kg Malz an. Vor der Analyse muss die Probe auf die erforderliche Größe repräsentativ geteilt werden. Denn nur eine homogene Probe besitzt einen einheitlichen, eindeutig definierten Qualitätswert, einen wahren Wert μ für das jeweilige Qualitätskriterium (z. B. Extrakt, Eiweiß usw.) und für die gesamte Charge (z. B. Malzeinsatz für einen Sud).

In der zur Verfügung stehenden Analytik kann generell zwischen Basis- und Spezialanalysen unterschieden werden. Die Basisanalysen sollten folgende Kriterien erfüllen:

1. Eine ausreichende Beschreibung der Qualität soll erfolgen.
2. Wiederholbarkeit muss gewährleistet sein (einfach zu handhaben und reproduzierbar).
3. Die Kosten müssen eine realistische Relation zum Nutzen aufweisen.

In Tabelle 14.2 sind die möglichen Malzanalysen aufgeführt.

Tab. 14.2: Qualitätskontrolle des Malzes

Basisanalysen (unverzichtbar)	**fakultative Analysen (je nach Problematik)**
H_2O-Gehalt	Endvergärung
Extrakt	FAN
Farbe	DMS-Precursor
Kochfarbe	VZ 45 °C
pH-Wert	M/S-Differenz
Viskosität	Viskosität bei 65 °C
Gesamtstickstoff	β-Glucangehalt in der KW
Löslicher Stickstoff	β-Glucangehalt bei 65 °C
Mürbigkeit	Schleif- u. Färbemethoden
	Blattkeim
	Jodwert
	TBZ
	Gushingtest

14.4 ZWISCHENPRODUKTKONTROLLE

14.4.1 SCHROTPROBE

Anhand der Schrotsortierung soll eine Vorhersage zur Abläuterung und Ausbeute möglich sein. Die Mühlenkonstruktionen erlauben nur eine diskontinuierliche Entnahme. Bewährt hat sich, Stichproben à 150 g bei laufender Mühle und bei voller Belastung zu ziehen. Der Probennehmer ist für ca. 2 sec zu öffnen. Ein Überlaufen verfälscht die Ergebnisse. Die Probennahme mit Schaufeln unter der Mühle ist sehr ungenau und somit abzulehnen. Die Proben werden üblicherweise komplett sortiert. Theoretisch ist eine Probenteilung von größeren Schrotmengen möglich. Doch sollte man in der Routinearbeit den Aufwand und die Fehlergefahr, besonders bei Läuterbottichschrot, nicht unnötig erhöhen und deshalb nur die oben genannte Menge verarbeiten.

Zum Analysenumfang bei der Schrotkontrolle gehören eine wöchentliche visuelle Begutachtung des Vorbruchs und der Spelzenausmahlung. Auch die Schrotsortierung sollte in diesen Abständen erfolgen. Im Falle einer Malzkonditionierung muss auch die Wasseraufnahme registriert werden. Die Kontrolle des Nassschrots ist in der Praxis nur empirisch möglich. Es wird überprüft, ob alle Körner aufgebrochen und entsprechend zerkleinert sind. Die Bestimmung der Partikelgrößenverteilung ist sehr aufwendig, da der Nasssiebung noch Vorbereitungsschritte wie Zentrifugieren und Dispergieren der gewonnenen Feststoffanteile vorangehen.

Die Auswirkungen einer optimierten Schrotqualität sind folgende:

- kürzere Verzuckerungszeit,
- höherer Endvergärungsgrad,
- niedrigere Jodreaktion,
- weniger Treberverluste,
- höhere Sudhausausbeute,
- geringerer Einfluss der Malzqualität.

Beim Maischprozess spielt die Probennahme eine eher untergeordnete Rolle. Die aus dem Gefäß entnommene Maische dient zur Kontrolle der Jodnormalität und des pH-Werts im Fall der biologischen Säuerung.

14.4.2 TREBERPROBE

Nach den MEBAK-Richtlinien [14.6] kommt der Treberanalyse zur Sudwerkskontrolle eine große Bedeutung zu, da nur in den Trebern die Ausbeuteverluste stecken können. Bei kleineren Läuterbottichen war es üblich, die Bottichfläche in Segmente zu teilen und die Treber mit einem Rohr in unterschiedlicher Höhe aus dem Treberkuchen auszustechen. Die Größenordnungen heutiger Bottiche machen diese Vorgehensweise unpraktikabel. Praxisgerechter ist ein Sammeln über die gesamte Austreberzeit aus dem Treberschacht mit Halbrohr, was zu einem Probenvolumen von mehreren Kilogramm Treber führt. Bei Maischefiltern sind aus den einzelnen Filterrahmen Proben zu nehmen bzw. beim Öffnen des Filterpakets die aus den Kammern herausfallenden Treber mit einer langen Schaufel über dem Trebertrog aufzufangen [14.7]. Da es aus organisatorischen Gründen oft nicht möglich ist, die Proben sofort zu verarbeiten und die Treber schnell verderben, empfiehlt es sich, die Muster mittels Umluft bei ca. 60 °C zu trocknen und nach Vorschrift der MEBAK [14.6] weiter zu verfahren. Eine Alternative besteht darin, die Proben tiefzugefrieren (-18 °C) [14.8]. Neben dem auswaschbaren und aufschließbaren Extrakt der Treber, sollte auch der Jodwert der Treber (Nassschrotqualität) kontrolliert werden.
Zusammenfassend ergeben sich aus Tab. 14.3 für die Kontrolle des Maisch- und Läuterprozesses folgende Probennahmestellen und Zeitpunkte:

Tab. 14.3: Kontrolle des Maisch- und Läuterprozesses

Maische	**Läuterwürze**	**Treber**
pH-Wert (bei Säuerung)	**Trübung**	**Extrakt** des Glattwassers
Jodnormalität in Teil- und Gesamtmaische	**Jodnormalität** in Vorderwürze und Nachgüssen	Evtl. **Jodwert**
Temperatur (Überprüfung der Thermometer)	**Sauerstoffgehalt**	**Extrakt** der Treberpresssäfte **Treberanalyse**

14.4.3 PFANNE-VOLL-WÜRZE

Ziel dieser Analyse ist eine Beurteilung der Maisch- und Läuterarbeit (s. Jodnormalität). Sie gibt Hinweise zur späteren Qualität des Bieres (z. B. Geschmackstabilität, s. Fettsäuren). Bei größeren Sudwerken wird die Pfanne-Voll-Würze während des Abläuterns in einem Vorlaufgefäß gesammelt und im Anschluss über einen Wärmetauscher auf dem Weg zur Pfanne auf ca. 95 °C aufgeheizt. Die Probe wird dann nach 5 min Kochzeit vor der Hopfengabe aus der Pfanne entnommen. Die schon vorhandene Kochbewegung bewirkt ein Homogenisieren des Pfanneninhalts. Die Probe wird heiß gezogen, sofort abgekühlt und möglichst am nächsten Tag verarbeitet, da sie aufgrund des fehlenden Hopfens biologisch anfälliger ist. Ein Verzicht auf Abkühlung fördert zwar die Haltbarkeit, verfälscht aber z. B. den DMS-P-Gehalt, da der Precursor aufgrund des Temperatureinflusses weiter zerfällt. Wird andererseits eine kontaminierte Probe verarbeitet, werden extrem hohe DMS-Werte (freies DMS) nachgewiesen. Maßnahmen wie Geruchsprobe, visuelle Begutachtung sowie pH-Messung vor der Analyse sparen unnötige Mehrarbeit und schützen vor Fehlinterpretationen.

Je nach Problemstellung ist diese Probe für die Stufenkontrolle im Rahmen der Würzebereitung unumgänglich und zielt auf Kriterien wie Thiobarbitursäurezahl (TBZ), pH-Wert, koagulierbarer Stickstoff, evtl. Gesamtstickstoff, Jodwert und Dimethylsulfid (DMS/DMS-Precursor) ab (Tab. 14.4). Sie dokumentiert die Ausgangssituation vor der sich anschließenden Kochung.

Tab. 14.4: Analytische Kontrolle der Pfanne-Voll-Würze (100 % Gersten-Malz)

Kriterium	Normbereich	Relevanz
Stammwürze	-	Gesamtverdampfung
Farbe	-	Zufärbung
pH-Wert	5,2–5,6	Säuerung
Koag. N	> 40–45 mg/l	Eiweißausscheidung
Jodreaktion	DE < 0,45*	Bierqualität
Feststoffe	< 100 mg/l	Abläuterung, Qualität
TBZ	15–25	Thermische Belastung
DMS/DMS-P	300–800 ppb	Ausgangswert

* Bestimmung des Jodwertes mit Puffermethode

Die heutigen Kontrakte zwischen Anlagenhersteller und Brauerei beinhalten bei der Lieferung eines Läuterbottichs einen Garantiewert bezüglich des Feststoffgehalts (< 100 mg/l) der Pfanne-Voll-Würze. In diesem Fall stellt sich die Frage nach einer repräsentativen Probennahme, da die Feststoffe aufgrund ihrer Partikelgröße (100–500 µm) zur Entmischung oder sogar zur Sedimentation im Vorlaufgefäß neigen. Im Gegensatz zu den anderen aufgeführten Beispielen handelt es sich um ein inhomogenes Produkt. Die zu untersuchende Eigenschaft (= Feststoffgehalt) hat an verschiedenen Orten (Würzevorlaufgefäß) verschiedene Werte. Für die Fragestellung des Feststoffgehalts ist in unserem Fall nur die Aussage über den Gesamtinhalt von Bedeutung, nicht die örtliche Verteilung, da erwartet wird, dass die Pfanne-Voll-Würze im weiteren Kochprozess hinreichend homogenisiert und damit die Forderung Feststoffgehalt < 100 mg/l erfüllt werden soll. Wenn also die Aussagesicherheit zur Bestimmung des Gesamtinhalts möglichst hoch angesetzt werden soll, sind die Proben möglichst groß zu wählen. Fordert jedoch die Messmethode eine kleinere Messprobe, dann kann diese nicht einfach aus der großen Probe entnommen werden, weil man damit die Kenntnis über den Gesamtinhalt verlieren würde. In diesem Fall muss die große Probe homogenisiert oder besser noch probengeteilt werden. Praktikabler ist es, mehrere Proben in bestimmten Zeitabständen beim Umpumpen vom Würzevorlaufgefäß vor dem Wärmetauscher zu entnehmen, diese zusammenzuführen, zu homogenisieren und/oder probenzuteilen. Die andere Möglichkeit besteht darin vor dem Wärmetauscher, eine Sammelprobe zu gewinnen. Zu beachten ist, dass der Feststoffgehalt bei einer Würzetemperatur > 85 °C durch bereits koaguliertes Eiweiß verfälscht werden kann.

14.4.4 AUSSCHLAGWÜRZE

Die Untersuchung der Ausschlagwürze hat zum Ziel, eine Beurteilung der zu erwartenden Qualität (vielschichtig) und der Wirtschaftlichkeit (Malz- und Hopfenausbeuten) zu geben. Die Würzezusammensetzung stellt ein wichtiges Kriterium für den nachfolgenden Gär- und Reifungsprozess und somit für die Qualität des Endprodukts Bier dar. Aus früheren Untersuchungen ist bekannt, dass der Pfanneninhalt durch die Kochbewegung für die in Tab. 14.5 aufgeführten Kriterien ausreichend durchmischt ist. Die Homogenität der Probe erlaubt es, die Probe an einer beliebigen Stelle in der Würzepfanne zu ziehen. Sie kann z. B. von oben über die Pfannentür oder aus dem unteren Drittel mittels Probennahmehahn gezogen werden. Auch die Probengröße spielt in diesem Fall keine Rolle. Jede gezogene Probe ist repräsentativ für den Gesamtinhalt. Allerdings kann bei Sudpfannen heutiger Größe (z. B. > 600–1400 hl) die Homogenität des Pfanneninhalts ein Problem darstellen.

Tab. 14.5: Analytische Kontrolle der Ausschlagwürze (100 % Malz)

Kriterium	Normbereich*	Relevanz
Stammwürze	-	Biersorte
EVG	-	Biersorte, Vergärung
Farbe	-	Biersorte
pH-Wert	5,0–5,4	Säuerung
Ges. N	900–1000 mg/l	Vielschichtig
α-Amino-N	22 % v. Gesamtstickstoff	Vergärung
Koag. N	15–30 mg/l	Schaum, Stabilität
Jodreaktion	DE < 0,45**	Bierqualität
Bitterstoffe	-	Biersorte, Isomerisierung
TBZ	< 45	Thermische Belastung
DMS/DMS-P	< 100 ppb	Verdampfung, Fehlaroma

* für untergärige Würzen ohne Weizenmalz
** Puffermethode

Zu den Pflichtuntersuchungen für jeden Sud zählen Extrakt, Farbe, Endvergärungsgrad und pH-Wert. In Sonderfällen interessieren die Stickstoffverhältnisse, Jodnormalität, DMS/DMS-P, TBZ, α-/Iso-α-Säure und die Gerbstoffe. Je nach geplantem Analysenblock ist die Würze vor Ort vorzubehandeln (Tab. 14.6). Für die Bestimmung der Stickstoff-Verhältnisse und Bitterstoffe ist die Würze heiß über einen Faltenfilter zu filtrieren. Durch die Entfernung des Heißtrubs werden Adsorptionsvorgänge ausgeschaltet, die eine Erniedrigung der Stickstoff- und Bitterstoffwerte hervorrufen. Zur Extrakt- und DMS-Bestimmung wird die Würze unbehandelt abgefüllt und die Temperatur abgesenkt. Die Verarbeitung der Proben sollte möglichst in den nächsten Tagen erfolgen, denn das Probenalter wirkt sich insofern aus, als der koagulierbare Stickstoff aufgrund von Kolloidvergröberungen zunimmt und die Gerbstoffe und Anthocyanogene rapide abnehmen.

Tab. 14.6: Behandlung der Ausschlagwürze nach der Probennahme

unfiltriert	filtriert
Dichte	Gesamt-N
Farbe	$MgSO_4$-N
pH-Wert	Koag. N
Gerbstoffe	a-Amino-N
Anthocyanogene	Bitterstoffe
Jodprobe	Viskosität
TBZ	
DMS/DMS-P	

14.4.5. HEISSWÜRZE NACH DEM WHIRLPOOL

Die Untersuchung zielt darauf ab, die angestrebte 100%ige Heißtrubentfernung zu überprüfen. Wichtig ist, dass die Probennahme vor der Pumpe erfolgt, da andernfalls die Gefahr der Trubzerschlagung besteht. Ähnlich wie bei den Feststoffen stellt sich die Frage nach einer repräsentativen Probe, da die Heißtrubpartikeln aufgrund ihrer unterschiedlichen Größe in der Würze inhomogen verteilt sind. Alternativ dazu kann kontinuierlich die Trübung in der Würzeleitung vor der Pumpe aufgezeichnet werden.

14.4.6 KÜHLMITTEWÜRZE

Die Probe wird zu halber Kühlzeit vor dem Plattenkühler heiß gezogen und dann abgekühlt. Durch die Analyse der Kühlmittelwürze soll kontrolliert werden, ob die Voraussetzungen zur Vergärung erfüllt sind. Alternativ zur Probe der Ausschlagwürze können die unter Punkt 14.4.4 angeführten Kriterien auch in dieser Probe untersucht werden (Tab. 14.5). Bei Problemstellungen wie Nachisomerisierung, Zufärbung und DMS-Nachbildung sind dagegen die entsprechenden Analysen in beiden Proben (Stufenkontrolle) erforderlich. Neuere Erfahrungen haben gezeigt, dass der DMS-Gehalt in der Jungbierprobe verlässlicher bestimmt werden kann, da hier die Probennahme einfacher ist. Zur Probennahme der Würze kann auch beispielsweise ein im Bypass am Plattenkühler angebrachter Tropfapparat dienen, in dem sich bis Kühlende 1–2 l Würze sammeln. Allerdings ist die Probe dann abgekühlt und somit biologisch anfälliger.

14.4.7 KALTWÜRZE

Vor dem Anstellen besteht noch die Möglichkeit, den Belüftungseffekt mittels Standzylinderprobe zu kontrollieren. Dazu befüllt man einen Ein- bis Zwei- Liter- Standzylinder mit der belüfteten Würze randvoll, ohne das Gefäß überlaufen zu lassen. Anschließend wird der Zylinder bei Anstelltemperatur über die gewohnte Flotationszeit stehen gelassen. Über die Belüftungsrate BR ist die Beurteilung des Flotationseffekts möglich (Abb. 14.4.)

$$BR = \frac{V_1}{V_2} \cdot 100\,(\%) \tag{14.3}$$

Zylinder 2 und 4 zeigen im Gegensatz zu Probe 3 eine ausreichende Belüftung. Bei Probe 4 ist jedoch die Kühltrubabscheidung durch mitgerissenen Heißtrub (s. Sediment) gestört.

Sollten sich Probleme der Kühltrubentfernung ergeben, kann die Probe beim Umpumpen vom Anstelltank in den Gärtank gezogen werden. In diesem Falle kann die Hefegabe erst nach der Probennahme erfolgen.

Abb. 14.4: Überprüfung des Belüftungseffekts

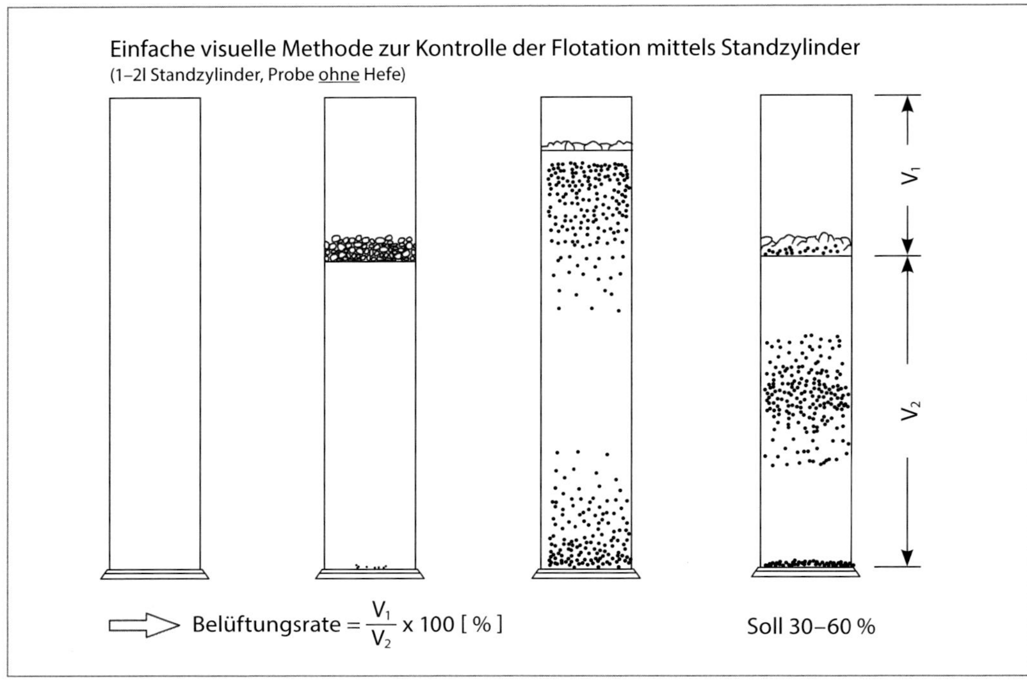

Abb. 14.5: Mögliche Probennahmestellen im Kaltbereich

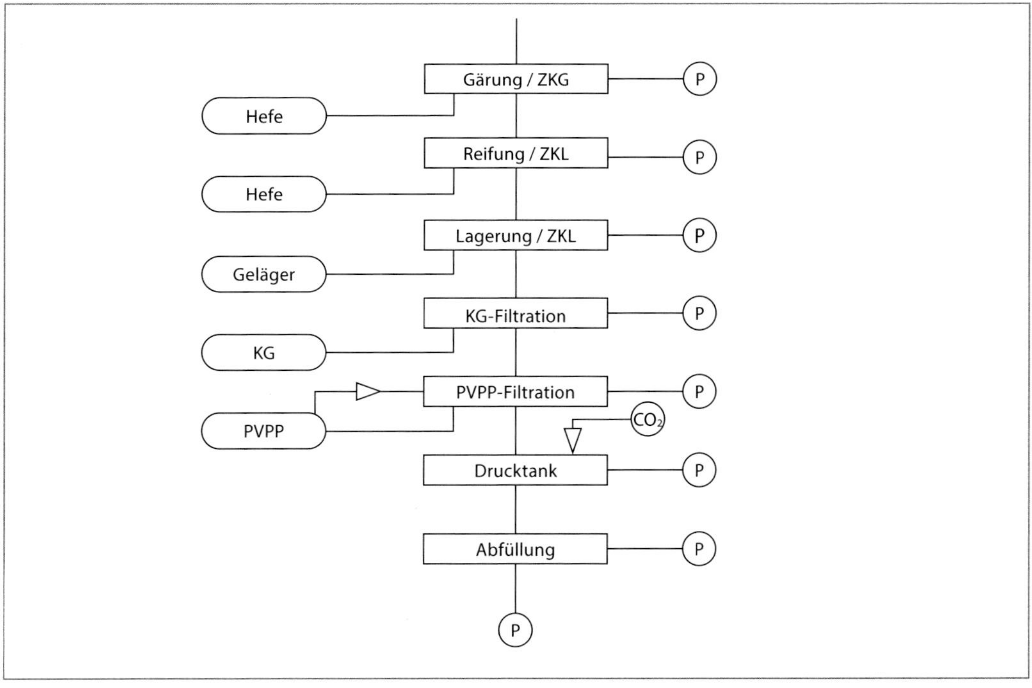

Tab. 14.7: Probennahmeplan im Kaltbereich

Prozess	Probenort	Zeitpunkt	Menge	Relevanz
Gärung	ZKG	Alle 24 h	Nach Bedarf	Extrakt scheinbar
Reifung	ZKL	Mindestens alle 24 h	Nach Bedarf	Diacetyl/(pH-Wert), Hefezellzahl
Lagerung	ZKL	Rechtzeitig vor Filtration	Nach Bedarf	Spezifikation, Qualität
KG-Filtr.	Nach Filter	Kontinuierlich	Nach Bedarf	Trübung/O_2/ Stabilität
(PVPP)-Filtr.	Nach Filter	Nach Bedarf Anf./Mitte/Ende	Nach Bedarf	Stabilität
Drucktank	Drucktank	Nach Befüllen	Nach Bedarf	Spezifikation, Qualität
Abfüllung	Füllereinlauf Nach Füller	Kontinuierlich Nach Schema	Nach Bedarf	O_2 Spezifikation, Qualität Rückstellprobe

14.4.8 REIFUNGSPROBE

Die Reifungsprobe ist wiederum der Kategorie der inhomogenen Proben zuzuordnen. Das zu untersuchende 2-Acetolactat bzw. Diacetyl hat aufgrund der Strömungsverhältnisse im Tank (mangelnde Durchmischung, s. Pkt. 11.3) an verschiedenen Orten unterschiedliche Werte. Trotzdem möchte man über die Charge als Ganzes eine Aussage treffen können, um den Tank für die Kaltlagerung freizugeben. In Abb. 14.6 ist das vorhandene Gesamtdiacetyl über der Reifungszeit dokumentiert. Hierbei handelt es sich um die Summe aus freiem Diacetyl und 2-Acetolactat nach dessen Umwandlung in freies Diacetyl zur Analyse. Die aufgezeigten Schwankungen sind eine Folge der bereits beschriebenen Inhomogenitäten im Reifungstank. Um die Aussagesicherheit des Reifungszustandes zu erhöhen, wird empfohlen abzuwarten, bis zwei aufeinanderfolgende Messungen eine unbedenkliche Konzentration an Gesamtdiacetyl (< 0,10 mg/l) aufweisen. Ein vorzeitiger Abbruch der Reifung birgt die Gefahr erhöhter Diacetylkonzentrationen im Ausstoßbier, da der Zerfall des 2-Acetolactats in der Kaltlagerphase nur noch schleppend vorangeht und die Hefe nur noch eine mangelnde Reduktionskraft gegenüber freiem Diacetyl aufweist. Eine genügende Anzahl an Proben ist zu ziehen (s. Abb. 14.6), da eine aus Sicherheitsgründen zu lang angesetzte Reifungszeit erhebliche Qualitätsmängel (Exkretion von schaumnegativen Hefeinhaltsstoffen) nach sich zieht. Die sensorische Überprüfung ist nur bedingt aussagefähig, wenn sich ein Teil des Diacetyls noch in der Vorstufe (2-Acetolactat) befindet und damit nicht wahrgenommen werden kann. Eine einfache Methode kann Abhilfe schaffen: ca. 170 ml Lagerkellerbier in 180 ml Haltbarkeitsflaschen füllen, 90 min bei 65 °C im Wasserbad halten, um das 2-Acetolactat in Diacetyl umzuwandeln (oxidative Decarboxylierung), abkühlen und anschließend mit geeigneten Verkostern auf Diacetyl prüfen.

Soll eine unfiltrierte Probe zur Analyse versandt werden, muss diese zur Fixierung vorher umgewandelt werden. Mit dieser Maßnahme ist die Hefe inaktiviert und die Probe weist den realen Gesamtdiacetylgehalt auf.

Abb. 14.6: Gesamtdiacetyl während der Reifungszeit im ZKL

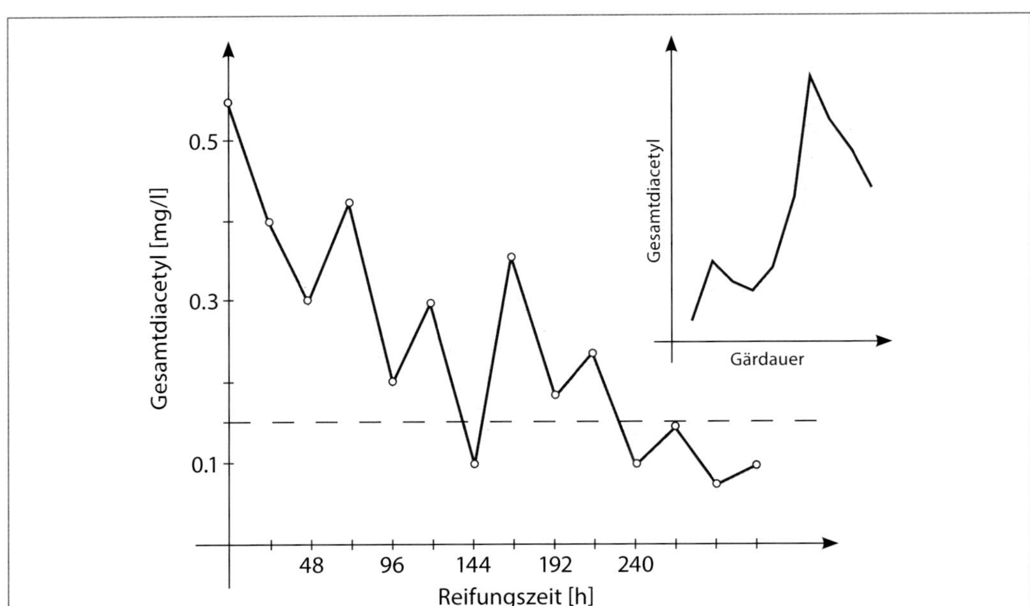

Tab. 14.8: Checkliste für die Betriebskontrolle bei Gärung, Reifung und Lagerung (nach H. Miedaner)

Kontrolle vor dem Anstelltank			
Analyse	**KG**	**BG**	**Wichtig für**
Sauerstoff	• •	• •	Belüftungsintensität, Gärverlauf
Temperatur	• •	• •	Angärung, Gärintensität, Gärungsnebenprodukte
Hefezellzahl	•	• •	Gärintensität, Hefevermehrung, Gärungsnebenprodukte

Kontrolle beim Umpumpen			
Analyse	**KG**	**BG**	**Wichtig für**
Sauerstoff	•	•	Belüftungsintensität, Gärung und Nachgärung
Kühltrub (ohne Hefe!)	•	•	Kühltrubentfernung

Kontrolle der Hauptgärung			
Analyse	**KG**	**BG**	**Wichtig für**
Extraktabnahme	• •	• •	Kühlzeitpunkt, Schlauchen
Temperatur	• •	• •	Gärintensität, Gleichmäßigkeit, Gärungsnebenprodukte
Hefezellzahl	--	•	Hefevermehrung, Flockungsvermögen
„Gesamtdiacetyl"	--	•	Reifung

Kontrolle des Jungbieres			
Analyse	**KG**	**BG**	**Wichtig für**
Vergärungsgrad	••	--	Restextrakt, Nachgärung
Farbe	•	--	Bierfarbe
pH	•	••	pH-Abfall, pH-Anstieg
Bitterstoffe	•	•	Bitterstoffausscheidung, Bierbittere
Hefezellzahl	••	••	Nachgärung, Reifung, Bierqualität
„Gesamtdiacetyl"	•	••	Lager- und Reifungsdauer
Temperatur	••	••	Nachgärung, Reifung

Kontrolle der Reifung (forciert)			
Analyse	**KG**	**BG**	**Wichtig für**
Temperatur	--	••	Reifungsdauer
„Gesamtdiacetyl"	--	••	Reifungsverlauf

Kontrolle der Biere nach der Reifung „vor" dem Abkühlen			
Analyse	**KG**	**BG**	**Wichtig für**
„Gesamtdiacetyl"	--	••	Reifungskriterium
Farbe	--	•	Bierfarbe
pH	--	•	Extretion (Hefe)
Bitterstoffe	--	•	Qualität der Bittere
Gärungsnebenprodukte	--	•	Zustand der Hefe, Gärtemperatur

Kontrolle der Lagerung (Nachgärung)			
Analyse	**KG**	**BG**	**Wichtig für**
Vergärungsgrad	••	--	Nachgärungsintensität
Temperatur	••	•	Nachgärungsintensität, Stabilität, Schaum
Hefezellzahl	•	--	Nachgärungsintensität, Hefeautolyse, Filtrierbarkeit
CO_2-Gehalt	••	•	Allgemeine Bierqualität
Spundungsdruck	••	•	CO_2-Gehalt
„Gesamtdiacetyl"	•	--	Reifung

Kontrolle des ausstoßreifen Bieres (vor Filtration)			
Analyse	**KG**	**BG**	**Wichtig für**
Bieranalyse	••	••	allgemeine Qualitätskriterien je nach Biertyp
Farbe	•	•	allgemeine Qualitätskriterien je nach Biertyp
pH	•	•	allgemeine Qualitätskriterien je nach Biertyp
Bitterstoffe	•	•	allgemeine Qualitätskriterien je nach Biertyp
Schaum	•	•	allgemeine Qualitätskriterien je nach Biertyp
CO_2-Gehalt	•	••	Nachkarbonisierung
„Gesamtdiacetyl"	••	••	Ausstoßreife
Stabilität	•	•	Stabilisierung
Filtrierbarkeit	--	•	Filtrationstechnik
Geschmack	••	••	Verkaufsfähigkeit

KG = konventionelle Gärung
BG = beschleunigte Gärung

• = empfohlene Analyse
•• = unbedingt empfehlenswerte Analyse
-- = keine Analyse erforderlich

LITERATUR

[14.1] Schubert, H.: Handbuch der mechanischen Verfahrenstechnik, Wiley-VCH, Weinheim, 2003

[14.2] Sommer, K.: Probennahme von Pulvern und körnigen Massengütern, Springer Verlag, Berlin, 1979

[14.3] Stieß, M.: Mechanische Verfahrenstechnik- Partikeltechnologie 1, Springer Verlag, Berlin, 2009

[14.4] Lehrstuhl für Verfahrenstechnik disperser Systeme, Skript zum Seminar „Qualitätskontrolle und Qualitätssicherung in der Brauerei", 1993

[14.5] Fa. Retsch: Die Probe, Nr. 7, 1995, S. 6

[14.6] Brautechnische Analysenmethoden, Bd. II, Selbstverlag der MEBAK, Freising, 2002

[14.7] Karstens, W.: Brauwelt, Nr. 12/13, 2005, S. 359–383

[14.8] Anleitungen zur Probennahme für Sudhausabnahmen und Sudhauskontrollen, Forschungszentrum Weihenstephan

15 ANHANG

15.1 FORMELZEICHEN UND ABKÜRZUNGEN

lateinisches Alphabet

a	Konfidenzintervall	[-]
a	Zentrifugalbeschleunigung	[m/s^2]
A	Fläche	[m^2]
c	Konzentration, Feststoffgehalt	[%, kg/m^3]
c_p	spezifische Wärmekapazität	[J/kgK]
c_w	Widerstandsbeiwert	[-]
C	Stoffmenge	[mg/l]
C	Schleuderziffer	[-]
d	Durchmesser allgemein	[m]
d_r	Rotoraußendurchmesser	[m]
d_S	Abstand zwischen Rotor und Stator	[m]
D	Diffusionskoeffizient	[m^2/s]
E	Elastizitätsmodul	[N/m^2]
E_a	Aktivierungsenergie	[J/mol]
E(t)	Verweilzeitdichtefunktion, Verweilzeitspektrum	[s^{-1}]
f_S	Scherfrequenz	[s^{-1}]
F	Kraft	[N]
F(t)	Verweilzeitsummenfunktion, Übergangsfunktion	[-]
g	Erdbeschleunigung	[m/s^2]
G	Schubmodul	[N/m^2]
h	Filterschichtdicke	[m]
h_T	Teichtiefe	[m]
h_V	spezif. Verdampfungsenthalpie	[J/kg]
k	Geschwindigkeitskonstante	[s^{-1}]
k_0	Frequenzfaktor	[s^{-1}]
k	Permeabilität	[m^2]
k	Wärmedurchgangszahl	[W/m^2K]
K	Konsistenzfaktor	[Pas^m]
K	Kozeny-Konstante	[-]
K	Verteilungsfaktor	[-]
l	charakteristische Länge	[m]
L	Länge	[m]
L	Filterkuchendicke	[m]
m	Fließexponent	[-]
$\dot{m}$	Massenstrom	[kg/s]
M_t	Drehmoment	[Nm]
n	Drehzahl	[s^{-1}]
$\dot{n}$	Stoffmengenstrom	[mol/s]
n	Anzahl der Messwerte	[-]
N	Zellenzahl	[-]
Ne	Leistungskennzahl	[-]
Nu	Nusseltzahl	[-]
p	Druck	[Pa]

Δp	Druckdifferenz	[Pa]
P	vorgegebene Wahrscheinlichkeit	[-]
P	Leistung	[W]
Pr	Prandtlzahl	[-]
q	Verteilungsdichte	[m^{-1}]
Q	Verteilungssumme	[-]
$\dot{Q}$	Wärmestrom	[W]
r	Abstand, Radius	[m]
r	spezifischer Filterwiderstand	[m^{-2}]
R	Filterwiderstand	[m^{-1}]
R	universelle Gaskonstante	[J/molK]
Re	Reynoldszahl	[-]
s	Schichtdicke	[m]
s	Standardabweichung	[-]
s'	Schwarmexponent	[-]
Sc	Schmidtzahl	[-]
Sh	Sherwoodzahl	[-]
S_V	volumenspezif. Oberfläche	[m^2/m^3]
S_m	massenspezif. Oberfläche	[m^2/kg]
t	tabellierte Kenngröße (t-Verteilung)	[-]
t	Zeit	[s]
$\bar{t}$, t_m	mittlere Verweilzeit	[s]
T	absolute Temperatur	[K]
T_u	Turbulenzgrad	[-]
u	Geschwindigkeitskomponente	[m/s]
$\bar{u}'$	mittlere Schwankungsgeschwindigkeit	[m/s]
v	Reaktionsgeschwindigkeit	[mg/ls^{-1}]
v	Filtrationsgeschwindigkeit	[m/s]
$\dot{V}$	Volumenstrom	[m^3/s]
v_u	Umfangsgeschwindigkeit	[m/s]
V	Volumen	[m^3]
w	Geschwindigkeit	[m/s]
W	Arbeit, Energie	[Nm]
x	Messwert	[-]
x	charakteristische Abmessung	[m]
x	Partikelgröße	[m]
x	Molanteil in der flüssigen Phase	[-]
x_{i0}	Molanteil in der flüssigen Phase vor der Entspannung	[-]
x_{ient}	Molanteil in. der flüssigen Phase nach der Entspannung	[-]
x_A	Korngröße des Aufgabegutes	[m]
$\bar{x}$	Mittelwert	[-]
y	Molanteil in der Gasphase	[-]
z	tabellierte Kenngröße (Normalverteilung)	[-]
z	Anzahl der Rotorzähne	[-]

griechisches Alphabet

α	Wärmeübergangszahl	[W/m²K]
α	Filterkuchenwiderstand (bez. Flächenkuchenmasse)	[m/kg]
β	Stoffübergangszahl	[m/s]
β	Widerstand des Filtermittels	[m^{-1}]
δ	Wanddicke	[m]
δ	Grenzschichtdicke	[m]
ε	Dehnung	[-]
ε	Energiedissipationsrate	[m^2/s^3]
ε	Porosität	[-]
φ	Formfaktor	[-]
φ_V	Feststoffvolumenanteil	[-]
$\dot{\gamma}$	Scherrate	[s^{-1}]
η	dynamische Viskosität	[Pas]
Λ	Makromaßstab der Turbulenz	[m]
λ	Mikromaßstab der Turbulenz	[m]
λ	Wärmeleitfähigkeit	[W/mK]
μ	wahrer Wert	[-]
ν	kinematische Zähigkeit	[m^2/s]
ϑ	Temperatur	[°C]
ϑ_F	Temperatur im Fluid	[°C]
ϑ_O	Temperatur an der Oberfläche	[°C]
ϑ_S	Siedetemperatur	[°C]
ϑ_W	Wandtemperatur	[°C]
ρ	Dichte (allgemein)	[kg/m^3]
Σ	äqivalente Klärfläche	[m^2]
σ	Bruchspannung	[N/m^2]
σ	wahre Streuung	[-]
σ_{M^2}	Varianz des Messvorgangs	[-]
σ_{Syst^2}	Varianz des Systems (Inhomogenität)	[-]
τ	Schubspannung	[N/m^2]
τ_0	Fließgrenze	[N/m^2]
τ	Verweilzeit	[-]
ω	Winkelgeschwindigkeit	[s^{-1}]
ω	Verhältnisfaktor	[-]
ψ	Sphärizität	[-]

Indizes

f	Fluid, flüssig
g	Gas
i	Phase, Komponente, Merkmalklasse
l	liquid, flüssig
r	Mengenart bei Partikelgrößenverteilung
s	solid, fest

Abkürzungen

AE	Ausdampfeffizienz
AK	Außenkocher
AS	Aminosäuren
AW	Ausschlagwürze
BR	Belüftungsrate
BW	Brauwasser
BV	Brüdenverdichtung
CCD	charge-coupled device
DE	Dextrineinheiten
DLG	Deutsche Landwirtschaftsgesellschaft
DN	Nennweite
DMS	Dimethylsulfid
DMS-P	Dimethylsulfid-Precursor
ELG	Eiweißlösungsgrad
EVG	Endvergärungsgrad
FAN	freier Amino-Stickstoff
FS	Feinschrot
GN	Gesamt-Stickstoff
gg	gut gelöst
GG	Gewichts-Gewichts-Prozent
GS	Grobschrot
GV	Gesamtverdampfung
HG	Hauptguss
HPLC	Hochdruckflüssigkeitschromatographie
HT	Heißtrub
IK	Innenkocher
koag. N	koagulierbarer Stickstoff
KT	Kühltrub
KW	Kongresswürze
KW	Kühlwasser
LDA	Laser-Doppler-Anemometrie
LOX	Lipoxygenase
MEBAK	Mitteleuropäische Brautechnische Analysenkomission
MgSO4-N	Magnesium fällbarer Stickstoff
M/S-Differenz	Mehl-Schrot-Differenz
MV	Maischverfahren
MW	Mittelwert
N	Stickstoff
NG	Nachguss
PGV	Partikelgrößenverteilung
PVPP	Polyvinylpolypyrrolidon
REM	Rasterelektronenmikroskop
RK	Rührwerkskugelmühle
sg	schlecht gelöst
TBZ	Thiobabitursäurezahl
Tr	Treber
TrTrS	Trebertrockensubstanz

TS	Trockenschrot
VW	Vorderwürze
VZ	Verhältniszahl
V_{Ziffer}	Vedampfungsziffer
wfr	wasserfrei

15.2 GEBRAUCHSFORMELN FÜR DEN WÄRMEÜBERGANG (Quelle: Lehrstuhl V.d.S., Weihenstephan)

Wärmeübergang bei erzwungener Strömung:

15.2.1 STRÖMUNG IN ROHREN

- **Laminare Strömung** $Re = \frac{v \cdot d}{\nu_F} < 2300$

$$Nu = \frac{\bar{\alpha} \cdot d}{\lambda_F} = \left(3{,}65 + \frac{0{,}0668 \cdot Re \cdot Pr \cdot \frac{d}{L}}{1 + 0{,}045 \cdot \left(Re \cdot Pr \cdot \frac{d}{L} \right)^{\frac{2}{3}}} \right) \cdot \left(\frac{\eta_F}{\eta_{Wand}} \right)^{0{,}14}$$

Geltungsbereich: $\frac{L}{Re \cdot Pr \cdot d} = 10^{-4} \div 10$

d	lichter Rohrdurchmesser
L	Rohrlänge
ϑ_B	Bezugstemperatur für die Stoffwerte (mittlere Flüssigkeitstemperatur)

$$\vartheta_B = \frac{\vartheta_F + \vartheta_{F'}}{2}$$

- **Turbulente Strömung und Übergangsgebiet** $Re > 2300$

$$Nu = 0{,}116 \cdot \left(Re^{\frac{2}{3}} - 125 \right) \cdot Pr^{\frac{1}{3}} \cdot \left(1 + \left(\frac{d}{L} \right)^{\frac{2}{3}} \right) \cdot \left(\frac{\eta_F}{\eta_{Wand}} \right)^{0{,}14}$$

Geltungsbereich:

$Re = 2300 \div 10^6$

$Pr = 0{,}5 \div 500$

$\frac{L}{d} = 1 \div \infty$

15.2.2 STRÖMUNG LÄNGS EINER EBENEN WAND

- **Laminare Strömung**

$$Re = \frac{v \cdot L}{\nu_F} < 10^5; \vartheta_{Wand} = const.$$

$$Nu = \frac{\bar{\alpha} \cdot L}{\lambda_F} = 0{,}664 \cdot Re^{0,5} \cdot Pr^{\frac{1}{3}}$$

Geltungsbereich: $Re < 10^5$; $Pr = 0{,}1 \div 10^3$

L Plattenlänge in Strömungsrichtung

ϑ_B Bezugstemperatur

$$\vartheta_B = \frac{1}{2} \cdot \left(\vartheta_{Wand} + \frac{\vartheta_F + \vartheta_{F'}}{2} \right)$$

- **Turbulente Strömung**

$$Re > 5 \cdot 10^5$$

$$Nu = 0{,}057 \cdot (Re \cdot Pr)^{0,78}$$

Geltungsbereich: $Re > 5 \cdot 10^5$; $Pr = 0{,}1 \div 10$

15.2.3 UMSTRÖMTER EINZELKÖRPER (KUGEL)

- für $Re = \frac{v \cdot d}{\nu_F} < 10^3$

$$Nu = \frac{\bar{\alpha} \cdot d}{\lambda_F} = 2 + 0{,}6 \cdot Re^{0,5} \cdot Pr^{\frac{1}{3}}$$

d Kugeldurchmesser

- für $Re = \frac{v \cdot d}{\nu_F} < 10^5$

$$Nu = 0{,}37 \cdot Re^{0,6} \cdot Pr^{\frac{1}{3}}$$

d Kugeldurchmesser

ϑ_B Bezugstemperatur $\vartheta_B = \frac{\vartheta_0 + \vartheta_F}{2}$

ϑ_0 Temperatur an der Kugeloberfläche

15.3 STOFFWERTE

Stoffwerte für die Berechnung der Wärmeübergangszahl α

Stoff	Bezugs-temperatur ϑ_B °C	Druck P bar	Dichte δ kg/m³	Spezifische Wärme c_P kJ/kg K	Kinematische Zähigkeit $\nu \cdot 10^6$ m²/s	Temperatur-leitfähigkeit $a \cdot 10^6$ m²/s	Wärmeleit-fähigkeit λ W/mK	Prantl Zahl Pr	räuml. Ausdeh-nungskoeff. $\beta \cdot 10^3$ 1/K	Verdamp-fungs-wärme r kJ/kg
Wasser	0	1	1000	4,225	1,790	0,131	0,56	13,40	-0,06	2501,6
	20	1	997	4,183	1,0	0,143	0,59	7,06	+0,20	2454,3
	40	1	992	4,179	0,659	0,151	0,63	4,29	0,38	2406,9
	60	1	983	4,183	0,479	0,159	0,66	3,02	0,54	2358,6
	80	1	972	4,195	0,366	0,166	0,67	2,20	0,65	2308,3
	100	1,01	958	4,216	0,295	0,170	0,68	1,75	0,78	2256,9
	120	1,99	943	4,250	0,250	0,171	0,69	1,46	0,91	2202,2
	140	3,61	926	4,292	0,216	0,173	0,69	1,25	1,06	2144,0
	160	6,18	907	4,355	0,190	0,173	0,68	1,10	1,21	2081,3
	180	10,03	887	4,426	0,172	0,172	0,68	1,00	1,37	2013,1
Luft	-150		2,78	1,038	3,1	4,0	0,012	0,78		
	-100		1,98	1,022	5,9	8,0	0,016	0,74		
	-50		1,53	1,013	9,5	13,1	0,020	0,73		
	0		1,25	1,009	13,7	19,1	0,024	0,72	$\frac{1000}{T}$	
	50	1	1,05	1,005	18,5	25,7	0,027	0,72		
	100		0,92	1,009	23,7	33,1	0,031	0,72		
	150		0,81	1,013	29,6	44,1	0,034	0,72		
	200		0,72	1,026	36,0	49,5	0,036	0,72		
	300		0,60	1,043	49,7	67,2	0,042	0,72		
Wasserdampf (Überh.)	100		0,578	1,89	22,1	22,2	0,024	1,00	$U\frac{1000}{T}$	
	200		0,452	1,93	36,8	37,6	0,033	0,97		
	300	1	0,372	2,01	54,1	57,1	0,043	0,95		

Überschlägige α-Werte W/m²K

Übertragendes Medium	Übertragungsverhältnis		
	ungünstig	gewöhnlich	günstig
Luft, Gase	7	30	70
Öl	50	150	500
Wasser	400	1.600	7.000
Siedendes Wasser	1.500	5.000	10.000
Kondensierender Dampf	5.500	12.000	20.000

15.4 WASSERDAMPFTAFEL

ϑ °C	P Pa	v" m³/kg	h" kJ/kg	r kJ/kg	ϑ °C	P Pa	v" m³/kg	h" kJ/kg	r kJ/kg
-50	3,980	25880	2402	2845	+60	19917	7,682	2609,2	2358,4
-45	7,226	14571	2411	2844	62	21839	7,046	2612,6	2353,4
-40	12,28	8764	2421	2843	64	23909	6,473	2615,9	2348,4
-35	22,46	4895	2432	2841	66	26145	5,951	2619,3	2343,4
-30	38,13	2944	2441	2839	68	28557	5,478	2622,6	2338,3
-25	63,49	1804	2451	2838	70	31156	5,049	2626,4	2333,7
-20	103,5	1138	2460	2837	72	33960	4,658	2629,7	2328,7
-15	165,5	721	2471	2836	74	36961	4,302	2633,1	2323,7
-10	260,1	467	2480	2834	76	40188	3,977	2636,4	2318,6
-5	401,9	309	2490	2833	78	43649	3,681	2639,8	2313,2
0	610,8	206,3	2500,4	2500,4	80	47356	3,410	2643,1	2308,2
2	705,4	180,0	2503,7	2495,3	82	51328	3,162	2646,5	2303,2
4	812,9	157,3	2507,9	2491,1	84	55574	2,936	2649,4	2297,7
6	934,6	137,8	2511,2	2486,1	86	60105	2,728	2652,8	2292,7
8	1072,0	121,0	2515,0	2481,5	88	64949	2,537	2656,1	2287,6
10	1227	106,4	2518,8	2476,9	90	70108	2,361	2659,0	2282,2
12	1401	93,85	2522,5	2472,3	92	75609	2,200	2662,4	2277,2
14	1597	82,81	2526,3	2467,7	94	81464	2,051	2665,7	2272,2
16	1817	73,39	2530,1	2463,1	96	87691	1,914	2668,7	2266,7
18	2062	65,10	2533,4	2458,1	98	94301	1,789	2672,0	2261,7
20	2337	57,84	2537,2	2453,5	100	101325	1,673	2674,9	2256,3
22	2642	51,49	2541,0	2448,9	105	120800	1,419	2682,5	2242,5
24	2982	45,94	2544,7	2444,3	110	143270	1,210	2690,0	2229,1
26	3360	41,04	2548,1	2439,2	115	169060	1,036	2697,6	2215,2
28	3779	36,73	2551,9	2434,6	120	198540	0,8914	2704,7	2201,0
30	4241	32,93	2555,6	2430,0	125	232080	0,7701	2711,8	2187,2
32	4753	29,58	2559,4	2425,4	130	270110	0,6680	2718,5	2172,5
34	5318	26,61	2562,7	2420,4	135	313030	0,5817	2724,8	2157,5
36	5940	23,97	2566,5	2415,8	140	361380	0,5084	2731,2	2143,2
38	6624	21,63	2570,3	2411,2	145	415510	0,4459	2738,2	2127,7
40	7375	19,55	2573,6	2406,2	150	476020	0,3924	2744,4	2112,7
42	8198	17,70	2577,4	2401,5	155	543290	0,3464	2750,3	2096,7
44	9100	16,04	2580,7	2396,5	160	618020	0,3068	2756,2	2080,8
46	10085	14,56	2584,1	2391,5	165	700780	0,2724	2761,6	2064,5
48	11162	13,24	2587,9	2386,9	170	791990	0,2426	2767,1	2048,2
50	12335	12,05	2591,6	2382,3					
52	13613	10,98	2595,0	2377,3					
54	15002	10,02	2598,3	2372,7					
56	16509	9,164	2602,1	2368,1					
58	18146	8,385	2605,4	2363,0					

15.5 Ar-Ω-DIAGRAMM (Quelle: Lehrstuhl V.d.S., Weihenstephan)

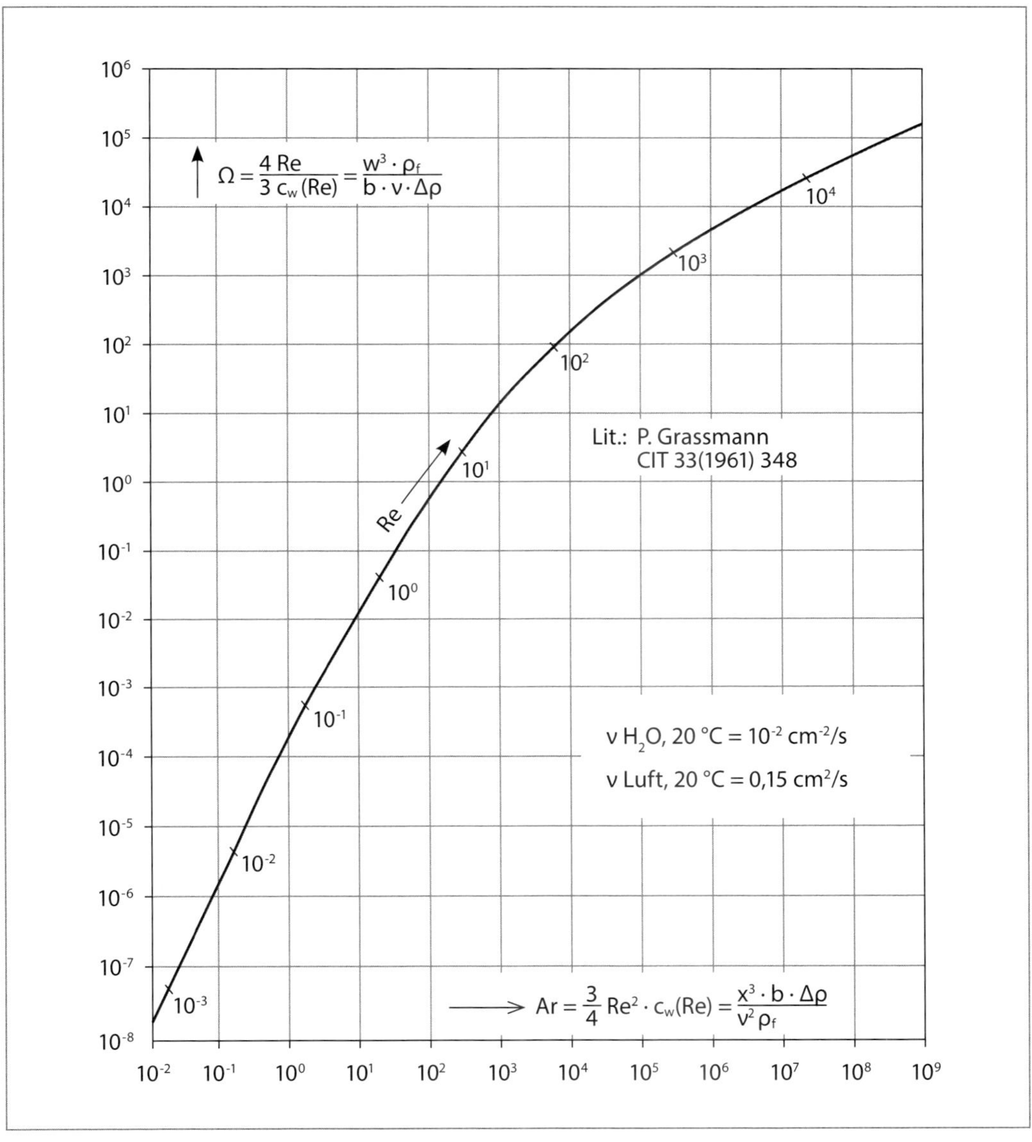

16 REGISTER

A

B

H

I

S

T

Z

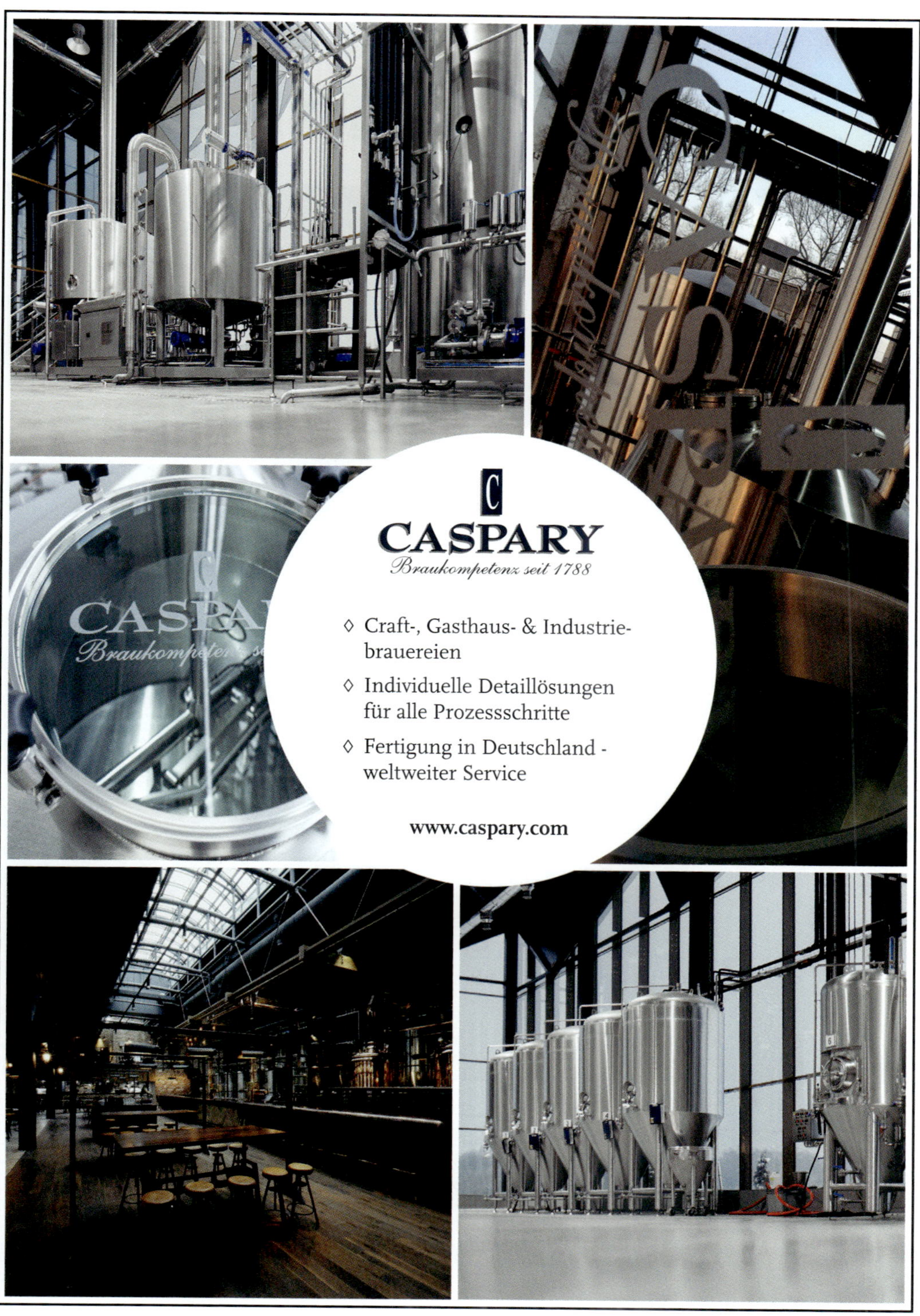
CASPARY
Braukompetenz seit 1788
◊ Craft-, Gasthaus- & Industrie-brauereien
◊ Individuelle Detaillösungen für alle Prozessschritte
◊ Fertigung in Deutschland - weltweiter Service
www.caspary.com

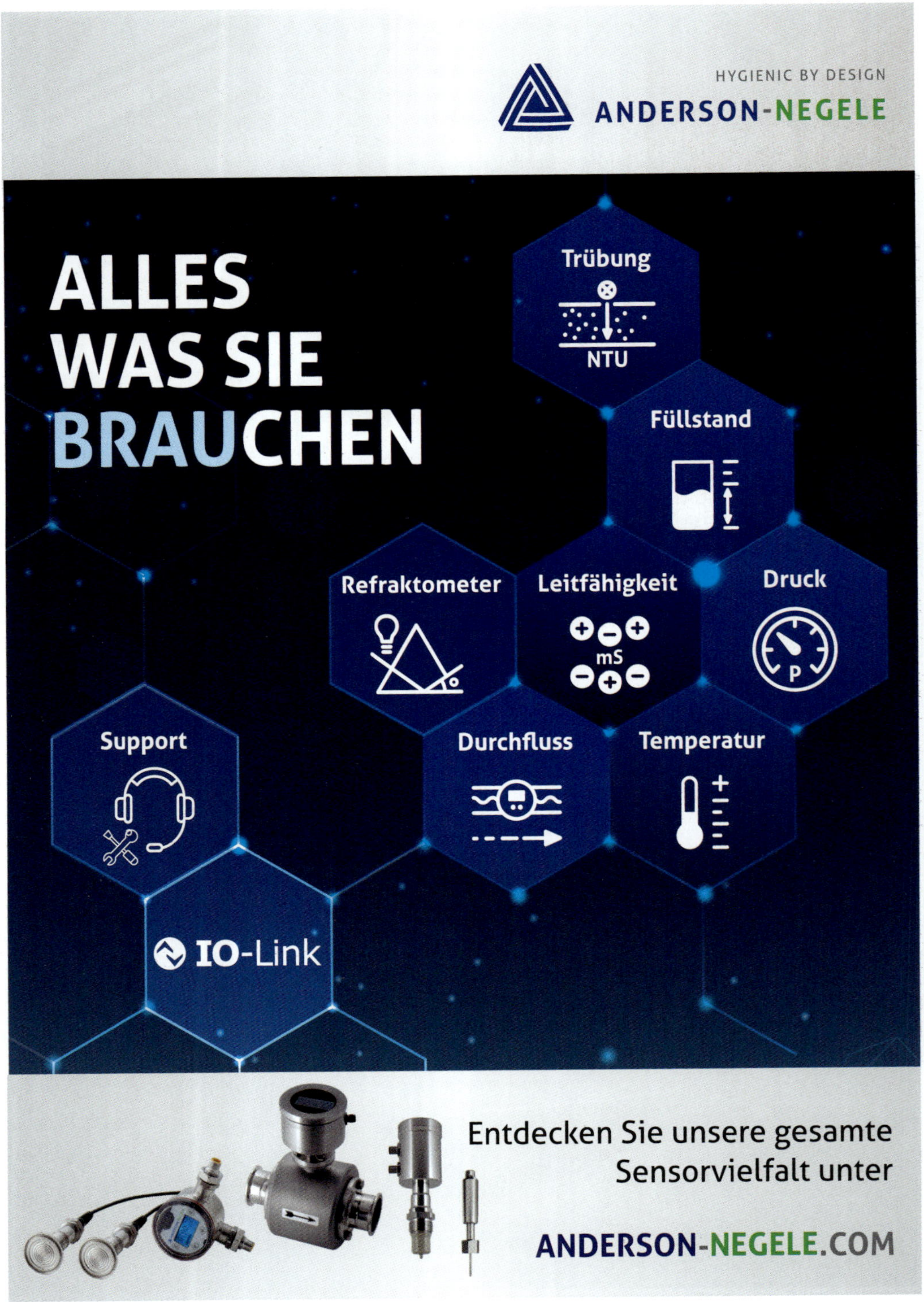
HYGIENIC BY DESIGN
ANDERSON-NEGELE
ALLES
WAS SIE
BRAUCHEN
Trübung
NTU
Füllstand
Refraktometer
Leitfähigkeit
mS
Druck
P
Support
Durchfluss
Temperatur
IO-Link
Entdecken Sie unsere gesamte
Sensorvielfalt unter
ANDERSON-NEGELE.COM

BÜHLER
RimoMalt
Die perfekte Mälzerei
für all Ihre
Bedürfnisse.
RimoMalt wächst mit Ihren Anforderungen.
Bühlers brandneue Mälzereilösung RimoMalt ist flexibel und modular erweiterbar. Die Chargengrößen können zwischen 16 und 56 Tonnen variieren – jeweils in 8 Tonnen Schritten. Auch nachträglich.
Darüber hinaus ist es nun möglich, mehrere Prozesseinheiten miteinander zu verbinden, um einen 24-Stunden-Chargen-Rhythmus zu erreichen. Noch nie war es einfacher individuelle Malze zu kreieren – technisch, technologisch und energetisch auf höchstem Niveau.
rimomalt.com
Innovations for a better world.
BÜHLER

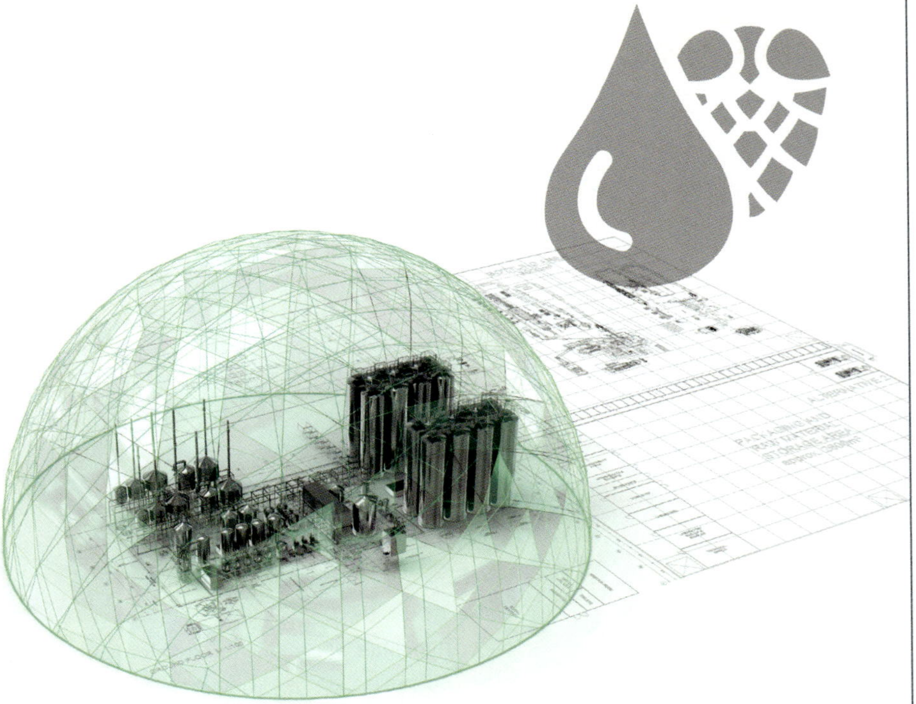

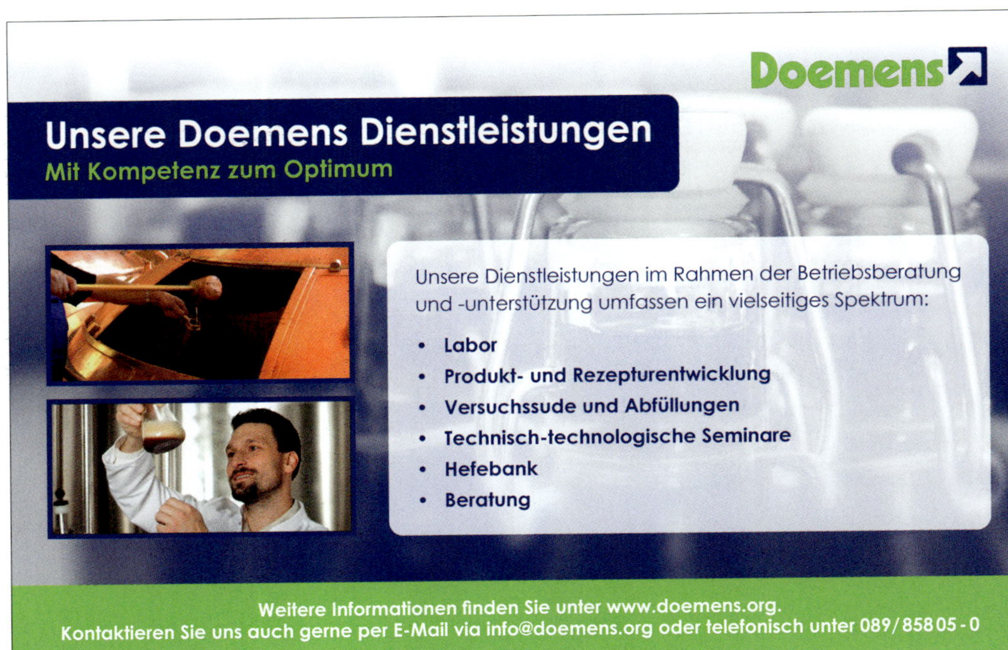
Doemens
Unsere Doemens Dienstleistungen
Mit Kompetenz zum Optimum
Unsere Dienstleistungen im Rahmen der Betriebsberatung und -unterstützung umfassen ein vielseitiges Spektrum:
• Labor
• Produkt- und Rezepturentwicklung
• Versuchssude und Abfüllungen
• Technisch-technologische Seminare
• Hefebank
• Beratung
Weitere Informationen finden Sie unter www.doemens.org.
Kontaktieren Sie uns auch gerne per E-Mail via info@doemens.org oder telefonisch unter 089/858 05 - 0

Hopfen
Adrian Forster et al.,
320 Seiten, 2012,
Hardcover
Best.-Nr. 0808
EUR 99,00
Wasser in der Getränkeindustrie
Karl Glas, Markus Verhülsdonk (Hrsg.),
240 Seiten, 2015,
Hardcover
Best.-Nr. 0817
EUR 49,00
Ausgewählte Kapitel der Brauereitechnologie
Werner Back (Hrsg.),
392 Seiten, 2008,
Hardcover
Best.-Nr. 0802
EUR 49,00
Bestellung unter:
Tel. 0911/9 52 85 - 31
Fax 0911/9 52 85 - 48
fachbuch@hanscarl.com
www.carllibri.com
FACHVERLAG
HANS CARL